高等学校数理类基础课程“十三五”规划教材

复变函数与积分变换

第二版

刘国志　编著

化学工业出版社
·北京·

本书内容包括复变函数和积分变换两部分及与复变函数和积分变换有关的数学实验．复变函数部分内容有：复数与复变函数及其应用，解析函数及其应用，复变函数的积分及其应用，复级数及其应用，留数及其应用．积分变换部分内容有：傅里叶积分变换及其应用、拉普拉斯变换及其应用和 Z 变换及其应用．

本书每章都有专门的一节介绍该章知识在实际问题中的应用，向读者传授一套完整地、科学地解决实际问题的方法，使读者初步掌握用工程数学解决实际问题的能力；本书加入了用数学软件 MATLAB 做数学实验的内容，通过计算机模拟计算，加深读者对所学内容的理解，同时给出了用计算机处理实际问题的算例和程序．让读者初步掌握用 MATLAB 解决实际问题的方法，从而培养读者数学应用能力和科学计算能力．

本书例题丰富，论证严谨，易教易学．每章后有主要内容简要概括，可方便读者自学．

本书可作为高等院校及成人高等教育工科类相关专业学生的教材，也可供科技、工程技术人员参考．

图书在版编目（CIP）数据

复变函数与积分变换/刘国志编著．—2 版．—北京：化学工业出版社，2018.5（2021.1 重印）

高等学校数理类基础课程“十三五”规划教材

ISBN 978-7-122-32000-1

Ⅰ.①复…　Ⅱ.①刘…　Ⅲ.①复变函数-高等学校-教材②积分变换-高等学校-教材　Ⅳ.①O174.5②O177.6

中国版本图书馆 CIP 数据核字（2018）第 077880 号

责任编辑：郝英华　　　　装帧设计：张　辉

责任校对：王素芹

出版发行：化学工业出版社（北京市东城区青年湖南街 13 号　邮政编码 100011）

印　　装：北京虎彩文化传播有限公司

710mm×1000mm　1/16　印张 15　字数 326 千字　2021 年 1 月北京第 2 版第 3 次印刷

购书咨询：010-64518888　　　　售后服务：010-64518899

网　　址：http：//www.cip.com.cn

凡购买本书，如有缺损质量问题，本社销售中心负责调换。

定　　价：39.00 元

前　言

本书第一版自2012年3月出版至今，已历时六年，经多年教学实践和检验，得到广大读者和任课教师的认可，在一定程度上满足了当时的教学需要.

为了适应21世纪我国高等教育改革与发展的需要，满足应用型本科院校培养面向生产、建设、管理、服务第一线的应用型人才对数学教育的要求；从全面素质教育的高度，将数学建模思想、数学软件MATLAB及工程实际问题融入工程数学教学中，编者在第一版基础上修订编写了本书.

本书在保持第一版风格的基础上，力求与时俱进，满足应用型人才培养的要求，新增了以下内容.

(1) 在内容的安排上，坚持以学生基本素质与工程技术应用能力的培养为主导，强调学用结合、学做结合和学创结合的人才培养模式．在每一章新增了本章内容在实际中的应用一节．向学生传授一套完整地、科学地解决实际问题的方法，使学生初步掌握用工程数学解决实际问题的能力.

(2) 新增了Z变换一章．介绍了Z变换及其在离散控制系统中的应用．举例介绍了利用Z变换求解差分方程和离散控制系统中的传递函数问题.

(3) 新增了数学实验一章．本章采用MATLAB这一数学计算软件进行数学实验，介绍了如何使用MATLAB实现复变函数中的各种运算，如何利用MATLAB作复变函数的图形及利用MATLAB进行积分变换．举例介绍了利用MATLAB对动态电路仿真分析，让学生初步掌握用MATLAB解决实际问题的方法，从而培养学生数学应用能力和科学计算能力，使学生能够更好地适应将来的工作和科研环境.

书中的一部分内容能直接应用于解决实际问题，另一部分内容为读者今后进一步学习有关课程或实际应用方面提供一定的基础．原书第一版附录Ⅰ自测题部分，本次改版删除，如果有院校教学需要，自测题及其答案可免费使用，请发邮件至cipedu@163.com索取.

本书第二版由刘国志教授修订编著，承苗晨教授、宋岱才教授、侯景臣教授、丁洪生教授、刘凤智教授和鲁鑫、李印、王玉红老师对书稿进行了审阅，他们提出了很多宝贵意见，在此表示衷心的感谢.

书中不足之处，诚恳地希望读者批评指正.

编著者

营口理工学院

2018年4月

第一版前言

本书是为了适应新世纪我国高等教育迅速发展的需要，满足新时期高等教育人才培养拓宽口径、增强适应性对数学教育的要求，按照教育部《高等教育面向21世纪教学内容和课程体系改革计划》的精神和要求，针对工科数学是高校非数学类专业所有大学生应当具有的素质，又考虑到不同专业和不同层次的要求深浅不同、内容多少各异的实际情况，在历年主讲该课使用的教材及自编讲义基础上改编而成的．全书较系统地介绍了复变函数与积分变换的基本理论和基本方法.

考虑到复变函数与积分变换是工科数学的一门重要的基础课，又是高等数学的后续课程；同时考虑到内容的连贯性及便于学生自学，在编写本书时，注意了下列几点.

(1) 对于一元微积分中平行的概念，如极限、连续、微分等，既指出其相似之处，更强调其不同之点，以免初学者疏忽.

(2) 对复变函数论中的基本定理和重要定理，如柯西积分定理和留数定理等，从叙述、证明到推广，均注意了科学性和严密性．这不仅反映了复变函数理论本身的系统性和严谨性，同时也可借以锻炼读者思考问题和逻辑推理能力.

(3) 对于解析函数及复级数这个教学与自学上的难点，考虑到内容的衔接性，为使读者较易接受，本书把实二元函数的偏导数、全微分和对坐标的曲线积分及实数项级数和傅里叶级数分别插入到第1章、第3章、第4章和第6章内．这样做可使读者举一反三较为系统地学习.

(4) 考虑到不同层次不同程度的学生在学习上的多种需要，配备了大量的例题和习题，增加了训练基本概念与基本理论的填空题和选择题，习题大都附有答案或提示，每章后有对主要内容的简要概括，以供读者选用，也便于读者自学.

附录中提供了三套自测题，可供读者检验自己对知识掌握的程度.

本书由辽宁石油化工大学刘国志教授编著．宋岱才教授主审，丁洪生教授审查，侯景臣教授和苗晨、赵晓颖对初稿进行了审阅，他们提出了许多宝贵的意见，在此表示衷心感谢．特别是宋岱才教授不厌其烦，为编者复审了全部稿件，使原稿得到了很大改进，编者对他的这种敬业精神表示敬佩.

但限于编者水平，不妥之处仍然难免，敬请读者批评指正.

编著者

辽宁石油化工大学理学院

2011年12月

目录

第 1 章　复数与复变函数

16 世纪意大利米兰学者卡当是第一个把负数的平方根写到公式中的数学家，并把 10 分成 $5+\sqrt{-15}$ 和 $5-\sqrt{-15}$ 两部分，使它们的乘积等于 40. 后来法国数学家笛卡尔给出“虚数”这一名称，使虚数流传起来．但这也引起了数学界的一片困惑，很多大数学家都不承认虚数，包括德国数学家莱布尼茨和瑞士数学大师欧拉．然而，真理一定可以经得住时间的考验．经过大批数学家长时间的研究和积累，关于虚数的一些开创性成果不断出现．18 世纪末，复数渐渐被大多数人接受，并被赋予了几何意义，建立了复数间的运算．至此，复数理论才比较完整和系统地建立起来了．经过许多数学家长期不懈的努力，虚数揭去了神秘的面纱，显现出它的本来面目，原来虚数不“虚”．虚数成为数系大家庭中一员，从而实数集才扩充到了复数集．随着科学和技术的进步，复数的理论已越来越显示出它的重要性，它不但对数学本身的发展有着极其重要的意义，而且为证明机翼上升力的基本定理起到了重要的作用，并且在解决堤坝渗水的问题中显示出它的威力，也为建立巨大水电站提供了重要的理论依据．20 世纪以来，复变函数论已被广泛应用到理论物理、弹性理论、系统分析、信号分析、流体力学、量子力学与天体力学等方面，在种种抽象空间理论中，复变函数论还常常为之提供新思想、新模型．

本章在介绍复数的基础上，重点介绍复数的表示法及其运算和复数域上的函数——复变函数及其极限和连续性，最后介绍复数的应用．

1.1　复数及其运算

1.1.1　复数的概念

在中学代数中已经知道，一元二次方程 $x^2+1=0$ 在实数范围内无解. 为求解此类方程，引入了新的数 i，规定 $\mathrm{i}^2=-1$，且称 i 为虚数单位. 从而方程 $x^2+1=0$ 的根记为 $x=\pm\sqrt{-1}=\pm\mathrm{i}$，由此引入复数的定义.

定义 1.1.1　设 x,y 为任意实数，则称 $z=x+\mathrm{i}y$ 为复数，其中 x 称为 z 的实部，记为 $\mathrm{Re}(z)=x$，y 称为 z 的虚部，记为 $\mathrm{Im}(z)=y$.

当 $x=0,y\neq0$ 时，则 $z=\mathrm{i}y$ 称为纯虚数；当 $y=0$ 时，则 $z=x$ 为实数，因此复数是实数概念的推广.

若记 $\overline{z}=x-\mathrm{i}y$，则称它为复数 $z=x+\mathrm{i}y$ 的共轭复数. 例如，复数 $z=5+2\mathrm{i}$ 的共轭复数为 $z=5-2\mathrm{i}$，且有 $\mathrm{Re}(z)=\mathrm{Re}(\overline{z})=5,\mathrm{Im}(z)=-\mathrm{Im}(\overline{z})=2$.

两个复数相等即当且仅当它们的实部和虚部分别相等. 如设 $z_1=x_1+\mathrm{i}y_1$，$z_2=x_2+\mathrm{i}y_2$，则 $z_1=z_2\Leftrightarrow x_1=x_2,y_1=y_2$. 当一个复数为 0 时，当且仅当它们的实部和虚部同时为 0.

注意　两个不全为实数的复数不能比较大小.

1.1.2　复数的表示法

由于复数 $z=x+\mathrm{i}y$ 由一对有序实数 (x,y) 所唯一确定，它与 xOy 平面上坐标为 (x,y) 的点是一一对应的，也与从原点指向点 (x,y) 的平面向量是一一对应的，因此在该平面上可用上述点和向量来表示复数 $z=x+\mathrm{i}y$（图 1.1.1），所以常把“点 z”或“向量 z”作为“复数 z”的同义词. 此时，称表示复数 $z=x+\mathrm{i}y$ 的 xOy 平面为复平面或 z 平面，其中 x 轴上的点表示的是实数，称 x 轴为实轴；y 轴上的点表示的是纯虚数，称 y 轴为虚轴. 当 $y\neq 0$ 时，点 z 与 $\bar{z}$ 关于实轴对称.

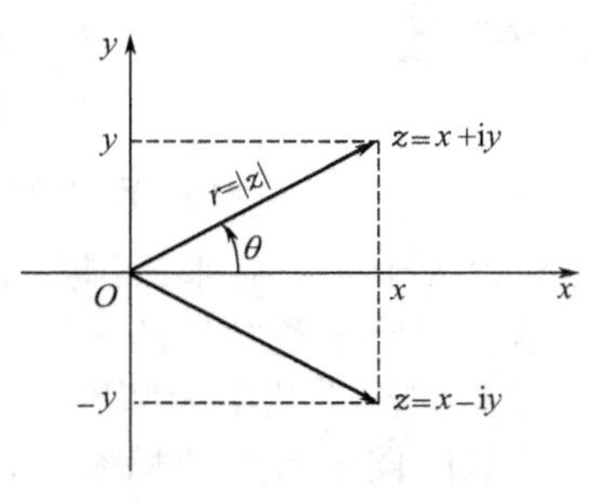

图 1.1.1

定义 1.1.2　在复平面中，称向量 z 的长度为复数 z 的模或绝对值，记为

$$|z|=\sqrt{x^2+y^2}. \tag{1.1.1}$$

当 $z\neq 0$ 时，我们把向量 z 与 x 轴正向的交角 θ 称为复数 z 的辐角，记为 $\mathrm{Arg}(z)=\theta$，于是有

$$x=r\cos\theta,\quad y=r\sin\theta. \tag{1.1.2}$$

注意　$z=0$ 的辐角不确定，即 $\mathrm{Arg}(0)$ 无意义. 当 $z\neq 0$ 时，其辐角 $\mathrm{Arg}(z)$ 有无穷多个，它们彼此相差 2π 的整数倍，可是满足条件 $-\pi<\mathrm{Arg}(z)\leqslant\pi$ 的辐角值却只有一个，称该值为其辐角的主值，记为 $\arg(z)$，于是有

$$-\pi<\arg(z)\leqslant\pi, \tag{1.1.3}$$

$$\mathrm{Arg}(z)=\arg(z)+2k\pi\quad(k=0,\pm1,\pm2,\cdots). \tag{1.1.4}$$

且当 $z=x+\mathrm{i}y\neq 0$ 时，有

$$\arg(z)=\begin{cases}\arctan\dfrac{y}{x}, & x>0,\\ \arctan\dfrac{y}{x}+\pi, & x<0,y\geqslant 0,\\ \arctan\dfrac{y}{x}-\pi, & x<0,y<0,\\ \dfrac{\pi}{2}, & x=0,y>0,\\ -\dfrac{\pi}{2}, & x=0,y<0.\end{cases} \tag{1.1.5}$$

其中 $-\dfrac{\pi}{2}<\arctan\dfrac{y}{x}<\dfrac{\pi}{2}$.

一对共轭复数 z 和 $\bar{z}$ 在复平面的位置是关于实轴对称的（图 1.1.1），因而 $|z|=|\bar{z}|$，如果 z 不在原点和负实轴上，还有 $\arg(z)=-\arg(\bar{z})$.

复数 $z=x+\mathrm{i}y$ 通常称为复数的代数表达式. 由式(1.1.2) 和欧拉公式：$\mathrm{e}^{\mathrm{i}\theta}=\cos\theta+\mathrm{i}\sin\theta$，可分别写出其三角式和指数式，即

$$z=r(\cos\theta+\mathrm{i}\sin\theta),\quad z=r\mathrm{e}^{\mathrm{i}\theta}. \tag{1.1.6}$$

因此，复数的表示法基本有三种

① $z=x+\mathrm{i}y$（代数形式）；

② $z=r(\cos\theta+\mathrm{i}\sin\theta)$（三角形式）；

③ $z=r\mathrm{e}^{\mathrm{i}\theta}$（指数形式）.

这三种表示法可以互相转换，以适应讨论不同问题的需要.

【例 1.1.1】 将 $z=-\sqrt{3}-\mathrm{i}$ 化为三角式和指数式.

解 $r=|z|=2$ 且 $\arg(z)=\arctan\dfrac{-1}{-\sqrt{3}}-\pi=-\dfrac{5\pi}{6}$.

由式(1.1.6) 得 z 的三角式为

$$z=2\left[\cos\left(-\frac{5\pi}{6}\right)+\mathrm{i}\sin\left(-\frac{5\pi}{6}\right)\right]=2\left(\cos\frac{5\pi}{6}-\mathrm{i}\sin\frac{5\pi}{6}\right).$$

而 z 的指数式为

$$z=2\mathrm{e}^{-\frac{5\pi}{6}\mathrm{i}}.$$

1.1.3　复数的四则运算

设两个复数为 $z_1=x_1+\mathrm{i}y_1$，$z_2=x_2+\mathrm{i}y_2$，它们的加、减、乘、除运算定义如下：

$$z_1\pm z_2=x_1\pm x_2+\mathrm{i}(y_1\pm y_2);$$
$$z_1\cdot z_2=(x_1x_2-y_1y_2)+\mathrm{i}(x_1y_2+x_2y_1);$$
$$z_1/z_2=(z_1\overline{z}_2)/|z_2|^2\quad(z_2\neq 0).$$

不难证明，复数的加、减、乘运算和实数的情形一样，也满足交换率、结合律和分配率：

$$z_1+z_2=z_2+z_1,\quad z_1z_2=z_2z_1;$$
$$z_1+(z_2+z_3)=(z_1+z_2)+z_3,\quad z_1(z_2z_3)=(z_1z_2)z_3;$$
$$z_1(z_2+z_3)=z_1z_2+z_1z_3.$$

共轭复数有以下主要性质：

(1) $\overline{z_1\pm z_2}=\overline{z_1}\pm\overline{z_2}$，$\overline{z_1z_2}=\overline{z_1}\ \overline{z_2}$，$\overline{\left(\dfrac{z_1}{z_2}\right)}=\dfrac{\overline{z_1}}{\overline{z_2}}$；

(2) $\overline{\overline{z}}=z$；

(3) $z\,\overline{z}=[\mathrm{Re}(z)]^2+[\mathrm{Im}(z)]^2$；

(4) $z+\overline{z}=2\mathrm{Re}(z)$，$z-\overline{z}=2\mathrm{i}\mathrm{Im}(z)$.

由于复数可以看作平面向量，所以当 $z_1\neq 0$ 且 $z_2\neq 0$ 时，其和、差运算可以在复平面上按照平行四边形法则或三角形法则来表示（图 1.1.2）.

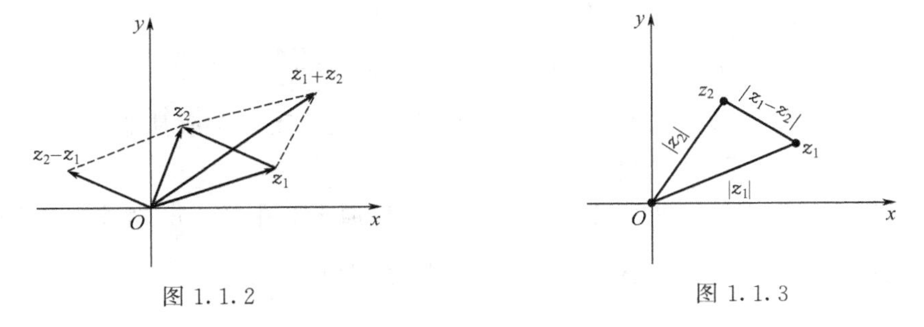

图 1.1.2　　图 1.1.3

$|z_1-z_2|$就是点z_1与z_2之间的距离（图1.1.3），因此有

$$|z_1+z_2|\leqslant|z_1|+|z_2|,\quad |z_1-z_2|\geqslant\big||z_1|-|z_2|\big|. \tag{1.1.7}$$

对于非零复数$z_k=r_k(\cos\theta_k+\mathrm{i}\sin\theta_k)$ $(k=1,2)$，利用三角函数的和、差公式，容易验证z_1z_2和z_1/z_2的三角式分别为

$$z_1z_2=r_1r_2[\cos(\theta_1+\theta_2)+\mathrm{i}\sin(\theta_1+\theta_2)];$$
$$z_1/z_2=(r_1/r_2)[\cos(\theta_1-\theta_2)+\mathrm{i}\sin(\theta_1-\theta_2)].$$

由此可以看出，

$$|z_1z_2|=|z_1||z_2|,\quad |z_1/z_2|=|z_1|/|z_2|; \tag{1.1.8}$$

$$\mathrm{Arg}(z_1z_2)=\mathrm{Arg}(z_1)+\mathrm{Arg}(z_2),\mathrm{Arg}(z_1/z_2)=\mathrm{Arg}(z_1)-\mathrm{Arg}(z_2). \tag{1.1.9}$$

注意 式(1.1.9)中等式两边是多值的，它们成立是指两边辐角值的集合相等，其中右端辐角的和(差)运算是指$\mathrm{Arg}(z_1)$的每个值可以加上(减去)$\mathrm{Arg}(z_2)$的任意一个值，另外，由于两个主值辐角的和或差可能超出主值的范围，因此对辐角的主值而言，等式不一定成立.

另外，对于$z_1=z_2=z=r(\cos\theta+\mathrm{i}\sin\theta)$和任意自然数$n$有

$$z^n=r^n(\cos n\theta+\mathrm{i}\sin n\theta). \tag{1.1.10}$$

其中，z^n表示n个相同复数z的乘积，称为z的n次幂.

如果定义$z^{-n}=\dfrac{1}{z^n}$，那么当n为负整数时上式也是成立的.

特别地，当z的模$r=1$，即$z=\cos\theta+\mathrm{i}\sin\theta$时，可得到棣莫弗(De Moivre)公式：

$$(\cos\theta+\mathrm{i}\sin\theta)^n=\cos n\theta+\mathrm{i}\sin n\theta. \tag{1.1.11}$$

1.1.4 复数的n次方根

定义1.1.3 设有非零的已知复数z，若存在复数w使$z=w^n$，则称w为复数z的n次方根，记为$w=\sqrt[n]{z}=z^{1/n}$.

为了求出根w，令$z=r(\cos\theta+\mathrm{i}\sin\theta)$，$w=\rho(\cos\varphi+\mathrm{i}\sin\varphi)$.

根据式(1.1.10)有

$$\rho^n(\cos n\varphi+\mathrm{i}\sin n\varphi)=r(\cos\theta+\mathrm{i}\sin\theta),$$

于是 $$\rho^n=r,n\varphi=\theta+2k\pi\quad(k=0,\pm1,\pm2,\cdots);$$

即 $$\rho=r^{\frac{1}{n}},\quad \varphi=\frac{\theta+2k\pi}{n},$$

其中$r^{\frac{1}{n}}$是算术根，故所求方根为

$$w=\sqrt[n]{z}=r^{\frac{1}{n}}\left(\cos\frac{\theta+2k\pi}{n}+\mathrm{i}\sin\frac{\theta+2k\pi}{n}\right). \tag{1.1.12}$$

当$k=0,1,2,\cdots,n-1$时，可得到n个不同的根，而当k取其他整数值时，以上的根会重复出现. 例如$k=n$时，$w_n=w_0$.

从几何上易看出，$\sqrt[n]{z}$的n个不同的根就是以原点为中心，$r^{\frac{1}{n}}$为半径的圆的内接正n边形的n个顶点，任意两个相邻根的辐角都相差$\dfrac{2\pi}{n}$.

【例 1.1.2】 求$\sqrt[4]{2+2\mathrm{i}}$.

解　因为 $r=|2+2\mathrm{i}|=\sqrt{8}$，$\theta=\arg(2+2\mathrm{i})=\dfrac{\pi}{4}$，所以

$$\sqrt[4]{2+2\mathrm{i}}=\sqrt[8]{8}\left[\cos\frac{\frac{\pi}{4}+2k\pi}{4}+\mathrm{i}\sin\frac{\frac{\pi}{4}+2k\pi}{4}\right],$$

即

$k=0$ 时，$w_0=\sqrt[8]{8}\left[\cos\dfrac{\pi}{16}+\mathrm{i}\sin\dfrac{\pi}{16}\right]$；

$k=1$ 时，$w_1=\sqrt[8]{8}\left[\cos\dfrac{9\pi}{16}+\mathrm{i}\sin\dfrac{9\pi}{16}\right]$；

$k=2$ 时，$w_0=\sqrt[8]{8}\left[\cos\dfrac{17\pi}{16}+\mathrm{i}\sin\dfrac{17\pi}{16}\right]$；

$k=3$ 时，$w_0=\sqrt[8]{8}\left[\cos\dfrac{25\pi}{16}+\mathrm{i}\sin\dfrac{25\pi}{16}\right]$.

这四个根是内接于圆心在原点，半径为$\sqrt[8]{8}$的圆的内接正方形的四个顶点（图 1.1.4）.

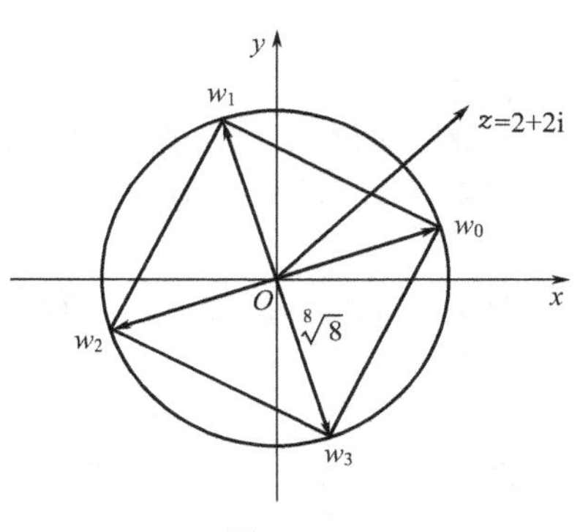

图 1.1.4

1.2　复平面上的曲线和区域

1.2.1　复平面上的曲线方程

平面曲线有直角坐标方程和参数方程两种形式. 复平面上的曲线也可写成相应的两种复数形式.

(1) 直角坐标方程

设 $z=x+\mathrm{i}y$，xOy 面上曲线 C 的直角坐标方程为

$$F(x,y)=0. \tag{1.2.1}$$

由 $x=\dfrac{z+\overline{z}}{2}, y=\dfrac{z-\overline{z}}{2\mathrm{i}}$ 或 $x=\mathrm{Re}(z), y=\mathrm{Im}(z)$得到复平面上曲线 C 的方程为

$$F\left(\frac{z+\overline{z}}{2},\frac{z-\overline{z}}{2\mathrm{i}}\right)=0 \text{ 或 } F[\mathrm{Re}(z),\mathrm{Im}(z)]=0. \tag{1.2.2}$$

(2) 参数方程

令 $z=x+\mathrm{i}y$，$z(t)=x(t)+\mathrm{i}y(t)$，则由两个复数相等的定义知，曲线 C 的参数方程：

$$x=x(t), y=y(t)\quad(\alpha\leqslant t\leqslant\beta)\text{等价于复数形式}$$

$$z=x(t)+\mathrm{i}y(t)\quad\text{或}\quad z=z(t). \tag{1.2.3}$$

例如圆周的参数方程 $x=x_0+R\cos t, y=y_0+R\sin t\quad(0\leqslant t\leqslant 2\pi)$，其等价的复数形式为

$$z=z_0+R(\cos t+\mathrm{i}\sin t)\text{ 或 } z=z_0+R\mathrm{e}^{\mathrm{i}t}.$$

其中 $t\in[0,2\pi], z_0=x_0+\mathrm{i}y_0$.

【例 1.2.1】 将直线方程 $3x+2y=1$ 化为复数形式.

解　将 $x=\frac{z+\overline{z}}{2}, y=\frac{z-\overline{z}}{2\mathrm{i}}$代入方程，得

$$3(z+\overline{z})-\mathrm{i}[2(z-\overline{z})]=2.$$

此即为所给直线方程的复数形式.

同理可得，直线 $x=1$ 的复数形式为 $\mathrm{Re}(z)=1$ 或 $z+\overline{z}=2$. 又如圆周 $(x-x_0)^2+(y-y_0)^2=R^2$可表示为

$$|z-z_0|=R. \tag{1.2.4}$$

其中 $z_0=x_0+\mathrm{i}y_0$为圆心，$|z-z_0|$为动点 z 到定点 z_0的距离．由此可以看出，用复数 z 表示曲线上的动点，可以直接写出其轨迹方程. 如动点 z 到定点 z_1和 z_2的距离之和为 $2a$ 的轨迹为椭圆（$|z_1-z_2|<2a$），其方程为

$$|z-z_1|+|z-z_2|=2a. \tag{1.2.5}$$

【例 1.2.2】 指出下列方程表示什么曲线.

(1) $|z-2\mathrm{i}|=|z+2|$；　(2) $\mathrm{Re}(2+\overline{z})=4$；

(3) $z=(1+\mathrm{i})t+z_0(-\infty<t<+\infty)$；(4) $z=(1+\mathrm{i})t+z_0(t>0)$.

解　(1) 将 $z=x+\mathrm{i}y$ 代入方程$|z-2\mathrm{i}|=|z+2|$得 $x^2+(y-2)^2=(x+2)^2+y^2$，整理化简为 $y=-x$，表示 z 平面上第二、四象限的角平分线. 事实上，方程显然表示到点 2i 和 -2 等距离的动点轨迹，即为连接 2i 和 -2 两点线段的垂直平分线［图 1.2.1(a)］.

(2) 将 $\overline{z}=x-\mathrm{i}y$ 代入方程 $\mathrm{Re}(2+\overline{z})=4$ 得 $x=2$，表示 z 平面上垂直于实轴的一条直线［图 1.2.1 (b)］.

(3) 设 $z=x+\mathrm{i}y$，$z_0=x_0+\mathrm{i}y_0$，代入方程 $z=(1+\mathrm{i})t+z_0$得 $x=x_0+t, y=y_0+t$ 它表示 z 平面上过点 z_0，其方向平行于向量 $1+\mathrm{i}$ 的直线.

(4) 同理可得，方程 (4) 只是方程 (3) 中直线的半直线. 由于点 z 满足 $\arg(z-z_0)=\arg[(1+\mathrm{i})t]=\frac{\pi}{4}$ $(t>0)$，因此它是从点 z_0出发倾角为 $\arg(1+\mathrm{i})=\frac{\pi}{4}$的射线［不包含点 z_0，见图 1.2.1(c)］. 显然其方程可简写为 $\arg(z-z_0)=\frac{\pi}{4}$.

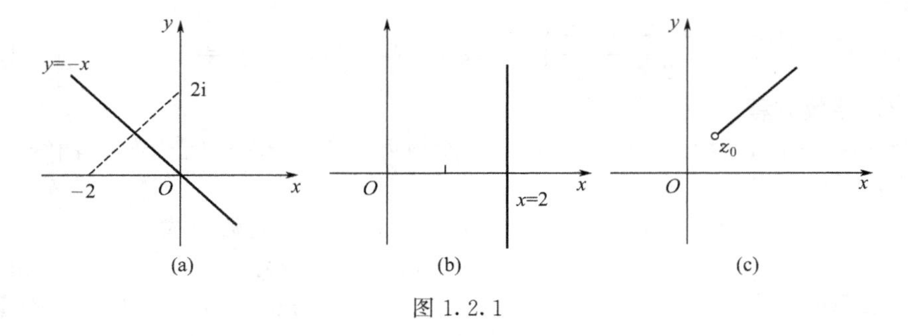

图 1.2.1

1.2.2　简单曲线与光滑曲线

设 $x(t)$，$y(t)$为区间$[\alpha,\beta]$上的两个实变量连续函数，则由复数方程 (1.2.3) 在复平面上决定的点集 C 称为复平面上的一条连续曲线.

定义 1.2.1　若连续曲线 $C: z=z(t)$ 对 $[\alpha,\beta]$ 上任意两个不同的点 t_1 及 t_2（且不同时为 $[\alpha,\beta]$ 的端点），总有 $z(t_1)\neq z(t_2)$，则称该曲线为简单曲线或若当曲线；若简单曲线的起点与终点重合，即 $z(\alpha)=z(\beta)$，则称它为简单闭曲线（图 1.2.2）.

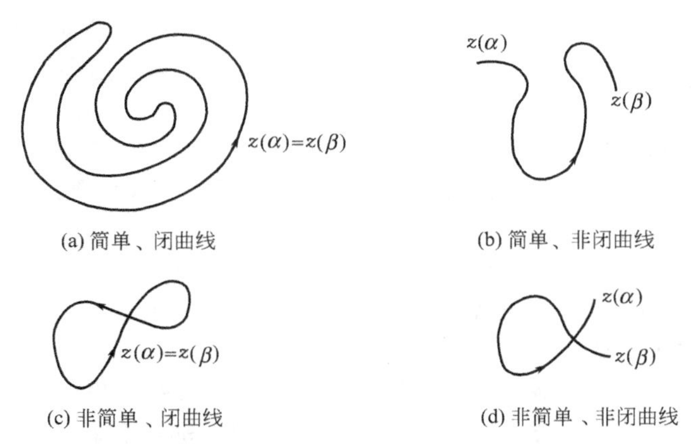

(a) 简单、闭曲线　(b) 简单、非闭曲线
(c) 非简单、闭曲线　(d) 非简单、非闭曲线

图 1.2.2

定义 1.2.2　若 $x'(t)$，$y'(t)$ 均在 $[\alpha,\beta]$ 上连续，且不同时为零［即 $z'(t)=x'(t)+y'(t)$ 在 $[\alpha,\beta]$ 上连续且 $z'(t)\neq 0$］，则称曲线 $C: z=z(t)=x(t)+y(t)$ $(\alpha\leqslant t\leqslant\beta)$ 为光滑曲线；由有限条光滑曲线依次连接所组成的曲线称为分段光滑曲线.

如直线、圆周等都是光滑曲线，而连接直线段所构成的折线是逐段光滑曲线.

1.2.3　区域

为了给出区域的概念，首先引入平面点集的几个基本概念.

（1）邻域

设 P_0 为定点，δ 为某个正常数，则称平面上以 P_0 为中心，δ 为半径的圆内部的点的集合 $\{P \mid |P-P_0|<\delta\}$ 为点 P_0 的一个 δ 邻域，记作 $N_\delta(P_0)$；而称满足不等式 $0<|P-P_0|<\delta$ 的点集为点 P_0 的一个去心邻域，记作 $\mathring{N}_\delta(P_0)$.

（2）内点

设 G 为平面上的点集，若 $P_0\in G$ 且存在 P_0 的一个邻域 $N_\delta(P_0)\subset G$，则称 P_0 为 G 的内点.

（3）边界点

如果点 P 的任何一个邻域内既含有属于 G 的点，又含有不属于 G 的点，则称点 P 为 G 的边界点. G 的所有边界点所组成的集合称为 G 的边界.

（4）聚点

如果对任意给定的 $\delta>0$，点 P 的去心邻域 $\mathring{N}_\delta(P)$ 内总有 G 中的点，则称点 P 是 G 的聚点.

（5）开集

若点集 G 内的每一个点都是它的内点，则称 G 为开集.

（6）连通集

如果点集 G 内的任何两点，都可用完全属于 G 的折线连接起来，则称 G 为连通集.

定义 1.2.3 若平面点集 D 是连通的开集，称点集 D 为区域.

区域 D 连同它的边界一起所构成的点集称为闭区域，简称为闭域，记作 $\overline{D}$. 可见闭区域不是区域，区域不包含它的任何边界点，区域的边界可能由几条曲线和一些孤立的点所组成.

(7) 有界域和无界域

如果一个区域 D 可以被包含在一个以原点为中心的某个确定的圆内部，则称 D 是有界域，否则称 D 是无界域.

例如，集合$\{(x,y)|1<x^2+y^2<3\}$是有界域；集合$\{(x,y)|x+y>0\}$是无界域，集合$\{(x,y)|x+y\geqslant 0\}$是无界闭区域. 可见，闭区域也不一定是有界的.

(8) 单连通域和多连通域

简单闭曲线有一个明显特征，它把整个平面分成没有公共点的两个区域，一个是有界域称为它的内部，另一个是无界域称为它的外部，它们都以该曲线为边界，而不包含该曲线上的点. 下面介绍单连通域和多连通域的概念.

定义 1.2.4 设 D 是平面上的一个区域，如果 D 中的任意一条简单闭曲线的内部总是完全属于 D，则称 D 为单连通区域，否则称 D 为多连通区域.

单连通域 D 具有这样的特征：属于 D 的任何一条简单闭曲线，在 D 内可以经过连续的变形而收缩成一点，多连通域则不具有这一特征.

如整个复平面、半平面 $\mathrm{Im}(z)>a$ 或 $\mathrm{Re}(z)>b$ 等都是单连通域，除去原点和负实轴的复平面区域 $-\pi<\arg(z)<\pi$ 也是单连通域（图 1.2.3）.

任一去心邻域、环形域及图 1.2.4 所示的区域都是多连通域.

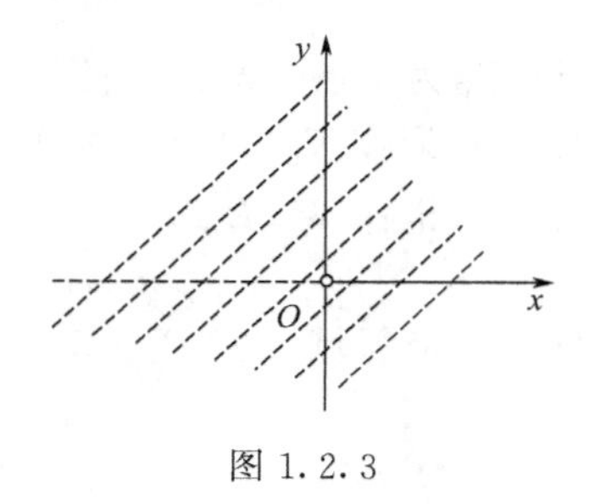

图 1.2.3

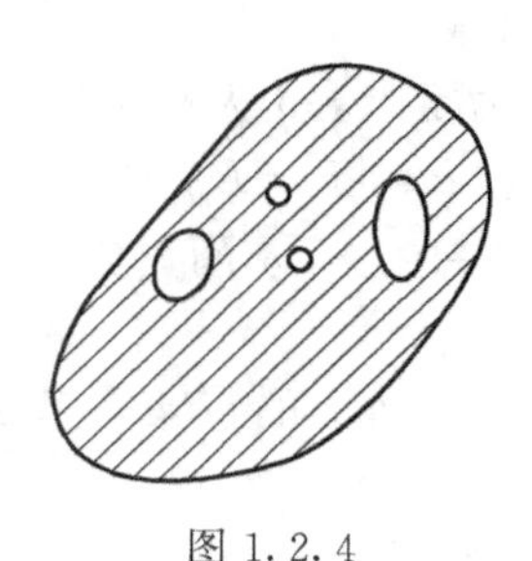
图 1.2.4

1.3* 二元函数的基本概念、偏导数和全微分

1.3.1 二元函数的基本概念

(1) 二元函数的概念

在很多自然现象及实际问题中，经常会遇到多个变量之间的依赖关系，举例如下.

【例 1.3.1】 圆柱体的体积 V 和它的底半径 r、高 h 之间具有关系

$$V=\pi r^2 h.$$

这里，当 r,h 在集合$\{(r,h)|r>0,h>0\}$内取定一对值(r,h)时，V 的对应值就随之确定.

【例 1.3.2】 一定量的理想气体的压强 p、体积 V 和绝对温度 T 之间具有关系

$$p=\frac{RT}{V},$$

其中 R 是常数. 这里，当 V,T 在集合$\{(V,T)|V>0,T>T_0\}$内取定一对值(V,T)时，p 的对应值就随之确定.

上面两个例子的具体意义虽各不相同，但它们却有共同的性质，抽出这些共性就可以给出二元函数的定义.

定义 1.3.1 设 D 是平面上的一个点集. 如果对每个点 $P(x,y)\in D$，变量 z 按照一定的法则总有确定的值和它对应，则称 z 是变量 x、y 的二元函数（或点 P 的函数），通常记为

$$z=f(x,y),\quad (x,y)\in D$$

或

$$z=f(P),\quad P\in D,$$

其中点集 D 称为该函数的定义域，x、y 称为自变量，z 称为因变量.

上述定义中，与自变量 x、y 的一对值（即二元有序实数组）(x,y)相对应的因变量 z 的值，也称为 f 在点(x,y)处的函数值，函数值的全体所构成的集合称为函数 f 的值域，记作 $f(D)$，即

$$f(D)=\{z|z=f(x,y),(x,y)\in D\}.$$

与一元函数的情形相仿，记号 f 与 $f(x,y)$的意义是有区别的，但习惯上常用记号“$f(x,y),(x,y)\in D$”或“$z=f(x,y),(x,y)\in D$”来表示 D 上的二元函数 f. 表示二元函数的记号 f 也是可以任意选取的，例如也可以记为 $z=\varphi(x,y)$，$z=z(x,y)$等.

设 $z=f(x,y)$的定义域为 D. 对于任意取定的点 $P(x,y)\in D$，对应的函数值为 $z=f(x,y)$. 这样，以 x 为横坐标、y 为纵坐标、$z=f(x,y)$为竖坐标在空间就确定一点 $M(x,y,z)$. 当(x,y)遍取 D 上的一切点时，得到一个空间点集

$$\{(x,y,z)|z=f(x,y),(x,y)\in D\},$$

这个点集称为二元函数 $z=f(x,y)$的图形（图 1.3.1）. 通常我们也说二元函数的图形是一张曲面.

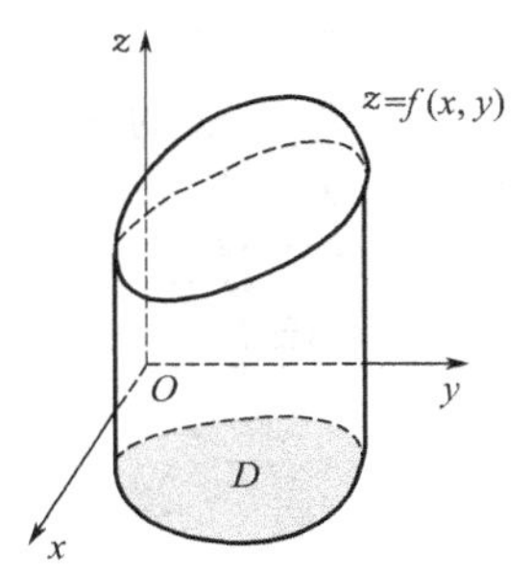

图 1.3.1

(2) 二元函数的极限

下面讨论二元函数 $z=f(x,y)$当$(x,y)\to(x_0,y_0)$，即 $P(x,y)\to P_0(x_0,y_0)$时的极限.

这里 $P\to P_0$表示点 P 以任何方式趋于点 P_0，也就是点 P 与点 P_0的距离趋于零，即

$$|PP_0|=\sqrt{(x-x_0)^2+(y-y_0)^2}\to 0.$$

与一元函数的极限概念类似，如果在 $P(x,y)\to P_0(x_0,y_0)$的过程中对应的函

数值 $f(x,y)$ 无限接近于一个确定的常数 A，就说 A 是函数 $f(x,y)$ 当 $(x,y)\to(x_0,y_0)$ 时的极限. 下面用"$\varepsilon-\delta$"语言描述这个极限的概念.

定义 1.3.2　设二元函数 $f(P)=f(x,y)$ 的定义域为 D，$P_0(x_0,y_0)$ 是 D 的聚点. 如果存在常数 A，对任意给定的正数 ε，总存在正数 δ，使得满足 $0<|PP_0|<\delta$ 的任意的点 $P(x,y)\in D$，都有

$$|f(P)-A|=|f(x,y)-A|<\varepsilon$$

成立，那么就称常数 A 为函数 $f(x,y)$ 当 $(x,y)\to(x_0,y_0)$ 时的极限，记为

$$\lim_{(x,y)\to(x_0,y_0)} f(x,y)=A \text{ 或 } f(x,y)\to A[(x,y)\to(x_0,y_0)],$$

也记为

$$\lim_{P\to P_0} f(P)=A \text{ 或 } f(P)\to A(P\to P_0).$$

为了区别一元函数的极限，把二元函数的极限叫做二重极限.

【例 1.3.3】　设 $f(x,y)=(x^2+y^2)\sin\dfrac{1}{x^2+y^2}$，求证 $\lim\limits_{(x,y)\to(0,0)} f(x,y)=0$.

证　这里函数 $f(x,y)$ 的定义域为 $D=R^2/\{(0,0)\}$，点 $(0,0)$ 为 D 的聚点. 因为

$$|f(x,y)-0|=\left|(x^2+y^2)\sin\frac{1}{x^2+y^2}-0\right|\leqslant x^2+y^2,$$

可见，$\forall\varepsilon>0$，取 $\delta=\sqrt{\varepsilon}$，则当

$$0<\sqrt{(x-0)^2+(y-0)^2}<\delta,$$

总有

$$|f(x,y)-0|<\varepsilon$$

成立，所以

$$\lim_{(x,y)\to(0,0)} f(x,y)=0.$$

注意　所谓二重极限存在，是指 $P(x,y)$ 以任何方式趋于 $P_0(x_0,y_0)$ 时，$f(x,y)$ 都无限接近于 A. 因此，如果 $P(x,y)$ 以某一特殊方式，例如沿着一条定直线或定曲线趋于 $P_0(x_0,y_0)$ 时，即使 $f(x,y)$ 都无限接近于某一个定值，还不能由此断定函数的极限存在. 但是反过来，如果当 $P(x,y)$ 以不同方式趋于 $P_0(x_0,y_0)$ 时，$f(x,y)$ 趋于不同的值，那么就可以断定函数的极限不存在. 下面用例子来说明这种情形.

考察函数

$$f(x,y)=\begin{cases}\dfrac{xy}{x^2+y^2}, & x^2+y^2\neq 0;\\ 0, & x^2+y^2=0.\end{cases}$$

显然，当点 $P(x,y)$ 沿着 x 轴趋于点 $(0,0)$ 时，

$$\lim_{(x,y)\to(0,0)} f(x,y)=\lim_{x\to 0} f(x,0)=\lim_{x\to 0} 0=0.$$

又当点 $P(x,y)$ 沿着 y 轴趋于点 $(0,0)$ 时，

$$\lim_{(x,y)\to(0,0)} f(x,y)=\lim_{y\to 0} f(0,y)=\lim_{y\to 0} 0=0.$$

虽然点 $P(x,y)$ 以两种特殊方式(沿着 x 轴或沿着 y 轴) 趋于原点时函数的极限存在并且相等，但是 $\lim\limits_{(x,y)\to(0,0)} f(x,y)$ 并不存在. 这是因为点 $P(x,y)$ 沿着直线

$y=kx$ 趋于点(0,0)时，有

$$\lim_{\substack{(x,y)\to(0,0)\\y=kx}}\frac{xy}{x^2+y^2}=\lim_{x\to0}\frac{kx^2}{x^2+k^2x^2}=\frac{k}{1+k^2},$$

显然它是随着 k 的值的不同而改变的.

关于二元函数的极限运算，有与一元函数类似的运算法则.

(3) 二元函数的连续性

明白了函数极限的概念，就不难说明二元函数的连续性.

定义 1.3.3　设二元函数 $f(P)=f(x,y)$ 的定义域为 D，$P_0(x_0,y_0)$ 为 D 的聚点，且 $P_0\in D$，如果

$$\lim_{(x,y)\to(x_0,y_0)}f(x,y)=f(x_0,y_0),$$

则称函数 $f(x,y)$ 在点 $P_0(x_0,y_0)$ 连续.

如果 $f(x,y)$ 在 D 内每一点都连续，那么称函数 $f(x,y)$ 在 D 上连续，或者称 $f(x,y)$ 是 D 上的连续函数.

根据二元函数的极限运算法则，可以证明二元连续函数的和、差、积仍为连续函数；连续函数的商在分母不为零处连续；二元连续函数的复合函数也是连续函数.

1.3.2　偏导数

(1) 偏导数的定义及其计算法

在研究一元函数时，我们从研究函数的变化率引入了导数概念．对于二元函数同样需要讨论它的变化率．但二元函数的自变量有两个，因变量与自变量的关系要比一元函数复杂得多．在这一节里，我们首先考虑二元函数关于其中一个自变量的变化率．对于二元函数 $z=f(x,y)$，如果只有自变量 x 变化，而自变量 y 固定(即看作常量)，这时它就是 x 的一元函数，这函数对 x 的导数，就称为二元函数 $z=f(x,y)$ 对于 x 的偏导数，即有如下定义：

定义 1.3.4　设函数 $z=f(x,y)$ 在点 (x_0,y_0) 的某一邻域内有定义，当 y 固定在 y_0 而 x 在 x_0 处有增量 Δx 时，相应的函数有增量

$$f(x_0+\Delta x,y_0)-f(x_0,y_0),$$

如果

$$\lim_{\Delta x\to0}\frac{f(x_0+\Delta x,y_0)-f(x_0,y_0)}{\Delta x}. \tag{1.3.1}$$

存在，则称此极限为函数 $z=f(x,y)$ 在点 (x_0,y_0) 处对 x 的偏导数，记作

$$\left.\frac{\partial z}{\partial x}\right|_{\substack{x=x_0\\y=y_0}},\left.\frac{\partial f}{\partial x}\right|_{\substack{x=x_0\\y=y_0}},z_x\Big|_{\substack{x=x_0\\y=y_0}} \text{或 } f_x(x_0,y_0).$$

例如，极限式(1.3.1) 可以表示为

$$f_x(x_0,y_0)=\lim_{\Delta x\to0}\frac{f(x_0+\Delta x,y_0)-f(x_0,y_0)}{\Delta x}. \tag{1.3.2}$$

类似地，函数 $z=f(x,y)$ 在点 (x_0,y_0) 处对 y 的偏导数定义为

$$\lim_{\Delta y\to0}\frac{f(x_0,y_0+\Delta y)-f(x_0,y_0)}{\Delta y}, \tag{1.3.3}$$

记作 $\left.\frac{\partial z}{\partial y}\right|_{\substack{x=x_0\\y=y_0}}$，$\left.\frac{\partial f}{\partial y}\right|_{\substack{x=x_0\\y=y_0}}$，$z_y\big|_{\substack{x=x_0\\y=y_0}}$ 或 $f_y(x_0,y_0)$.

如果函数 $z=f(x,y)$在区域 D 内每一点(x,y)处对 x 的偏导数都存在，那么这个偏导数就是 x、y 的函数，它就称为函数 $z=f(x,y)$对自变量 x 的偏导函数，记作

$$\frac{\partial z}{\partial x},\frac{\partial f}{\partial x},z_x\text{或}f_x(x,y).$$

类似地函数 $z=f(x,y)$对自变量 y 的偏导函数，记作

$$\frac{\partial z}{\partial y},\frac{\partial f}{\partial y},z_y\text{或}f_y(x,y).$$

由偏导数的概念可知，$f(x,y)$在点(x_0,y_0)处对 x 的偏导数 $f_x(x_0,y_0)$显然就是偏导函数 $f_x(x,y)$在点(x_0,y_0)处的函数值；$f_y(x_0,y_0)$就是偏导函数 $f_y(x,y)$在点(x_0,y_0)处的函数值．就像一元函数的导函数一样，以后在不至于混淆的地方也把偏导函数简称为偏导数.

至于实际求 $z=f(x,y)$的偏导数，并不需要用新的方法，因为这里只有一个自变量在变动，另一个自变量是看做固定的，所以仍旧是一元函数的微分法问题．求$\frac{\partial f}{\partial x}$时，只要把 y 暂时看做常量而对 x 求导数；求$\frac{\partial f}{\partial y}$时，只要把 x 暂时看做常量而对 y 求导数.

【例 1.3.4】 求 $f(x,y)=x^2+3xy+y^2$在点$(1,2)$处的偏导数.

解 把 y 看做常量，得

$$\frac{\partial f}{\partial x}=2x+3y;$$

把 x 看做常量，得

$$\frac{\partial f}{\partial y}=3x+2y.$$

将$(1,2)$代入上面的结果，就得

$$\left.\frac{\partial f}{\partial x}\right|_{\substack{x=1\\y=2}}=2\times1+3\times2=8,$$

$$\left.\frac{\partial f}{\partial y}\right|_{\substack{x=1\\y=2}}=3\times1+2\times2=7.$$

(2) 高阶偏导数

设函数 $z=f(x,y)$在区域 D 内具有偏导数

$$\frac{\partial z}{\partial x}=f_x(x,y),\ \frac{\partial z}{\partial y}=f_y(x,y).$$

那么在区域 D 内 $f_x(x,y)$，$f_y(x,y)$都是 x,y 的函数．如果这两个函数的偏导数也存在，则称它们是函数 $z=f(x,y)$的二阶偏导数．按照对变量求导次序的不同有下列四个二阶偏导数：

$$\frac{\partial}{\partial x}\left(\frac{\partial z}{\partial x}\right)=\frac{\partial^2 z}{\partial x^2}=f_{xx}(x,y),\quad \frac{\partial}{\partial y}\left(\frac{\partial z}{\partial x}\right)=\frac{\partial^2 z}{\partial x\partial y}=f_{xy}(x,y),$$

$$\frac{\partial}{\partial x}\left(\frac{\partial z}{\partial y}\right)=\frac{\partial^2 z}{\partial y \partial x}=f_{yx}(x,y),\quad \frac{\partial}{\partial y}\left(\frac{\partial z}{\partial y}\right)=\frac{\partial^2 z}{\partial y^2}=f_{yy}(x,y).$$

其中第二、三两个偏导数称为混合偏导数．同样可以得三阶、四阶以及 n 阶偏导数．二阶及二阶以上的偏导数统称为高阶偏导数.

【例 1.3.5】 设 $z=x^3y^2-3xy^3-xy+1$，求$\frac{\partial^2 z}{\partial x^2},\frac{\partial^2 z}{\partial x \partial y},\frac{\partial^2 z}{\partial y \partial x},\frac{\partial^2 z}{\partial y^2}$.

解 $\frac{\partial z}{\partial x}=3x^2y^2-3y^3-y$，　　$\frac{\partial z}{\partial y}=2x^3y-9xy^2-x$；

$\frac{\partial^2 z}{\partial x^2}=6xy^2$，　　$\frac{\partial^2 z}{\partial y \partial x}=6x^2y-9y^2-1$，

$\frac{\partial^2 z}{\partial x \partial y}=6x^2y-9y^2-1$，　　$\frac{\partial^2 z}{\partial y^2}=2x^3-18xy$.

从上例中可以看到，两个二阶混合偏导数相等，即$\frac{\partial^2 z}{\partial x \partial y}=\frac{\partial^2 z}{\partial y \partial x}$. 这不是偶然的，事实上，有下述定理.

定理 1.3.1 如果函数 $z=f(x,y)$的两个二阶混合偏导数$\frac{\partial^2 z}{\partial x \partial y}$及$\frac{\partial^2 z}{\partial y \partial x}$在区域 D 内连续，那么在该区域内这两个二阶混合偏导数必相等.

1.3.3 全微分

(1) 全微分的定义

由偏导数的定义知道，二元函数对某个自变量的偏导数表示当一个自变量固定时，因变量相对于该自变量的变化率．根据一元函数微分学中增量与微分的关系，可得

$$f(x+\Delta x,y)-f(x,y)\approx f_x(x,y)\Delta x,$$
$$f(x,y+\Delta y)-f(x,y)\approx f_y(x,y)\Delta y.$$

上面两式的左端分别叫做二元函数对 x 和对 y 的偏增量，而右端分别叫做二元函数对 x 和对 y 的偏微分.

在实际问题中，有时需要研究多元函数中各个自变量都取得增量时因变量所获得的增量，即所谓全增量的问题.

设函数 $z=f(x,y)$在点 $P(x,y)$的某个邻域内有定义，$P'(x+\Delta x,y+\Delta y)$为邻域内的任一点，则称这两点的函数差 $f(x+\Delta x,y+\Delta y)-f(x,y)$为函数在点 $P(x,y)$对应于自变量增量 $\Delta x,\Delta y$ 的全增量，记作 Δz，即

$$\Delta z=f(x+\Delta x,y+\Delta y)-f(x,y). \tag{1.3.4}$$

一般来说，计算全增量 Δz 比较复杂．与一元函数的情形一样，我们希望用自变量的增量 $\Delta x,\Delta y$ 的线性函数来近似地代替函数的全增量 Δz，从而引入如下定义.

定义 1.3.5 设函数 $z=f(x,y)$在点(x,y)的某个邻域内有定义，如果函数在点(x,y)的全增量

$$\Delta z=f(x+\Delta x,y+\Delta y)-f(x,y)$$

可表示为

$$\Delta z = A\Delta x + B\Delta y + o(\rho). \tag{1.3.5}$$

其中 A,B 不依赖于 Δx、Δy 而仅与 x、y 有关，$\rho=\sqrt{(\Delta x)^2+(\Delta y)^2}$，则称函数 $z=f(x,y)$ 在点 (x,y) 可微分，而 $A\Delta x+B\Delta y$ 称为函数 $z=f(x,y)$ 在点 (x,y) 全微分，记作 $\mathrm{d}z$，即

$$\mathrm{d}z = A\Delta x + B\Delta y. \tag{1.3.6}$$

如果函数在区域 D 内各点处都可微，那么称这函数在 D 内可微分.

(2) 可微的条件

下面讨论函数 $z=f(x,y)$ 在点 (x,y) 可微分的条件.

定理 1.3.2 （必要条件） 如果函数 $z=f(x,y)$ 在点 (x,y) 可微分，则该函数在点 (x,y) 的偏导数 $\frac{\partial z}{\partial x},\frac{\partial z}{\partial y}$ 必存在，且函数 $z=f(x,y)$ 在点 (x,y) 的全微分为

$$\mathrm{d}z = \frac{\partial z}{\partial x}\Delta x + \frac{\partial z}{\partial y}\Delta y. \tag{1.3.7}$$

由定理 1.3.2 可知，偏导数存在是可微分的必要条件而不是充分条件．但是，如果再假定函数的各个偏导数连续，则可以证明函数是可微的，即有下面定理.

定理 1.3.3（充分条件） 如果函数 $z=f(x,y)$ 的偏导数 $\frac{\partial z}{\partial x},\frac{\partial z}{\partial y}$ 在点 (x,y) 连续，则函数在该点可微分.

习惯上，我们将自变量的增量 Δx、Δy 分别记作 $\mathrm{d}x,\mathrm{d}y$，并分别称为自变量 x、y 的微分．这样函数 $z=f(x,y)$ 的全微分就可写为

$$\mathrm{d}z = \frac{\partial z}{\partial x}\mathrm{d}x + \frac{\partial z}{\partial y}\mathrm{d}y. \tag{1.3.8}$$

通常把二元函数的全微分等于它的两个偏微分之和这件事称为二元函数的微分符合叠加原理.

1.4 复变函数的极限和连续性

1.4.1 复变函数的概念

复变函数的定义在形式上与一元实函数一样，只是其自变量和函数的取值推广到了复数.

定义 1.4.1 设 G 是一个非空复数集合，如果对 G 内的任一复数 z，按照某一确定的法则总有一个（多个）复数 w 与之对应，则称复变数 w 是复变数 z 的单值（多值）函数，简称复变函数，记作

$$w=f(z).$$

其中 z 叫做自变量，w 叫做因变量，集合 G 叫做该函数的定义域，与 G 中所有 z 对应的 w 值的集合 G^* 叫做该函数的值域.

今后如无特殊声明，所讨论的复变函数均为单值函数.

【例 1.4.1】 讨论 $w=z^2$ 是否为单值函数.

解　令 $z=x+\mathrm{i}y$，$w=u+\mathrm{i}v$，则

$$w=u+\mathrm{i}v=z^2=(x+\mathrm{i}y)^2=x^2-y^2+2xy\mathrm{i},$$

由此得
$$u=x^2-y^2, v=2xy.$$
由于这两个二元实函数都是单值函数，因而 $w=z^2$ 是 z 的单值函数.

【例 1.4.2】　$w^2=z$ 是否为单值函数?

解　令 $z=r\mathrm{e}^{\mathrm{i}\theta}$，$w=\rho\mathrm{e}^{\mathrm{i}\varphi}$，则

$$\rho^2\mathrm{e}^{\mathrm{i}2\varphi}=r\mathrm{e}^{\mathrm{i}\theta},$$

由此得
$$\rho^2=r,\ 2\varphi=\theta+2k\pi.$$

即
$$\rho=\sqrt{r},\ \varphi=\frac{\theta}{2}+k\pi\quad(k=0,1).$$

取 $k=0, w_0=\sqrt{r}\mathrm{e}^{\mathrm{i}\frac{\theta}{2}}$；取 $k=1, w_1=\sqrt{r}\mathrm{e}^{\mathrm{i}\left(\frac{\theta}{2}+\pi\right)}$. 因而知 $w^2=z$ 是 z 的多值函数.

从以上例子可以看出，由于给定了复数 $z=x+\mathrm{i}y$ 就相当于给定了两个实数 x 和 y，而复数 $w=u+\mathrm{i}v$ 也同样对应着两个实数 u 和 v，所以复变函数 w 和自变量 z 之间的关系 $w=f(z)$ 相当于两个关系式：

$$u=u(x,y),\ v=v(x,y),$$

它们确定了自变量为 x 和 y 的两个二元实函数.

1.4.2　复变函数的极限

复变函数极限的定义在叙述形式上与一元实函数的极限一致，即

定义 1.4.2　设 A 为复常数，函数 $w=f(z)$ 在点 z_0 的去心邻域 $0<|z-z_0|<\rho$ 内有定义. 如果对于任意给定的正数 ε，总可找到相应的正数 $\delta(\delta\leqslant\rho)$，使得当 $0<|z-z_0|<\delta$ 时恒有
$$|f(z)-A|<\varepsilon,$$
则称 A 为 $f(z)$ 当 $z\to z_0$ 时的极限. 记作

$$\lim_{z\to z_0}f(z)=A \text{ 或 } f(z)\to A\quad(z\to z_0).$$

其几何意义是当变点 z 一旦进入 z_0 的充分小的 δ 去心邻域时，它的像点 $f(z)$ 就落入 A 预先给定的 ε 邻域中. 这与一元实函数的极限的几何意义相比十分类似，只是这里用圆域代替了那时的邻域.

注意　这里"$f(z)\to A\quad(z\to z_0)$"意味着"当点 z 在该邻域内沿任何方向，以任意路径和方式趋于 z_0 时 $f(z)$ 都趋于同一个常数 A". 显然，这比一元实函数极限的定义的要求要苛刻的多. 为此，我们可以通过考察函数沿某些特殊路径的极限不同或不存在，来判断其极限不存在.

关于极限的运算有以下定理.

定理 1.4.1　设函数 $f(z)=u(x,y)+\mathrm{i}v(x,y)$, $A=u_0+\mathrm{i}v_0$, $z_0=x_0+\mathrm{i}y_0$，则 $\lim\limits_{z\to z_0}f(z)=A$ 的充要条件是

$$\lim_{(x,y)\to(x_0,y_0)}u(x,y)=u_0,\quad \lim_{(x,y)\to(x_0,y_0)}v(x,y)=v_0.$$

定理 1.4.2　若 $\lim\limits_{z\to z_0}f(z)=A$，$\lim\limits_{z\to z_0}g(z)=B$，则有

(1)　$\lim\limits_{z\to z_0}[f(z)\pm g(z)]=A\pm B$；

(2) $\lim\limits_{z \to z_0}[f(z)g(z)]=AB$；

(3) $\lim\limits_{z \to z_0}\dfrac{f(z)}{g(z)}=\dfrac{A}{B}\quad(B\neq 0)$.

利用极限的定义可以证明上述定理，请读者自己完成.

1.4.3 复变函数的连续性

定义 1.4.3 若 $\lim\limits_{z \to z_0} f(z)=f(z_0)$，则称函数 $f(z)$ 在 z_0 处连续；若 $f(z)$ 在区域 D 内处处连续，则称函数 $f(z)$ 在区域 D 内连续.

定理 1.4.3 函数 $f(z)=u(x,y)+\mathrm{i}v(x,y)$ 在点 $z_0=x_0+\mathrm{i}y_0$ 处连续的充要条件是 $u(x,y)$ 和 $v(x,y)$ 在点 (x_0,y_0) 处连续.

定理 1.4.4 ①在点 z_0 处连续的两个函数 $f(z)$ 和 $g(z)$ 的和、差、积、商（分母在 z_0 处不为零）在 z_0 处仍然连续；②若函数 $h=g(z)$ 在点 z_0 处连续，$w=f(h)$ 在 $h_0=g(z_0)$ 连续，则复合函数

$$w=f[g(z)]\text{点 } z_0 \text{ 处连续.}$$

由该定理可以看出，复有理多项式函数

$$w=P(z)=a_0+a_1z+\cdots+a_nz^n$$

在整个复平面上连续，而复有理分式函数

$$w=P(z)/Q(z)$$

在复平面内使分母 $Q(z)\neq 0$ 的点处也是连续的，其中 $P(z)$,$Q(z)$ 都是复有理多项式函数.

另外，若函数 $f(z)$ 在有界闭区域 $\overline{D}$ 上连续，则 $|f(z)|=\sqrt{u^2+v^2}$ 在 $\overline{D}$ 上也连续，因此二元连续函数 $|f(z)|$ 在 $\overline{D}$ 上达到它的最大值和最小值，分别称为 $f(z)$ 在 $\overline{D}$ 上的最大模和最小模．于是有

定理 1.4.5 设函数 $f(z)$ 在有界闭区域 $\overline{D}$ 上连续，则 $f(z)$ 在 $\overline{D}$ 上达到它的最大模和最小模.

推论 若函数 $f(z)$ 在有界闭区域 $\overline{D}$ 上连续，则 $f(z)$ 在 $\overline{D}$ 上有界.

特别地，在闭曲线或包括曲线端点在内的曲线段 C 上连续的函数 $f(z)$，在曲线段 C 上是有界的，即存在一正数 M，使当 $z\in C$ 时恒有

$$|f(z)|\leqslant M.$$

这一结论在级数部分的理论证明中将会用到.

1.5 复数的应用

复数被广泛应用于理论研究和工程实践等领域，如流体力学、相对论、量子力学、应用数学、普通物理、系统分析、信号分析和电路分析等．例如应用数学中高斯关于“代数基本定理”的证明必须依赖于复数的理论．在求解微分方程时，可以利用拉普拉斯变换将微分方程转变为代数方程求解，而拉普拉斯变换也是基于复数的一种积分变换；自动控制系统的稳定性分析，经常利用系统的传递函数的极点来

判断系统的稳定性，而极点就在复平面上；电路分析中求电路的正弦稳态响应时，利用相量法求解分析简单方便，而相量分析法也是基于复数的分析方法；在物理学中如力、速度、加速度等向量都可以用复数来表示，用复数表示向量，可以用两个复数之和表示两个向量如力、速度的合成；在信号与系统分析中最重要的是傅里叶级数和傅里叶变换，可以说是信号与系统分析的核心和灵魂，其他的理论和原理都可以在此基础上建立，在由周期信号的傅里叶级数到非周期信号的傅里叶变换过渡过程中，傅里叶级数的复指数表示形式起到桥梁作用，而傅里叶级数的复指数表示形式及所利用的欧拉公式都涉及复数和复变函数的知识，同样，在信号分析与处理中非常重要的三大变换：傅里叶变换、拉普拉斯变换、Z 变换都是信号与某种类型的复指数函数相乘经过积分或求和运算而得到，这三种变换在进行变换时也涉及复数和复变函数．总之，无论是分析信号的频谱，还是分析系统的频率特性以及系统的稳定性，或者是设计数字滤波器，可以毫不夸张地说几乎到处看到复数及复变函数应用的身影．如果没有深刻理解复数的本质，要想真正理解和掌握信号与系统及数字信号处理，那是难以想象的．

下面以复数在平面电磁波和鱼雷或舰艇平面运动中的应用为例，阐释复数在电磁理论和军事方面的应用．

1.5.1　复数在电磁理论中的应用

物理量用复数表示在电工学、量子力学等学科中有广泛的应用，电磁场理论中也是如此．在很多实际情况下，电磁波的激发源往往以大致确定的频率作正弦振荡，因而辐射出的电磁波也以同一频率作正弦振荡．以一定频率作正弦振荡的电磁波满足的基本方程是由麦克斯韦方程组导出的亥姆霍兹（Helmholtz）方程，平面电磁波是亥姆霍兹方程的基本解之一，它具有形式简单，意义明确的特点．在研究电磁场的传播和辐射时，一般采用复数形式表示平面电磁波，在用于表示偏振、吸收和计算等方面应用较多，其优点在于：在数学上复数的计算比三角函数方便，在物理上用复数表示一些物理量要比实数方便．

（1）复数振幅的应用

对于单色平面电磁波，它的表达式为 $E=E_0\cos(k\cdot X-\omega t)$，　(1.5.1)

它的复数形式是

$$\boldsymbol{E}=\boldsymbol{E}_0\mathrm{e}^{\mathrm{i}(\boldsymbol{k}\cdot\boldsymbol{X}-\omega t)}.\tag{1.5.2}$$

式(1.5.1) 是式(1.5.2) 取实部的结果．式(1.5.2) 中，$\boldsymbol{E}_0$是与坐标 x，y，z 和时间 t 无关的常矢量．如果 $\boldsymbol{E}_0$是实数矢量，式(1.5.2) 仅表示一个线偏振的平面电磁波，而当 $\boldsymbol{E}_0$是复数矢量时，式(1.5.2) 不仅表示一个线偏振的平面电磁波，还能表示一个椭圆偏振的单色波．事实上，设复数振幅的形式为：

$$\boldsymbol{E}_0=E_{0\mathrm{R}}+\mathrm{i}E_{0\mathrm{I}},\tag{1.5.3}$$

式中，$E_{0\mathrm{R}}$和 $E_{0\mathrm{I}}$都是与坐标 x，y，z 和时间 t 无关的实数常矢量，它们的方向一般不相同．这时式(1.5.2) 可写为

$$\boldsymbol{E}=(E_{0\mathrm{R}}+\mathrm{i}E_{0\mathrm{I}})\mathrm{e}^{\mathrm{i}(\boldsymbol{k}\cdot\boldsymbol{X}-\omega t)}\tag{1.5.4}$$

实际电场可由式(1.5.4) 取实部所得到，即为

$$\begin{aligned}
\mathrm{Re}(\boldsymbol{E}) &= \mathrm{Re}[(E_{0\mathrm{R}}+\mathrm{i}E_{0\mathrm{I}})\mathrm{e}^{\mathrm{i}(\boldsymbol{k}\cdot\boldsymbol{X}-\omega t)}] \\
&= \mathrm{Re}[(E_{0\mathrm{R}}+\mathrm{i}E_{0\mathrm{I}})\mathrm{e}^{-\mathrm{i}(\omega t-\boldsymbol{k}\cdot\boldsymbol{X})}] \\
&= \mathrm{Re}\{(E_{0\mathrm{R}}+\mathrm{i}E_{0\mathrm{I}})[\cos(\omega t-\boldsymbol{k}\cdot\boldsymbol{X})-\mathrm{i}\sin(\omega t-\boldsymbol{k}\cdot\boldsymbol{X})]\} \\
&= E_{0\mathrm{R}}\cos(\omega t-\boldsymbol{k}\cdot\boldsymbol{X})+E_{0\mathrm{I}}\sin(\omega t-\boldsymbol{k}\cdot\boldsymbol{X}) \\
&= E_{0\mathrm{R}}\cos(\omega t-\boldsymbol{k}\cdot\boldsymbol{X})+E_{0\mathrm{I}}\cos\left(\omega t-\boldsymbol{k}\cdot\boldsymbol{X}-\frac{\pi}{2}\right)
\end{aligned} \tag{1.5.5}$$

式(1.5.5) 的第一项和第二项表示的是频率相同，而振动方向和相位不同的两个振动，相位差为$\frac{\pi}{2}$. 因此，其合振动是一个椭圆 .

由此可见，对于形如式(1.5.2) 的表达式来说，用实数振幅只能表示线偏振的电磁波，而用复数振幅则可以表示线偏振、椭圆偏振，当$|E_{0\mathrm{R}}|=|E_{0\mathrm{I}}|$时，表示圆偏振 . 用复数振幅可以方便地表示电磁波的极化情况 .

(2) 复波矢量的应用

电磁波在传播的过程中因受空间介质的作用，电磁波的能量传输可能引起损失，也就是介质对电磁波产生吸收作用 . 式(1.5.2) 所表达的平面电磁波，若波矢量 $\boldsymbol{k}$ 是实数矢量，因 $\boldsymbol{E}_0$是与坐标 x，y，z 和时间t 无关的常矢量，因此，波在空间各点的振幅都是相同的 . 也就是说，波在前进的过程中没有能量损失 . 实数波矢量 $\boldsymbol{k}$ 只能表示介质不吸收电磁波的情形 . 导体对电磁波有吸收作用，电磁波在导体中传播时有能量损失，即电磁波的振幅越来越小 . 若波矢量 $\boldsymbol{k}$ 是复数矢量，就可以表示这种情况 .

事实上，设复数波矢量的形式为

$$\boldsymbol{k}=k_{\mathrm{R}}+\mathrm{i}k_{\mathrm{I}} \tag{1.5.6}$$

式中，k_{R} 和 k_{I} 都是实数矢量，即三个分量都是实数 . 将式(1.5.6) 代入式(1.5.2)，得

$$\boldsymbol{E}=\boldsymbol{E}_0\mathrm{e}^{\mathrm{i}(\boldsymbol{k}\cdot\boldsymbol{X}-\omega t)}=\boldsymbol{E}_0\mathrm{e}^{-\boldsymbol{k}_{\mathrm{I}}\cdot\boldsymbol{X}}\mathrm{e}^{\mathrm{i}(\boldsymbol{k}_{\mathrm{R}}\cdot\boldsymbol{X}-\omega t)}$$

上式中 k_{I}是实矢量，因而 $\mathrm{e}^{-k_{\mathrm{I}}\cdot X}$也是实数 . 显然，这是一个振幅衰减因子，电磁波的振幅随它的前进的距离 X 变化，如图 1.5.1 所示 . 对于吸收介质来说，电磁波越往前传播，振幅就越小，这就表示了吸收介质对电磁波的作用效果 . 导电介质中传播的是一种衰减的电磁波，对电磁波而言，导体就是一种吸收介质 . 这是因为电磁波在导体中传播时，激发电流产生焦耳热损耗 .

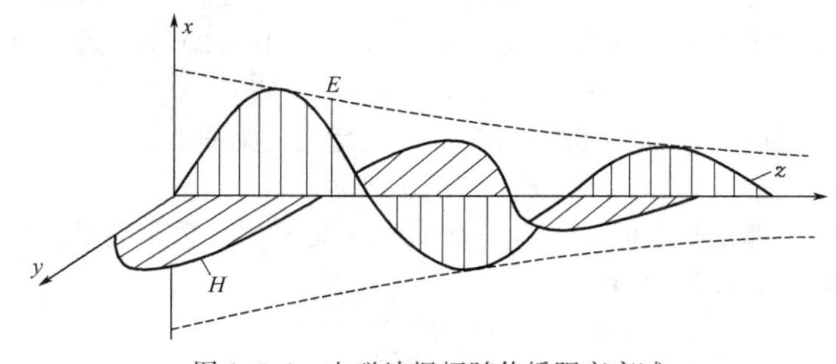

图 1.5.1 电磁波振幅随传播距离衰减

1.5.2　复数在军事方面的应用

复变函数论是解决工程技术问题的有力工具，不仅在飞机飞行理论、热运动理论、流体力学理论、电场和弹性理论等中的很多问题有着广泛的应用，在其他领域如军事工程中也有着重要的应用，例如利用复数的指数表示就可以巧妙地描述鱼雷、水面舰船等武器或装备的平面运动规律．

(1) 在鱼雷转角运动描述中的应用

对于无误差情形，理论上可以用一定的提前角直进射击，使鱼雷发射后作直线运动，直到预定相遇点与瞄准点相遇，这要求潜艇航向（鱼雷发射管方向）正好与这样一条假想的鱼雷航向一致，因为实际上这一条件一般不太可能满足，所以实际情况一般为转角射击，其原理为，潜艇以一定的航向匀速度直线运动，鱼雷发射后要先作一定的变深、直航、转向等运动，而后再作直航运动，以使预定相遇点与瞄准点于某一时刻相遇．假设鱼雷出管后的变深，直航等运动可视为出管直航运动，鱼雷的转向运动可视为匀速圆周运动，目标、潜艇作匀速直线运动，且潜艇、鱼雷、目标的运动可视为同一水平面上的运动．

下面利用复数的指数表示单独研究鱼雷的转角运动规律，因为鱼雷的转角运动视为匀速圆周运动，若用复数的指数表示来描述该运动，不仅能简单明确地描述问题，又能很大程度省去其他表示烦琐的运算过程．现在的目的是求得鱼雷在旋转运动过程中任意时刻的位置 $P(t)$，如图 1.5.2 所示．

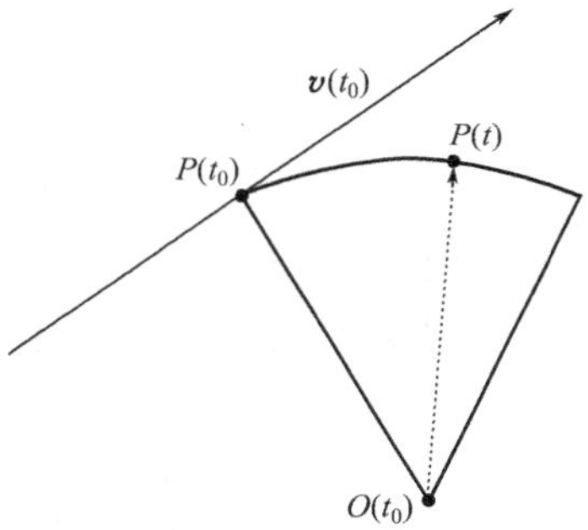

图 1.5.2　鱼雷转角任意时刻位置

已知鱼雷的速度 $\boldsymbol{v}$，假设鱼雷从 t_0 时刻开始转角，角速度为 $\boldsymbol{\omega}$，则转角的位置点为 $P(t_0)$，转角半径为 $R=\dfrac{|\boldsymbol{v}(t)|}{|\boldsymbol{\omega}|}$，从而转角中心点 $O(t_0)=P(t_0)+R\cdot \mathrm{e}^{\mathrm{i}[\arg\boldsymbol{v}(t_0)+\operatorname{sgn}(\omega)\pi/2]}$，故鱼雷在旋转运动过程中任意时刻的位置

$$\begin{aligned}P(t)&=O(t_0)+[P(t_0)-O(t_0)]\mathrm{e}^{\mathrm{i}\omega(t-t_0)}\\&=P(t_0)+R\cdot \mathrm{e}^{\mathrm{i}[\arg\boldsymbol{v}(t_0)+\operatorname{sgn}(\omega)\pi/2]}[1-\mathrm{e}^{\mathrm{i}\omega(t-t_0)}].\end{aligned}$$

(2) 在鱼雷追踪法导引弹道描述中的应用

除直航雷外，其他鱼雷在最后有一个导引追踪目标的阶段，鱼雷在该阶段的运动轨迹完全取决于导引方式，分为声自导、尾流自导和线导，每种导引方式又有相应的导引方法，所谓导引方法是鱼雷在接近目标的过程中，鱼雷速度矢量的变化规律，声自导常用的导引法有追踪法、固定提前角导引法、平行接近法、比例导引法和自动调整提前角导引法．所谓追踪法导引是指鱼雷在攻击目标的导引过程中鱼雷的速度矢量始终指向目标的一种导引方法．在追踪法导引下的弹道一般称为鱼雷尾追式导引弹道，故鱼雷进入尾追弹道后将时刻保持速度方向与当前位置点到目标的连线一致．在研究鱼雷导引弹道时，通常在直角坐标系下，研究鱼雷与目标的运动态势，需要考虑舷角大小，即根据三角函数值的符号进行讨论，计算比较麻烦，但若采用复数来描述尾追导引弹道，就得到了下面的一个简洁明了的运动轨迹公式，

从而为研究鱼雷导引弹道问题提供了新的工具.

如图 1.5.3 建立坐标系，假设目标以速率 V 沿 x 轴自 O 点开始作匀速直线运动，t 时刻的位置为 $A(t)=(Vt,\ 0)$，鱼雷自 O' 开始以速率 V_T 作跟踪目标运动 $(V_T>V)$，时刻 t 的位置为 $B(t)=(x(t),\ y(t))=x(t)+iy(t)$，鱼雷速度方向指向目标，鱼雷相对目标的舷角为 $X(t)$（图 1.5.3 为鱼雷位于目标右舷情形），距离为 $D(t)$，$X(0)=X_0$，$D(0)=D_0$，则

$$B(t)=A(t)+D(t)e^{iX(t)}. \tag{1.5.7}$$

有了上述表示式(1.5.7)，就可以利用数学分析的方法和复数的性质对鱼雷弹道进行分析，从而得到相应的轨迹方程.

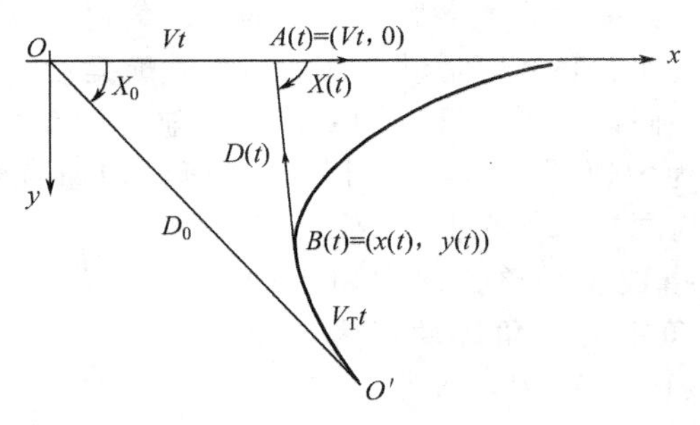

图 1.5.3　导引任意 t 时刻鱼雷与目标的运动态势图

将方程（1.5.7）两边求导得到 $B'(t)=A'(t)+D'(t)e^{iX(t)}+iD(t)X'(t)e^{iX(t)}$ 而 $B'(t)$ 表示鱼雷的速度，根据鱼雷速度方向指向目标，故由速度矢量的平行得到

$$A'(t)+D'(t)e^{iX(t)}+iD(t)X'(t)e^{iX(t)}=-V_Te^{iX(t)}. \tag{1.5.8}$$

将方程（1.5.8）写成实部与虚部的分量形式得到：

$$\begin{cases} V+D'(t)\cos X(t)-D(t)X'(t)\sin X(t)=-V_T\cos X(t), \\ D'(t)\sin X(t)+D(t)X'(t)\cos X(t)=-V_T\sin X(t), \end{cases} \tag{1.5.9}$$

化简得到 $D(t)$，$X(t)$ 所满足的微分方程：

$$\begin{cases} D(t)X'(t)\sin X(t)=V\sin X(t), \\ D'(t)=-V_T-V\cos X(t), \end{cases} \tag{1.5.10}$$

这正是声自导鱼雷的追踪导引弹道的数学模型.

以上所举的有关复数应用的例子仅仅是复数表示的个别应用．事实上，凡是揭示平面运动规律的实际问题，都可以用复数的指数表示去描述，该描述简洁明了，精确直观，尤其是有关圆周运动的问题，该描述法更能体现其优越性，这不仅是反映复数指数表示内涵的重要体现，更能体现其应用性的一面，同时也显示出其简化计算的优点；不仅如此，该表示还有另外一个好处，那就是便于实现，具体讲：一方面，可以直接在 MATLAB 中实现，因为 MATLAB 的运算域是复数，因此，当实际问题转化成复数形式的数学模型后，就可以直接在 MATLAB 中进行求解实现，使用非常方便；另一方面，假若用户要在其他高级语言比如 C＋＋中实现，可以通过建立一个“类”，实现运算符重载，再进行运算结果的实现，即使这样也比

直接用直角坐标表示再进行运算方便得多.

本章主要内容

1. 复数

令 $i=\sqrt{-1}$，x,y 均为实数，则 $z=x+iy$ 称为复数. x 称为 z 的实部，记为 $\mathrm{Re}(z)=x$，y 称为 z 的虚部，记为 $\mathrm{Im}(z)=y$.

复数 $z=x+iy$ 的模记为 $|z|=\sqrt{x^2+y^2}=r$. 复数 $z=x+iy$ 的辐角记为 $\mathrm{Arg}(z)=\arctan\dfrac{y}{x}+2k\pi, k=0,\pm1,\pm2,\cdots$，其中 $\arg(z)=\arctan\dfrac{y}{x}$ 为 z 辐角主值. 主值范围规定为 $-\pi<\arg(z)\leqslant\pi$，其计算公式为

$$\theta=\arg(z)=\begin{cases}\arctan\dfrac{y}{x}, & \text{当 } x>0 \text{ 时},\\ \arctan\dfrac{y}{x}+\pi, & \text{当 } x<0, y\geqslant0 \text{ 时},\\ \arctan\dfrac{y}{x}-\pi, & \text{当 } x<0, y<0 \text{ 时},\\ \dfrac{\pi}{2}, & \text{当 } x=0, y>0 \text{ 时},\\ -\dfrac{\pi}{2}, & \text{当 } x=0, y<0 \text{ 时}.\end{cases}$$

注意　$z=0$ 时，$|z|=0$，而辐角不定.

用复数的模和辐角表示复数有指数形式 $z=re^{i\theta}$，根据欧拉公式 $e^{i\theta}=\cos\theta+i\sin\theta$，又有复数的三角形式 $z=r(\cos\theta+i\sin\theta)$，因此复数的形式基本有三种：

① $z=x+iy$（代数形式）；

② $z=re^{i\theta}$（指数形式）；

③ $z=r(\cos\theta+i\sin\theta)$（三角形式）.

这三种形式可以互相转换. 代数形式便于加减运算，指数形式便于乘除运算，而三角形式常常作为一个复数计算的最后结果表达式.

2. 复数相等

设 $z_1=x_1+iy_1$，$z_2=x_2+iy_2$，则 $z_1=z_2\Leftrightarrow x_1=x_2, y_1=y_2$.

3. 不等式和恒等式

(1) $z=x+iy$，$|x|\leqslant|z|, |y|\leqslant|z|, |z|\leqslant|x|+|y|$；

(2) $|z_1+z_2|\leqslant|z_1|+|z_2|$，$|z_1-z_2|\geqslant\big||z_1|-|z_2|\big|$；

(3) $|z_1+z_2|^2\leqslant(|z_1|+|z_2|)^2$，$|z_1\overline{z_2}|=|z_1||\overline{z_2}|=|z_1||z_2|$.

4. 共轭复数

设 $z=x+iy$，则 $\overline{z}=x-iy$ 为 z 的共轭复数. z 与 $\overline{z}$ 互为共轭复数，$\overline{\overline{z}}=z$.

(1) $\overline{z_1\pm z_2}=\overline{z_1}\pm\overline{z_2}$，$\overline{z_1z_2}=\overline{z_1}\ \overline{z_2}$，$\overline{\left(\dfrac{z_1}{z_2}\right)}=\dfrac{\overline{z_1}}{\overline{z_2}}$；

(2) $z\overline{z}=[\mathrm{Re}(z)]^2+[\mathrm{Im}(z)]^2$；

(3) $z+\overline{z}=2\mathrm{Re}(z)$，$z-\overline{z}=2\mathrm{i}\,\mathrm{Im}(z)$.

5. 四则运算

(1) $z_1\pm z_2=x_1\pm x_2+\mathrm{i}(y_1\pm y_2)$；

(2) $z_1\cdot z_2=(x_1x_2-y_1y_2)+\mathrm{i}(x_1y_2+x_2y_1)$；

(3) $z_1/z_2=(z_1\overline{z}_2)/|z_2|^2\quad(z_2\neq 0)$.

6. 棣莫弗(De Moivre)公式

$$(\cos\theta+\mathrm{i}\sin\theta)^n=\cos n\theta+\mathrm{i}\sin n\theta.$$

7. 复数的 n 次方根

设 $z=w^n$，记为 $w=\sqrt[n]{z}$.

则 $w=\sqrt[n]{z}=r^{\frac{1}{n}}\left(\cos\dfrac{\theta+2k\pi}{n}+\mathrm{i}\sin\dfrac{\theta+2k\pi}{n}\right)$，$k=0,1,2,\cdots,n-1$.

8. 设函数 $f(z)=u(x,y)+\mathrm{i}v(x,y)$，$A=u_0+\mathrm{i}v_0$，$z_0=x_0+\mathrm{i}y_0$，则 $\lim\limits_{z\to z_0}f(z)=A$ 的充要条件是

$$\lim_{(x,y)\to(x_0,y_0)}u(x,y)=u_0,\quad \lim_{(x,y)\to(x_0,y_0)}v(x,y)=v_0.$$

9. 极限四则运算法则

若 $\lim\limits_{z\to z_0}f(z)=A$，$\lim\limits_{z\to z_0}g(z)=B$，则有

(1) $\lim\limits_{z\to z_0}[f(z)\pm g(z)]=A\pm B$；

(2) $\lim\limits_{z\to z_0}[f(z)g(z)]=AB$；

(3) $\lim\limits_{z\to z_0}\dfrac{f(z)}{g(z)}=\dfrac{A}{B}\quad(B\neq 0)$.

10. 连续性

若 $\lim\limits_{z\to z_0}f(z)=f(z_0)$，则称函数 $f(z)$ 在 z_0 处连续；若 $f(z)$ 在区域 D 内处处连续，则称函数 $f(z)$ 在区域 D 内连续；$f(z)$ 在 z_0 处连续的充要条件是 $f(z)$ 的实部与虚部均在 (x_0,y_0) 连续.

11. 连续性运算法则

连续函数的和、差、积、商（分母不为零）仍是连续函数；连续函数的复合函数仍是连续函数.

习 题 1

1. 设 $z_1=3+4\mathrm{i}$，$z_2=-2+3\mathrm{i}$，计算 $2z_1+3z_2$.

2. 设 $z=x+\mathrm{i}y$，$w=\dfrac{z-1}{z+1}\quad(z\neq -1)$，求 $\mathrm{Re}(w)$，$\mathrm{Im}(w)$.

3. 将下列复数化为三角表示式和指数表示式：

(1) $5\mathrm{i}$；　(2) $1+\sqrt{3}\mathrm{i}$；　(3) -2；

(4) $\sqrt{3}-\mathrm{i}$；　(5) $-2+5\mathrm{i}$；　(6) $-2-\mathrm{i}$.

4. 计算下列各式：

(1) $3i(\sqrt{3}-i)(1+\sqrt{3}i)$；　　(2) $\dfrac{2i}{-1+i}$；

(3) $\dfrac{3}{(\sqrt{3}-i)^2}$；　　(4) $(2-2i)^{\frac{1}{3}}$；

(5) $z=\dfrac{1+\sqrt{3}i}{2}$，求 z^2, z^3, z^4；　　(6) $\dfrac{(\cos5\varphi+i\sin5\varphi)^2}{(\cos3\varphi-i\sin3\varphi)^3}$；

(7) $\sqrt[6]{-1}$；　　(8) $(i-\sqrt{3})^{\frac{1}{5}}$.

5. 设 $z=e^{it}$，证明：

(1) $z^n+\dfrac{1}{z^n}=2\cos nt$；　　(2) $z^n-\dfrac{1}{z^n}=2i\sin nt$.

6. 证明　$(1+\cos\theta+i\sin\theta)^n=2^n\cos^n\dfrac{\theta}{2}\left(\cos\dfrac{n\theta}{2}+i\sin\dfrac{n\theta}{2}\right)$.

7. 设平面上的点 z_1, z_2 和 z_3 满足条件 $z_1+z_2+z_3=0$ 且 $|z_1|=|z_2|=|z_3|=1$，证明这三点是内接于圆周 $|z|=1$ 的正三角形顶点.

8. 求方程 $z^3+8=0$ 的所有根，并求微分方程 $y'''+8y=0$ 的一般解.

9. 指出下列方程所表示的曲线，并作图.

(1) $|z+2|+|z-2|=6$；　　(2) $|z+2|-|z-2|=3$；

(3) $\mathrm{Im}(z+2i)=3$；　　(4) $\arg(z-i)=\dfrac{\pi}{4}$.

10. 指出下列方程所表示的曲线（t 为实参数），并写出直角坐标系下的方程：

(1) $z=-3+4e^{it}$；　　(2) $z=2+i+3e^{it}$；

(3) $z=t(1+i)$；　　(4) $z=a\cos t+ib\sin t$（a, b 为实数）；

(5) $z=t+\dfrac{i}{t}$；　　(6) $z=t^2+\dfrac{i}{t^2}$.

11. 指出下列点集的平面图形，是否是区域或闭区域，是否有界？

(1) $|z|\leqslant|z-4|$；　　(2) $0<\arg(z-1)<\dfrac{\pi}{4}$ 且 $\mathrm{Re}(z)<3$；

(3) $|z-5|=6$；　　(4) $0\leqslant\arg(z-1)\leqslant\dfrac{\pi}{4}$；

(5) $2\leqslant|z|\leqslant3$；　　(6) $|z+2|+|z-2|\leqslant6$；

(7) $\mathrm{Re}(z)>3$；　　(8) $-\dfrac{\pi}{4}<\arg(z-1)<0$.

12. 做出下列区域的图形，并指出是否为单连通域和有界域.

(1) $|z+2i|>1$；　　(2) $0<\arg(z-1)<\dfrac{\pi}{4}$；

(3) $1<|z-i|<3$；　　(4) $|3z+i|<3$；

(5) 去掉 $z=iy$（$0\leqslant y\leqslant2$）的复平面.

13. 试证 $\arg(z)$ 在原点和负实轴上不连续.

14. 填空题

(1) 设 $z_1=3+4\mathrm{i}$，$z_2=-2+3\mathrm{i}$，则 $2z_1+3z_2=$ (　　).

(2) 设 $z=x+\mathrm{i}y$，$w=\dfrac{z-1}{z+1}$，则 $\mathrm{Re}(w)=$ (　　)，$\mathrm{Im}(w)=$ (　　).

(3) 在复平面内，方程 $|z+\mathrm{i}|=2$ 表示 (　　　　　) 曲线.

(4) 在复平面内，方程 $\mathrm{Im}(\mathrm{i}+\overline{z})=4$ 表示 (　　　　　).

(5) $z=1+\mathrm{i}\sqrt{3}$ 的三角表示式为 (　　　　　).

(6) $\sqrt[4]{1+\mathrm{i}}$ 的 4 个根分别为 (　　　　　).

(7) 设函数 $f(z)$ 在有界闭区域 $\overline{D}$ 上连续，则 $f(z)$ 在 $\overline{D}$ 上达到它的 (　　).

(8) $w^3=z$ 是 (　　　　　) 函数.

(9) 连续函数的和、差、积函数仍然是 (　　　　　).

(10) 函数 $f(z)$ 在 z_0 点连续，则 $\lim\limits_{z\to z_0}f(z)=$ (　　　　　).

15. 单项选择题

(1) $z_1=3+4\mathrm{i}$, $z_2=-2+3\mathrm{i}$，则 $2z_1+3z_2=$ (　　).

(A) $17\mathrm{i}$　　(B) $7\mathrm{i}$　　(C) $1+7\mathrm{i}$　　(D) $12+17\mathrm{i}$

(2) 函数 $f(z)=u(x,y)+\mathrm{i}v(x,y)$ 在 $z_0=x_0+\mathrm{i}y_0$ 连续的条件是 (　　).

(A) $u(x,y)$ 在 (x_0,y_0) 连续　　(B) $v(x,y)$ 在 (x_0,y_0) 连续

(C) $u(x,y)$，$v(x,y)$ 均在 (x_0,y_0) 连续　　(D) 以上都不对

(3) $z=1+\mathrm{i}$，则 z 的三角表达式为 (　　).

(A) $\cos\dfrac{\pi}{4}+\mathrm{i}\sin\dfrac{\pi}{4}$　　(B) $\sqrt{2}\left(\cos\dfrac{\pi}{4}+\mathrm{i}\sin\dfrac{\pi}{4}\right)$　　(C) $\sqrt{2}\,\mathrm{e}^{\frac{\pi}{4}\mathrm{i}}$　　(D) $\mathrm{e}^{\frac{\pi}{4}\mathrm{i}}$

(4) $z=1+\sqrt{3}\mathrm{i}$，则 z 的指数表达式为 (　　).

(A) $\cos\dfrac{\pi}{3}+\mathrm{i}\sin\dfrac{\pi}{3}$　　(B) $2\left(\cos\dfrac{\pi}{3}+\mathrm{i}\sin\dfrac{\pi}{3}\right)$　　(C) $2\mathrm{e}^{\frac{\pi}{3}\mathrm{i}}$　　(D) $\mathrm{e}^{\frac{\pi}{3}\mathrm{i}}$.

第 2 章　解析函数

解析函数是复变函数研究的主要对象，它在理论和实际应用中具有十分重要的作用. 所谓解析函数是指在某个区域内处处可导的函数，因此本章先介绍复变函数的导数概念及求导法则，然后重点讨论解析函数的概念、判定法则及常见初等函数的解析性. 最后，介绍解析函数的应用.

2.1　解析函数的概念

2.1.1　复变函数的导数与微分

（1）导数的定义

复变函数的导数定义在叙述形式上与一元实函数相同，即

定义 2.1.1　设函数 $w=f(z)$ 在点 z_0 的某个邻域 $N_\delta(z_0)$ 内有定义，且 $z_0+\Delta z\in N_\delta(z_0)$，若极限

$$\lim_{\Delta z\to 0}\frac{\Delta w}{\Delta z}=\lim_{\Delta z\to 0}\frac{f(z_0+\Delta z)-f(z_0)}{\Delta z}$$

存在，则称 $f(z)$ 在点 z_0 可导，并称此极限值为 $f(z)$ 在 z_0 点的导数，记作

$$f'(z_0)\ 或\ \left.\frac{\mathrm{d}w}{\mathrm{d}z}\right|_{z=z_0}.$$

否则，称 $f(z)$ 在 z_0 点不可导或导数不存在. 于是有

$$f'(z_0)=\left.\frac{\mathrm{d}w}{\mathrm{d}z}\right|_{z=z_0}=\lim_{\Delta z\to 0}\frac{f(z_0+\Delta z)-f(z_0)}{\Delta z}\tag{2.1.1}$$

或

$$f'(z_0)=\left.\frac{\mathrm{d}w}{\mathrm{d}z}\right|_{z=z_0}=\lim_{z\to z_0}\frac{f(z)-f(z_0)}{z-z_0}.\tag{2.1.2}$$

如果 $f(z)$ 在区域 D 内处处可导，则称 $f(z)$ 在 D 内可导.

【例 2.1.1】　求 $f(z)=z^n$（n 为正整数）的导数.

解　因为

$$\lim_{\Delta z\to 0}\frac{(z+\Delta z)^n-z^n}{\Delta z}=\lim_{\Delta z\to 0}\left[nz^{n-1}+\frac{n(n-1)}{2}z^{n-2}\Delta z+\cdots+(\Delta z)^{n-1}\right]=nz^{n-1}$$

所以

$$f'(z)=nz^{n-1}.$$

【例 2.1.2】　证明 $f(z)=\overline{z}$ 在 z 平面上处处不可导.

证　对 z 平面上任意一点 z，

$$\frac{\Delta f(z)}{\Delta z}=\frac{\overline{z+\Delta z}-\overline{z}}{\Delta z}=\frac{\overline{\Delta z}}{\Delta z}=\frac{\Delta x-\Delta y\mathrm{i}}{\Delta x+\Delta y\mathrm{i}},$$

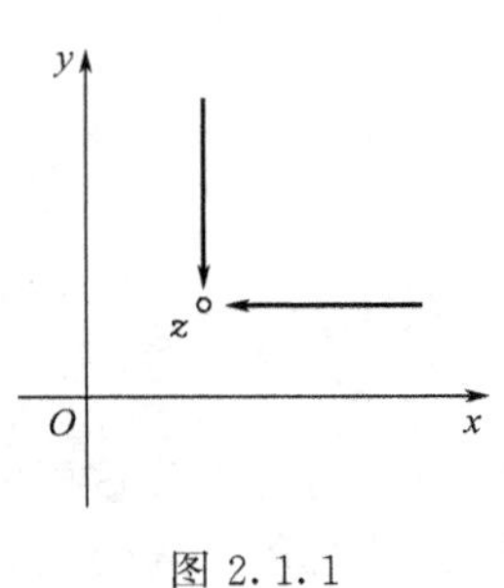

图 2.1.1

当 $z+\Delta z$ 沿水平($\Delta y=0$)趋于 z 时上式极限为 1；当 $z+\Delta z$ 沿竖直($\Delta x=0$)趋于 z 时上式极限为 -1，所以 $\lim\limits_{\Delta z\to 0}\dfrac{\Delta f(z)}{\Delta z}$ 不存在，即 $f(z)=\overline{z}$ 在 z 平面上处处不可导（图 2.1.1).

显然 $f(z)=\overline{z}$ 在 z 平面上处处连续的，故复函数的连续性不能保证它的可导性.

【例 2.1.3】 若函数 $w=f(z)$ 在 z_0 可导，试证 $f(z)$ 在 z_0 点连续.

证 由于

$$\begin{aligned}\lim_{\Delta z\to 0}[f(z_0+\Delta z)-f(z_0)]&=\lim_{\Delta z\to 0}\Delta z\cdot\frac{f(z_0+\Delta z)-f(z_0)}{\Delta z}\\&=\lim_{\Delta z\to 0}\Delta z\cdot\lim_{\Delta z\to 0}\frac{f(z_0+\Delta z)-f(z_0)}{\Delta z}\\&=0\cdot f'(z_0)=0,\end{aligned}$$

所以 $f(z)$ 在 z_0 点连续.

(2) 可导与连续之间的关系

由例 2.1.3 和例 2.1.2 易知可导与连续之间的关系：函数在一点可导必在该点连续，函数在一点连续未必在该点可导.

(3) 求导法则

因为复变函数的极限运算法则也和一元实函数的极限运算法则一样，所以利用导数的定义容易证明下列求导法则：

① $[f(z)\pm g(z)]'=f'(z)\pm g'(z)$；

② $[f(z)g(z)]'=f'(z)g(z)+f(z)g'(z)$；

③ $\left[\dfrac{f(z)}{g(z)}\right]'=\dfrac{1}{g^2(z)}[f'(z)g(z)-f(z)g'(z)],g(z)\neq 0$；

④ $\{f[g(z)]\}'=f'(w)g'(z)$，其中 $w=g(z)$；

⑤ $f'(z)=\dfrac{1}{\varphi'(w)}$，其中 $w=f(z)$ 与 $z=\varphi(w)$ 是两个互为反函数的单值函数，且 $\varphi'(w)\neq 0$.

(4) 微分的定义

由导数的定义 2.1.1 知，函数 $w=f(z)$ 在点 z_0 可导等价于

$$\frac{\Delta w}{\Delta z}-f'(z_0)=\rho(\Delta z)\to 0\quad(\Delta z\to 0)\tag{2.1.3}$$

或

$$\Delta w=f(z_0+\Delta z)-f(z_0)=f'(z_0)\Delta z+\rho(\Delta z)\Delta z.\tag{2.1.4}$$

上式中 $f'(z_0)\Delta z$ 是函数改变量 Δw 的线性主部，而 $|\rho(\Delta z)\Delta z|$ 是 $|\Delta z|$ 的高阶无穷小. 于是同一元实函数微分的定义类似，有下面定义.

定义 2.1.2 设函数 $w=f(z)$ 在点 z_0 处有导数 $f'(z_0)$，则称 $f'(z_0)\Delta z$ 为函数 $w=f(z)$ 在点 z_0 处的微分，记作

$$\mathrm{d}w|_{z=z_0}=f'(z_0)\Delta z.\tag{2.1.5}$$

这时也称函数 $w=f(z)$ 在点 z_0 处可微.

如果 $f(z)$ 在区域 D 内的任意一点 z 处可微，则称 $f(z)$ 在 D 内可微.

特别地，当 $f(z)=z$ 时，由式(2.1.5) 得 $dz=\Delta z$，于是有

$$dw|_{z=z_0}=f'(z_0)dz,$$

即

$$f'(z_0)=\left.\frac{dw}{dz}\right|_{z=z_0}.$$

由此可见，函数 $w=f(z)$ 在 z_0 点可导与可微是等价的.

2.1.2　解析函数的概念

(1) 解析函数的定义

在很多理论和实际问题中，需要研究的不是只在个别点可导的函数，而是在某个区域内处处可导的函数，即解析函数.

定义 2.1.3　若函数 $f(z)$ 在点 z_0 的某个邻域内（包含点 z_0）处处可导，则称 $f(z)$ 在点 z_0 解析，也称它在该点全纯或正则．当 $f(z)$ 在区域 D 内每一点都解析时，简称它在 D 内解析，或称 $f(z)$ 是 D 内的解析函数.

若函数 $f(z)$ 在点 z_0 不解析，则称 z_0 为 $f(z)$ 的奇点.

【例 2.1.4】　讨论函数 $f(z)=\dfrac{1}{z}$ 的解析性.

解　利用导数定义，当 $z\neq0$ 时，

$$f'(z)=\lim_{\Delta z\to0}\frac{\dfrac{1}{z+\Delta z}-\dfrac{1}{z}}{\Delta z}=\lim_{\Delta z\to0}\frac{-1}{z(z+\Delta z)}=-\frac{1}{z^2},$$

即 $f(z)$ 在复平面上除去点 $z=0$ 的区域内处处可导，因而解析．但在点 $z=0$ 处，$f(z)$ 无定义，当然不可导，所以 $z=0$ 是 $f(z)=\dfrac{1}{z}$ 的奇点.

根据复变函数的求导法则，不难证明.

定理 2.1.1　在区域 D 内解析的两个函数的和、差、积、商（除分母为零的点）仍在 D 内解析．解析函数的复合函数仍然是解析函数.

由此定理可知，所有 z 的多项式在复平面内是处处解析的；任何一个有理分式函数 $P(z)/Q(z)$　[$P(z),Q(z)$ 为多项式]除去使 $Q(z)=0$ 的点外处处解析.

(2) 函数解析与可导之间的关系

由定义 2.1.3 可知，函数在一点处解析和在一点处可导是两个不同的概念．函数的解析点必是它的可导点，反之则不然．但是函数在某区域内解析与在该区域内处处可导是等价的，因而，例 2.1.1 中的 $f(z)=z^n$（n 为正整数）在整个复平面上解析，而例 2.1.2 中的 $f(z)=\bar{z}$ 却处处不解析.

2.2　函数解析的充要条件

由于解析函数是复变函数研究的主要对象，所以如何判别一个函数是否解析是十分必要的，但如果只根据定义判断函数的解析性往往是困难的. 因此，需要寻找

判定函数解析的简便方法.

设函数 $w=f(z)=u(x,y)+\mathrm{i}v(x,y)$ 在区域 D 内解析，从而它在 D 内任一点 $z=x+\mathrm{i}y$ 可导. 由式(2.1.4) 可知：对充分小的 $|\Delta z|=|\Delta x+\mathrm{i}\Delta y|>0$，有

$$\Delta w=f(z+\Delta z)-f(z)=f'(z)\Delta z+\rho(\Delta z)\Delta z,$$

其中

$$\lim_{\Delta z\to 0}\rho(\Delta z)=0 .$$

令 $f'(z)=a+\mathrm{i}b$， $\Delta z=\Delta x+\mathrm{i}\Delta y$， $\Delta w=\Delta u+\mathrm{i}\Delta v$， $\rho(\Delta z)=\rho_1+\mathrm{i}\rho_2$，

则

$$\begin{aligned}\Delta u+\mathrm{i}\Delta v&=(a+\mathrm{i}b)(\Delta x+\mathrm{i}\Delta y)+(\rho_1+\mathrm{i}\rho_2)(\Delta x+\mathrm{i}\Delta y)\\&=a\Delta x-b\Delta y+\rho_1\Delta x-\rho_2\Delta y+\mathrm{i}(b\Delta x+a\Delta y+\rho_2\Delta x+\rho_1\Delta y).\end{aligned}$$

由两个复数相等的条件知

$$\begin{cases}\Delta u=a\Delta x-b\Delta y+\rho_1\Delta x-\rho_2\Delta y\\\Delta v=b\Delta x+a\Delta y+\rho_2\Delta x+\rho_1\Delta y\end{cases}. \tag{2.2.1}$$

又当 $\Delta z\to 0$ 时，$\rho(\Delta z)\to 0$ 等价于 $\Delta x\to 0,\Delta y\to 0$ 时，$\rho_1\to 0,\rho_2\to 0$，即 $\rho_1\Delta x-\rho_2\Delta y$ 和 $\rho_2\Delta x+\rho_1\Delta y$ 是比 $|\Delta z|=\sqrt{(\Delta x)^2+(\Delta y)^2}$ 更高阶的无穷小.

由二元实函数微分的定义知，等式组（2.2.1）等价于函数 $u(x,y)$ 和 $v(x,y)$ 在点 (x,y) 可微，且在该点处有

$$\frac{\partial u}{\partial x}=\frac{\partial v}{\partial y}=a,\ \frac{\partial u}{\partial y}=-\frac{\partial v}{\partial x}=-b.$$

这便是函数 $f(z)=u(x,y)+\mathrm{i}v(x,y)$ 在区域 D 内解析的必要条件.

方程

$$\frac{\partial u}{\partial x}=\frac{\partial v}{\partial y},\ \frac{\partial u}{\partial y}=-\frac{\partial v}{\partial x}, \tag{2.2.2}$$

称为柯西-黎曼（Cauch-Riemann）方程（简称 C-R 方程）.

事实上，这个条件也是充分的，于是有.

定理 2.2.1　复变函数 $f(z)=u(x,y)+\mathrm{i}v(x,y)$ 在区域 D 内解析的充要条件是二元实函数 $u(x,y)$ 和 $v(x,y)$ 在 D 内任一点 $z=x+\mathrm{i}y$ 可微且满足柯西-黎曼方程

$$\frac{\partial u}{\partial x}=\frac{\partial v}{\partial y},\ \frac{\partial u}{\partial y}=-\frac{\partial v}{\partial x}.$$

证　必要性上面已经证明，下证充分性.

由 $u(x,y)$ 和 $v(x,y)$ 在 D 内任一点 $z=x+\mathrm{i}y$ 可微，可知

$$\Delta u=\frac{\partial u}{\partial x}\Delta x+\frac{\partial u}{\partial y}\Delta y+\varepsilon_1\Delta x+\varepsilon_2\Delta y,$$

$$\Delta v=\frac{\partial v}{\partial x}\Delta x+\frac{\partial v}{\partial y}\Delta y+\varepsilon_3\Delta x+\varepsilon_4\Delta y.$$

这里

$$\lim_{\substack{\Delta x\to 0\\\Delta y\to 0}}\varepsilon_k=0\quad(k=1,2,3,4),$$

因此

$$\begin{aligned}f(z+\Delta z)-f(z)&=\Delta u+\mathrm{i}\Delta v\\&=\left(\frac{\partial u}{\partial x}+\mathrm{i}\frac{\partial v}{\partial x}\right)\Delta x+\left(\frac{\partial u}{\partial y}+\mathrm{i}\frac{\partial v}{\partial y}\right)\Delta y+(\varepsilon_1+\mathrm{i}\varepsilon_3)\Delta x+(\varepsilon_2+\mathrm{i}\varepsilon_4)\Delta y.\end{aligned}$$

根据柯西-黎曼方程

$$\frac{\partial v}{\partial y}=\frac{\partial u}{\partial x}\ ,\ \frac{\partial u}{\partial y}=-\frac{\partial v}{\partial x}=\mathrm{i}^2\frac{\partial v}{\partial x},$$

有

$$f(z+\Delta z)-f(z)=\left(\frac{\partial u}{\partial x}+\mathrm{i}\frac{\partial v}{\partial x}\right)(\Delta x+\mathrm{i}\Delta y)+(\varepsilon_1+\mathrm{i}\varepsilon_3)\Delta x+(\varepsilon_2+\mathrm{i}\varepsilon_4)\Delta y$$

或

$$\frac{f(z+\Delta z)-f(z)}{\Delta z}=\left(\frac{\partial u}{\partial x}+\mathrm{i}\frac{\partial v}{\partial x}\right)+(\varepsilon_1+\mathrm{i}\varepsilon_3)\frac{\Delta x}{\Delta z}+(\varepsilon_2+\mathrm{i}\varepsilon_4)\frac{\Delta y}{\Delta z}.$$

因为$\left|\frac{\Delta x}{\Delta z}\right|\leqslant 1,\left|\frac{\Delta y}{\Delta z}\right|\leqslant 1$，故当 Δz 趋于零时，上式右端最后两项都趋于零．
于是

$$f'(z)=\lim_{\Delta z\to 0}\frac{f(z+\Delta z)-f(z)}{\Delta z}=\frac{\partial u}{\partial x}+\mathrm{i}\frac{\partial v}{\partial x}.$$

即 $f(z)$在 D 内任一点可导，因而它在 D 内解析.

由上述证明过程可以看出：

① $f(z)$在 D 内任一点 $z=x+\mathrm{i}y$ 处的导数

$$f'(z)=\frac{\partial u}{\partial x}+\mathrm{i}\frac{\partial v}{\partial x}=\frac{\partial v}{\partial y}-\mathrm{i}\frac{\partial u}{\partial y}.\tag{2.2.3}$$

② 函数 $f(z)$在 D 内某一点 $z_0=x_0+\mathrm{i}y_0$处可导的充要条件是 $u(x,y),v(x,y)$在点 $z_0=x_0+\mathrm{i}y_0$可微且满足柯西-黎曼方程.

由此可见，上述定理不仅提供了判断函数 $f(z)$在区域内是否解析（或在某一点是否可导）的常用方法，而且给出了一个简捷的导数公式(2.2.3).

【例 2.2.1】 试证 $f(z)=\mathrm{e}^x(\cos y+\mathrm{i}\sin y)$在复平面内解析，且 $f'(z)=f(z)$.

证　因为 $u(x,y)=\mathrm{e}^x\cos y,v(x,y)=\mathrm{e}^x\sin y$,

$$\frac{\partial u}{\partial x}=\mathrm{e}^x\cos y,\quad \frac{\partial u}{\partial y}=-\mathrm{e}^x\sin y,$$

$$\frac{\partial v}{\partial x}=\mathrm{e}^x\sin y,\quad \frac{\partial v}{\partial y}=\mathrm{e}^x\cos y.$$

显然四个一阶偏导数在复平面内处处连续，从而 $u(x,y)$和 $v(x,y)$处处可微且满足柯西-黎曼方程，所以 $f(z)$在复平面内解析，并且

$$f'(z)=\frac{\partial u}{\partial x}+\mathrm{i}\frac{\partial v}{\partial x}=\mathrm{e}^x\cos y+\mathrm{i}\mathrm{e}^x\sin y=f(z).$$

该函数的特点是它在整个复平面内解析且其导数等于它自身．事实上，这一函数就是下节将要介绍的复变函数中的指数函数.

【例 2.2.2】 判别函数 $f(z)=x^3-\mathrm{i}(y^3-3y)$在哪些点可导，在哪些点解析.

解　因为 $u(x,y)=x^3$，　$v(x,y)=-y^3+3y$,

$$\frac{\partial u}{\partial x}=3x^2,\quad \frac{\partial u}{\partial y}=0,\quad \frac{\partial v}{\partial x}=0,\quad \frac{\partial v}{\partial y}=-3y^2+3.$$

显然四个一阶偏导数在复平面内处处连续，从而 $u(x,y)$和 $v(x,y)$处处可微，但柯西-黎曼方程仅在 $x^2+y^2=1$ 上成立，所以 $f(z)$仅在圆周 $x^2+y^2=1$ 上可导，

从而 $f(z)$在整个复平面上处处不解析.

【例 2.2.3】 试证明函数 $f(z)=z\mathrm{Re}(z)$仅在点 $z=0$ 可导，并求 $f'(0)$.

证 因为 $f(z)=(x+\mathrm{i}y)x=x^2+\mathrm{i}xy$，即

$$u(x,y)=x^2,\quad v(x,y)=xy,$$

$$\frac{\partial u}{\partial x}=2x,\quad \frac{\partial u}{\partial y}=0,\quad \frac{\partial v}{\partial x}=y,\quad \frac{\partial v}{\partial y}=x.$$

显然 $u(x,y)$和 $v(x,y)$在复平面上处处可微，但柯西-黎曼方程仅在 $z=0$ 处成立，所以 $f(z)=z\mathrm{Re}(z)$仅在点 $z=0$ 可导．且有

$$f'(0)=u_x(0,0)+\mathrm{i}v_x(0,0)=0.$$

事实上，该题的结论也可用导数的定义求证，留给读者练习.

【例 2.2.4】 设函数 $f(z)=u(x,y)+\mathrm{i}v(x,y)$在区域 D 内解析且处处有 $f'(z)=0$，试证明 $f(z)$在 D 内为复常数.

证 由 $f(z)=u(x,y)+\mathrm{i}v(x,y)$在区域 D 内解析有，在区域 D 内任一点 $z=x+\mathrm{i}y$处

$$u_x=v_y,u_y=-v_x \text{且} f'(z)=u_x+\mathrm{i}v_x=v_y-\mathrm{i}u_y=0,$$

于是，在 D 内恒有 $u_x=u_y=0,v_x=v_y=0$，即 $u(x,y)$和 $v(x,y)$在 D 内均为常数，故 $f(z)$在 D 内为复常数.

2.3 初等函数

把一元实初等函数的有关定义推广到复变数情形便得到本节中一些常用的复初等函数.

2.3.1 指数函数

由上节例 2.2.1 可知，函数 $f(z)=\mathrm{e}^x(\cos y+\mathrm{i}\sin y)$在复平面内解析，且 $f'(z)=f(z)$. 容易验证 $f(z_1+z_2)=f(z_1)\cdot f(z_2)$成立．因此规定：具备以上特征的函数为复变指数函数.

定义 2.3.1 对任意的复数 $z=x+\mathrm{i}y$，规定函数 $w=\mathrm{e}^x(\cos y+\mathrm{i}\sin y)$为复数 z 的指数函数（Exponential function），记作

$$w=\mathrm{e}^z=\mathrm{e}^x(\cos y+\mathrm{i}\sin y)\text{或}\exp(z)=\mathrm{e}^x(\cos y+\mathrm{i}\sin y). \tag{2.3.1}$$

显然有$|\mathrm{e}^z|=\mathrm{e}^x,\mathrm{Arg}(\mathrm{e}^z)=y+2k\pi$ （k 为整数).

从而，$\mathrm{e}^z\neq0$. 当 $\mathrm{Re}(z)=x=0$，即 $z=\mathrm{i}y$ 时，式(2.3.1) 变为欧拉公式

$$\mathrm{e}^{\mathrm{i}y}=(\cos y+\mathrm{i}\sin y). \tag{2.3.2}$$

当 $\mathrm{Im}(z)=y=0$，即 $z=x$ 时，式(2.3.1) 变为 $\mathrm{e}^z=\mathrm{e}^x$，所以复指数函数是实指数函数的推广.

由定义 2.3.1 容易验证指数函数 e^z 具有下列性质：

① 对任意整数 k，都有

$$\mathrm{e}^z=\mathrm{e}^{z+2k\pi\mathrm{i}},$$

即 e^z 是以 $2\pi\mathrm{i}$ 为基本周期的周期函数.

② 对任意复数 $z_1=x_1+\mathrm{i}y_1,z_2=x_2+\mathrm{i}y_2$有

$$e^{z_1}e^{z_2}=e^{z_1+z_2},\quad \frac{e^{z_1}}{e^{z_2}}=e^{z_1-z_2}.$$

但$(e^{z_1})^{z_2}=e^{z_1z_2}$一般不成立，如$(e^{-i\pi})^{\frac{1}{2}}\neq e^{-\frac{\pi}{2}i}$.

③ $w=e^z$ 在整个复平面内解析，且 $\frac{dw}{dz}=(e^z)'=e^z$.

2.3.2 对数函数

同一元实函数一样，把指数函数的反函数称为对数函数．即称满足方程

$$e^w=z\quad (z\neq 0).\tag{2.3.3}$$

的 w 为复数 z 的对数（Logarithm）函数，记作

$$w=\mathrm{Ln}z.\tag{2.3.4}$$

为导出其计算公式，设 $w=u+iv, z=|z|e^{i\arg(z)}$，代入式(2.3.3) 得

$$e^{u+iv}=|z|e^{i\arg(z)},$$

比较等式两端得实数

$$u=\ln|z|,\quad v=\arg(z)+2k\pi,$$

即复数 z 的对数的所有值为

$$\mathrm{Ln}z=\ln|z|+i\arg(z)+2k\pi i.\tag{2.3.5}$$

其中 $k=0,\pm1,\pm2,\cdots$. 由此可见，$w=\mathrm{Ln}z$ 的定义域为 $z\neq 0$，并且作为周期函数的反函数是多值的．在式(2.3.5) 中分别取 $k=0,1,-1,\cdots$，可得它的不同的单值分支，且每两个单值分支都相差 $2\pi i$ 的整数倍．通常只讨论其 $k=0$ 的单值分支，称为 $\mathrm{Ln}z$ 的主值，即复数 $z(z\neq 0)$的主值对数，记作 $\ln z$. 即

$$\ln z=\ln|z|+i\arg(z).\tag{2.3.6}$$

从而有

$$\mathrm{Ln}z=\ln z+2k\pi i\quad (k \text{ 取整数}).$$

式(2.3.6) 中 $\ln|z|$为正实数的对数，当 $z=x>0$ 时，$\arg(z)=0$，于是有 $\ln z=\ln x$，所以主值对数是正实数对数在复数域内的推广.

就主值 $\ln z$ 而言，由于 $\ln|z|$在原点不连续，而 $\arg(z)$在原点及负实轴上都是不连续的，所以 $\ln z$ 在除去原点及负实轴的复平面内连续而且单值，由反函数的求导法则得

$$\frac{d(\ln z)}{dz}=\frac{1}{\frac{d(e^w)}{dw}}=\frac{1}{e^w}=\frac{1}{z},$$

所以 $\ln z$ 在除去原点及负实轴的复平面内解析.

对于其他各分支，记$(\mathrm{Ln}z)_k=\ln z+2k\pi i$　（k 为任意给定的整数），称为 $\mathrm{Ln}z$ 的第 k 个分支．显然它在除去原点及负实轴的复平面内连续、解析．同样有 $(\mathrm{Ln}z)'_k=\frac{1}{z}$.

另外，由式(2.3.5) 和幅角的相应性质可以证明复变数对数函数仍具有下列性质：

$$\mathrm{Ln}(z_1z_2)=\mathrm{Ln}z_1+\mathrm{Ln}z_2,$$
$$\mathrm{Ln}(z_1/z_2)=\mathrm{Ln}z_1-\mathrm{Ln}z_2.$$

注意 上述等式两边都是无穷多个复数值的集合，其等号成立是指两边的集合相等，即右边 $\mathrm{Ln}z_1$ 的每一个值加上（减去）$\mathrm{Ln}z_2$ 的任意一个值都等于左边的某个适当分支，因此对主值对数而言，上述等式却未必成立．而且等式 $\mathrm{Ln}z^n=n\mathrm{Ln}z$，$\mathrm{Ln}\sqrt[n]{z}=\dfrac{1}{n}\mathrm{Ln}z$ 一般也不成立.

【例 2.3.1】 求 $\mathrm{Ln}2$，$\mathrm{Ln}(-\mathrm{i})$ 及它们相应的主值.

解 因为 $\mathrm{Ln}2=\ln 2+2k\pi\mathrm{i}$，所以其主值为 $\ln 2$.

$\mathrm{Ln}(-\mathrm{i})=\ln 1+\mathrm{i}\mathrm{Arg}(-\mathrm{i})=\ln 1-\dfrac{\pi}{2}\mathrm{i}+2k\pi\mathrm{i}=\left(2k-\dfrac{1}{2}\right)\pi\mathrm{i}$，其中 k 为整数，所以它的主值为 $-\dfrac{\pi}{2}\mathrm{i}$.

2.3.3 幂函数

对于任意复数 α 及复变量 $z\neq 0$，定义幂函数 $w=z^\alpha$ 为

$$z^\alpha=\mathrm{e}^{\alpha\mathrm{Ln}z}=\mathrm{e}^{\alpha[\ln|z|+\mathrm{i}\arg(z)+2k\pi\mathrm{i}]}\quad(k\text{ 为整数}).\tag{2.3.7}$$

在 α 为正实数情形，补充规定：当 $z=0$ 时，有 $z^\alpha=0$.

由于 $\mathrm{Ln}z$ 的多值性，所以一般来说，z^α 是多值函数，但随着 α 的取值不同分为以下几种情形：

① 当 $\alpha=n$（n 为正整数）时，$z^\alpha=z^n$ 是单值函数.

② 当 $\alpha=-n$（n 为正整数）时，$z^\alpha=z^{-n}=\dfrac{1}{z^n}$ 也是单值函数.

③ 当 $\alpha=\dfrac{1}{n}$（n 为正整数）时，$z^\alpha=\sqrt[n]{z}$ 就是根式函数，且

$$\sqrt[n]{z}=\mathrm{e}^{\frac{1}{n}[\ln|z|+\mathrm{i}\arg(z)+2k\pi\mathrm{i}]}=\mathrm{e}^{\frac{1}{n}\ln|z|}\cdot\mathrm{e}^{\mathrm{i}[\arg(z)+2k\pi]/n}=|z|^{\frac{1}{n}}\mathrm{e}^{\mathrm{i}[\arg(z)+2k\pi]/n},$$

它只在 $k=0,1,\cdots,n-1$ 取不同的值，是具有 n 个分支的多值函数.

④ 当 $\alpha=\dfrac{m}{n}$（m 和 n 为互质的整数，$n>0$）时，$z^\alpha=|z|^{\frac{m}{n}}\mathrm{e}^{\mathrm{i}m[\arg(z)+2k\pi]/n}$，也在 $k=0,1,\cdots,n-1$ 取不同的值，是具有 n 个分支的多值函数.

⑤ 当 α 为无理数或虚数时，z^α 有无穷多个值，且

$$z^\alpha=|z|^\alpha\mathrm{e}^{\mathrm{i}\alpha[\arg(z)+2k\pi]}\quad(z\neq 0,k\text{ 为整数}).$$

另外，由于 $\mathrm{Ln}z$ 的各个分支在除去原点及负实轴的复平面内解析，因而 z^α 的各个分支也在该域内解析，且

$$(z^\alpha)'=(\mathrm{e}^{\alpha\ln z})'=\mathrm{e}^{\alpha\ln z}\cdot\alpha\cdot\frac{1}{z}=\alpha z^{\alpha-1}.$$

【例 2.3.2】 求 $1^{\sqrt{2}}$，i^i 的值.

解 $1^{\sqrt{2}}=\mathrm{e}^{\sqrt{2}\mathrm{Ln}1}=\mathrm{e}^{2\sqrt{2}k\pi\mathrm{i}}=\cos(2\sqrt{2}k\pi)+\mathrm{i}\sin(2\sqrt{2}k\pi)\ (k=0,\pm1,\pm2,\cdots)$，

$\mathrm{i}^\mathrm{i}=\mathrm{e}^{\mathrm{i}\mathrm{Ln}\mathrm{i}}=\mathrm{e}^{\mathrm{i}\left(\frac{\pi}{2}\mathrm{i}+2k\pi\mathrm{i}\right)}=\mathrm{e}^{-\left(2k+\frac{1}{2}\right)\pi}\quad(k=0,\pm1,\pm2,\cdots)$，

由此可见，i^i 的值全为正实数，它的主值是 $\mathrm{e}^{-\frac{\pi}{2}}\approx 0.208$.

2.3.4 三角函数和双曲函数

复变量的三角函数是将欧拉公式 $\mathrm{e}^{\pm\mathrm{i}\theta}=\cos\theta\pm\mathrm{i}\sin\theta$ 推广到任意复数的情形给

出的．即对任意复数 z，有

$$e^{iz}=\cos z+i\sin z, \quad e^{-iz}=\cos z-i\sin z,$$

两式相减、相加分别得到

$$\sin z=\frac{e^{iz}-e^{-iz}}{2i}, \quad \cos z=\frac{e^{iz}+e^{-iz}}{2}. \tag{2.3.8}$$

称它们分别是 z 的正弦函数和余弦函数.

这样定义的三角函数具有下列性质：

① 由于 e^z 是以 $2\pi i$ 为基本周期的周期函数，所以由定义不难推得，正弦函数和余弦函数都是以 2π 为周期的周期函数，即

$$\sin(z+2\pi)=\sin z, \cos(z+2\pi)=\cos z,$$

并且易见 $\sin z$ 是奇函数，$\cos z$ 是偶函数，即 $\sin(-z)=-\sin z, \cos(-z)=\cos z$.

② 令 $\sin z=0$，即 $e^{iz}=e^{-iz}$ 或 $e^{2iz}=1$，由 $z=x+iy$ 有

$$e^{-2y}\cdot e^{2ix}=1=e^{2n\pi i},$$

故

$$e^{-2y}=1, \ 2x=2n\pi.$$

即

$$y=0, x=n\pi \quad (n=0,\pm1,\pm2,\cdots).$$

所以 $\sin z$ 的零点是 $z=n\pi$. 同理可得 $\cos z$ 的零点是 $z=\left(n+\frac{1}{2}\right)\pi \ (n=0,\pm1,\pm2,\cdots)$.

③ $\sin z$ 和 $\cos z$ 在整个复平面内解析，且 $(\sin z)'=\cos z, (\cos z)'=-\sin z$.

④ 用 $\sin z$ 和 $\cos z$ 的定义可以直接验证实变三角函数的三角公式仍然成立．如

$$\sin(z_1+z_2)=\sin z_1\cos z_2+\cos z_1\sin z_2,$$
$$\cos(z_1+z_2)=\cos z_1\cos z_2-\sin z_1\sin z_2,$$
$$\sin^2 z+\cos^2 z=1,$$
$$\vdots \qquad .$$

⑤ 在复数域内不能断言 $|\sin z|\leqslant 1$ 和 $|\cos z|\leqslant 1$. 如 $|\sin i|=\frac{e-e^{-1}}{2}\approx 1.752>1$，$\cos iy=\frac{e^{-y}+e^{y}}{2}>\frac{1}{2}e^{y}$. 可见，当 y 充分大时，$\cos iy$ 可充分大．这一性质与实变三角函数是截然不同的.

【例 2.3.3】 求 $\sin(2i)$的值.

解 $\sin(2i)=\frac{e^{-2}-e^{2}}{2i}=\frac{e^{2}-e^{-2}}{2}i.$

其他的三角函数可类似定义如下：

$$\tan z=\frac{\sin z}{\cos z}, \ \cot z=\frac{\cos z}{\sin z}, \ \sec z=\frac{1}{\cos z}, \csc z=\frac{1}{\sin z}.$$

其代数性质及解析性读者可自己推证.

双曲函数的定义与一元实函数情形相同，即其双曲正弦、双曲余弦、双曲正切和双曲余切分别定义为

$$\operatorname{sh} z=\frac{e^{z}-e^{-z}}{2}, \ \operatorname{ch} z=\frac{e^{z}+e^{-z}}{2},$$

$$\operatorname{th} z=\frac{\operatorname{sh} z}{\operatorname{ch} z}, \ \operatorname{coth} z=\frac{\operatorname{ch} z}{\operatorname{sh} z}.$$

显然它们是实变量双曲函数的推广，且具有下列重要性质.

① $\mathrm{sh}z$,$\mathrm{ch}z$ 都是以 $2\pi\mathrm{i}$ 为周期的周期函数，$\mathrm{sh}z$ 是奇函数，$\mathrm{ch}z$ 是偶函数.

② $\mathrm{sh}z$,$\mathrm{ch}z$ 在整个复平面内解析且

$$(\mathrm{sh}z)'=\mathrm{ch}z,\ (\mathrm{ch}z)'=\mathrm{sh}z.$$

③ 三角函数与双曲函数有如下关系：

$$\mathrm{sh}(\mathrm{i}z)=\mathrm{i}\sin z,\quad \sin(\mathrm{i}z)=\mathrm{i}\,\mathrm{sh}z;$$

$$\mathrm{ch}(\mathrm{i}z)=\cos z,\quad \cos(\mathrm{i}z)=\mathrm{ch}z;$$

$$\mathrm{ch}^2z-\mathrm{sh}^2z=1$$

2.3.5 反三角函数与反双曲函数

反三角函数定义为三角函数的反函数.

设 $z=\sin w$，则称 w 为 z 的反正弦函数，记为

$$w=\mathrm{Arcsin}z,$$

由
$$z=\sin w=\frac{\mathrm{e}^{\mathrm{i}w}-\mathrm{e}^{-\mathrm{i}w}}{2\mathrm{i}}$$

得
$$(\mathrm{e}^{\mathrm{i}w})^2-2\mathrm{i}z\mathrm{e}^{\mathrm{i}w}-1=0.$$

解之，得
$$\mathrm{e}^{\mathrm{i}w}=\mathrm{i}z+\sqrt{1-z^2},$$

于是有
$$w=\mathrm{Arcsin}z=\frac{1}{\mathrm{i}}\mathrm{Ln}(\mathrm{i}z+\sqrt{1-z^2}).$$

由于根式函数、对数函数都是多值函数，所以它也是一个多值函数，并且在整个复平面内都有定义.

类似地可以定义反余弦函数和反正切函数，并得出它们的表达式

$$\mathrm{Arccos}z=-\mathrm{i}\mathrm{Ln}(z+\sqrt{z^2-1}),$$

$$\mathrm{Arctan}z=-\frac{\mathrm{i}}{2}\mathrm{Ln}\frac{1+\mathrm{i}z}{1-\mathrm{i}z}.$$

这三个反三角函数在相应地取得单值连续分支后，根据反函数的求导公式，可得

$$(\mathrm{Arcsin}z)'=\frac{1}{\sqrt{1-z^2}},$$

$$(\mathrm{Arccos}z)'=-\frac{1}{\sqrt{1-z^2}},$$

$$(\mathrm{Arctan}z)'=\frac{1}{1+z^2}.$$

双曲函数的反函数称为反双曲函数，用推导反三角函数表达式完全类似的方法可得各反双曲函数的表达式.

反双曲正弦
$$\mathrm{Arsh}z=\mathrm{Ln}(z+\sqrt{z^2+1}),$$

反双曲余弦
$$\mathrm{Arch}z=\mathrm{Ln}(z+\sqrt{z^2-1}),$$

反双曲正切
$$\mathrm{Arth}z=\frac{1}{2}\mathrm{Ln}\frac{1+z}{1-z},$$

它们都是多值函数.

2.4　解析函数的应用

2.4.1　平面向量场

本小节我们讨论平行于一个平面的定常向量场．这就是说：第一，这个向量场中的向量是与时间无关的；第二，这个向量场中的向量都平行于某一个平面 S_0，并且在垂直于 S_0 的任何一条直线上所有的点处，这个场中的向量（就大小与方向来说）都是相等的．显然，在所有的平行于 S_0 的平面内，这个向量场的情形都完全一样．因此，这个向量场可以由位于平面 S_0 内的向量所构成的一个平面向量场完全表示出来．

我们把平面 S_0 取作 z 平面，于是向量场中每个向量便可以用复数来表示．这样可以用解析函数来研究平面向量场的问题．

由于解析函数的发展是与流体力学密切联系的，因此，在下面介绍平面向量场与解析函数的关系时，我们采用流体力学中的术语．尽管所讲述的内容，都是可以关系着各种不同物理特性的向量场．

假设流体是质量均匀的，并且具有不可压缩性，也就是说密度不因流体所处的位置以及受到的压力而改变．我们就假设其密度为 1. 流体的形式是定常（即与时间无关）的平面流动. 所谓平面流动是指流体在垂直于某一固定平面的直线上各点均有相同的流动情况（图 2.4.1). 流体层的厚度可以不考虑，或者认为是一个单位长．

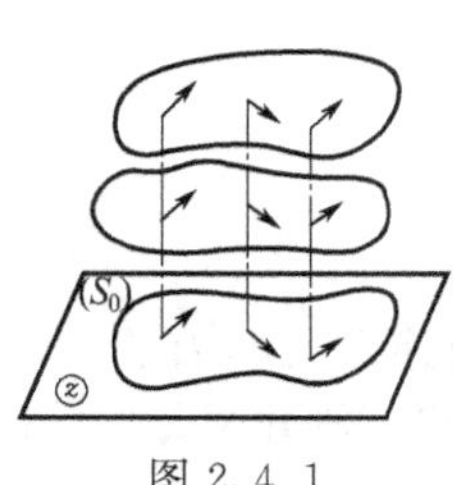

图 2.4.1

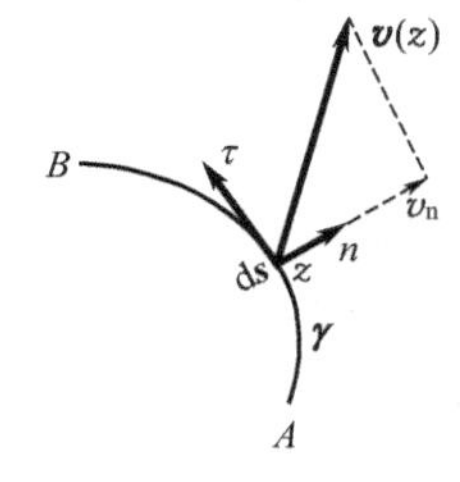

图 2.4.2

1. 流量与环量

设流体在 z 平面上某一区域 D 内流动，$\boldsymbol{v}(z)=p+\mathrm{i}q$ 是在点 $z\in D$ 处的流速，其中 $p=p(x,y)$，$q=q(x,y)$ 分别是 $\boldsymbol{v}(z)$ 的水平及垂直分速，并且假设它们都是连续的．

下面考查流体在单位时间内流过以 A 为起点，B 为终点的有向曲线 $\boldsymbol{\gamma}$（图 2.4.2）一侧的流量（实际是流体层的质量). 为此取弧元 $\mathrm{d}s$，$\boldsymbol{n}$ 为其单位法向量，它指向曲线 $\boldsymbol{\gamma}$ 的右边（顺着 A 到 B 的方向看). 显然，在单位时间内流过 $\mathrm{d}s$ 的流量为 $v_{\mathrm{n}}\mathrm{d}s$（$v_{\mathrm{n}}$ 是 $\boldsymbol{v}$ 在 $\boldsymbol{n}$ 上的投影)，再乘上流体层的厚度以及流体的密度（取厚度为一个单位长，密度为 1). 因此，这个流量的值就是

$$v_{\mathrm{n}}\mathrm{d}s$$

这里 $\mathrm{d}s$ 为切向量 $\mathrm{d}z=\mathrm{d}x+\mathrm{i}\mathrm{d}y$ 之长．当 $\boldsymbol{v}$ 与 $\boldsymbol{n}$ 夹角为锐角时，流量 $v_{\mathrm{n}}\mathrm{d}s$ 为正；

夹角为钝角时为负．

令

$$\boldsymbol{\tau}=\frac{\mathrm{d}x}{\mathrm{d}s}+\mathrm{i}\,\frac{\mathrm{d}y}{\mathrm{d}s}$$

是顺 $\boldsymbol{\gamma}$ 正向的单位切向量．故 $\boldsymbol{n}$ 恰好可由 $\boldsymbol{\tau}$ 旋转 $-\frac{\pi}{2}$ 得到，即

$$\boldsymbol{n}=\mathrm{e}^{-\frac{\pi}{2}\mathrm{i}}\boldsymbol{\tau}=-\mathrm{i}\boldsymbol{\tau}=\frac{\mathrm{d}y}{\mathrm{d}s}-\mathrm{i}\,\frac{\mathrm{d}x}{\mathrm{d}s}.$$

于是得 $\boldsymbol{v}$ 在 $\boldsymbol{n}$ 上的投影为

$$v_{\mathrm{n}}=\boldsymbol{v}\cdot\boldsymbol{n}=p\,\frac{\mathrm{d}y}{\mathrm{d}s}-q\,\frac{\mathrm{d}x}{\mathrm{d}s}.$$

用 N_γ 表示单位时间内流过 $\boldsymbol{\gamma}$ 的流量，则

$$N_\gamma=\int_\gamma\left(p\,\frac{\mathrm{d}y}{\mathrm{d}s}-q\,\frac{\mathrm{d}x}{\mathrm{d}s}\right)\mathrm{d}s=\int_\gamma-q\,\mathrm{d}x+p\,\mathrm{d}y\,. \tag{2.4.1}$$

在流体力学中，还有一个重要的概念，即流速的环量．它定义为：流速在曲线 $\boldsymbol{\gamma}$ 上的切线分速沿着该曲线的积分，用 Γ_γ 表示．于是

$$\Gamma_\gamma=\int_\gamma\left(p\,\frac{\mathrm{d}x}{\mathrm{d}s}+q\,\frac{\mathrm{d}y}{\mathrm{d}s}\right)\mathrm{d}s=\int_\gamma p\,\mathrm{d}x+q\,\mathrm{d}y\,. \tag{2.4.2}$$

现在我们可以借助于复积分来表示环量和流量．为此，我们用 i 乘 N_γ，再与 Γ_γ 相加即得环流量

$$\Gamma_\gamma+\mathrm{i}N_\gamma=\int_\gamma p\,\mathrm{d}x+q\,\mathrm{d}y+\mathrm{i}\int_\gamma-q\,\mathrm{d}x+p\,\mathrm{d}y=\int_\gamma(p-\mathrm{i}q)(\mathrm{d}x+\mathrm{i}\mathrm{d}y)\,,$$

即

$$\Gamma_\gamma+\mathrm{i}N_\gamma=\int_\gamma\overline{v(z)}\,\mathrm{d}z\,.$$

我们称 $\overline{v(z)}$ 为复速度．

2. 无源、无漏的无旋运动

假设 $p=p(x,y)$，$q=q(x,y)$ 在区域 D 内连续且具有连续偏导数，γ 是 D 内的任意一条正向简单闭曲线且它所围的闭域为 G，则由式(2.4.1)、式(2.4.2) 和格林公式有

$$N_\gamma=\int_\gamma-q\,\mathrm{d}x+p\,\mathrm{d}y=\iint_G\left(\frac{\partial p}{\partial x}+\frac{\partial q}{\partial y}\right)\mathrm{d}x\,\mathrm{d}y \tag{2.4.3}$$

$$\Gamma_\gamma=\int_\gamma p\,\mathrm{d}x+q\,\mathrm{d}y=\iint_G\left(\frac{\partial q}{\partial x}-\frac{\partial p}{\partial y}\right)\mathrm{d}x\,\mathrm{d}y \tag{2.4.4}$$

流体流动，如果对 D 内任意一条正向简单闭曲线 γ 来说，流体不向外流出，则称为在 D 内无源；如果流体不向内流入，则称为在 D 内无漏洞．

如果既无源又无漏洞，这时对 D 内任意一条正向简单闭曲线来说，流量为零．由式(2.4.3) 知：

流体在 D 内无源、无漏洞的充要条件是，在 D 内，p 和 q 满足条件 $\frac{\partial p}{\partial x}=-\frac{\partial q}{\partial y}$.

流体流动，如果对 D 内任意一条正向简单闭曲线 γ 来说，环量为零，则称为

在 D 内无旋涡．

由式(2.4.4) 知：

在 D 内无旋涡的充要条件是，在 D 内，p 和 q 满足条件 $\frac{\partial q}{\partial x}=\frac{\partial p}{\partial y}$.

在流体力学中，对于无旋流动的研究是很重要的．由上可知：

流体在 D 内作无源、无漏的无旋运动的充要条件是 $\int_\gamma \overline{v(z)}\mathrm{d}z=0$，其中 γ 是 D 内任意一条正向简单闭曲线．

由定理 2.2.1 知无源、无漏的无旋流动特征是 $\overline{v(z)}$ 在该流动区域 D 内解析．

3. 复势

设在区域 D 内有一无源、无漏的无旋流动，从以上的讨论，即知其对应的复速度为解析函数 $\overline{v(z)}$. 如果函数 $f(z)$ 在区域 D 内满足 $f'(z)=\overline{v(z)}$，我们称 $f(z)$ 为对应此流动的复势．

对于无源、无漏的无旋流动，复势总是存在的；如果略去常数不计，它还是唯一的．这是因为 $\overline{v(z)}$ 是解析函数，由下式确定的

$$f(z)=\int_{z_0}^{z}\overline{v(z)}\mathrm{d}z\qquad \text{（请参阅 3.3 柯西积分定理一节内容）}$$

就是复势，其中 z、z_0 属于 D. 当 D 为单连通时，$f(z)$ 为单值解析函数．当 D 为多连通时，$f(z)$ 可能为多值解析函数．但它在 D 内任何一个单连通子区域均能分出单值解析分支．

设 $f(z)=\varphi(x,y)+\mathrm{i}\psi(x,y)$ 为某一流动的复势．我们称 $\varphi(x,y)$ 为所述流动的势函数，称 $\varphi(x,y)=k$（k 为实常数）为势线；称 $\psi(x,y)$ 为所述流动的流函数，称 $\psi(x,y)=k$（k 为实常数）为流线．

因为

$$\varphi_x+\mathrm{i}\psi_x=f'(z)=\overline{v(z)}=p-\mathrm{i}q,$$

所以

$$p=\varphi_x=\psi_y,q=-\psi_x=\varphi_y.\quad \text{（C-R 条件）}$$

又因流线上的点 $z(x,y)$ 的速度方向与该点的切线方向一致，即流线的微分方程为

$$\frac{\mathrm{d}x}{p}=\frac{\mathrm{d}y}{q},$$

即

$$\psi_x\mathrm{d}x+\psi_y\mathrm{d}y=0.$$

而 $\psi(x,y)$ 为调和函数，我们有 $\psi_{yx}=\psi_{xy}$，于是 $\mathrm{d}\psi(x,y)=0$，所以 $\psi(x,y)=k$ 就是流线方程的积分曲线．

流线与势线在流速不为零的点处互相正交．

我们用复势刻画流动比用复速度方便．因为由复势求复速度只用到求导数，反之则要用积分．另外，由复势容易求流线和势线，这样就可以了解流动的概况.

【例 2.4.1】 考察复势为 $f(z)=az$ 的流动情况．

解　设 $a>0$，则势函数和流函数分别为：

$$\varphi(x,y)=ax,\psi(x,y)=ay,$$

故势线是 $x=C_1$；流线是 $y=C_2$（C_1，C_2 均为实常数）. 这种流动称为均匀常流（图 2.4.3）.

当 a 为复数时，情况相仿，势线和流线也是直线，只是方向有了改变. 这时的速度为 $\overline{a}$.

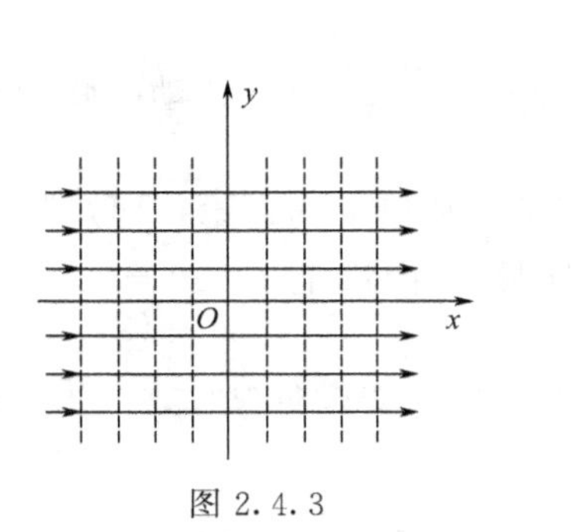

图 2.4.3

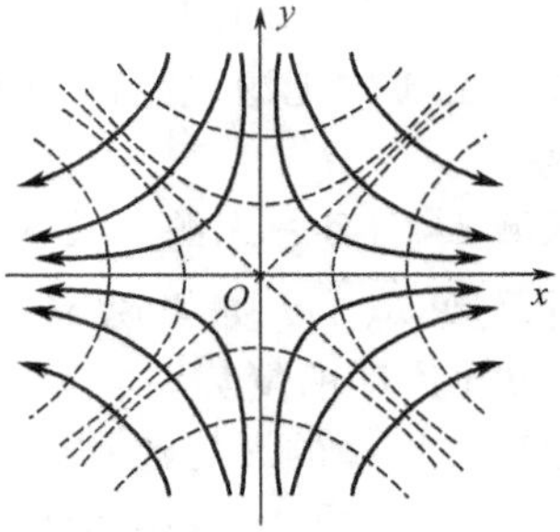

图 2.4.4

【**例 2.4.2**】　设复势为 $f(z)=z^2$，试确定其流线、势线和速度.

解　势函数和流函数分别为

$$\varphi(x,y)=x^2-y^2,\quad \psi(x,y)=2xy,$$

故流线与势线是互相正交的两族等轴双曲线（图 2.4.4）.

在点 z 处的速度 $v(z)=\overline{f'(z)}=2\overline{z}$.

2.4.2　解析函数在车流计算中的应用

当代城乡的交通问题十分突出，在一条漫长的高速公路或城市的主干道上，各种疾行的车辆宛如管子内急流的液体. 研究单向车流的速度和数量，对于减少事故、控制污染等有着十分重要的意义.

首先，把单向车流 $\boldsymbol{v}=P(x,y)+\mathrm{i}Q(x,y)$ 看作是一个不可压缩的、定常的理想流体流速场，易知它是一个无源场和无旋场，则其散度和旋度分别等于零，亦即

$$\mathrm{div}\boldsymbol{v}=\frac{\partial P}{\partial x}+\frac{\partial Q}{\partial y}=0,\quad \frac{\partial P}{\partial x}=-\frac{\partial Q}{\partial y} \tag{2.4.5}$$

$$\mathrm{rot}\boldsymbol{v}=\left(\frac{\partial Q}{\partial x}-\frac{\partial P}{\partial y}\right)\boldsymbol{k}=\boldsymbol{0},\quad \frac{\partial Q}{\partial x}=\frac{\partial P}{\partial y} \tag{2.4.6}$$

由式(2.4.5) 知：$-Q\mathrm{d}x+P\mathrm{d}y$ 是某一个二元函数 $\Psi(x,y)$ 的全微分，即

$$\mathrm{d}\Psi=-Q\mathrm{d}x+P\mathrm{d}y,\quad \frac{\partial \Psi}{\partial x}=-Q,\quad \frac{\partial \Psi}{\partial y}=P. \tag{2.4.7}$$

由式(2.4.6) 知：$P\mathrm{d}x+Q\mathrm{d}y$ 是某一个二元函数 $\Phi(x,y)$ 的全微分，即

$$\mathrm{d}\Phi=P\mathrm{d}x+Q\mathrm{d}y,\quad \frac{\partial \Phi}{\partial x}=P,\quad \frac{\partial \Phi}{\partial y}=Q. \tag{2.4.8}$$

由式(2.4.7) 和式(2.4.8) 得

$$\frac{\partial \Phi}{\partial x}=\frac{\partial \Psi}{\partial y}, \quad \frac{\partial \Phi}{\partial y}=-\frac{\partial \Psi}{\partial x},$$

满足柯西-黎曼（Cauch-Riemann）条件，故函数 $\boldsymbol{w}=\boldsymbol{f}(z)=\Phi(x,y)+\mathrm{i}\Psi(x,y)$ 为一解析函数，这个解析函数就是平面流速场的复势函数，其中，$\Psi(x, y)$ 称为流函数，$\Phi(x, y)$ 称势函数．车流速度为

$$\boldsymbol{v}=P(x,y)+\mathrm{i}Q(x,y)=\frac{\partial \Psi}{\partial y}+\mathrm{i}\frac{\partial \Phi}{\partial y}=\frac{\partial \Phi}{\partial x}-\mathrm{i}\frac{\partial \Psi}{\partial x}. \tag{2.4.9}$$

现在转入计算单向车流这一实际问题．首先将其数学化．假定有一条宽 10m 左右、长度无限且无岔道、无超车现象的公路，选择路上某点为坐标原点，需要研究的位置为流动点 (x,y) 车流方向为 x 轴的正向．设在任意时刻 t，根据单位时间内通过点 (x,y) 的车辆数和因堵塞而在点 (x,y) 附近单位长的公路上单流方向停留的车辆数建立流函数 $\Psi(x,y)$ 和密度函数 $\rho(x,y)$，并计算其势函数

$$\Phi(x,y)=\int \frac{\partial \Psi}{\partial y}\mathrm{d}x-\frac{\partial \Psi}{\partial x}\mathrm{d}y, \tag{2.4.10}$$

作解析函数 $\boldsymbol{f}(z)=\Phi(x,y)+\mathrm{i}\Psi(x,y)$，用式(2.4.9) 求复值速度函数

$$\boldsymbol{v}=\frac{\partial \Psi}{\partial y}+\mathrm{i}\frac{\partial \Phi}{\partial y},$$

再引入灵敏系数 λ [因司机的动作反应时间差造成的加速度的改变，与点 (x,y) 处前后二车的距离成反比]，λ 可按下式计算：

$$\lambda=\frac{q}{\rho}\cdot\frac{1}{\ln\rho_{\mathrm{m}}-\ln\rho},$$

其中，q 为流量；ρ 为车辆密度；ρ_{m} 为堵塞时的车辆密度．

按上述方法计算得车流速度，即公路上任一点 (x,y) 处在任意时刻 t 的任一辆车的速度为

$$u=\lambda|\boldsymbol{v}|=\lambda\sqrt{\left(\frac{\partial \Psi}{\partial y}\right)^2+\left(\frac{\partial \Phi}{\partial y}\right)^2}.$$

用解析函数计算车流问题，比 1983 年以来通常采用的微分方程计算的方法更符合实际，更简便易行．因为在过去的计算方法中假设车流是一条直线，事实上，车流并非一条直线，而用微分方程计算，却局限在一维空间里，并不能准确地反映车流的实际情况．如应用解析函数的方法，将车流速度摆在平面流速场中计算，其科学性、实用性都较强．

2.4.3　解析函数在平面静电场中的应用

平面静电场的电势在无源区域满足二维的拉普拉斯方程，且它的等势线族与电场线族是处处正交．而解析函数的实部和虚部都是调和函数，且其梯度向量相互正交．正是由于解析函数的这一性质，它常用来描述一无源区域的平面静电场，并称此解析函数为该电场的复势．通过计算平面静电场的复势，可以得到该电场的等势线族及电场线族方程，从而使得解析函数理论在平面静电场中有重要的应用．

1. 计算无限长均匀带电圆柱面的电场线方程及等势线方程

设有一无限长均匀带电圆柱面，其电荷线密度为 ρ，圆柱的半径为 r_0，置于真

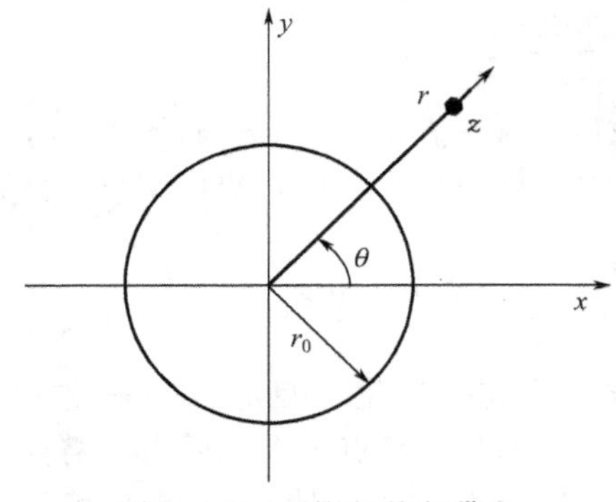

图 2.4.5 无限长均匀带电圆柱面的截面图

空中，由于该带电体的对称性，只需考虑与此带电圆柱面垂直的复平面上的情况．该电场是平面静电场，可以用复势来描述．将复平面的坐标原点取在带电圆柱面的中心轴线上，如图 2.4.5 所示，在复平面上任一 $z=re^{i\theta}$点，电场强度的大小为

$$E=\begin{cases}0, & r<r_0,\\ \dfrac{\rho}{2\pi\varepsilon_0 r}, & r>r_0.\end{cases} \tag{2.4.11}$$

如果用复数表示，则有如下结论，当 $r>r_0$时，

$$E(z)=\frac{\rho e^{i\theta}}{2\pi\varepsilon_0 r}=\frac{\rho}{2\pi\varepsilon_0 r e^{-i\theta}}=\frac{\rho}{2\pi\varepsilon_0 \bar{z}}; \tag{2.4.12}$$

当 $r<r_0$时，

$$E(z)=0 \tag{2.4.13}$$

根据电场强度与电势的关系 $E=-\nabla v(x,y)$，即

$$E_x=-\frac{\partial v}{\partial x}, E_y=-\frac{\partial v}{\partial y}. \tag{2.4.14}$$

其中，E_x，E_y分别是电场强度 E 在 x 和 y 方向上的分量，$v(x,y)$ 为平面静电场的势函数．

设解析函数 $f(z)=u(x,y)+iv(x,y)$为该平面静电场的复势，$u(x,y)$ 和 $v(x,y)$ 分别为电场线函数和势函数，根据复变函数导数的定义、柯西-黎曼条件及式(2.4.14) 有

$$f'(z)=u_x+iv_x=v_y+iv_x=-E_y-iE_x=-i(E_x-iE_y)=-i\,\overline{E(z)},$$

即

$$f'(z)=-i\,\overline{E(z)}=\begin{cases}0, & r<r_0,\\ -i\,\dfrac{\rho}{2\pi\varepsilon_0 z}, & r>r_0.\end{cases}$$

则当 $r<r_0$时对应的复势为 $f(z)=c_1+ic_2$. (2.4.15)

其中，c_1，c_2为实常数，由于该范围内电场强度为零，而电场线的疏密程度反映了电场强度的大小，因而必有 $c_1=0$，c_2其大小与电势零点的选择有关．

该电场的电场线函数族和等势线函数族分别为

$$u(r,\theta)=0,\quad v(r,\theta)=c_2. \tag{2.4.16}$$

则当 $r>r_0$时，该静电场的复势为

$$\int -i\frac{\rho}{2\pi\varepsilon_0 z}dz=-i\frac{\rho}{2\pi\varepsilon_0}\ln z+c_3+ic_4=\frac{\rho\theta}{2\pi\varepsilon_0}+c_3+i\left(c_4-\frac{\rho}{2\pi\varepsilon_0}\ln r\right). \tag{2.4.17}$$

其中，c_3，c_4为实常数．

该电场的电场线函数族和等势线函数族分别为

$$u(r,\theta)=\mathrm{Re}[f(z)]=\frac{\rho\theta}{2\pi\varepsilon_0}+c_3=常数,\tag{2.4.18}$$

$$v(r,\theta)=c_4-\frac{\rho}{2\pi\varepsilon_0}\ln r=常数.\tag{2.4.19}$$

由式(2.4.16) 可知，$r<r_0$时，电场线族为 $u(r,\theta)=0$，电势线函数族 $v(r,\theta)=$常数，即带电体内无电场线，且是一个等势体；$r>r_0$时，由式(2.4.18) 可知电场线函数族为常数，即电场线是通过原点的射线，而由式(2.4.19) 可知等势线函数族为 $r=$常数，即等势线为一系列的同心圆．这样就得到了无限长均匀带电圆柱面所产生的电场线族方程、等势线族方程．

2. 利用解析函数的性质计算平面静电场的等势线族方程

【例 2.4.3】 已知一平面静电场的电场线族是与虚轴相切于原点的圆族，试求等势线族，并求此电场的复势．

分析　欲求等势线族和复势，需要先计算电场线函数，电场线族的方程为

$$(x-c)^2+y^2=c^2(c\ 为不为零的常数)\tag{2.4.20}$$

容易认为电场线函数 $u(x,y)=(x-c)^2+y^2$，但 $\Delta u=\frac{\partial^2 u}{\partial x^2}+\frac{\partial^2 u}{\partial y^2}=2\neq0$，即这样的 $u(x,y)$ 不是调和函数．由式(2.4.20) 可得$\frac{xy}{x^2+y^2}=\frac{1}{2c}$，故为使 $\Delta u=0$，令

$$u(x,y)=F(t),\quad t=\frac{x}{x^2+y^2}.$$

适当选择 $F(t)$，使 $\Delta u=0$，为此需要求 $u(x,y)$ 的二阶偏导数

$$\frac{\partial u}{\partial x}=\frac{\mathrm{d}F}{\mathrm{d}t}\frac{\partial t}{\partial x}=F'(t)\frac{y^2-x^2}{(x^2+y^2)^2},\frac{\partial u}{\partial y}=\frac{\mathrm{d}F}{\mathrm{d}t}\frac{\partial t}{\partial y}=-F'(t)\frac{2xy}{(x^2+y^2)^2},$$

$$\frac{\partial^2 u}{\partial x^2}=F''(t)\left[\frac{y^2-x^2}{(x^2+y^2)^2}\right]^2+F'(t)\frac{-6xy^4-4x^3y^2+2x^5}{(x^2+y^2)^4},\tag{2.4.21}$$

$$\frac{\partial^2 u}{\partial y^2}=F''(t)\left[-\frac{2xy}{(x^2+y^2)^2}\right]^2+F'(t)\frac{6xy^4+4x^3y^2-2x^5}{(x^2+y^2)^4}.\tag{2.4.22}$$

将式(2.4.21) 和式(2.4.22) 代入 $\Delta u=0$ 得

$$\Delta u=\frac{\partial^2 u}{\partial x^2}+\frac{\partial^2 u}{\partial y^2}=F''(t)\left[\frac{y^2+x^2}{(x^2+y^2)^2}\right]^2=0.$$

显然可以得到 $F''(t)=0$，连续积分两次可得 $F(t)=c_1t+c_2$．于是

$$u(x,y)=\frac{c_1x}{x^2+y^2}+c_2.\tag{2.4.23}$$

利用柯西-黎曼条件$\frac{\partial u}{\partial x}=\frac{\partial v}{\partial y}$，$\frac{\partial u}{\partial y}=-\frac{\partial v}{\partial x}$求 $v(x,y)$．

$$\frac{\partial v}{\partial y}=\frac{\partial u}{\partial x}=c_1\frac{y^2-x^2}{(x^2+y^2)^2},\quad \frac{\partial v}{\partial x}=-\frac{\partial u}{\partial y}=2c_1\frac{xy}{(x^2+y^2)^2}.$$

利用全微分的定义得

$$\mathrm{d}v=\frac{\partial v}{\partial x}\mathrm{d}x+\frac{\partial v}{\partial y}\mathrm{d}y=2c_1\frac{xy}{(x^2+y^2)^2}\mathrm{d}x+c_1\frac{y^2-x^2}{(x^2+y^2)^2}\mathrm{d}y,$$

利用凑微法可得

$$v(x,y)=-\frac{c_1 y}{x^2+y^2}+c_3. \tag{2.4.24}$$

由式(2.4.23)、式(2.4.24) 可得复势

$$f(z)=u(x,y)+\mathrm{i}v(x,y)=\frac{c_1 x}{x^2+y^2}+c_2+\mathrm{i}\left(-\frac{c_1 y}{x^2+y^2}+c_3\right)$$
$$=\frac{c_1(x-\mathrm{i}y)}{x^2+y^2}+c_2+\mathrm{i}c_3=\frac{c_1\bar{z}}{z\bar{z}}+z_0=\frac{c_1}{z}+z_0.$$

其中，$z_0=c_2+\mathrm{i}c_3$.

通过以上分析可知利用平面静电场的电场线族方程计算复势的一般步骤，首先根据电场线族方程推导出实部 $u(x,y)=f(x,y)$的一般形式，然后根据 Δu 是否等于零，判断 $f(x,y)$ 是否是解析函数的实部．若 $\Delta f(x,y)=0$，说明 $f(x,y)$ 是解析函数的实部；若 $\Delta f(x,y)\neq 0$，说明 $f(x,y)$ 并不是解析函数的实部，令 $t=f(x,y)$，$u(x,y)=F(t)$ 根据 $\Delta u=0$ 确定实部 $u(x,y)$ 的具体形式．最后利用柯西-黎曼条件计算虚部，最终就可以确定复势．根据等势线族方程计算复势的步骤与上述类似．

平面静电场与解析函数存在着一一对应关系，解析函数就是该平面静电场的复势．一般而言，任一既无源又无旋的平面矢量场，总可以构造一个解析函数，即复势与之对应．若采用复势来研究平面静电场，不但形式紧凑，而且可使计算大为简化.

本章主要内容

1. 导数的定义

设 $f(z)=u(x,y)+\mathrm{i}v(x,y)$，$f'(z)=\lim\limits_{\Delta z\to 0}\dfrac{f(z+\Delta z)-f(z)}{\Delta z}$ 存在，称 $f(z)$ 在 z 处可导，且 $f'(z)=\dfrac{\partial u}{\partial x}+\mathrm{i}\dfrac{\partial v}{\partial x}=\dfrac{\partial v}{\partial y}-\mathrm{i}\dfrac{\partial u}{\partial y}$.

应特别注意 $\Delta z\to 0$ 的方式是任意的．若在某种方式下，上述极限不存在，或某两种方式下极限不相等，则 $f(z)$不可导.

若 $f(z)$在区域 D 内处处可导，则称 $f(z)$在 D 内可导.

2. 可导与连续的关系

$f(z)$在 z_0处可导，则 $f(z)$在 z_0处连续，反之未必成立.

3. 求导法则

设 $f(z),g(z)$可导，C 为常数，则有

(1) $[f(z)\pm g(z)]'=f'(z)\pm g'(z)$；

(2) $[f(z)g(z)]'=f'(z)g(z)+f(z)g'(z)$；

(3) $\left[\dfrac{f(z)}{g(z)}\right]'=\dfrac{1}{g^2(z)}[f'(z)g(z)-f(z)g'(z)],g(z)\neq 0$；

(4) $\{f[g(z)]\}'=f'(w)g'(z)$，其中 $w=g(z)$；

(5) $f'(z)=\dfrac{1}{\varphi'(w)}$，其中 $w=f(z)$ 与 $z=\varphi(w)$ 是两个互为反函数的单值函数，且 $\varphi'(w)\neq 0$；

(6) $(C)'=0$.

4. 解析函数

若函数 $f(z)$ 在点 z_0 的某个邻域内（包含点 z_0）处处可导，则称 $f(z)$ 在点 z_0 解析.

若 $f(z)$ 在区域 D 内每一点都解析，称 $f(z)$ 是 D 内的解析函数.

5. 解析与可导的关系

$f(z)$ 在区域 D 内可导与 $f(z)$ 在区域 D 内解析等价；而 $f(z)$ 在 z_0 可导与 $f(z)$ 在 z_0 解析不等价，即函数在一点可导未必在此点解析.

6. 奇点

若 $f(z)$ 在 z_0 不解析，称 z_0 为 $f(z)$ 的奇点.

7. 解析的充要条件

函数 $f(z)=u(x,y)+\mathrm{i}v(x,y)$ 在区域 D 内解析的充要条件是二元实函数 $u(x,y)$ 和 $v(x,y)$ 在 D 内任一点 $z=x+\mathrm{i}y$ 可微且满足柯西-黎曼方程

$$\frac{\partial u}{\partial x}=\frac{\partial v}{\partial y},\ \frac{\partial u}{\partial y}=-\frac{\partial v}{\partial x}.$$

若函数 $u(x,y)$ 和 $v(x,y)$ 在 D 内一阶偏导数连续，且满足柯西-黎曼方程，则 $f(z)$ 在 D 内解析.

若 $f(z)$ 在区域 D 内不满足柯西-黎曼方程，显然，$f(z)$ 在 D 内不解析.

8. 函数 $f(z)=u(x,y)+\mathrm{i}v(x,y)$ 在 D 内某点 $z_0=x_0+\mathrm{i}y_0$ 可导的充要条件

函数 $f(z)$ 在 D 内某一点 $z_0=x_0+\mathrm{i}y_0$ 处可导的充要条件是 $u(x,y)$, $v(x,y)$ 在点 $z_0=x_0+\mathrm{i}y_0$ 可微且满足柯西-黎曼方程.

9. 若 $f(z)$ 解析，则 $f'(z)$ 亦解析，且 $f(z)$ 具有任意阶导数（此论断将在复变积分中证实）.

10. 初等函数

(1) 指数函数　对任意的复数 $z=x+\mathrm{i}y$，规定函数 $w=\mathrm{e}^x(\cos y+\mathrm{i}\sin y)$ 为复数 z 的指数函数记作 $w=\mathrm{e}^z=\mathrm{e}^x(\cos y+\mathrm{i}\sin y)$ 或 $\exp(z)=\mathrm{e}^x(\cos y+\mathrm{i}\sin y)$.

e^z 是以 $2\pi\mathrm{i}$ 为基本周期的周期函数，在整个复平面内解析，且 $(\mathrm{e}^z)'=\mathrm{e}^z$.

(2) 对数函数　把指数函数的反函数称为对数函数.

$\mathrm{Ln}z=\ln|z|+\mathrm{i}\arg(z)+2k\pi\mathrm{i}$ 的主值对数 $\ln z=\ln|z|+\mathrm{i}\arg(z)$，

$\ln z$ 在除去原点及负实轴的复平面内解析，且 $\dfrac{\mathrm{d}(\ln z)}{\mathrm{d}z}=\dfrac{1}{z}$.

(3) 幂函数　对于任意复数 α 及复变量 $z\neq 0$，定义幂函数 $w=z^\alpha$ 为

$$z^\alpha=\mathrm{e}^{\alpha\mathrm{Ln}z}=\mathrm{e}^{\alpha[\ln|z|+\mathrm{i}\arg(z)+2k\pi\mathrm{i}]}\quad(k\text{ 为整数}),$$

z^α 的各个分支在除去原点及负实轴的复平面内解析且 $(z^\alpha)'=\alpha z^{\alpha-1}$.

习　题　2

1. 试根据定义，讨论 $f(z)=|z|^2$ 的可导性.

2. 利用定义求下列函数的导数：

(1) $f(z)=z^2$；

(2) $f(z)=\frac{1}{z}$.

3. 下列函数何处可导？何处解析？

(1) $f(z)=x^2-\mathrm{i}y$；

(2) $f(z)=xy^2+\mathrm{i}x^2y$；

(3) $f(z)=\sin x\,\mathrm{ch}y+\mathrm{i}\cos x\,\mathrm{sh}y$；

(4) $f(z)=2x^3+3y^3\mathrm{i}$；

(5) $f(z)=z^2+2\mathrm{i}z$；

(6) $f(z)=\frac{1}{z^2-1}$.

4. 指出下列函数的奇点：

(1) $\frac{z-1}{z^3(z^2+1)}$；

(2) $\frac{z-3}{(z+2)^2(z^2-1)}$.

5. 求下列函数的导数并指明其解析域：

(1) $f(z)=(z+3)^6$；

(2) $f(z)=\sin z+3\mathrm{i}z$；

(3) $f(z)=\frac{1}{z^2+1}$；

(4) $f(z)=\frac{3z+2}{2z-3}$.

6. 判断下列命题真假：

(1) 若 $f(z)$在 z_0连续，则 $f(z)$在 z_0可导.

(2) 若 $f(z)$在 z_0可导，则 $f(z)$在 z_0解析.

(3) 如果 z_0是 $f(z)$的奇点，则 $f(z)$在 z_0不可导.

(4) 若 z_0是 $f(z)$与 $g(z)$的一个奇点，则 z_0也是 $f(z)+g(z)$和 $f(z)/g(z)$的一个奇点.

(5) 若$u(x,y)$,$v(x,y)$可微，则 $f(z)=u+\mathrm{i}v$ 可导.

(6) $\ln\sqrt{z}=\frac{1}{2}\ln z$.

(7) 在复平面内，函数 $\mathrm{e}^z,z^3,\sin z,\cos z$ 解析，而 $\mathrm{e}^{\bar{z}},\bar{z}^3,\sin\bar{z},\cos\bar{z}$ 不解析.

(8) $\ln z$ 在复平面内处处解析.

7. 若 $f(z)=u+\mathrm{i}v$ 是z 的解析函数，而且

$$u-v=(x-y)(x^2+4xy+y^2),$$

试求$u(x,y)$与 $v(x,y)$.

8. 如果 $f(z)=u+\mathrm{i}v$ 在区域D 内解析，并且满足下列条件之一，试证 $f(z)$在 D 内是一个常数.

(1) u 为常数或 v 为常数；

(2) $|f(z)|$在区域 D 内是一常数；

(3) $f(z)$恒为实数；

(4) $\overline{f(z)}$在区域 D 内解析；

(5) $\arg f(z)$在区域 D 内是一常数；

(6) $au+bv=c$，其中 a,b,c 为不全为零的实常数.

9. 设 $f(z)=my^3+nx^2y+\mathrm{i}(x^3+lxy^2)$为解析函数，试求 m,n,l 的值.

10. 试证明柯西-黎曼方程的极坐标形式是

$$\frac{\partial u}{\partial r}=\frac{1}{r}\frac{\partial v}{\partial\theta},\ \frac{\partial v}{\partial r}=-\frac{1}{r}\frac{\partial u}{\partial\theta}.$$

11. 试证明：

(1) $\overline{e^z}=e^{\bar{z}}$；　(2) $\overline{\sin z}=\sin\bar{z}$；　(3) $\overline{\tan z}=\tan\bar{z}$.

12. 求解下列方程：

(1) $\cos z=0$；　(2) $e^z+1=0$；　(3) $\sin z+\cos z=0$；　(4) $\cos z=\mathrm{i}\,\mathrm{sh}z$.

13. 在复变函数中洛必达(L·Hospital)法则仍然成立．若 $f(z)$,$g(z)$在点 z_0 解析，且 $f(z_0)=g(z_0)=0$，$g'(z_0)\neq 0$，试证

$$\lim_{z\to z_0}\frac{f(z)}{g(z)}=\frac{f'(z_0)}{g'(z_0)}.$$

14. 求 $\mathrm{Ln}(-\mathrm{i})$,$\mathrm{Ln}(-3+4\mathrm{i})$的值及其主值.

15. 求 $e^{1-\mathrm{i}\frac{\pi}{2}}$，$e^{\frac{1+\pi\mathrm{i}}{4}}$，$3^{\mathrm{i}}$，$(1+\mathrm{i})^{\mathrm{i}}$的值.

16. 求 $1^{\sqrt{2}}$，$(-2)^{\sqrt{2}}$，$1^{-\mathrm{i}}$，i^{i}，$(3-4\mathrm{i})^{1+\mathrm{i}}$的值.

17. 实三角函数公式几乎都适用于复变三角函数，试证：

(1) $\sin 2z=2\sin z\cos z$；　(2) $\tan 2z=\dfrac{2\tan z}{1-\tan^2 z}$；

(3) $\sin\left(\dfrac{\pi}{2}-z\right)=\cos z$；　(4) $\cos(z+\pi)=-\cos z$；

(5) $|\cos z|^2=\cos^2 x+\mathrm{sh}^2 y$；　(6) $|\sin z|^2=\sin^2 x+\mathrm{sh}^2 y$.

18. 对双曲函数求证下列公式成立：

(1) $\mathrm{ch}^2 z-\mathrm{sh}^2 z=1$；　(2) $\mathrm{ch}^2 z+\mathrm{sh}^2 z=\mathrm{ch}2z$；

(3) $\mathrm{sh}(z_1+z_2)=\mathrm{sh}z_1\mathrm{ch}z_2+\mathrm{ch}z_1\mathrm{sh}z_2$；

(4) $\mathrm{ch}(z_1+z_2)=\mathrm{ch}z_1\mathrm{ch}z_2+\mathrm{sh}z_1\mathrm{sh}z_2$.

19. 用 13 题的结果证明下列极限：

(1) $\lim\limits_{z\to 0}\dfrac{\sin z}{z}=1$；　(2) $\lim\limits_{z\to 0}\dfrac{\ln(1+z)}{z}=1$；　(3) $\lim\limits_{z\to 0}\dfrac{e^z-1}{z}=1$.

20. 填空题

(1) 若函数 $f(z)$在 z_0点解析，则 $\lim\limits_{z\to z_0}\dfrac{f(z)-f(z_0)}{z-z_0}=$（　　）.

(2) 函数 $f(z)$在 z_0点的导数为 0，则 $\lim\limits_{z\to z_0}\dfrac{f(z)-f(z_0)}{z-z_0}=$（　　）.

(3) 函数 $f(z)$在 z_0点可导，则 $\lim\limits_{z\to z_0}\left[\dfrac{f(z)-f(z_0)}{z-z_0}-f'(z_0)\right]=$（　　）.

(4) 指数函数 e^z 在整个复平面内处处（　　），且是以（　　）为基本周期的周期函数.

(5) 对数函数在（　　　　　　　）的复平面内处处（　　）.

(6) $\sin z$ 和 $\cos z$ 在整个复平面内处处（　　），且是以（　　）为周期的周期函数.

(7) 在复数域内断言$|\sin z|\leqslant 1$和$|\cos z|\leqslant 1$是（　　　）.

(8) 函数 $f(z)=u(x,y)+\mathrm{i}v(x,y)$在区域 D 内解析的充要条件是（　　　）.

(9) 函数 $f(z)=u(x,y)+\mathrm{i}v(x,y)$在点 $z_0=x_0+\mathrm{i}y_0$处可导的充要条件是（　　）.

(10) 如果函数 $f(z)$在点 z_0的某个邻域内处处可导，则 $f(z)$在点 z_0处（　　）.

21. 单项选择题

(1) 下列说法正确的是（　　）.

(A) 若 $f(z)$在 z_0处可导，则 $f(z)$在 z_0处解析

(B) 若 $f(z)$在 z_0处连续，则 $f(z)$在 z_0解析

(C) 若 $f(z)$在 z_0处可导，则 $f(z)$在 z_0处连续

(D) 若 $f(z)$在 z_0处解析，则 $f(z)$仅在 z_0处可导

(2) 函数 $f(z)=u(x,y)+\mathrm{i}v(x,y)$的柯西黎曼条件是（　　）.

(A) $\frac{\partial u}{\partial x}=\frac{\partial v}{\partial y},\frac{\partial u}{\partial y}=-\frac{\partial v}{\partial x}$　　(B) $\frac{\partial u}{\partial x}=\frac{\partial u}{\partial y},\frac{\partial v}{\partial x}=-\frac{\partial v}{\partial y}$

(C) $\frac{\partial u}{\partial x}=\frac{\partial v}{\partial x},\frac{\partial u}{\partial y}=-\frac{\partial v}{\partial y}$　　(D) $\frac{\partial u}{\partial x}=\frac{\partial v}{\partial y},\frac{\partial u}{\partial y}=\frac{\partial v}{\partial x}$

(3) 若 $f(z)$在 z_0处可导，则（　　）.

(A) $f(z)$在 z_0处解析　　(B) $f(z)$在 z_0处连续

(C) $f(z)$在 z_0处未必连续　　(D) 以上都不对

(4) 函数 $f(z)=u(x,y)+\mathrm{i}v(x,y)$在区域 D 内解析的条件是（　　）.

(A) $u(x,y),v(x,y)$在区域 D 内可微　　(B) 在区域 D 内$\frac{\partial u}{\partial x}=\frac{\partial v}{\partial y},\frac{\partial u}{\partial y}=-\frac{\partial v}{\partial x}$

(C) 在区域 D 内 $u(x,y),v(x,y)$可微且$\frac{\partial u}{\partial x}=\frac{\partial v}{\partial y},\frac{\partial u}{\partial y}=-\frac{\partial v}{\partial x}$　　(D) 以上都不对

(5) 若 $f(z)$在 z_0处解析，则（　　）.

(A) $f(z)$仅在 z_0处可导　　(B) $f(z)$在 z_0不可导

(C) $f(z)$在 z_0的某个邻域内可导　　(D) 以上都不对

(6) 函数 $f(z)=u(x,y)+iv(x,y)$在 $z_0=x_0+iy_0$处可导的充要条件是(　　).

(A) $u(x,y),v(x,y)$在(x_0,y_0)可微　　(B) 在 z_0处$\frac{\partial u}{\partial x}=\frac{\partial v}{\partial y},\frac{\partial u}{\partial y}=-\frac{\partial v}{\partial x}$

(C) 在 z_0处 $u(x,y),v(x,y)$可微且$\frac{\partial u}{\partial x}=\frac{\partial v}{\partial y},\frac{\partial u}{\partial y}=-\frac{\partial v}{\partial x}$　　(D) $f(z)$在 z_0解析

(7) 函数 $f(z)$在 z_0处解析的条件是 $f(z)$在 z_0的某个邻域内（　　）.

(A) 处处可导　　(B) 连续　　(C) 未必处处可导　　(D) 只在 z_0处可导

(8) 若 $f(z)$在 z_0处解析，则 $f(z)$在 z_0处（　　）.

(A) 连续未必可导　　(B) 可导未必连续

(C) 连续　　(D) 不可导

(9) 函数 $f(z)$在 z_0处连续的充要条件是 $f(z)$在 z_0（　　）.

(A) 可导　　(B) $\lim\limits_{z\to z_0}f(z)$存在

(C) $\lim\limits_{z\to z_0}f(z)=f(z_0)$　　(D) 解析

(10) 若 $f(z)$在 z_0处解析，则 $f(z)$在 z_0处（　　）.

(A) 连续未必可导　　(B) 可导未必连续

(C) 可导并连续　　(D) 仅连续

第 3 章　复变函数的积分

复变函数的积分在解析函数论中处于特别突出的地位，许多关于微分的深刻结论往往要通过积分导出．本章首先介绍对坐标的曲线积分的概念、性质和计算方法. 然后在此基础上介绍复变函数积分的概念、性质和计算方法；重点讨论解析函数的柯西积分定理、柯西积分公式和高阶导数公式，这些定理和公式不仅深刻地描述了解析函数所具有的独特性质，而且还为计算解析函数的积分提供了简便方法．之后，利用高阶导数的解析性推出解析函数与调和函数之间的关系，最后介绍复积分的应用.

3.1*　对坐标的曲线积分

3.1.1　二重积分的概念和性质

（1） 曲顶柱体的体积

设有一立体，它的底是 xOy 面上的闭区域 D，它的侧面是以 D 的边界曲线为准线而母线平行于 z 轴的柱面，它的顶是曲面 $z=f(x,y)$，这里 $f(x,y)\geqslant 0$ 且在 D 上连续（图 3.1.1). 这种立体叫做曲顶柱体．现在我们来讨论如何定义并计算上述曲顶柱体的体积 V.

我们知道，平顶柱体的高是不变的，它的体积可以用公式

$$体积=高\times底面积$$

来定义和计算．关于曲顶柱体，当点(x,y)在区域 D 上变动时，高度 $f(x,y)$是个变量，因此它的体积不能直接用上式来定义和计算．关于求曲边梯形面积的方法，原则上可以用来解决目前的问题．

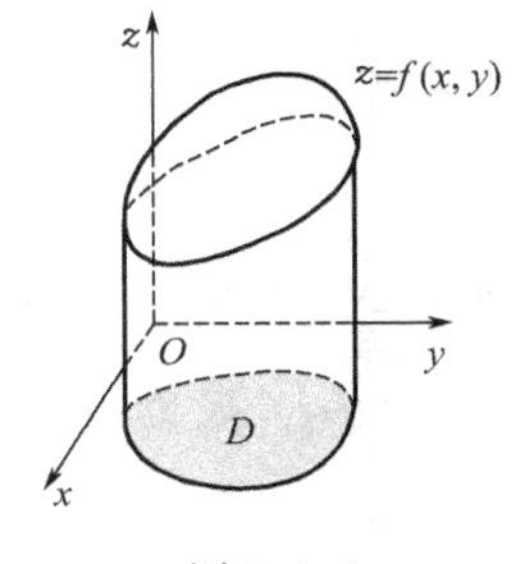

图 3.1.1

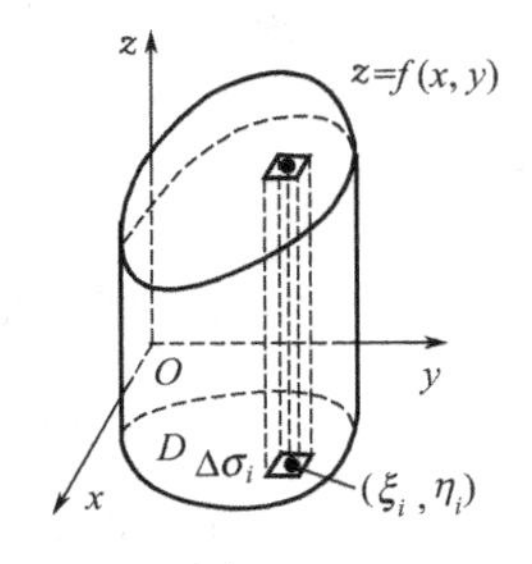

图 3.1.2

首先，用一组曲线网把 D 分成 n 个小闭区域 $\Delta\sigma_1,\Delta\sigma_2,\cdots,\Delta\sigma_n$. 分别以这些小闭区域的边界曲线为准线，作母线平行于 z 轴的柱面，这些柱面把原来的曲顶柱体分成 n 个细曲顶柱体．当这些小闭区域的直径很小时，由于 $f(x,y)$连续，对同

一个小闭区域来说，$f(x,y)$变化很小，这时细曲顶柱体可近似看作平顶柱体．我们在每个 $\Delta\sigma_i$（这个小闭区域的面积也记作 $\Delta\sigma_i$）中任取一点(ξ_i,η_i)，以 $f(\xi_i,\eta_i)$为高而底为 $\Delta\sigma_i$ 的平顶柱体（图 3.1.2）的体积为 $f(\xi_i,\eta_i)\Delta\sigma_i(i=1,2,\cdots,n)$．这 n 个平顶柱体体积之和 $\sum_{i=1}^{n} f(\xi_i,\eta_i)\Delta\sigma_i$ 可以认为是整个曲顶柱体的体积的近似值．令 n 个小闭区域的直径中的最大值（记作 λ）趋于零，取上述和的极限，所得的极限便自然地定义为上述曲顶柱体的体积 V，即

$$V=\lim_{\lambda\to 0}\sum_{i=1}^{n} f(\xi_i,\eta_i)\Delta\sigma_i .$$

（2）平面薄片的质量

设有一平面薄片占有 xOy 面上的闭区域 D，它在点(x,y)处的面密度为 $\mu(x,y)$，这里 $\mu(x,y)>0$ 且在 D 上连续．现在要计算该薄片的质量 m．

我们知道，如果薄片是均匀的，即面密度是常数，那么薄片的质量可以用公式

质量＝面密度×面积

来计算．现在面密度 $\mu(x,y)$是变量，薄片的质量就不能直接用上式来计算．但是上面用来处理曲顶柱体体积问题的方法完全适用于本问题．

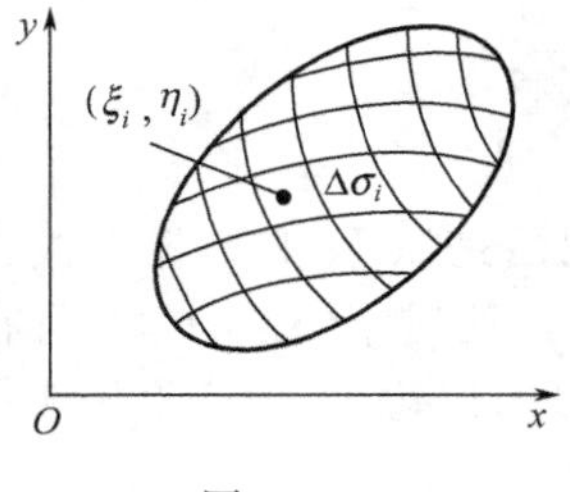

图 3.1.3

由于 $\mu(x,y)$连续，把薄片分成许多小块后，只要小块所占的小闭区域 $\Delta\sigma_i$ 直径很小，这些小块就可以近似地看做均匀薄片．在 $\Delta\sigma_i$ 上任取一点(ξ_i,η_i)，则

$$\mu(\xi_i,\eta_i)\Delta\sigma_i(i=1,2,\cdots,n)$$

可以看做第 i 个小块的质量的近似值（图 3.1.3）．通过求和、取极限，便得出

$$m=\lim_{\lambda\to 0}\sum_{i=1}^{n}\mu(\xi_i,\eta_i)\Delta\sigma_i .$$

（3）二重积分的定义

上面两个问题的实际意义虽然不同，但所求量都归结为同一形式的和的极限．在物理、力学、几何和工程技术中，有许多物理量或几何量都可归结为这一形式的和的极限．由此可抽象出二重积分的定义．

定义 3.1.1 设 $f(x,y)$是有界闭区域 D 上的有界函数．将闭区域 D 任意分成 n 个小闭区域

$$\Delta\sigma_1,\Delta\sigma_2,\cdots,\Delta\sigma_n,$$

其中 $\Delta\sigma_i$ 表示第 i 个小闭区域，也表示它的面积．在每个 $\Delta\sigma_i$ 上任取一点(ξ_i,η_i)，作乘积 $f(\xi_i,\eta_i)\Delta\sigma_i(i=1,2,\cdots,n)$，并作和 $\sum_{i=1}^{n} f(\xi_i,\eta_i)\Delta\sigma_i$．如果当各小闭区域的直径中的最大值 λ 趋于零时，这和的极限总存在，则称此极限为函数 $f(x,y)$在闭区域 D 上的二重积分，记作 $\iint\limits_D f(x,y)\mathrm{d}\sigma$，即

$$\iint\limits_D f(x,y)\mathrm{d}\sigma=\lim_{\lambda\to 0}\sum_{i=1}^{n} f(\xi_i,\eta_i)\Delta\sigma_i .$$

其中，$f(x,y)$叫做被积函数，$f(x,y)\mathrm{d}\sigma$ 叫做被积表达式，$\mathrm{d}\sigma$ 叫做面积元素，x 与 y 叫做积分变量，D 叫做积分区域，$\sum_{i=1}^{n} f(\xi_i,\eta_i)\Delta\sigma_i$ 叫做积分和.

在二重积分的定义中对闭区域 D 的划分是任意的，如果在直角坐标系中用平行于坐标轴的直线网来划分 D，那么除了包含边界点的一些小闭区域外，其余的小闭区域都是矩形闭区域. 设矩形闭区域 $\Delta\sigma_i$ 的边长为 Δx_j 和 Δy_k，则 $\Delta\sigma_i=\Delta x_j\Delta y_k$. 因此在直角坐标系中，有时也把面积元素 $\mathrm{d}\sigma$ 记作 $\mathrm{d}x\mathrm{d}y$，而把二重积分记作

$$\iint_D f(x,y)\mathrm{d}x\mathrm{d}y\ ,$$

其中，$\mathrm{d}x\mathrm{d}y$ 叫做直角坐标系中的面积元素.

注意　① 如果函数 $f(x,y)$在闭区域 D 上连续，则函数 $f(x,y)$在 D 上的二重积分存在.

② 如果 $f(x,y)\geqslant 0$，被积函数 $f(x,y)$可解释为曲顶柱体的顶在点(x,y)处的竖坐标，所以二重积分的几何意义就是曲顶柱体的体积. 如果 $f(x,y)<0$，柱体就在 xOy 面的下方，二重积分的绝对值仍等于柱体的体积，但二重积分的值是负的. 如果 $f(x,y)$在 D 的若干部分区域上是正的，而在其他的部分区域上是负的，那么，$f(x,y)$在 D 上的二重积分就等于 xOy 面上方的柱体体积减去 xOy 面下方的柱体体积.

(4) 二重积分的性质

比较定积分与二重积分的定义可以看出，二重积分与定积分有类似的性质（证明略），现叙述于下.

性质 1　设 α,β 为常数，则

$$\iint_D [\alpha f(x,y)+\beta g(x,y)]\mathrm{d}\sigma=\alpha\iint_D f(x,y)\mathrm{d}\sigma+\beta\iint_D g(x,y)\mathrm{d}\sigma\ .$$

性质 2　如果闭区域 D 被有限条曲线分为有限个部分闭区域，则在 D 上的二重积分等于在各部分闭区域上的二重积分的和.

例如 D 分为两个闭区域 D_1 与 D_2，则

$$\iint_D f(x,y)\mathrm{d}\sigma=\iint_{D_1} f(x,y)\mathrm{d}\sigma+\iint_{D_2} f(x,y)\mathrm{d}\sigma\ .$$

这个性质表明二重积分对于积分区域具有可加性.

性质 3　如果在 D 上，$f(x,y)=1$，σ 为 D 的面积，则

$$\sigma=\iint_D 1\cdot\mathrm{d}\sigma=\iint_D \mathrm{d}\sigma\ .$$

这性质的几何意义是很明显的，因为高为 1 的平顶柱体的体积在数值上就等于柱体的底面积.

性质 4　如果在 D 上，$f(x,y)\leqslant g(x,y)$，则有

$$\iint_D f(x,y)\mathrm{d}\sigma\leqslant\iint_D g(x,y)\mathrm{d}\sigma\ .$$

特别地，由于

$$-|f(x,y)|\leqslant f(x,y)\leqslant|f(x,y)|,$$

又有
$$\left|\iint_D f(x,y)\mathrm{d}\sigma\right| \leqslant \iint_D |f(x,y)|\mathrm{d}\sigma .$$

性质 5 设 M,m 分别是 $f(x,y)$ 在闭区域 D 上最大值和最小值，σ 是 D 的面积，则有
$$m\sigma \leqslant \iint_D f(x,y)\mathrm{d}\sigma \leqslant M\sigma .$$
上述不等式是对于二重积分估值的不等式.

性质 6（二重积分的中值定理） 设函数 $f(x,y)$ 在闭区域 D 上连续，σ 是 D 的面积，则在 D 上至少存在一点 (ξ,η)，使得
$$\iint_D f(x,y)\mathrm{d}\sigma = f(\xi,\eta)\cdot\sigma .$$

3.1.2 对坐标的曲线积分的概念和性质

设一个质点在 xOy 面内受到力
$$\boldsymbol{F}(x,y)=P(x,y)\boldsymbol{i}+Q(x,y)\boldsymbol{j}$$
的作用，从点 A 沿光滑曲线弧 L 移动到点 B，其中函数 $P(x,y),Q(x,y)$ 在 L 上连续．要计算在上述移动过程中变力 $\boldsymbol{F}(x,y)$ 所做的功（图 3.1.4）.

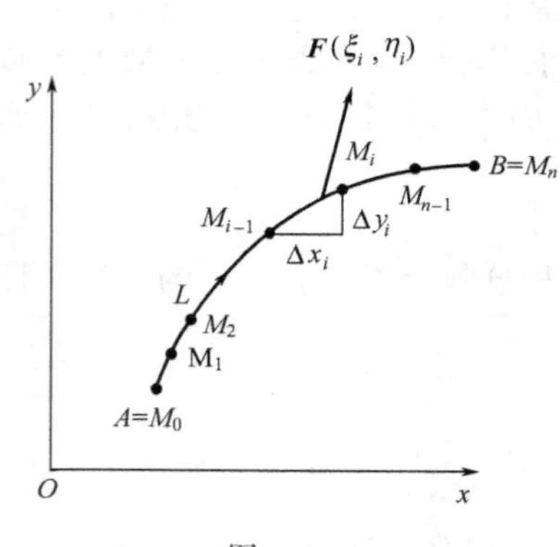

图 3.1.4

我们知道，如果力 $\boldsymbol{F}$ 是恒力，且质点从 A 沿直线移动到 B，那么恒力 $\boldsymbol{F}$ 所做的功 W 等于向量 $\boldsymbol{F}$ 与向量 $\overrightarrow{AB}$ 的数量积，即 $W=\boldsymbol{F}\cdot\overrightarrow{AB}$.

现在 $\boldsymbol{F}(x,y)$ 是变力，且质点沿曲线 L 移动，功 W 不能直接按以上公式计算．为了克服这个困难，可以用曲线弧 L 上的点 $M_1(x_1,y_1)$，$M_2(x_2,y_2),\cdots,M_{n-1}(x_{n-1},y_{n-1})$ 把 L 分成 n 个小弧段，取其中一个有向小弧段 $\widehat{M_{i-1}M_i}$ 来分析：由于 $\widehat{M_{i-1}M_i}$ 光滑而且很短，可以用有向直线段 $\overrightarrow{M_{i-1}M_i}=(\Delta x_i)\boldsymbol{i}+(\Delta y_i)\boldsymbol{j}$ 来近似代替它，其中 $\Delta x_i=x_i-x_{i-1},\Delta y_i=y_i-y_{i-1}$．又由于函数 $P(x,y),Q(x,y)$ 在 L 上连续，可以用 $\widehat{M_{i-1}M_i}$ 上任意取定的一点 (ξ_i,η_i) 处的力
$$\boldsymbol{F}(\xi_i,\mu_i)=P(\xi_i,\mu_i)\boldsymbol{i}+Q(\xi_i,\mu_i)\boldsymbol{j}$$
来近似代替这小弧段上各点处的力．这样，变力 $\boldsymbol{F}(x,y)$ 沿有向小弧段 $\widehat{M_{i-1}M_i}$ 所做的功 ΔW_i 可以认为近似地等于恒力 $\boldsymbol{F}(\xi_i,\mu_i)$ 沿 $\overrightarrow{M_{i-1}M_i}$ 所做的功：
$$\Delta W_i \approx \boldsymbol{F}(\xi_i,\mu_i)\cdot\overrightarrow{M_{i-1}M_i},$$
$$\Delta W_i \approx P(\xi_i,\eta_i)\Delta x_i+Q(\xi_i,\eta_i)\Delta y_i .$$
于是
$$W=\sum_{i=1}^{n}\Delta W_i \approx \sum_{i=1}^{n}[P(\xi_i,\eta_i)\Delta x_i+Q(\xi_i,\eta_i)\Delta y_i].$$
用 λ 表示 n 个小弧段的最大长度，令 $\lambda\to 0$ 取上述和的极限，所得到的极限自然地

被认为变力 $\boldsymbol{F}$ 沿有向曲线弧所做的功，即

$$W=\lim_{\lambda\to 0}\sum_{i=1}^{n}[P(\xi_i,\eta_i)\Delta x_i+Q(\xi_i,\eta_i)\Delta y_i].$$

这种和的极限在研究其他问题时也会遇到，为了研究此类问题引入如下定义.

定义 3.1.2　设 L 为 xOy 面内从点 A 到点 B 的一条有向光滑曲线弧，函数 $P(x,y)$、$Q(x,y)$ 在 L 上有界．在 L 上沿 L 的方向任意插入一点列 $M_1(x_1,y_1)$，$M_2(x_2,y_2)$，…，$M_{n-1}(x_{n-1},y_{n-1})$，把 L 分成 n 个有向小弧段

$$\widehat{M_{i-1}M_i}\quad(i=1,2,\cdots,n;M_0=A,M_n=B).$$

设 $\Delta x_i=x_i-x_{i-1},\Delta y_i=y_i-y_{i-1}$，点 (ξ_i,μ_i) 为 $\widehat{M_{i-1}M_i}$ 上任意取定的点．如果当各个小弧段长度的最大值 $\lambda\to 0$ 时，$\sum\limits_{i=1}^{n}P(\xi_i,\eta_i)\Delta x_i$ 的极限总存在，则称此极限为函数 $P(x,y)$ 在有向曲线弧 L 上对坐标 x 的曲线积分，记作 $\int_L P(x,y)\mathrm{d}x$．类似地，如果 $\lim\limits_{\lambda\to 0}\sum\limits_{i=1}^{n}Q(\xi_i,\eta_i)\Delta y_i$ 总存在，则称此极限为函数 $Q(x,y)$ 在有向曲线弧 L 上对坐标 y 的曲线积分，记作 $\int_L Q(x,y)\mathrm{d}y$．即

$$\int_L P(x,y)\mathrm{d}x=\lim_{\lambda\to 0}\sum_{i=1}^{n}P(\xi_i,\eta_i)\Delta x_i,$$

$$\int_L Q(x,y)\mathrm{d}y=\lim_{\lambda\to 0}\sum_{i=1}^{n}Q(\xi_i,\eta_i)\Delta y_i,$$

其中 $P(x,y)$、$Q(x,y)$ 叫做被积函数，L 叫做积分弧段.

注意　① 当 $P(x,y)$、$Q(x,y)$ 在有向光滑曲线弧 L 上连续时，对坐标的曲线积分 $\int_L P(x,y)\mathrm{d}x$ 和 $\int_L Q(x,y)\mathrm{d}y$ 都存在.

② 应用上经常出现的是

$$\int_L P(x,y)\mathrm{d}x+\int_L Q(x,y)\mathrm{d}y,$$

这种合并起来的形式，为简便起见，上式可以写成

$$\int_L P(x,y)\mathrm{d}x+Q(x,y)\mathrm{d}y,$$

也可写成向量形式

$$\int_L \boldsymbol{F}(x,y)\cdot\mathrm{d}\boldsymbol{r},$$

其中 $\boldsymbol{F}(x,y)=P(x,y)\boldsymbol{i}+Q(x,y)\boldsymbol{j}$ 为向量值函数，$\mathrm{d}\boldsymbol{r}=\mathrm{d}x\boldsymbol{i}+\mathrm{d}y\boldsymbol{j}$．

例如，上面讨论的变力 $\boldsymbol{F}$ 所做的功 W 可以表示成

$$W=\int_L P(x,y)\mathrm{d}x+Q(x,y)\mathrm{d}y \text{ 或 } W=\int_L \boldsymbol{F}(x,y)\cdot\mathrm{d}\boldsymbol{r}.$$

根据对坐标曲线积分的定义，可以导出对坐标曲线积分的一些性质．为了表达简便起见，我们用向量形式表达，并假定其中的函数在有向光滑曲线弧 L 上连续.

性质 1　设 α,β 为常数，则

$$\int_L [\alpha \boldsymbol{F}_1(x,y)+\beta \boldsymbol{F}_2(x,y)]\cdot \mathrm{d}\boldsymbol{r}=\alpha\int_L \boldsymbol{F}_1(x,y)\cdot \mathrm{d}\boldsymbol{r}+\beta\int_L \boldsymbol{F}_2(x,y)\cdot \mathrm{d}\boldsymbol{r}.$$

性质 2　若有向曲线弧 L 可分成两段光滑的有向曲线弧 L_1 和 L_2，则

$$\int_L \boldsymbol{F}(x,y)\cdot \mathrm{d}\boldsymbol{r}=\int_{L_1} \boldsymbol{F}(x,y)\cdot \mathrm{d}\boldsymbol{r}+\int_{L_2} \boldsymbol{F}(x,y)\cdot \mathrm{d}\boldsymbol{r}.$$

性质 3　设 L 是有向光滑曲线弧，L^- 是 L 的反向曲线弧，则

$$\int_{L^-} \boldsymbol{F}(x,y)\cdot \mathrm{d}\boldsymbol{r}=-\int_L \boldsymbol{F}(x,y)\cdot \mathrm{d}\boldsymbol{r}.$$

注意　对坐标的曲线积分，必须注意积分弧段的方向.

3.1.3 对坐标的曲线积分的计算

定理 3.1.1　设函数 $P(x,y)$、$Q(x,y)$ 在有向曲线弧 L 上有定义且连续，L 的参数方程为

$$\begin{cases} x=\varphi(t), \\ y=\psi(t). \end{cases}$$

当参数 t 单调地由 α 变到 β 时，点 $M(x,y)$ 从 L 的起点 A 沿 L 运动到终点 B，$\varphi(t)$、$\psi(t)$ 在以 α 及 β 为端点的闭区间上具有一阶连续导数，且 $[\varphi'(t)]^2+[\psi'(t)]^2\neq 0$，则曲线积分 $\int_L P(x,y)\mathrm{d}x+Q(x,y)\mathrm{d}y$ 存在，且

$$\int_L P(x,y)\mathrm{d}x+Q(x,y)\mathrm{d}y=\int_\alpha^\beta \{P[\varphi(t),\psi(t)]\varphi'(t)+Q[\varphi(t),\psi(t)]\psi'(t)\}\mathrm{d}t. \tag{3.1.1}$$

证　在 L 上取一列点 $A=M_0,M_1,M_2,\cdots,M_{n-1},M_n=B$，它们对应于一列单调变化的参数值 $\alpha=t_0,t_1,t_2,\cdots,t_{n-1},t_n=\beta$.

根据对坐标的曲线积分的定义，有

$$\int_L P(x,y)\mathrm{d}x=\lim_{\lambda\to 0}\sum_{i=1}^n P(\xi_i,\eta_i)\Delta x_i.$$

设点 (ξ_i,η_i) 对应于参数值 τ_i，即 $\xi_i=\varphi(\tau_i),\eta_i=\psi(\tau_i)$，这里 τ_i 在 t_{i-1} 与 t_i 之间. 由于

$$\Delta x_i=x_i-x_{i-1}=\varphi(t_i)-\varphi(t_{i-1}),$$

应用微分中值定理，有 $\Delta x_i=\varphi'(\tau_i')\Delta t_i$，其中 $\Delta t_i=t_i-t_{i-1}$，τ_i' 在 t_{i-1} 于 t_i 之间. 于是

$$\int_L P(x,y)\mathrm{d}x=\lim_{\lambda\to 0}\sum_{i=1}^n P[\varphi(\tau_i),\psi(\tau_i)]\varphi'(\tau_i')\Delta t_i.$$

因为函数 $\varphi'(t)$ 在闭区间 $[\alpha,\beta]$（或 $[\beta,\alpha]$）上连续，我们可以把上式中的 τ_i' 换成 τ_i，从而

$$\int_L P(x,y)\mathrm{d}x=\lim_{\lambda\to 0}\sum_{i=1}^n P[\varphi(\tau_i),\psi(\tau_i)]\varphi'(\tau_i)\Delta t_i.$$

上式右端的和式的极限就是定积分 $\int_\alpha^\beta P[\varphi(t),\psi(t)]\varphi'(t)\mathrm{d}t$，由于函数

$P[\varphi(t),\psi(t)]\varphi'(t)$ 连续，这个定积分是存在的，因此上式左端的曲线积分 $\int_L P(x,y)\mathrm{d}x$ 也存在，并且有

$$\int_L P(x,y)\mathrm{d}x=\int_\alpha^\beta P[\varphi(t),\psi(t)]\varphi'(t)\mathrm{d}t .$$

同理可证

$$\int_L Q(x,y)\mathrm{d}y=\int_\alpha^\beta Q[\varphi(t),\psi(t)]\psi'(t)\mathrm{d}t ,$$

把以上两式相加，得

$$\int_L P(x,y)\mathrm{d}x+\int_L Q(x,y)\mathrm{d}y=\int_\alpha^\beta\{P[\varphi(t),\psi(t)]\varphi'(t)+Q[\varphi(t),\psi(t)]\psi'(t)\}\mathrm{d}t ,$$

这里下限 α 对应于 L 的起点，上限 β 对应于 L 的终点.

式(3.1.1) 表明，计算对坐标的曲线积分 $\int_L P(x,y)\mathrm{d}x+\int_L Q(x,y)\mathrm{d}y$ 时，只要把 x 、y 、$\mathrm{d}x$ 、$\mathrm{d}y$ 依次换为 $\varphi(t)$ 、$\psi(t)$ 、$\varphi'(t)\mathrm{d}t$ 、$\psi'(t)\mathrm{d}t$ ，然后从 L 的起点所对应的参数 α 到 L 的终点所对应的参数 β 作定积分就行了，这里必须注意，下限 α 对应于 L 的起点，上限 β 对应于 L 的终点，α 不一定小于 β .

如果 L 由方程 $y=\psi(x)$ 或 $x=\varphi(y)$ 给出，可以看做参数方程的特殊情形，例如，当 L 由方程 $y=\psi(x)$ 给出时，式(3.1.1) 成为

$$\int_L P(x,y)\mathrm{d}x+Q(x,y)\mathrm{d}y=\int_a^b\{P[x,\psi(x)]+Q[x,\psi(x)]\psi'(x)\}\mathrm{d}x ,$$

这里下限 a 对应于 L 的起点，上限 b 对应于 L 的终点.

【例 3.1.1】 计算 $\int_L 2xy\mathrm{d}x+x^2\mathrm{d}y$ ，其中 L 为（图 3.1.5).

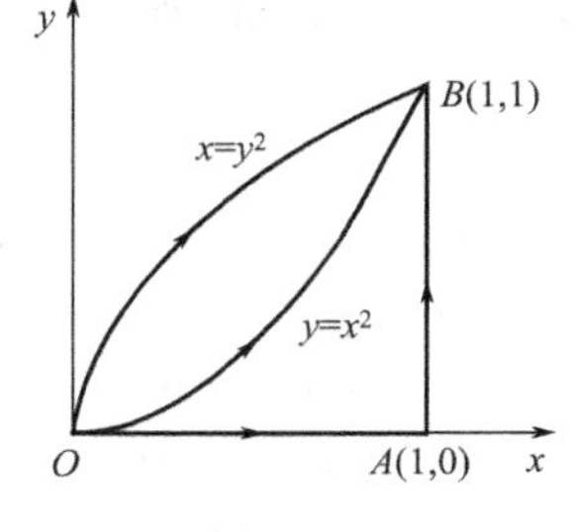

图 3.1.5

(1) 抛物线 $y=x^2$ 上从 $O(0,0)$ 到 $B(1,1)$ 的一段弧；

(2) 抛物线 $x=y^2$ 上从 $O(0,0)$ 到 $B(1,1)$ 的一段弧；

(3) 有向折线 OAB ，这里 O,A,B 依次是点 $(0,0)$，$(1,0)$，$(1,1)$.

解 (1) 化为对 x 的定积分 . $L:y=x^2,x$ 从 0 变到 1. 所以

$$\int_L 2xy\mathrm{d}x+x^2\mathrm{d}y=\int_0^1(2x\cdot x^2+x^2\cdot 2x)\mathrm{d}x=4\int_0^1 x^3\mathrm{d}x=1 .$$

(2) 化为对 y 的定积分 . $L:x=y^2,y$ 从 0 变到 1. 所以

$$\int_L 2xy\mathrm{d}x+x^2\mathrm{d}y=\int_0^1(2y^2\cdot y\cdot 2y+y^4)\mathrm{d}y=5\int_0^1 y^4\mathrm{d}y=1 .$$

(3) $\int_L 2xy\mathrm{d}x+x^2\mathrm{d}y=\int_{\overline{OA}}2xy\mathrm{d}x+x^2\mathrm{d}y+\int_{\overline{AB}}2xy\mathrm{d}x+x^2\mathrm{d}y$,

在 $\overline{OA}$ 上，$y=0,x$ 从 0 变到 1. 所以

$$\int_{\overline{OA}}2xy\mathrm{d}x+x^2\mathrm{d}y=\int_0^1(2x\cdot 0+x^2\cdot 0)\mathrm{d}x=0 ,$$

在 $\overline{AB}$ 上，$x=1,y$ 从 0 变到 1. 所以

$$\int_{\overline{AB}} 2xy\,\mathrm{d}x + x^2\,\mathrm{d}y = \int_0^1 (2y \cdot 0 + 1)\,\mathrm{d}y = 1,$$

从而
$$\int_L 2xy\,\mathrm{d}x + x^2\,\mathrm{d}y = 0 + 1 = 1.$$

从此例可以看出，虽然沿不同路径，但曲线积分的值却是相等的.

3.1.4 曲线积分与路径无关的条件

(1) 格林公式

在一元函数积分学中，牛顿-莱布尼茨公式

$$\int_a^b F'(x)\,\mathrm{d}x = F(b) - F(a)$$

表示 $F'(x)$ 在区间 $[a,b]$ 上的积分可以通过它的原函数 $F(x)$ 在这个区间端点上的值来表达.

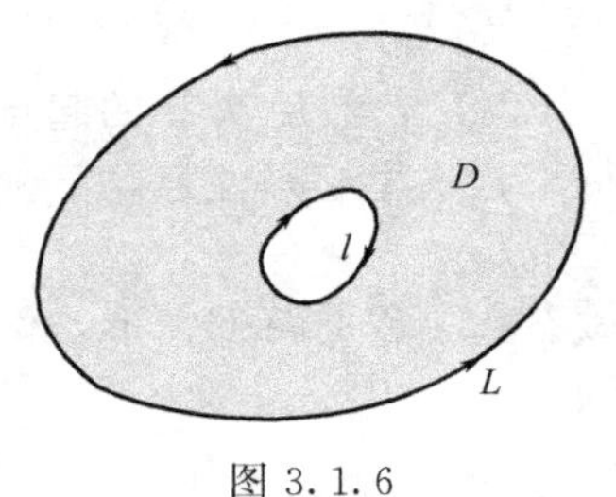

图 3.1.6

下面将介绍的格林 (Green) 公式告诉我们，在平面闭区域 D 上的二重积分可以用过沿闭区域 D 的边界曲线 L 上的曲线积分来表示. 对于区域 D 的边界曲线 L，我们规定 L 的正向如下：当观察者沿 L 的这个方向行走时，D 内在他近处的那一部分总在他的左边. 例如，D 是边界曲线 L 和 l 所围成的复连通区域（图 3.1.6)，作为 D 的正向边界，L 的正向是逆时针方向，而 l 的正向是顺时针方向.

定理 3.1.2 设闭区域 D 由分段光滑的曲线 L 围成，函数 $P(x,y)$ 及 $Q(x,y)$ 在 D 上具有一阶连续偏导数，则有

$$\iint_D \left(\frac{\partial Q}{\partial x} - \frac{\partial P}{\partial y}\right)\mathrm{d}x\,\mathrm{d}y = \oint_L P\,\mathrm{d}x + Q\,\mathrm{d}y. \qquad (3.1.2)$$

其中 L 是 D 的取正向的边界曲线.

式(3.1.2) 叫做格林公式.

(2) 平面上曲线积分与积分路径无关的条件

在物理、力学中要研究所谓势场，就是要研究场力所做的功与路径无关的情形. 在什么条件下场力所做的功与路径无关？这个问题在数学上就是要研究曲线积分与积分路径无关的条件. 为了研究这个问题，先要明确给出曲线积分与积分路径无关的定义.

定义 3.1.3 设 G 是一个区域，$P(x,y)$ 和 $Q(x,y)$ 在区域 G 内具有一阶连续的偏导数. 如果对于 G 内任意指定的两个点 A、B 以及 G 内从点 A 到点 B 的任意两条曲线 L_1, L_2（图 3.1.7）等式

$$\int_{L_1} P\,\mathrm{d}x + Q\,\mathrm{d}y = \int_{L_2} P\,\mathrm{d}x + Q\,\mathrm{d}y$$

恒成立，就说曲线积分 $\int_L P\,\mathrm{d}x + Q\,\mathrm{d}y$ 在 G 内与路径无关，否则便说与路径有关.

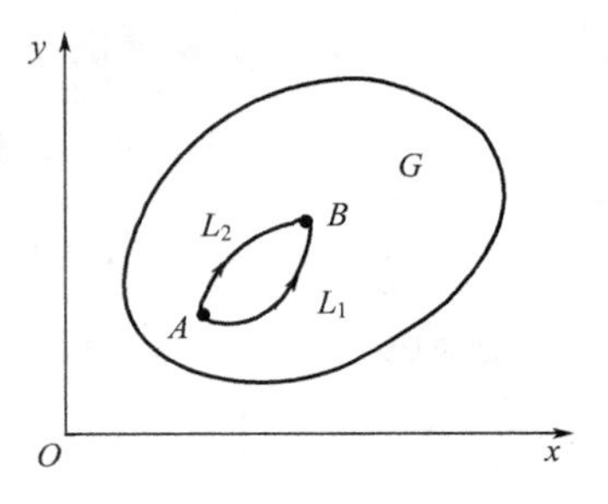

图 3.1.7

由定义 3.1.3 可以看出，如果曲线积分与路径无关，那么

$$\int_{L_1} P\mathrm{d}x + Q\mathrm{d}y = \int_{L_2} P\mathrm{d}x + Q\mathrm{d}y .$$

由于

$$\int_{L_2} P\mathrm{d}x + Q\mathrm{d}y = -\int_{L_2^-} P\mathrm{d}x + Q\mathrm{d}y ,$$

所以

$$\int_{L_1} P\mathrm{d}x + Q\mathrm{d}y + \int_{L_2^-} P\mathrm{d}x + Q\mathrm{d}y = 0,$$

从而

$$\oint_{L_1+L_2^-} P\mathrm{d}x + Q\mathrm{d}y = 0,$$

这里 $L_1+L_2^-$ 是一条有向闭曲线．因此，在区域 G 内由曲线积分与积分路径无关可推得在 G 内沿闭曲线的曲线积分为零．反过来，如果在区域 G 内沿任意闭曲线的曲线积分为零，也可推得在 G 内曲线积分与积分路径无关．由此得出结论：曲线积分 $\int_L P\mathrm{d}x + Q\mathrm{d}y$ 在 G 内与路径无关等价于沿 G 内任意闭曲线的曲线积分为零．利用格林公式可推得如下定理.

定理 3.1.3　设区域 G 是一个单连通域，函数 $P(x,y)$ 和 $Q(x,y)$ 在区域 G 内具有一阶连续的偏导数，则曲线积分 $\int_L P\mathrm{d}x + Q\mathrm{d}y$ 在 G 内与路径无关（或沿 G 内任意闭曲线的曲线积分为零）的充要条件是

$$\frac{\partial Q}{\partial x} = \frac{\partial P}{\partial y}$$

在 G 内恒成立.

3.2　复函数积分的概念和性质

一元实函数的定积分是某种确定形式的积分和 $\sum_{i=1}^{n} f(\xi_i)\Delta x_i$ 的极限．把这种积分和极限的概念推广到定义在复平面内一条有向曲线上的复函数情形，便得到复函数积分的概念.

3.2.1　复函数积分的定义

定义 3.2.1　设 C 是复平面内可求长的光滑（或逐段光滑）的有向曲线段，其起点为 α，终点为 β，函数 $f(z)$ 在 C 上处处有定义．把曲线 C 任意分成 n 个小弧段，记分点为

$$\alpha = z_0, z_1, z_2, \cdots z_{k-1}, z_k, \cdots, z_n = \beta .$$

在每个小弧段 $\overset{\frown}{z_{k-1}z_k}$ $(k=1,2,\cdots,n)$ 上任取一点 ζ_k（图 3.2.1），并作和式

$$S_n = \sum_{k=1}^{n} f(\zeta_k)(z_k - z_{k-1}) = \sum_{k=1}^{n} f(\zeta_k)\Delta z_k ,$$

其中 $\Delta z_k = z_k - z_{k-1}$，记 Δs_k 为 $\overset{\frown}{z_{k-1}z_k}$ 的长度，$\delta = \max\{\Delta s_k\}$，当 $\delta \to 0$ 时，如果对曲线 C 的任意分法及 ζ_k 的任意取法，上述和式 S_n 的极限都存在且相

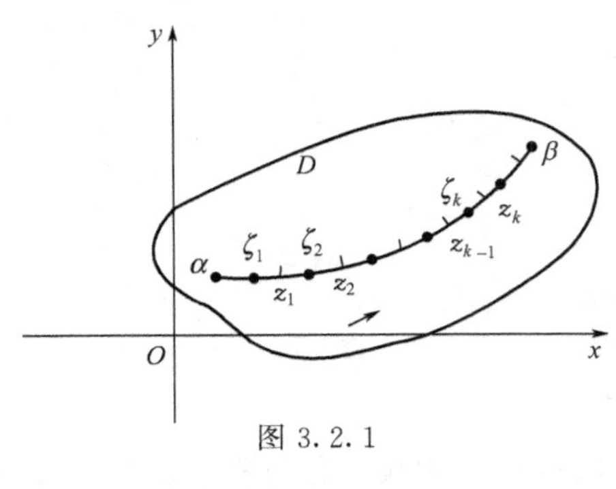

图 3.2.1

等，则称函数 $f(z)$ 沿曲线 C 可积，且称此极限值为函数 $f(z)$ 沿曲线 C 的积分，记作

$$\int_C f(z)\mathrm{d}z=\lim_{\delta\to 0}\sum_{k=1}^{n} f(\zeta_k)\Delta z_k . \quad (3.2.1)$$

其中 C 称为积分路径，$f(z)$ 为被积函数，z 为积分变量．若 C 为闭曲线，积分可记为

$$\oint_C f(z)\mathrm{d}z .$$

3.2.2 复函数积分存在的条件及其计算公式

我们知道实函数积分存在的充分条件是其被积函数在积分区间上连续，那么，对复函数的积分是否也有类似的结论呢？为此我们从复函数积分的定义出发进行讨论.

设 $\zeta_k=\xi_k+\mathrm{i}\eta_k$ ，$f(\zeta_k)=u(\xi_k,\eta_k)+\mathrm{i}v(\xi_k,\eta_k) \quad (k=1,2,\cdots,n)$，

$$\Delta z_k=z_k-z_{k-1}=x_k+\mathrm{i}y_k-(x_{k-1}+\mathrm{i}y_{k-1})=x_k-x_{k-1}+\mathrm{i}(y_k-y_{k-1})$$
$$=\Delta x_k+\mathrm{i}\Delta y_k ,$$

于是

$$\sum_{k=1}^{n} f(\zeta_k)\Delta z_k=\sum_{k=1}^{n}[u(\xi_k,\eta_k)+\mathrm{i}v(\xi_k,\eta_k)](\Delta x_k+\mathrm{i}\Delta y_k)$$
$$=\sum_{k=1}^{n}[u(\xi_k,\eta_k)\Delta x_k-v(\xi_k,\eta_k)\Delta y_k]+$$
$$\mathrm{i}\sum_{k=1}^{n}[v(\xi_k,\eta_k)\Delta x_k+u(\xi_k,\eta_k)\Delta y_k].$$

根据复数列极限与实数列极限的关系定理知：

$\lim\limits_{\delta\to 0}\sum\limits_{k=1}^{n} f(\zeta_k)\Delta z_k$ 存在的充要条件是 $\lim\limits_{\delta\to 0}\sum\limits_{k=1}^{n}[u(\xi_k,\eta_k)\Delta x_k-v(\xi_k,\eta_k)\Delta y_k]$ 和 $\lim\limits_{\delta\to 0}\sum\limits_{k=1}^{n}[v(\xi_k,\eta_k)\Delta x_k+u(\xi_k,\eta_k)\Delta y_k]$ 都存在．再由二元实函数对坐标的曲线积分定义知

$$\int_C u\mathrm{d}x-v\mathrm{d}y=\lim_{\delta\to 0}\sum_{k=1}^{n}[u(\xi_k,\eta_k)\Delta x_k-v(\xi_k,\eta_k)\Delta y_k],$$

$$\int_C v\mathrm{d}x+u\mathrm{d}y=\lim_{\delta\to 0}\sum_{k=1}^{n}[v(\xi_k,\eta_k)\Delta x_k+u(\xi_k,\eta_k)\Delta y_k].$$

于是得

定理 3.2.1（复函数积分与实函数积分的关系定理） 复函数 $f(z)=u(x,y)+\mathrm{i}v(x,y)$ 沿有向曲线 C 可积的充要条件是式(3.2.2) 右端的两个对坐标的曲线积分都存在，且有

$$\int_C f(z)\mathrm{d}z=\int_C u\mathrm{d}x-v\mathrm{d}y+\mathrm{i}\int_C v\mathrm{d}x+u\mathrm{d}y . \quad (3.2.2)$$

根据二元实函数对坐标的曲线积分存在的充分条件及函数 $f(z)=u(x,y)+\mathrm{i}v(x,y)$ 连续的充要条件可得复函数积分存在的充分条件.

推论（复函数积分存在的充分条件）　若函数 $f(z)$ 在光滑或逐段光滑的有向曲线段 C 上连续，则 $f(z)$ 沿曲线 C 可积.

如果有向光滑曲线 C 由参数方程 $z=z(t)=x(t)+\mathrm{i}y(t)$ 给出，起点和终点分别对应着参数 α 和 β，且 $z'(t)\neq 0$，则有向光滑曲线 C 上参数 t 从 α 变到 β，记作 $t:\alpha\mapsto\beta$. 规定参数增加的方向为 C 的正方向，于是由曲线积分的计算方法可将计算式(3.2.2) 化为更简单的形式. 即

$$\begin{aligned}\int_C f(z)\mathrm{d}z&=\int_\alpha^\beta\{u[x(t),y(t)]x'(t)-v[x(t),y(t)]y'(t)\}\mathrm{d}t+\\&\quad\mathrm{i}\int_\alpha^\beta\{v[x(t),y(t)]x'(t)+u[x(t),y(t)]y'(t)\}\mathrm{d}t\\&=\int_\alpha^\beta\{u[x(t),y(t)]+\mathrm{i}v[x(t),y(t)][x'(t)+\mathrm{i}y'(t)]\}\mathrm{d}t\\&=\int_\alpha^\beta f[z(t)]z'(t)\mathrm{d}t.\end{aligned}\tag{3.2.3}$$

【例 3.2.1】　设 C 为正向圆周 $|z-z_0|=r\quad(r>0)$，n 为整数，试证

$$I_n=\oint_C\frac{\mathrm{d}z}{(z-z_0)^{n+1}}=\begin{cases}2\pi\mathrm{i}, & n=0,\\0, & n\neq 0.\end{cases}\tag{3.2.4}$$

证　由题设知 C 的参数方程为 $z=z_0+r\mathrm{e}^{\mathrm{i}t}$，参数 $t:0\mapsto 2\pi$，则有

$$z'(t)=r\mathrm{i}\mathrm{e}^{\mathrm{i}t},\ (z-z_0)^{-(n+1)}=r^{-(n+1)}\mathrm{e}^{-\mathrm{i}(n+1)t},$$

于是
$$I_n=\int_0^{2\pi}r^{-(n+1)}\mathrm{e}^{-\mathrm{i}(n+1)t}\cdot r\mathrm{i}\mathrm{e}^{\mathrm{i}t}\mathrm{d}t=\frac{\mathrm{i}}{r^n}\int_0^{2\pi}\mathrm{e}^{-\mathrm{i}nt}\mathrm{d}t.$$

当 $n=0$ 时，$I_0=\mathrm{i}\int_0^{2\pi}\mathrm{d}t=2\pi\mathrm{i}$；当 $n\neq 0$ 时，$I_n=\frac{\mathrm{i}}{r^n}\cdot\frac{1}{-n\mathrm{i}}\mathrm{e}^{-\mathrm{i}nt}\Big|_0^{2\pi}=0$.

注意　本题结果在后面的积分计算中经常用到，可作为积分公式使用，它的特点是积分结果与积分路径圆周的中心及半径无关.

3.2.3　复函数积分的性质

利用复函数积分的定义可以推出下列与一元实函数定积分类似的性质.

若复函数 $f(z)$ 和 $g(z)$ 沿其积分路径 C 可积，则有

① $f(z)$ 沿 C 的反向曲线 C^- 可积，且

$$\int_{C^-}f(z)\mathrm{d}z=-\int_C f(z)\mathrm{d}z.$$

② 对任意复常数 $\alpha=a+\mathrm{i}b$，函数 $\alpha f(z)$ 沿 C 可积，且

$$\int_C\alpha f(z)\mathrm{d}z=\alpha\int_C f(z)\mathrm{d}z.$$

③ $f(z)\pm g(z)$ 沿 C 可积，且

$$\int_C[f(z)\pm g(z)]\mathrm{d}z=\int_C f(z)\mathrm{d}z\pm\int_C g(z)\mathrm{d}z.$$

④（复函数积分对积分路径的可加性）设曲线 C 是由 $C_1,C_2,\cdots,C_n$ 光滑曲线

依次连接而成的分段光滑曲线，$f(z)$ 沿 $C_k\ (k=1,2,\cdots,n)$ 可积，则

$$\int_C f(z)\mathrm{d}z=\sum_{k=1}^{n}\int_{C_k} f(z)\mathrm{d}z\ .$$

⑤（积分的估值性质）设曲线 C 的长度为 L，$f(z)$ 在曲线 C 上处处有 $|f(z)|\leqslant M$，则有

$$\left|\int_C f(z)\mathrm{d}z\right|\leqslant\int_C |f(z)|\,\mathrm{d}s\leqslant ML\ .$$

【例 3.2.2】 用性质⑤估计 $I=\oint\limits_{|z-1|=2}\dfrac{z+1}{z-1}\mathrm{d}z$ 的值.

解 在圆周 $|z-1|=2$ 上有

$$\left|\frac{z+1}{z-1}\right|\leqslant\frac{|z-1+2|}{2}\leqslant\frac{1}{2}(|z-1|+2)=2=M\ ,$$

又圆周 $|z-1|=2$ 的长度 $L=4\pi$，于是由性质⑤得 $|I|\leqslant ML=2\cdot4\pi=8\pi$.

【例 3.2.3】 计算积分 $\int_C z\mathrm{d}z$，其中曲线 C 为：

（1）从原点至 $2+\mathrm{i}$ 的直线段；

（2）从原点沿实轴至 2，再由 2 垂直向上至 $2+\mathrm{i}$；

（3）从原点沿虚轴至 i，再由 i 沿水平方向向右至 $2+\mathrm{i}$.

解 （1）直线段 C 复参数方程为 $z=x+\mathrm{i}\left(\dfrac{x}{2}\right)$，参数 $x:0\mapsto2$，$z=\left(1+\dfrac{\mathrm{i}}{2}\right)x$，$\mathrm{d}z=\left(1+\dfrac{\mathrm{i}}{2}\right)\mathrm{d}x$，于是

$$\int_C z\mathrm{d}z=\int_0^2\left(1+\frac{\mathrm{i}}{2}\right)^2 x\mathrm{d}x=\frac{3}{2}+2\mathrm{i}\ .$$

（2）设从原点沿实轴至 2 的直线段为 C_1，其复参数方程为 $z=x$，参数 $x:0\mapsto2$，$\mathrm{d}z=\mathrm{d}x$；由 2 垂直向上至 $2+\mathrm{i}$ 的直线段为 C_2，其复参数方程为 $z=2+\mathrm{i}y$，参数 $y:0\mapsto1$，$\mathrm{d}z=\mathrm{i}\mathrm{d}y$. 于是

$$\int_C z\mathrm{d}z=\int_{C_1} z\mathrm{d}z+\int_{C_2} z\mathrm{d}z=\int_0^2 x\mathrm{d}x+\int_0^1(2+\mathrm{i}y)\cdot\mathrm{i}\mathrm{d}y=\frac{3}{2}+2\mathrm{i}\ .$$

（3）设从原点沿虚轴至 i 的直线段为 C_1，其复参数方程为 $z=\mathrm{i}y$，参数 $y:0\mapsto1$，$\mathrm{d}z=\mathrm{i}\mathrm{d}y$；由 i 沿水平方向向右至 $2+\mathrm{i}$ 的直线段为 C_2，其复参数方程为 $z=x+\mathrm{i}$，参数 $x:0\mapsto2$，$\mathrm{d}z=\mathrm{d}x$. 于是

$$\int_C z\mathrm{d}z=\int_{C_1} z\mathrm{d}z+\int_{C_2} z\mathrm{d}z=\int_0^1\mathrm{i}y\cdot\mathrm{i}\mathrm{d}y+\int_0^2(x+\mathrm{i})\mathrm{d}x=\frac{3}{2}+2\mathrm{i}\ .$$

【例 3.2.4】 计算积分 $\int_C(\overline{z})^2\mathrm{d}z$，其中曲线 C 为：

（1）从点 $A(0,1)$ 到点 $B(1,2)$ 的抛物线 $y=x^2+1$ [图 3.2.2(a)]；

（2）从点 $A(0,1)$ 到点 $N(1,1)$ 再到点 $B(1,2)$ 的折线段 ANB [图 3.2.2(b)].

解 （1）抛物线 $y=x^2+1$ 的复参数方程为 $z=x+\mathrm{i}(x^2+1)$，参数 $x:0\mapsto1$，$\overline{z}=x-\mathrm{i}(x^2+1)$，$\mathrm{d}z=(1+2x\mathrm{i})\mathrm{d}x$，于是

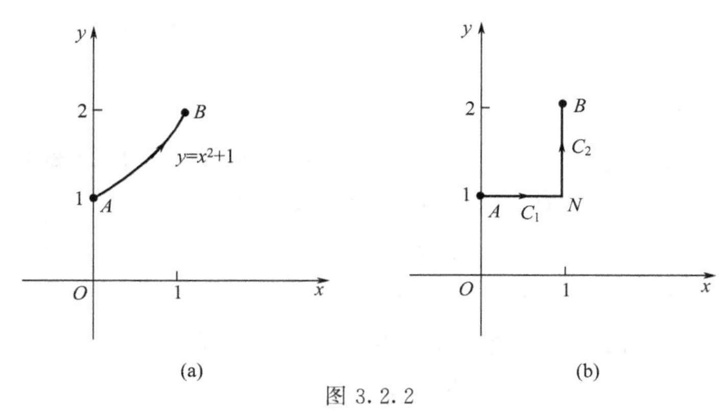

(a)　(b)

图 3.2.2

$$\begin{aligned}\int_C(\overline{z})^2\mathrm{d}z&=\int_0^1[x-\mathrm{i}(x^2+1)]^2(1+2x\mathrm{i})\mathrm{d}x\\&=\int_0^1(3x^4+3x^2-1)\mathrm{d}x+\mathrm{i}\int_0^1(-2x^5-4x^3-4x)\mathrm{d}x\\&=\frac{3}{5}-\frac{10}{3}\mathrm{i}.\end{aligned}$$

(2) 线段 $\overline{AN}$ 的复参数方程为 $z=x+\mathrm{i}$，参数 $x:0\mapsto1$；线段 $\overline{NB}$ 的复参数方程为 $z=1+\mathrm{i}y$，参数 $y:1\mapsto2$，所以

$$\begin{aligned}\int_C(\overline{z})^2\mathrm{d}z&=\int_{\overline{AN}}(\overline{z})^2\mathrm{d}z+\int_{\overline{NB}}(\overline{z})^2\mathrm{d}z\\&=\int_0^1(x^2-1-2x\mathrm{i})\mathrm{d}x+\int_1^2[2y+(1-y^2)\mathrm{i}]\mathrm{d}y\\&=\frac{7}{3}-\frac{7}{3}\mathrm{i}.\end{aligned}$$

从以上两个例子可以看出，函数 $f(z)=z$ 的积分与积分路径无关，而函数 $f(z)=(\overline{z})^2$ 的积分与积分路径有关．那么，在什么条件下复变函数的积分与积分路径无关呢？这正是下一节要讨论的问题.

3.3　柯西积分定理

由上一节复变函数积分与实函数积分的关系式(3.2.2)可以看出，复变函数积分与积分路径无关的充要条件是其右端的两个对坐标的曲线积分 $\int_C u\mathrm{d}x-v\mathrm{d}y$ 和 $\int_C v\mathrm{d}x+u\mathrm{d}y$ 都与积分路径无关．而当 u,v 具有一阶连续偏导数时，两个对坐标的曲线积分在单连通域 D 内与积分路径无关（或沿 D 内任意闭曲线积分为零）的充要条件是

$$\frac{\partial u}{\partial x}=\frac{\partial v}{\partial y},\frac{\partial u}{\partial y}=-\frac{\partial v}{\partial x},[(x,y)\in D],$$

这恰是函数 $f(z)=u+\mathrm{i}v$ 在单连通域 D 内解析的必要条件．那么自然会问，$f(z)$

在单连通域 D 内解析时，能否保证沿 D 内任意闭曲线积分为零呢？下面的定理回答了这一问题.

3.3.1　柯西积分定理

定理 3.3.1（柯西积分定理）　若函数 $f(z)$ 在单连通域 D 内解析，则 $f(z)$ 沿 D 内任意闭曲线（可以不是简单的）C 积分为零，即

$$\oint_C f(z)\mathrm{d}z=0\,.$$

由此定理可以直接得出下面的常用结论.

若函数 $f(z)$ 在简单闭曲线 C 上及其内部解析，则一定有

$$\oint_C f(z)\mathrm{d}z=0\,.$$

因为在单连通域 D 内曲线积分与积分路径无关和沿 D 内任意闭曲线积分为零是两个等价的命题，所以上述定理又可表述为：

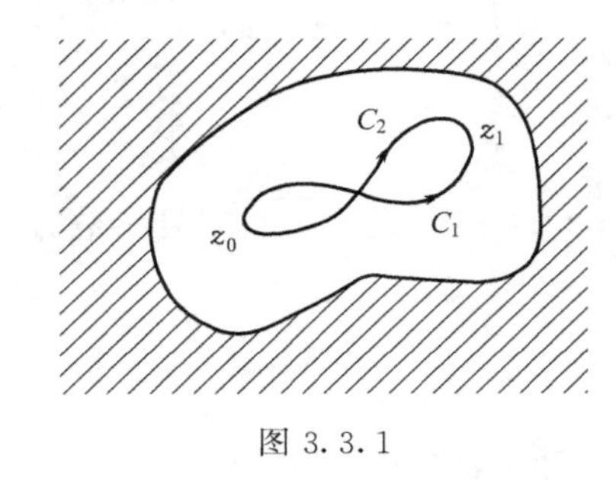

图 3.3.1

定理 3.3.2　若函数 $f(z)$ 在单连通域 D 内解析，则 $f(z)$ 沿 D 内曲线 C 的积分 $\int_C f(z)\mathrm{d}z$ 与连接起点到终点的路径无关，只与起点 z_0 及终点 z_1（图 3.3.1）有关.

此时可写作

$$\int_{C_1} f(z)\mathrm{d}z=\int_{C_2} f(z)\mathrm{d}z=\int_{z_0}^{z_1} f(z)\mathrm{d}z\,.$$

其中 z_0 和 z_1 分别称为积分的下限和上限，如果下限 z_0 固定，让上限 z_1 变动，令 $z_1=z$，则积分 $\int_{z_0}^{z} f(z)\mathrm{d}z$ 是上限 z 的单值函数，记作

$$F(z)=\int_{z_0}^{z} f(z)\mathrm{d}z\,. \tag{3.3.1}$$

同一元实函数的变上限的定积分类似，该式给出了被积函数与其原函数之间的关系，并且还提供了利用原函数计算复函数积分的计算公式.

3.3.2　解析函数的原函数及在积分计算中的应用

定理 3.3.3　若 $f(z)=u+\mathrm{i}v$ 在单连通域 D 内解析，则式(3.3.1) 中的函数 $F(z)$ 必为 D 内的一个解析函数，并且 $F'(z)=f(z)$.

为了讨论解析函数积分的计算，首先引入原函数的概念.

定义 3.3.1　对于区域 D 内确定的函数 $f(z)$，如果存在函数 $\Phi(z)$ 使得在区域 D 内恒有 $\Phi'(z)=f(z)$，则称 $\Phi(z)$ 为 $f(z)$ 在区域 D 内的一个原函数，显然原函数在区域 D 内一定解析.

由定理 3.3.3 可知，式(3.3.1) 中的 $F(z)$ 是函数 $f(z)$ 在 D 内的一个原函数.

根据第 2 章例 2.2.4，容易证明 $f(z)$ 的任意两个原函数相差一个常数．事实上，设 $G(z)$ 和 $H(z)$ 是 $f(z)$ 的任意两个原函数，那么

$$[G(z)-H(z)]'=G'(z)-H'(z)=f(z)-f(z)=0\,,$$

所以 $G(z)-H(z)=C$，C 为任意常数.

利用原函数的这个关系，可以推得与牛顿-莱布尼茨公式类似的解析函数的积分计算公式.

定理 3.3.4　若函数 $f(z)$ 在单连通域 D 内解析，$G(z)$ 为 $f(z)$ 在区域 D 内的一个原函数，则对 D 内任意定点 z_0 和 z_1 有

$$\int_{z_0}^{z_1} f(z)\mathrm{d}z=G(z_1)-G(z_0).$$

【例 3.3.1】　计算积分

$$I=\oint_{|z-4|=2}\frac{\mathrm{e}^{\cos(z+\sin z)}}{z^2+1}\mathrm{d}z.$$

解　显然被积函数的奇点为 $z=\pm\mathrm{i}$，它们均在圆 $|z-4|=2$ 的外部，于是被积函数在 $|z-4|=2$ 上及其内部解析，由定理 3.3.1 知 $I=0$.

【例 3.3.2】　计算下列积分

(1) $\int_{\mathrm{i}}^{2\mathrm{i}} z^3\mathrm{d}z$；(2) $\int_{-\mathrm{i}}^{\mathrm{i}}\frac{1}{z}\mathrm{d}z$(沿图 3.3.2 所示的曲线).

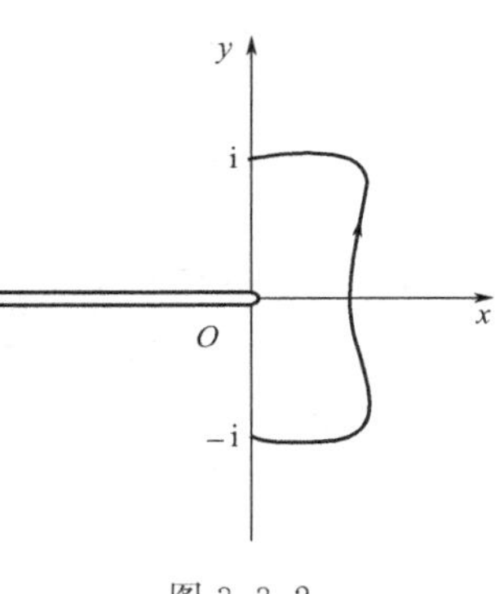

图 3.3.2

解　(1) $\int_{\mathrm{i}}^{2\mathrm{i}} z^3\mathrm{d}z=\frac{1}{4}z^4\Big|_{\mathrm{i}}^{2\mathrm{i}}=\frac{1}{4}[(2\mathrm{i})^4-\mathrm{i}^4]=\frac{15}{4}$.

(2) 对数函数是多值的，若取定它的一个分支，它在除去原点及负实轴的复平面上是解析的，在该单连通域内，由于 $(\ln z)'=\frac{1}{z}$，故

$$\begin{aligned}\int_{-\mathrm{i}}^{\mathrm{i}}\frac{1}{z}\mathrm{d}z&=\ln z\,|_{-\mathrm{i}}^{\mathrm{i}}=[\ln|z|+\mathrm{i}\arg z]\,|_{-\mathrm{i}}^{\mathrm{i}}\\&=\mathrm{i}[\arg(\mathrm{i})-\arg(-\mathrm{i})]=\pi\mathrm{i}.\end{aligned}$$

3.3.3　复合闭路定理

所谓复合闭路是指一种特殊的有界多连通域 D 的边界曲线 Γ，它由若干条简单闭曲线组成，可简记为 $\Gamma=C+C_1^-+C_2^-+\cdots+C_n^-$，其中简单闭曲线 C 取正向（即逆时针方向）；$C_1^-,C_2^-,\cdots,C_n^-$ 取负向，它们都在 C 的内部且互不包含也互不相交（图 3.3.3）. Γ 的方向称为多连通域 D 的边界曲线的正向.

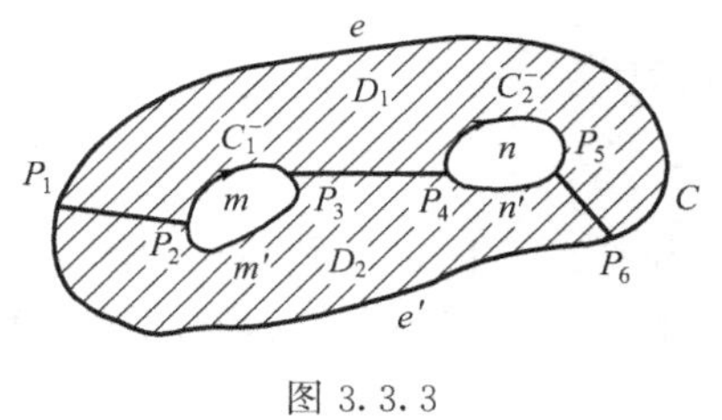

图 3.3.3

将柯西积分定理推广到以上述复合闭路为边界的多连通域的情形便得到下面定理.

定理 3.3.5（复合闭路定理）　设 D 是以复合闭路 $\Gamma=C+C_1^-+C_2^-+\cdots+C_n^-$ 为边界的多连通域. 若函数 $f(z)$ 在 D 内及边界 Γ 上解析，则

$$\oint_{\Gamma}f(z)\mathrm{d}z=\oint_{C+C_1^-+\cdots+C_n^-}f(z)\mathrm{d}z=0.$$

即

$$\oint_C f(z)\mathrm{d}z=\sum_{k=1}^{n}\oint_{C_k}f(z)\mathrm{d}z. \tag{3.3.2}$$

证 不失一般性，仅就 $n=2$ 的情形证明．在区域 D 作割线段 $\overline{P_1P_2}, \overline{P_3P_4}$，$\overline{P_5P_6}$，将 D 分为 D_1 和 D_2 两部分（图 3.3.3）．于是 D_1 和 D_2 的正向边界 $P_1P_2mP_3P_4nP_5P_6eP_1$ 和 $P_1e'P_6P_5n'P_4P_3m'P_2P_1$ 都是简单闭曲线，分别记为 Γ_1 和 Γ_2．由定理所给的条件，$f(z)$ 在 $\Gamma_k(k=1,2)$ 上及其内部解析，由定理 3.3.1 得

$$\oint_{\Gamma_1} f(z)\mathrm{d}z=\left(\int_{\overline{P_1P_2}}+\int_{\widehat{P_2mP_3}}+\int_{\overline{P_3P_4}}+\int_{\widehat{P_4nP_5}}+\int_{\overline{P_5P_6}}+\int_{\widehat{P_6eP_1}}\right)f(z)\mathrm{d}z=0,$$

$$\oint_{\Gamma_2} f(z)\mathrm{d}z=\left(\int_{\widehat{P_1e'P_6}}+\int_{\overline{P_6P_5}}+\int_{\widehat{P_5n'P_4}}+\int_{\overline{P_4P_3}}+\int_{\widehat{P_3m'P_2}}+\int_{\overline{P_2P_1}}\right)f(z)\mathrm{d}z=0.$$

两式相加（抵消割线段上的积分），得

$$\begin{aligned}&\left(\int_{\widehat{P_1e'P_6}}+\int_{\widehat{P_6eP_1}}+\int_{\widehat{P_2mP_3}}+\int_{\widehat{P_3m'P_2}}+\int_{\widehat{P_4nP_5}}+\int_{\widehat{P_5n'P_4}}\right)f(z)\mathrm{d}z\\&=\oint_C f(z)\mathrm{d}z+\oint_{C_1^-} f(z)\mathrm{d}z+\oint_{C_2^-} f(z)\mathrm{d}z=0.\end{aligned}$$

即
$$\oint_C f(z)\mathrm{d}z=\sum_{k=1}^{2}\oint_{C_k} f(z)\mathrm{d}z.$$

注意 ① $n=1$ 时，$\oint_C f(z)\mathrm{d}z=\oint_{C_1} f(z)\mathrm{d}z$，这说明在区域的解析函数沿闭曲线的积分不因闭曲线在区域内作（不经过被积函数的奇点）连续变形而改变积分的值，这一重要性质称为闭路变形原理.

例如，本章的例 3.2.1 中，当曲线 C 是以 z_0 为中心的正向圆周时，$\oint_C \dfrac{\mathrm{d}z}{(z-z_0)^{n+1}}=\begin{cases}2\pi\mathrm{i}, & n=0\\ 0, & n\neq 0\end{cases}$．所以由闭路变形原理可知，对于包含 z_0 的任何一条正向简单闭曲线 C，都有 $\oint_C \dfrac{\mathrm{d}z}{(z-z_0)^{n+1}}=\begin{cases}2\pi\mathrm{i}, & n=0,\\ 0, & n\neq 0.\end{cases}$

② 利用闭路变形原理可以把函数沿各种不规则的简单闭曲线的积分化简为沿特殊圆周上的积分来计算.

【例 3.3.3】 计算 $\oint_C \dfrac{\mathrm{d}z}{z^2-z}$ 的值，C 为包含圆周 $|z|=1$ 在内的任何正向简单闭曲线.

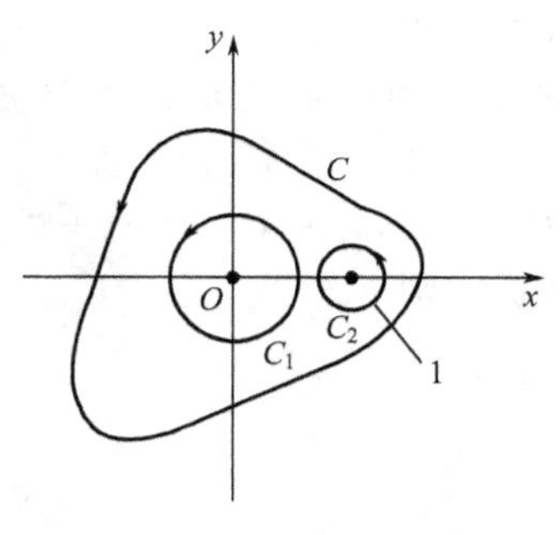

图 3.3.4

解 设 C_1 及 C_2 分别是 C 内以被积函数的两个奇点 $z=0$ 和 $z=1$ 为圆心的两个互不相交也互不包含的正向圆周（图 3.3.4），那么

$$\begin{aligned}\oint_C \frac{\mathrm{d}z}{z^2-z}&=\oint_{C_1} \frac{\mathrm{d}z}{z^2-z}+\oint_{C_2} \frac{\mathrm{d}z}{z^2-z}\\&=\oint_{C_1} \frac{\mathrm{d}z}{z-1}-\oint_{C_1} \frac{\mathrm{d}z}{z}+\oint_{C_2} \frac{\mathrm{d}z}{z-1}-\oint_{C_2} \frac{\mathrm{d}z}{z}\\&=0-2\pi\mathrm{i}+2\pi\mathrm{i}-0=0.\end{aligned}$$

若用闭路变形原理解答此题，则有

$$\oint_C \frac{dz}{z^2-z}=\oint_C\left(\frac{1}{z-1}-\frac{1}{z}\right)dz=\oint_C \frac{dz}{z-1}-\oint_C \frac{1}{z}dz$$
$$=2\pi i-2\pi i=0.$$

3.4　柯西积分公式和解析函数的高阶导数公式

3.4.1　柯西积分公式

设 D 为单连通域，z_0 为 D 内任意定点．如果 $f(z)$ 在 D 内解析，那么函数 $\frac{f(z)}{z-z_0}$ 在 z_0 点不解析，因此沿 D 内一条围绕 z_0 的正向简单闭曲线 C 的积分 $\oint_C \frac{f(z)}{z-z_0}dz$ 一般不为零．由闭路变形原理我们知道，沿 D 内任意一条围绕 z_0 的正向简单闭曲线积分值都是相同的，于是该积分等于以 z_0 为中心、半径为 δ 的很小的正向圆周 K ：$|z-z_0|=\delta$ 上的积分．由于 $f(z)$ 的连续性，在圆周 K 上的函数值 $f(z)$ 与在圆心 z_0 处的函数值相差很小，从而积分 $\oint_K \frac{f(z)}{z-z_0}dz$ 的值随 δ 的缩小而逐渐接近于

$$\oint_K \frac{f(z_0)}{z-z_0}dz=f(z_0)\oint_K \frac{1}{z-z_0}dz=2\pi i\cdot f(z_0).$$

那么两者是否一定相等呢？下面的定理回答了这个问题.

定理 3.4.1（柯西积分公式）　若 $f(z)$ 在正向简单闭曲线 C 上及其内部解析，则对 C 内部任一点 z_0 有

$$f(z_0)=\frac{1}{2\pi i}\oint_C \frac{f(z)}{z-z_0}dz. \tag{3.4.1}$$

证　在 C 内任取一点 z_0，$F(z)=\frac{f(z)}{z-z_0}$ 在 C 内除点 z_0 外均解析．今以 z_0 为中心，充分小的 $R>0$ 为半径作正向圆周 K，使 K 及其内部均含于 C 内（图 3.4.1），由复合闭路定理有

$$\oint_C \frac{f(z)}{z-z_0}dz=\oint_K \frac{f(z)}{z-z_0}dz.$$

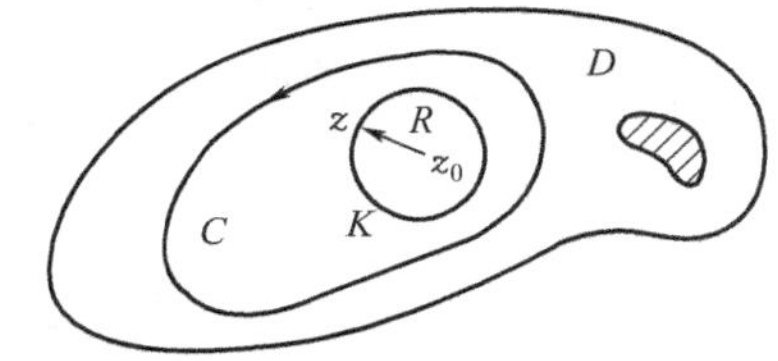

（这一步的重要性，在于将复杂路径 C 代以简单路径 K）上式表示右端与 K 的半径无关，因此我们只需证明

$$\lim_{R\to 0}\oint_K \frac{f(z)}{z-z_0}dz=2\pi i\cdot f(z_0), \tag{3.4.2}$$

图 3.4.1

则柯西积分公式(3.4.1) 就算被证明了.

注意到 $f(z_0)$ 与积分变量 z 无关，而 $2\pi i=\oint_K \frac{1}{z-z_0}dz$（见例 3.2.1）于是有

$$\left|\oint_K \frac{f(z)}{z-z_0}dz-2\pi i f(z_0)\right|=\left|\oint_K \frac{f(z)}{z-z_0}dz-f(z_0)\oint_K \frac{1}{z-z_0}dz\right|$$
$$=\left|\oint_K \frac{f(z)-f(z_0)}{z-z_0}dz\right|. \tag{3.4.3}$$

根据 $f(z)$ 的连续性，对任意的 $\varepsilon>0$，存在 $\delta>0$，只要 $|z-z_0|=R<\delta$，就有

$$|f(z)-f(z_0)|<\frac{\varepsilon}{2\pi}\quad (z\in K),$$

由复积分估值性质知式(3.4.3) 不超过 $\frac{\varepsilon}{2\pi R}\cdot 2\pi R=\varepsilon$，于是证明了式(3.4.2)，定理得证.

由此可以看出

① 利用柯西积分公式可以把函数在 C 内任一点的值用它在边界上的值来表示．解析函数的这一积分表达式成为研究解析函数的有力工具.

② 为计算某些复变函数沿闭曲线的积分提供了简便方法，即

$$\oint_C \frac{f(z)}{z-z_0}\mathrm{d}z=2\pi\mathrm{i}\cdot f(z_0).$$

③ 当 C 为正向圆周 $z=z_0+R\mathrm{e}^{\mathrm{i}\theta}$ 时，式(3.4.1) 为

$$f(z_0)=\frac{1}{2\pi}\int_0^{2\pi} f(z_0+R\mathrm{e}^{\mathrm{i}\theta})\mathrm{d}\theta. \tag{3.4.4}$$

该式表明，解析函数在圆心处的值等于它在圆周上的平均值.

注意 当函数 $f(z)$ 在 C 内解析 C 上连续时，定理 3.4.1 仍然成立；当函数 $f(z)$ 在复合闭路 C 内解析 C 上连续时，定理 3.4.1 仍然成立.

【例 3.4.1】 求下列积分（沿圆周正向）的值：

(1) $\frac{1}{2\pi\mathrm{i}}\oint\limits_{|z|=2}\frac{\cos z}{z}\mathrm{d}z$；(2) $\oint\limits_{|z|=4}\left(\frac{2}{z-1}+\frac{1}{z-3}\right)\mathrm{d}z$；(3) $\oint\limits_{|z-\mathrm{i}|=1}\frac{\cos z}{z^4-1}\mathrm{d}z$.

解 (1) $\frac{1}{2\pi\mathrm{i}}\oint\limits_{|z|=2}\frac{\cos z}{z}\mathrm{d}z=\cos z\big|_{z=0}=\cos 0=1.$

(2)
$$\oint\limits_{|z|=4}\left(\frac{2}{z-1}+\frac{1}{z-3}\right)\mathrm{d}z=\oint\limits_{|z|=4}\frac{2}{z-1}\mathrm{d}z+\oint\limits_{|z|=4}\frac{1}{z-3}\mathrm{d}z$$
$$=2\pi\mathrm{i}\cdot 2+2\pi\mathrm{i}\cdot 1=6\pi\mathrm{i}\cdot$$

(3) 因为 $z^4-1=(z-1)(z+1)(z-\mathrm{i})(z+\mathrm{i})=(z-\mathrm{i})(z^3+\mathrm{i}z^2-z-\mathrm{i})$，在 $|z-\mathrm{i}|=1$ 内包含 $\frac{\cos z}{z^4-1}$ 的奇点 $z=\mathrm{i}$，所以

$$\oint\limits_{|z-\mathrm{i}|=1}\frac{\cos z}{z^4-1}\mathrm{d}z=\oint\limits_{|z-\mathrm{i}|=1}\frac{\dfrac{\cos z}{z^3+\mathrm{i}z^2-z-\mathrm{i}}}{z-\mathrm{i}}\mathrm{d}z=2\pi\mathrm{i}\cdot\frac{\cos z}{z^3+\mathrm{i}z^2-z-\mathrm{i}}\bigg|_{z=\mathrm{i}}$$
$$=2\pi\mathrm{i}\cdot\frac{\cos\mathrm{i}}{-4\mathrm{i}}=-\frac{\pi}{2}\cos\mathrm{i}.$$

3.4.2 解析函数的高阶导数

我们将柯西积分公式(3.4.1) 形式地在积分号下对 z_0 求导后得

$$f'(z_0)=\frac{1}{2\pi\mathrm{i}}\oint_C\frac{f(z)}{(z-z_0)^2}\mathrm{d}z,$$

这样继续一次又可得

$$f''(z_0)=\frac{2!}{2\pi i}\oint_C \frac{f(z)}{(z-z_0)^3}dz ,$$

如此便可推测有下面的结论.

定理 3.4.2（解析函数的高阶导数公式）　若函数 $f(z)$ 在正向简单闭曲线 C 上及其内部解析，则对 C 内部任一点 z_0 有

$$f^{(n)}(z_0)=\frac{n!}{2\pi i}\oint_C \frac{f(z)}{(z-z_0)^{n+1}}dz \quad (n=1,2,\cdots). \tag{3.4.5}$$

证　首先对 $n=1$ 的情形来证明，即

$$f'(z_0)=\frac{1}{2\pi i}\oint_C \frac{f(z)}{(z-z_0)^2}dz .$$

为用导数的定义证明上式，由柯西积分公式得

$$f(z_0)=\frac{1}{2\pi i}\oint_C \frac{f(z)}{z-z_0}dz ,\ f(z_0+\Delta z)=\frac{1}{2\pi i}\oint_C \frac{f(z)}{z-z_0-\Delta z}dz .$$

从而有

$$\begin{aligned}\frac{f(z_0+\Delta z)-f(z_0)}{\Delta z} &= \frac{1}{2\pi i\Delta z}\left[\oint_C \frac{f(z)}{z-z_0-\Delta z}dz-\oint_C \frac{f(z)}{z-z_0}dz\right]\\ &= \frac{1}{2\pi i}\oint_C \frac{f(z)}{(z-z_0)(z-z_0-\Delta z)}dz\\ &= \frac{1}{2\pi i}\oint_C \frac{f(z)}{(z-z_0)^2}dz+\frac{1}{2\pi i}\oint_C \frac{\Delta z f(z)}{(z-z_0)^2(z-z_0-\Delta z)}dz .\end{aligned}$$

设后一项积分为 I，则

$$|I|=\frac{1}{2\pi}\left|\oint_C \frac{\Delta z f(z)}{(z-z_0)^2(z-z_0-\Delta z)}dz\right| .$$

下面证明：当 $|\Delta z|\to 0$ 时，$|I|\to 0$.

因为 $f(z)$ 在 C 上连续，所以存在一个正数 M，使得在 C 上有 $|f(z)|\leqslant M$，设 d 为从 z_0 到曲线 C 上各点的最短距离（图 3.4.2），并取 $|\Delta z|<\frac{d}{2}$，于是有

$$|z-z_0|\geqslant d ,\ \frac{1}{|z-z_0|}\leqslant\frac{1}{d} ,$$

$$|z-z_0-\Delta z|\geqslant|z-z_0|-|\Delta z|>\frac{d}{2} ,$$

$$\frac{1}{|z-z_0-\Delta z|}<\frac{2}{d} .$$

图 3.4.2

所以

$$|I|<|\Delta z|\cdot\frac{ML}{\pi d^3} ,$$

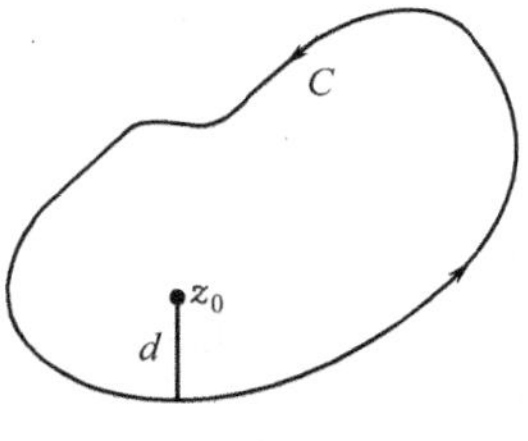

其中 L 为 C 的长度. 如果 $|\Delta z|\to 0$，那么 $|I|\to 0$，从而有

$$f'(z_0)=\lim_{\Delta z\to 0}\frac{f(z_0+\Delta z)-f(z_0)}{\Delta z}=\frac{1}{2\pi i}\oint_C \frac{f(z)}{(z-z_0)^2}dz .$$

由数学归纳法，同上可以证明式(3.4.5) 对所有的自然数 n 都成立.

注意　① 当函数 $f(z)$ 在 C 内解析 C 上连续时，定理 3.4.2 仍然成立.

② 当函数 $f(z)$ 在复合闭路 C 内解析 C 上连续时，定理 3.4.2 仍然成立.

③ 解析函数具有任意阶导数．当函数在区域 D 内解析时，它的各阶导数也在区域 D 内解析.

④ 注意与实函数的区别（实函数的可导性不能保证导函数的连续性，因而不能保证高阶导数的存在性）.

⑤ 该定理为计算某些沿闭曲线的复函数积分提供了简便方法，即

$$\oint_C \frac{f(z)}{(z-z_0)^{n+1}}\mathrm{d}z=\frac{2\pi\mathrm{i}}{n!}f^{(n)}(z_0).$$

【例 3.4.2】 求下列积分（沿圆周正向）的值.

(1) $\oint\limits_{|z|=2}\frac{\cos z}{(z-\mathrm{i})^{10}}\mathrm{d}z$；　　(2) $\oint\limits_{|z-\mathrm{i}|=1}\frac{\sin z}{(z-\mathrm{i})^{10}}\mathrm{d}z$；

(3) $\oint\limits_{|z|=2}\frac{1}{z^3(z+1)(z-1)}\mathrm{d}z$.

解　(1) 函数 $\frac{\cos z}{(z-\mathrm{i})^{10}}$ 在圆周 $|z|=2$ 内有一个奇点 $z_0=\mathrm{i}$，而函数 $f(z)=\cos z$ 在 $|z|=2$ 上及其内部解析，于是由式(3.4.5) 得

$$\oint\limits_{|z|=2}\frac{\cos z}{(z-\mathrm{i})^{10}}\mathrm{d}z=\frac{2\pi\mathrm{i}}{9!}f^{(9)}(\mathrm{i})=\frac{2\pi\mathrm{i}}{9!}\cos\left(\frac{9\pi}{2}+\mathrm{i}\right)=-\frac{2\pi\mathrm{i}}{9!}\sin\mathrm{i}.$$

(2) 函数 $\frac{\sin z}{(z-\mathrm{i})^{10}}$ 在圆周 $|z-\mathrm{i}|=1$ 内有一个奇点 $z_0=\mathrm{i}$，而函数 $f(z)=\sin z$ 在 $|z-\mathrm{i}|=1$ 上及其内部解析，于是由式(3.4.5) 得

$$\oint\limits_{|z-\mathrm{i}|=1}\frac{\sin z}{(z-\mathrm{i})^{10}}\mathrm{d}z=\frac{2\pi\mathrm{i}}{9!}f^{(9)}(\mathrm{i})=\frac{2\pi\mathrm{i}}{9!}\sin\left(\frac{9\pi}{2}+\mathrm{i}\right)=\frac{2\pi\mathrm{i}}{9!}\cos\mathrm{i}.$$

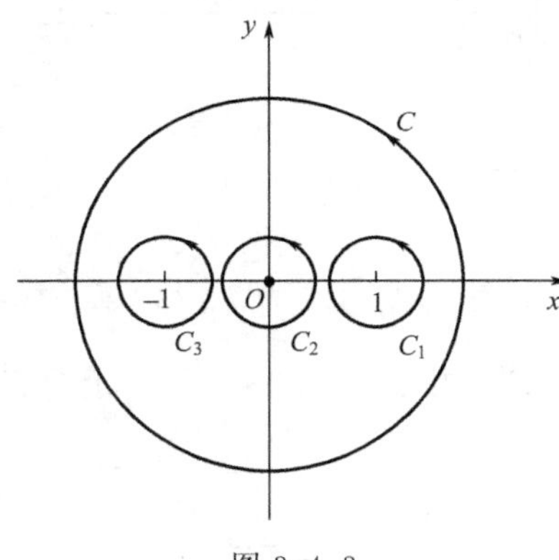

图 3.4.3

(3) 函数 $\frac{1}{z^3(z+1)(z-1)}$ 在圆周 C：$|z|=2$ 内有三个奇点 $z=1,0,-1$，分别以这三点为中心作 C 内三个小的正向圆周 C_1,C_2,C_3，它们既互不相交又互不包含（图 3.4.3），由复合闭路定理得

$$\oint_C\frac{1}{z^3(z+1)(z-1)}\mathrm{d}z=\oint_{C_1}\frac{\frac{1}{z^3(z+1)}}{z-1}\mathrm{d}z+\oint_{C_2}\frac{\frac{1}{(z+1)(z-1)}}{z^3}\mathrm{d}z+\oint_{C_3}\frac{\frac{1}{z^3(z-1)}}{z+1}\mathrm{d}z$$

$$=2\pi\mathrm{i}\left[\frac{1}{z^3(z+1)}\right]\Bigg|_{z=1}+\frac{2\pi\mathrm{i}}{2!}\left[\frac{1}{(z-1)(z+1)}\right]''\Bigg|_{z=0}+2\pi\mathrm{i}\left[\frac{1}{z^3(z-1)}\right]\Bigg|_{z=-1}$$

$$=\pi\mathrm{i}-2\pi\mathrm{i}+\pi\mathrm{i}=0.$$

3.5 解析函数与调和函数的关系

在上一节，我们已经证明了在区域D内的解析函数$f(z)=u+\mathrm{i}v$具有任意阶的导数．因此，在区域D内它的实部u与虚部v都有二阶连续的偏导数．现在我们来研究应该如何选择u与v才能使函数$f(z)=u+\mathrm{i}v$在区域D内解析.

设$f(z)=u+\mathrm{i}v$在区域D内解析，则由C-R方程

$$\frac{\partial u}{\partial x}=\frac{\partial v}{\partial y},\quad \frac{\partial u}{\partial y}=-\frac{\partial v}{\partial x},$$

得

$$\frac{\partial^2 u}{\partial x^2}=\frac{\partial^2 v}{\partial y\partial x},\quad \frac{\partial^2 u}{\partial y^2}=-\frac{\partial^2 v}{\partial x\partial y},$$

因$\frac{\partial^2 v}{\partial x\partial y},\frac{\partial^2 v}{\partial y\partial x}$在$D$内连续，它们必定相等，故在$D$内有

$$\frac{\partial^2 u}{\partial x^2}+\frac{\partial^2 u}{\partial y^2}=0,$$

同理，在D内有

$$\frac{\partial^2 v}{\partial x^2}+\frac{\partial^2 v}{\partial y^2}=0,$$

即u与v在D内满足拉普拉斯（Lapulace）方程：$\Delta u=0,\Delta v=0$.

这里$\Delta\equiv\frac{\partial^2}{\partial x^2}+\frac{\partial^2}{\partial y^2}$是一种运算记号，称为拉普拉斯算子.

定义 3.5.1 如果二元实函数$H(x,y)$在区域D内具有二阶连续偏导数，并且满足拉普拉斯方程$\Delta H=0$，则称$H(x,y)$为区域D内的调和函数.

定义 3.5.2 若$u=u(x,y)$和$v=v(x,y)$在区域D内都是调和函数，并且满足C-R方程

$$\frac{\partial u}{\partial x}=\frac{\partial v}{\partial y},\frac{\partial u}{\partial y}=-\frac{\partial v}{\partial x},$$

则称在区域D内v是u的共轭调和函数.

由上面讨论得到解析函数与调和函数的关系定理.

定理 3.5.1 若函数$f(z)=u(x,y)+\mathrm{i}v(x,y)$在区域$D$内解析，则$u=u(x,y)$和$v=v(x,y)$在区域$D$内都是调和函数，并且$v(x,y)$是$u(x,y)$的共轭调和函数.

由上述定义和定理可以看出，函数$f(z)=u+\mathrm{i}v$在区域D内解析的充要条件是在区域D内v是u的共轭调和函数．注意此时实部u却不一定是虚部v的共轭调和函数，但这并不影响由已知的一个调和函数u或v，去求使$f(z)=u+\mathrm{i}v$解析的另一个调和函数，并进而求得解析函数$f(z)$.

【例 3.5.1】 证明$u(x,y)=\mathrm{e}^x(x\cos y-y\sin y)$为调和函数，并求其共轭调和函数$v(x,y)$，最后写出解析函数$f(z)=u+\mathrm{i}v$关于$z$的表达式.

解 因为$\frac{\partial u}{\partial x}=\mathrm{e}^x(x\cos y-y\sin y+\cos y),\frac{\partial^2 u}{\partial x^2}=\mathrm{e}^x(x\cos y-y\sin y+2\cos y)$,

$$\frac{\partial u}{\partial y}=-e^{x}(\sin y+x\sin y+y\cos y),\frac{\partial^{2} u}{\partial y^{2}}=-e^{x}(x\cos y-y\sin y+2\cos y),$$

所以

$$\frac{\partial^{2} u}{\partial x^{2}}+\frac{\partial^{2} u}{\partial y^{2}}=0 .$$

即 $u(x,y)=e^{x}(x\cos y-y\sin y)$ 为调和函数.

由 $\frac{\partial v}{\partial y}=\frac{\partial u}{\partial x}=e^{x}(x\cos y-y\sin y+\cos y)$，得

$$v=\int e^{x}(x\cos y-y\sin y+\cos y)\mathrm{d}y=e^{x}(x\sin y+y\cos y)+g(x) .$$

由 $\frac{\partial v}{\partial x}=-\frac{\partial u}{\partial y}$，得

$$e^{x}(\sin y+x\sin y+y\cos y)+g'(x)=e^{x}(\sin y+x\sin y+y\cos y),$$

故

$$g(x)=C,$$

从而

$$v(x,y)=e^{x}(x\sin y+y\cos y)+C,$$

于是得

$$\begin{aligned} f(z)&=e^{x}(x\cos y-y\sin y)+\mathrm{i}[e^{x}(x\sin y+y\cos y)+C] \\ &=xe^{x}(\cos y+\mathrm{i}\sin y)+\mathrm{i}ye^{x}(\cos y+\mathrm{i}\sin y)+\mathrm{i}C \\ &=ze^{z}+\mathrm{i}C . \end{aligned}$$

【例 3.5.2】 已知调和函数 $v=2xy$，求解析函数 $f(z)=u+\mathrm{i}v$，使 $f(\mathrm{i})=-1$.

解 因为

$$\frac{\partial v}{\partial x}=2y,\ \frac{\partial v}{\partial y}=2x,$$

由

$$\frac{\partial u}{\partial x}=\frac{\partial v}{\partial y}=2x,$$

得

$$u=\int 2x\,\mathrm{d}x=x^{2}+g(y).$$

由 $\frac{\partial u}{\partial y}=-\frac{\partial v}{\partial x}$，得

$$g'(y)=-2y,$$

故

$$g(y)=-y^{2}+C,$$

从而

$$u=x^{2}-y^{2}+C,$$

于是得

$$f(z)=x^{2}-y^{2}+C+\mathrm{i}\cdot 2xy=(x+\mathrm{i}y)^{2}+C=z^{2}+C$$

由 $f(\mathrm{i})=-1$，得 $C=0$，故所求的解析函数为 $f(z)=z^{2}$.

3.6 复变函数积分的应用

3.6.1 在计算实积分中的应用

在高等数学的某些积分运算中，如果按照常规的积分进行运算，就可能导致被积表达式相当复杂，最终无法完成积分运算．通过引入柯西积分定理及柯西积分公式来求解或证明实函数积分．从某种程度上可避免这种复杂的过程，从而轻松地进行求解．有事半功倍的效果．

1. 利用复积分计算实积分

【例 3.6.1】 将 $f(x)=e^{ax}$ 在区间 $[-l, l]$ 中展开为傅里叶级数.

解 $a_0=\dfrac{1}{l}\int_{-l}^{l}e^{ax}\,dx=\dfrac{2}{al}\text{sh}(al)$；

$$a_n+ib_n=\frac{1}{l}\int_{-l}^{l}e^{ax}\left(\cos\frac{n\pi}{l}x+i\sin\frac{n\pi}{l}x\right)dx=\frac{1}{l}\int_{-l}^{l}e^{\left(a+i\frac{n\pi}{l}\right)x}\,dx$$

$$=\frac{1}{al+in\pi}(e^{al+in\pi}-e^{-al-in\pi})=(-1)^n\frac{al-in\pi}{a^2l^2+n^2\pi^2}(e^{al}-e^{-al}),$$

$$a_n=(-1)^n\frac{2al\,\text{sh}(al)}{a^2l^2+n^2\pi^2},b_n=(-1)^{n+1}\frac{2n\pi\text{sh}(al)}{a^2l^2+n^2\pi^2},n=1,2,\cdots.$$

$$e^{ax}=\frac{a_0}{2}+\sum_{n=1}^{\infty}\left(a_n\cos\frac{n\pi}{l}x+b_n\sin\frac{n\pi}{l}x\right)$$

$$=2\text{sh}(al)\left(\frac{1}{2al}+\sum_{n=1}^{\infty}(-1)^n\frac{al\cos\frac{n\pi}{l}x-n\pi\sin\frac{n\pi}{l}x}{a^2l^2+n^2\pi^2}\right),x\in(-l,l).$$

从例 3.6.1 我们可以看到，如果用通常的方法，计算 a_n，b_n 需要用四次分部积分法，而这里则只需应用简单的积分基本公式.

2. 利用柯西积分定理计算实积分

【例 3.6.2】 利用积分 $I=\oint_C\dfrac{dz}{z+3}$ $(C:|z|=1)$，求实积分 $\int_0^{\pi}\dfrac{1+3\cos x}{10+6\cos x}dx$.

解 因为函数 $\dfrac{1}{z+3}$ 在 C 上及其内部符合柯西积分定理的条件，则有 $I=\oint_C\dfrac{dz}{z+3}=0$.

令 $z=\cos x+i\sin x$，$(-\pi<x\leqslant\pi)$，则有

$$I=\oint_C\frac{dz}{z+3}=\int_{-\pi}^{\pi}\frac{-\sin x+i\cos x}{\cos x+3+i\sin x}dx$$

$$=\int_{-\pi}^{\pi}\frac{(-\sin x+i\cos x)(\cos x+3-i\sin x)}{(\cos x+3+i\sin x)(\cos x+3-i\sin x)}dx$$

$$=\int_{-\pi}^{\pi}\frac{-3\sin x+i(1+3\cos x)}{10+6\cos x}dx=0,$$

从而有

$$I_1=\int_{-\pi}^{\pi}\frac{-3\sin x}{10+6\cos x}dx=0,I_2=\int_{-\pi}^{\pi}\frac{1+3\cos x}{10+6\cos x}dx=2\int_0^{\pi}\frac{1+3\cos x}{10+6\cos x}dx=0,$$

所以 $\int_0^{\pi}\dfrac{1+3\cos x}{10+6\cos x}dx=0$.

3. 利用柯西积分公式计算实积分

【例 3.6.3】 求积分 $I=\oint_C\dfrac{e^{z-1}}{z-1}dz$ $(C:|z|=2)$，从而证明：

$$\int_0^{\pi}\frac{e^{2\cos\theta-1}[2\cos(2\sin\theta)-\cos\theta\cos(2\sin\theta)+\sin(2\sin\theta)]}{5-4\cos\theta}d\theta=\frac{\pi}{2}.$$

证明 因为 $z=1$ 是被积函数 $\dfrac{e^{z-1}}{z-1}$ 在 C 内唯一的奇点，而 $f(z)=e^{z-1}$ 在 C 内解析，则由柯西积分公式得

$$I=\oint_C \frac{e^{z-1}}{z-1}dz=2\pi i.$$

设 $z=2(\cos\theta+i\sin\theta)$ $(-\pi<\theta\leqslant\pi)$，

$$\begin{aligned}I=\oint_C \frac{e^{z-1}}{z-1}dz&=\int_{-\pi}^{\pi}\frac{e^{2\cos\theta+2i\sin\theta-1}(-2\sin\theta+2i\cos\theta)}{2\cos\theta-1+2i\sin\theta}d\theta\\&=\int_{-\pi}^{\pi}\frac{e^{2\cos\theta+2i\sin\theta-1}(-2\sin\theta+2i\cos\theta)(2\cos\theta-1-2i\sin\theta)}{(2\cos\theta-1+2i\sin\theta)(2\cos\theta-1-2i\sin\theta)}d\theta\\&=\int_{-\pi}^{\pi}\frac{e^{2\cos\theta+2i\sin\theta-1}(2\sin\theta+4i-2i\cos\theta)}{5-4\cos\theta}d\theta\\&=\int_{-\pi}^{\pi}\frac{e^{2\cos\theta-1}[2\sin\theta\cos(2\sin\theta)+2\cos\theta\sin(2\sin\theta)-4\sin(2\sin\theta)]}{5-4\cos\theta}d\theta\\&\quad+2i\int_{-\pi}^{\pi}\frac{e^{2\cos\theta-1}[2\cos(2\sin\theta)-\cos\theta\cos(2\sin\theta)+\sin\theta\sin(2\sin\theta)]}{5-4\cos\theta}d\theta,\end{aligned}$$

于是有

$$I_1=\int_{-\pi}^{\pi}\frac{e^{2\cos\theta-1}[2\sin\theta\cos(2\sin\theta)+2\cos\theta\sin(2\sin\theta)-4\sin(2\sin\theta)]}{5-4\cos\theta}d\theta=0,$$

$$I_2=2\int_0^{\pi}\frac{e^{2\cos\theta-1}[2\cos(2\sin\theta)-\cos\theta\cos(2\sin\theta)+\sin\theta\sin(2\sin\theta)]}{5-4\cos\theta}d\theta=\pi,$$

则 $$\int_0^{\pi}\frac{e^{2\cos\theta-1}[2\cos(2\sin\theta)-\cos\theta\cos(2\sin\theta)+\sin(2\sin\theta)]}{5-4\cos\theta}d\theta=\frac{\pi}{2},$$

即原式得证．

从例 3.6.3 我们可以看到，如果单纯地去看所要求证的结果．根本无法入手，然而柯西积分公式却能完全不去顾及所要求证的结果，轻而易举地解决这道实函数题目，事半功倍．

3.6.2 应用解析函数求调和函数的稳定点

调和函数在诸如流体力学和电磁场理论等实际问题中都有重要应用．本目从解析函数的导数与调和函数的关系出发，给出解析函数在求解调和函数稳定点中的应用.

设 $u(x, y)$ 为区域 D 内的调和函数，则由定理 3.5.1 可确定 u 的共轭调和函数 $v(x, y)$. 显然，$f(z)=u+iv$ 满足 C-R 条件，为解析函数．

若 (x_0, y_0) 是 $u(x, y)$ 的一个稳定点，则 $u(x, y)$ 满足

$$u_x(x_0,y_0)=u_y(x_0,y_0)=0.$$

又因为 $f'(z)=u_x+iv_x=u_x-iu_y$，可见 (x_0, y_0) 是 $u(x, y)$ 的一个稳定点等价于

$$f'(z_0)=0,(z_0=x_0+iy_0).$$

于是求调和函数 $u(x, y)$ 稳定点的问题就可转化为求 $f'(z)$ 零点的问题．这时用下述米尔-汤姆松（Milne-Tomson）方法找是非常方便的．

由 $z=x+\mathrm{i}y$，$\overline{z}=x-\mathrm{i}y$，得 $x=\dfrac{z+\overline{z}}{2}$，$y=\dfrac{z-\overline{z}}{2\mathrm{i}}$. 从而

$$f(z)=u(x,y)+\mathrm{i}v(x,y)=u\left(\frac{z+\overline{z}}{2},\frac{z-\overline{z}}{2\mathrm{i}}\right)+\mathrm{i}v\left(\frac{z+\overline{z}}{2},\frac{z-\overline{z}}{2\mathrm{i}}\right). \quad (3.6.1)$$

将上式看成两个独立变量 z 和 $\overline{z}$ 形成的恒等式．置 $\overline{z}=z$，有 $f(z)=u(z,0)+\mathrm{i}v(z,0)$. 另外，在 $f'(z)=u_x-\mathrm{i}u_y$ 中，若把 u_x，u_y 分别记作 $\varphi(x,\ y)$，$\psi(x,\ y)$，则同样有

$$f'(z)=u_x-\mathrm{i}u_y=\varphi(x,y)-\mathrm{i}\psi(x,y)=\varphi(z,0)-\mathrm{i}\psi(z,0). \quad (3.6.2)$$

由此更易于直接由 u_x，u_y，写出 $f'(z)$. 这只要用 z 代替 $u_x(x,\ y)$，$u_y(x,\ y)$ 中的 x，而令 $y=0$ 即可．

【例 3.6.4】 求 $u(x,y)=4x^3y-4xy^3+x+1$ 的稳定点．

解　由 $u_{xx}=24xy$，$u_{yy}=-24xy$，知 $u(x,\ y)$ 为调和函数．由

$$u_x=12x^2y-4y^3+1,\ u_y=4x^3-12xy^2$$

以及式(3.6.2) 得到 $f'(z)=1-4iz^3$，通过 $f'(z)=1-4\mathrm{i}z^3=0$ 得

$$z_1=-\frac{1}{\sqrt[3]{4}}\left(\frac{\sqrt{3}}{2}+\frac{1}{2}\mathrm{i}\right),z_2=\frac{1}{\sqrt[3]{4}}\left(\frac{\sqrt{3}}{2}-\frac{1}{2}\mathrm{i}\right),z_3=\frac{1}{\sqrt[3]{4}}\mathrm{i}.$$

从而其稳定点为

$$\left(-\frac{\sqrt{3}}{2\sqrt[3]{4}},-\frac{1}{2\sqrt[3]{4}}\right),\left(\frac{\sqrt{3}}{2\sqrt[3]{4}},-\frac{1}{2\sqrt[3]{4}}\right),\left(0,\frac{1}{\sqrt[3]{4}}\right).$$

本章主要内容

1. 复变函数积分

设函数 $f(z)=u+\mathrm{i}v$ 在区域 D 内有定义，单值且连续，则 $f(z)$ 在区域 D 内沿某一光滑曲线 C 的积分可表为 $\int_C f(z)\mathrm{d}z=\int_C(u\mathrm{d}x-v\mathrm{d}y)+\mathrm{i}\int_C(v\mathrm{d}x+u\mathrm{d}y)$.

当 $f(z)$ 在光滑或分段光滑曲线 C 上连续时，积分 $\int_C f(z)\mathrm{d}z$ 一定存在，上式说明一个复变函数的积分，可以通过两个二元实函数的线积分来计算.

关于复变函数积分的性质与法则，与实变函数积分的某些法则相似，其中一个重要的性质是

$$\left|\int_C f(z)\mathrm{d}z\right|\leqslant\int_C|f(z)|\mathrm{d}s\leqslant ML.$$

其中 L 为曲线 C 的长度，$f(z)$ 在曲线 C 上处处有 $|f(z)|\leqslant M$.

2. 柯西积分定理

若函数 $f(z)$ 在单连通域 D 内解析，则 $f(z)$ 沿 D 内任意闭曲线（可以不是简单的）C 积分为零，即 $\oint_C f(z)\mathrm{d}z=0$.

由柯西积分定理可推出：解析函数在单连域内的复变积分只与起点 z_0 和终点

z_1 有关，即 $\int_C f(z)\mathrm{d}z=\int_{z_0}^{z_1} f(z)\mathrm{d}z=G(z_1)-G(z_0)$.

其中 C 为连接 z_0 与 z_1 的任意一条曲线，且 $G'(z)=f(z)$.

3. 复合闭路定理（柯西积分定理在多连通域的推广）

设 D 是以复合闭路 $\Gamma=C+C_1^-+C_2^-+\cdots+C_n^-$ 为边界的多连通域．若函数 $f(z)$ 在 D 内及边界 Γ 上解析，则

$$\oint_\Gamma f(z)\mathrm{d}z=\oint_{C+C_1^-+\cdots+C_n^-} f(z)\mathrm{d}z=0,$$

即

$$\oint_C f(z)\mathrm{d}z=\sum_{k=1}^{n}\oint_{C_k} f(z)\mathrm{d}z .$$

4. 柯西积分公式

若 $f(z)$ 在正向简单闭曲线 C 上及其内部解析，则对 C 内部任一点 z_0 有

$$f(z_0)=\frac{1}{2\pi\mathrm{i}}\oint_C \frac{f(z)}{z-z_0}\mathrm{d}z .$$

（1）上述公式中的 z_0 是在曲线 C 围绕的区域 D 内的点，如果 z_0 在 D 外，那么 $\frac{f(z)}{z-z_0}$ 在 D 上就解析了，因而由柯西积分定理知 $f(z_0)=\frac{1}{2\pi\mathrm{i}}\oint_C \frac{f(z)}{z-z_0}\mathrm{d}z=0$.

（2）柯西积分公式反映了解析函数值之间很强的内在联系，$f(z)$ 在内点 z_0 的值 $f(z_0)$ 可以由 $f(z)$ 在边界 C 上的积分表示．特别当 C 为正向圆周 $z=z_0+R\mathrm{e}^{\mathrm{i}\theta}$ 时，

$$f(z_0)=\frac{1}{2\pi}\int_0^{2\pi} f(z_0+R\mathrm{e}^{\mathrm{i}\theta})\mathrm{d}\theta .$$

这表明解析函数在圆心的值等于其在圆周上值的平均值，这个公式也叫平均值公式.

（3）为了方便，有时也将柯西积分公式写成 $f(z)=\frac{1}{2\pi\mathrm{i}}\oint_C \frac{f(\zeta)}{\zeta-z}\mathrm{d}\zeta$ ，这时 ζ 在边界 C 上取值，而 z 是在区域 D 内.

（4）当 D 的边界 C 是由 C_0 和 C_1 组成的复合闭路，C_0 为简单的外围闭曲线，C_1 为简单的内围闭曲线，$f(z)$ 在 D 内解析，且 z 在 C 内部时，柯西积分公式可写为

$$f(z)=\frac{1}{2\pi\mathrm{i}}\left[\oint_{C_0} \frac{f(\zeta)}{\zeta-z}\mathrm{d}\zeta-\oint_{C_1} \frac{f(\zeta)}{\zeta-z}\mathrm{d}\zeta\right],$$

这里 C_0 和 C_1 均取正方向.

5. 解析函数的高阶导数

若函数 $f(z)$ 在正向简单闭曲线 C 上及其内部解析，则对 C 内部任一点 z_0 有

$$f^{(n)}(z_0)=\frac{n!}{2\pi\mathrm{i}}\oint_C \frac{f(z)}{(z-z_0)^{n+1}}\mathrm{d}z \quad (n=1,2,\cdots).$$

6. 调和函数与共轭调和函数

如果二元实函数 $H(x,y)$ 在区域 D 内具有二阶连续偏导数，并且满足拉普拉斯方程 $\Delta H=0$，则称 $H(x,y)$ 为区域 D 内的调和函数.

若 $u=u(x,y)$ 和 $v=v(x,y)$ 在区域 D 内都是调和函数，并且满足C-R方程

$$\frac{\partial u}{\partial x}=\frac{\partial v}{\partial y},\frac{\partial u}{\partial y}=-\frac{\partial v}{\partial x},$$

则称在区域 D 内 v 是 u 的共轭调和函数.

$f(z)=u(x,y)+\mathrm{i}v(x,y)$ 是解析函数的充要条件是 $v(x,y)$ 是 $u(x,y)$ 的共轭调和函数.

共轭调和函数知其一个必能求出另一个，进而可组成解析函数.

习 题 3

1. 沿下列路径计算积分 $\int_0^{2+\mathrm{i}} z^2\mathrm{d}z$：

(1) 从原点至 $2+\mathrm{i}$ 的直线段；

(2) 从原点沿实轴至2，再由2垂直向上至 $2+\mathrm{i}$；

(3) 从原点沿虚轴至 i，再由 i 沿水平方向向右至 $2+\mathrm{i}$.

2. 分别沿 $y=x$ 与 $y=x^2$ 算出积分 $\int_0^{1+\mathrm{i}}(x^2-\mathrm{i}y)\mathrm{d}z$ 的值.

3. 设 $f(z)$ 在单连域 D 内解析，C 为 D 内任何一条正向简单闭曲线，问

$$\oint_C \mathrm{Re}[f(z)]\mathrm{d}z=0,\quad \oint_C \mathrm{Im}[f(z)]\mathrm{d}z=0$$

是否成立？为什么？

4. 利用在单位圆上 $\bar{z}=\frac{1}{z}$ 的性质及柯西积分公式，说明 $\oint_C \bar{z}\mathrm{d}z=2\pi\mathrm{i}$，其中 C 表示单位圆周 $|z|=1$ 的正向.

5. 计算积分 $\oint_C \frac{\bar{z}}{|z|}\mathrm{d}z$ 的值，其中 C 为正向圆周：

(1) $|z|=3$； (2) $|z|=4$.

6. 试用观察法得出下列积分的值，并说明观察时所依据的是什么？C 为正向圆周 $|z|=1$：

(1) $\oint_C \frac{\mathrm{d}z}{z+2}$； (2) $\oint_C \frac{\mathrm{d}z}{z^2+2z+3}$； (3) $\oint_C \frac{\mathrm{d}z}{\cos z}$；

(4) $\oint_C \frac{\mathrm{d}z}{z-2/3}$； (5) $\oint_C z\mathrm{e}^z\mathrm{d}z$； (6) $\oint_C \frac{\mathrm{d}z}{(z+1/2)(z+5/2)}$.

7. 沿指定曲线的正向计算下列积分：

(1) $\oint_C \frac{\mathrm{e}^z}{z-3}\mathrm{d}z$，$C$：$|z-3|=1$； (2) $\oint_C \frac{\mathrm{d}z}{z^2-a^2}$，$C$：$|z+a|=a$；

(3) $\oint_C \frac{\mathrm{e}^{\mathrm{i}z}}{z^2+1}\mathrm{d}z$，$C$：$|z-2\mathrm{i}|=\frac{4}{3}$； (4) $\oint_C \frac{z}{z+3}\mathrm{d}z$，$C$：$|z|=2$；

(5) $\oint_C \frac{\mathrm{d}z}{(z^2+1)(z^3-1)}$，$C$：$|z|=r<1$；

(6) $\oint_C z^3\cos z\mathrm{d}z$，$C$ 为包围 $z=0$ 的闭曲线；

(7) $\oint_C \frac{\mathrm{d}z}{(z^2+1)(z^2-4)}$ ，C：$|z|=\frac{3}{2}$ ；

(8) $\oint_C \frac{\sin z}{z}\mathrm{d}z$ ，C：$|z|=3$；

(9) $\oint_C \frac{\cos z}{\left(z-\frac{\pi}{2}\right)^2}\mathrm{d}z$ ，C：$|z|=2$；

(10) $\oint_C \frac{\mathrm{e}^z}{z^5}\mathrm{d}z$ ，C：$|z|=2$.

8. 计算下列积分：

(1) $\oint_C \left(\frac{5}{z+1}-\frac{3}{z+2\mathrm{i}}\right)\mathrm{d}z$ ，其中 C：$|z|=4$ 为正向；

(2) $\oint_C \frac{\mathrm{i}\mathrm{d}z}{z^2+1}$ ，其中 C：$|z+1|=3$ 为正向；

(3) $\oint_{C=C_1+C_2} \frac{\cos z}{z^3}\mathrm{d}z$ ，其中 C_1：$|z|=2$ 为正向，C_2：$|z|=3$ 为负向；

(4) $\oint_C \frac{1}{z+\mathrm{i}}\mathrm{d}z$ ，其中 C 为以 $\pm\frac{1}{2}$，$\pm\frac{6}{5}\mathrm{i}$ 为顶点的正向菱形；

(5) $\oint_C \frac{\mathrm{e}^z}{(z-a)^3}\mathrm{d}z$ ，其中 a 为 $|a|\neq 1$ 的任何复数，C：$|z|=1$ 为正向.

9. 设 $f(z)$ 和 $g(z)$ 在区域 D 内解析，C 为 D 内任何一条简单闭曲线，它的内部完全属于 D，如果 $f(z)=g(z)$ 在 C 上所有点处成立，试证在 C 内所有点处 $f(z)=g(z)$ 也成立.

10. 设 $f(z)$ 在以闭曲线 C 为边界的闭区域 D 内解析，且对于 D 内任意点 z_0，都有

$$\oint_C \frac{f(z)}{(z-z_0)^2}\mathrm{d}z=0,$$

试证 $f(z)$ 在 D 内为一常数.

11. 证明 $u=x^2-y^2$ 和 $v=\frac{y}{x^2+y^2}$ 都是调和函数，但是 $u+\mathrm{i}v$ 不是解析函数.

12. 由下列已知调和函数求解析函数 $f(z)=u+\mathrm{i}v$ ，并写出 z 的表达式：

(1) $u=(x-y)(x^2+4xy+y^2)$ ；

(2) $v=\frac{y}{x^2+y^2}$，$f(2)=0$；

(3) $u=y^3-3x^2y$ ；

(4) $v=\mathrm{e}^x(y\cos y+x\sin y)+x+y$.

13. 填空题

(1) $\oint_{|z|=1} \frac{1}{z-3}\mathrm{d}z=(\qquad)$；

(2) 若 $f(z)$ 在 z 平面上解析，则 $\oint_{|z-z_0|=1} \frac{f(z)}{z-z_0}\mathrm{d}z=(\qquad)$；

(3) $\oint_{|z|=2} \frac{1}{z-i}\mathrm{d}z=(\qquad)$；

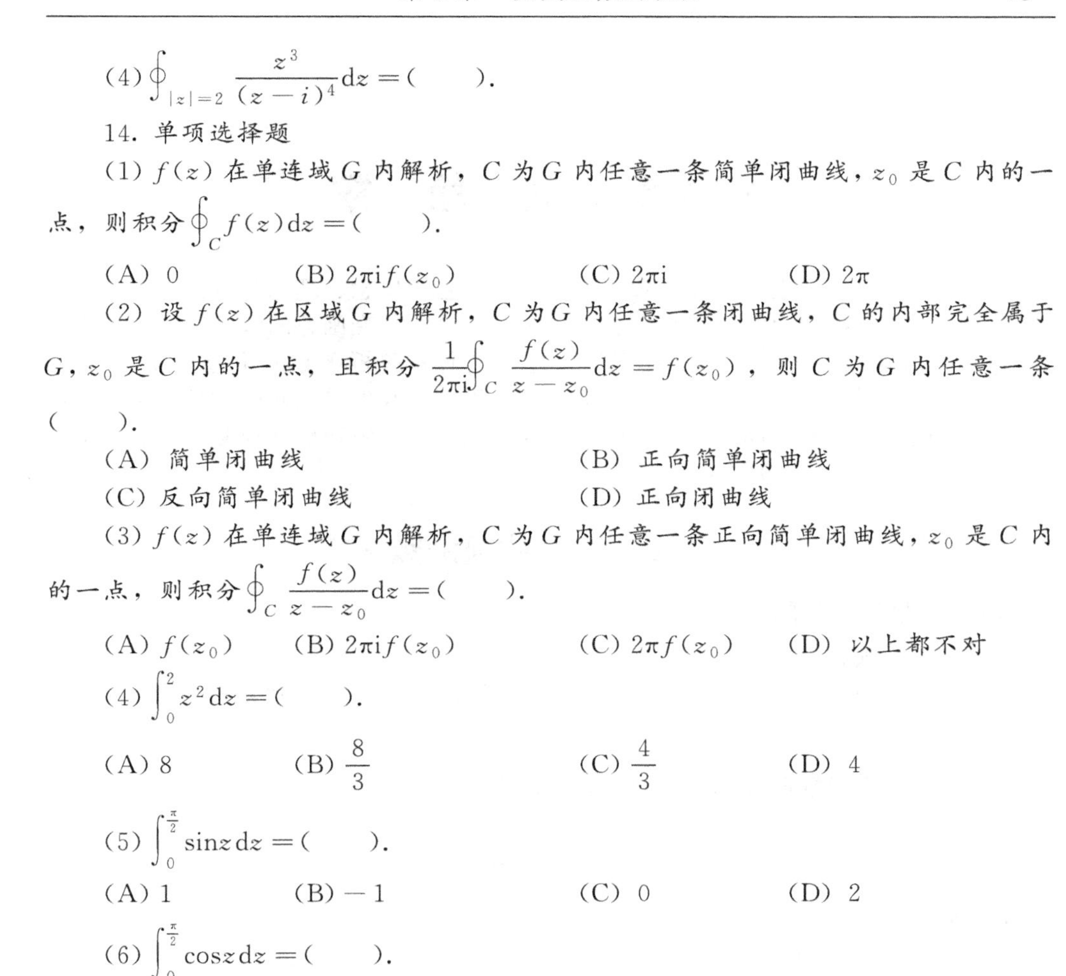

(4) $\oint_{|z|=2}\dfrac{z^3}{(z-i)^4}dz=($　　$)$.

14. 单项选择题

(1) $f(z)$ 在单连域 G 内解析，C 为 G 内任意一条简单闭曲线，z_0 是 C 内的一点，则积分 $\oint_C f(z)dz=($　　$)$.

(A) 0　　(B) $2\pi i f(z_0)$　　(C) $2\pi i$　　(D) 2π

(2) 设 $f(z)$ 在区域 G 内解析，C 为 G 内任意一条闭曲线，C 的内部完全属于 G，z_0 是 C 内的一点，且积分 $\dfrac{1}{2\pi i}\oint_C \dfrac{f(z)}{z-z_0}dz=f(z_0)$，则 C 为 G 内任意一条(　　).

(A) 简单闭曲线　　(B) 正向简单闭曲线

(C) 反向简单闭曲线　　(D) 正向闭曲线

(3) $f(z)$ 在单连域 G 内解析，C 为 G 内任意一条正向简单闭曲线，z_0 是 C 内的一点，则积分 $\oint_C \dfrac{f(z)}{z-z_0}dz=($　　$)$.

(A) $f(z_0)$　　(B) $2\pi i f(z_0)$　　(C) $2\pi f(z_0)$　　(D) 以上都不对

(4) $\int_0^2 z^2 dz=($　　$)$.

(A) 8　　(B) $\dfrac{8}{3}$　　(C) $\dfrac{4}{3}$　　(D) 4

(5) $\int_0^{\frac{\pi}{2}} \sin z\, dz=($　　$)$.

(A) 1　　(B) -1　　(C) 0　　(D) 2

(6) $\int_0^{\frac{\pi}{2}} \cos z\, dz=($　　$)$.

(A) 1　　(B) -1　　(C) 0　　(D) 2

第 4 章　复　级　数

复级数是研究和表示复变函数的重要工具，它的概念、理论与方法是实数域上的无穷级数在复数域内的推广与发展．本章所讨论的复变函数的级数主要包括泰勒（Taylor）级数和洛朗（Laurent）级数，它们是研究解析函数的十分重要的工具，也是为以后研讨留数做准备．本章的重点是幂级数的收敛半径和收敛域的求法，把函数展开成幂级数或洛朗级数，利用奇点的概念及洛朗级数展开求复变函数积分的值．最后，介绍复级数的应用．

4.1* 实数项级数

4.1.1 实数项级数的概念和性质

（1）实数项级数的概念

设有实数列 $\{a_n\}$（$n=1,2,\cdots$），将实数列各项依次累加所得的式子

$$a_1+a_2+\cdots+a_n+\cdots$$

称为实数项无穷级数简称为实数项级数，记为 $\sum_{n=1}^{\infty}a_n$，即

$$\sum_{n=1}^{\infty}a_n=a_1+a_2+\cdots+a_n+\cdots, \tag{4.1.1}$$

式中，第 n 项 a_n 叫做级数的一般项.

级数（4.1.1）的前 n 项和记为 s_n，即

$$s_n=\sum_{k=1}^{n}a_k=a_1+a_2+\cdots+a_n, \tag{4.1.2}$$

称 s_n 为级数（4.1.1）的部分和．当 n 依次取 $1,2,\cdots$ 时，它们构成一个新的数列

$$s_1=a_1, s_2=a_1+a_2, \cdots, s_n=a_1+a_2+\cdots+a_n, \cdots.$$

根据这个数列有没有极限，我们引进实数项级数（4.1.1）的收敛与发散的概念.

定义 4.1.1　如果级数 $\sum_{n=1}^{\infty}a_n$ 的部分和数列 $\{s_n\}$ 有极限 s，即

$$\lim_{n\to\infty}s_n=s,$$

则称级数 $\sum_{n=1}^{\infty}a_n$ 收敛，这时极限 s 叫做这级数和，并写成

$$s=\sum_{n=1}^{\infty}a_n;$$

如果 $\{s_n\}$ 没有极限，则称级数 $\sum_{n=1}^{\infty}a_n$ 发散.

显然，当级数收敛时，其部分和 s_n 是级数和 s 的近似值，它们之间的差值

$$r_n = s - s_n = a_{n+1} + a_{n+2} + \cdots$$

叫做级数的余项．用近似值 s_n 代替和 s 所产生的误差是这个余项的绝对值，即误差是 $|r_n|$．

【例 4.1.1】 无穷级数

$$\sum_{n=0}^{\infty} aq^n = a + aq + aq^2 + \cdots + aq^n + \cdots. \tag{4.1.3}$$

叫做等比级数（又称几何级数），其中 $a \neq 0, q$ 叫做级数的公比．试讨论该级数的收敛性.

解 如果 $q \neq 1$，则部分和

$$s_n = a + aq + aq^2 + \cdots + aq^n = \frac{a - aq^n}{1-q} = \frac{a}{1-q} - \frac{aq^n}{1-q}.$$

当 $|q| < 1$ 时，由于 $\lim\limits_{n \to \infty} q^n = 0$，从而 $\lim\limits_{n \to \infty} s_n = \dfrac{a}{1-q}$，因此这时级数（4.1.3）收敛，其和为 $\dfrac{a}{1-q}$.

当 $|q| > 1$ 时，由于 $\lim\limits_{n \to \infty} q^n = \infty$，从而 $\lim\limits_{n \to \infty} s_n = \infty$，这时级数（4.1.3）发散.

如果 $|q| = 1$，则当 $q = 1$ 时，$s_n = na \to \infty (n \to \infty)$，这时级数（4.1.3）发散；当 $q = -1$ 时，级数（4.1.3）成为

$$a - a + a - a + \cdots,$$

显然 s_n 随着 n 为奇数或为偶数而等于 a 或等于零，从而 s_n 的极限不存在，这时级数（4.1.3）也发散.

综上所述，当 $|q| < 1$ 时，等比级数（4.1.3）收敛；当 $|q| \geqslant 1$ 时，等比级数（4.1.3）发散.

（2）收敛级数的基本性质

根据实数项级数收敛、发散以及和概念，可以得出收敛级数的几个基本性质.

性质 1 如果级数 $\sum\limits_{n=1}^{\infty} a_n$ 收敛于和 s，则级数 $\sum\limits_{n=1}^{\infty} ka_n$ 也收敛，且其和为 ks.

性质 2 如果级数 $\sum\limits_{n=1}^{\infty} a_n$、$\sum\limits_{n=1}^{\infty} b_n$ 分别收敛于和 s、σ，则级数 $\sum\limits_{n=1}^{\infty} (a_n \pm b_n)$ 也收敛，且其和为 $s \pm \sigma$.

性质 3 在级数中去掉、加上或改变有限项，不会改变级数的收敛性.

性质 4 如果级数 $\sum\limits_{n=1}^{\infty} a_n$ 收敛，则对这级数的项任意加括号后所组成的级数

$$(a_1 + \cdots + a_{n_1}) + (a_{n_1+1} + \cdots + a_{n_2}) + \cdots + (a_{n_{k-1}+1} + \cdots + a_{n_k}) + \cdots$$

仍收敛，且其和不变.

性质 5 （级数收敛的必要条件）如果级数 $\sum\limits_{n=1}^{\infty} a_n$ 收敛，则它的一般项 a_n 趋于零，即

$$\lim_{n\to\infty} a_n = 0 .$$

注意 级数的一般项趋于零并不是级数收敛的充分条件．有些级数虽然一般项趋于零，但仍然是发散的.

例如，调和级数

$$1+\frac{1}{2}+\cdots+\frac{1}{n}+\cdots, \tag{4.1.4}$$

虽然它的一般项 $a_n=\frac{1}{n}\to 0(n\to\infty)$，但是它是发散的.

4.1.2 实数项级数的审敛法

(1) 正项级数及其审敛法

一般的实数项级数，它的各项可以是正数、负数或者零．现在我们先讨论各项都是正数或零的级数，这种级数称为正项级数．这种级数特别重要，以后将看到许多级数的收敛性问题可归结为正项级数的收敛性问题.

设级数 $\sum_{n=1}^{\infty} a_n$ 是一个正项级数 ($a_n \geqslant 0$)，它的部分和为 s_n．显然，数列 $\{s_n\}$ 是一个单调增加数列，根据单调有界数列必有极限的准则：数列 $\{s_n\}$ 收敛的充要条件是数列 $\{s_n\}$ 有界．由此得到如下重要的结论.

定理 4.1.1 正项级数 $\sum_{n=1}^{\infty} a_n$ 收敛的充要条件是：它的部分和数列 $\{s_n\}$ 有界.

根据定理 4.1.1，可得关于正项级数的一个基本的审敛法.

定理 4.1.2（比较审敛法） 设 $\sum_{n=1}^{\infty} a_n$ 和 $\sum_{n=1}^{\infty} b_n$ 都是正项级数，且 $a_n \leqslant b_n$ ($n=1,2,\cdots$)．若级数 $\sum_{n=1}^{\infty} b_n$ 收敛，则级数 $\sum_{n=1}^{\infty} a_n$ 也收敛；反之，若级数 $\sum_{n=1}^{\infty} a_n$ 发散，则级数 $\sum_{n=1}^{\infty} b_n$ 收敛也发散.

注意到级数的每一项同乘不为零的常数 k 以及去掉级数前面部分的有限项不会影响级数的收敛性，我们可得如下推论：

推论 设 $\sum_{n=1}^{\infty} a_n$ 和 $\sum_{n=1}^{\infty} b_n$ 都是正项级数，若级数 $\sum_{n=1}^{\infty} b_n$ 收敛，且存在正数 N，使当 $n \geqslant N$ 时有 $a_n \leqslant kb_n(k>0)$ 成立，则级数 $\sum_{n=1}^{\infty} a_n$ 收敛；若级数 $\sum_{n=1}^{\infty} b_n$ 发散，且当

$n \geqslant N$ 时有 $a_n \geqslant kb_n(k>0)$ 成立，则级数 $\sum_{n=1}^{\infty} a_n$ 发散.

【例 4.1.2】 讨论 p 级数

$$1+\frac{1}{2^p}+\cdots+\frac{1}{n^p}+\cdots, \tag{4.1.5}$$

的收敛性，其中常数 $p>0$.

解 设 $p\leqslant 1$，由于 $\frac{1}{n^p}\geqslant\frac{1}{n}$，根据调和级数发散和比较审敛法可知，当 $p\leqslant 1$ 时级数（4.1.5）发散.

设 $p>1$，因为当 $k-1\leqslant x\leqslant k$ 时，有 $\frac{1}{k^p}\leqslant\frac{1}{x^p}$，所以

$$\frac{1}{k^p}=\int_{k-1}^{k}\frac{1}{k^p}\mathrm{d}x\leqslant\int_{k-1}^{k}\frac{1}{x^p}\mathrm{d}x\quad(k=2,3,\cdots),$$

从而级数（4.1.5）的部分和

$$\begin{aligned}s_n&=1+\sum_{k=2}^{n}\frac{1}{k^p}\leqslant 1+\sum_{k=2}^{n}\int_{k-1}^{k}\frac{1}{x^p}\mathrm{d}x=1+\int_{1}^{n}\frac{1}{x^p}\mathrm{d}x\\&=1+\frac{1}{p-1}\left(1-\frac{1}{n^{p-1}}\right)<1+\frac{1}{p-1}\quad(n=2,3,\cdots),\end{aligned}$$

这表明数列 $\{s_n\}$ 有界，因此级数（4.1.5）收敛.

综上所述，p 级数（4.1.5）当 $p>1$ 时收敛，当 $p\leqslant 1$ 时发散.

为了应用上的方便，下面我们给出比较审敛法的极限形式.

定理 4.1.3（比较审敛法的极限形式） 设 $\sum\limits_{n=1}^{\infty}a_n$ 和 $\sum\limits_{n=1}^{\infty}b_n$ 都是正项级数，如果 $\lim\limits_{n\to\infty}\frac{a_n}{b_n}=l(0\leqslant l<+\infty)$，且级数 $\sum\limits_{n=1}^{\infty}b_n$ 收敛，则级数 $\sum\limits_{n=1}^{\infty}a_n$ 收敛；如果 $\lim\limits_{n\to\infty}\frac{a_n}{b_n}=l>0$，且级数 $\sum\limits_{n=1}^{\infty}b_n$ 发散，则级数 $\sum\limits_{n=1}^{\infty}a_n$ 发散.

用比较审敛法判断级数的收敛性，需要适当地选取一个已知其收敛性的级数 $\sum\limits_{n=1}^{\infty}b_n$ 作比较的基准级数．最常选用作基准级数的是等比级数和 p 级数．将所给的正项级数与等比级数和 p 级数作比较，我们能得到在实用上很方便的比值审敛法、根值审敛法和极限审敛法.

定理 4.1.4［比值审敛法，达朗贝尔（D' Alermbert）判别法］ 设 $\sum\limits_{n=1}^{\infty}a_n$ 为正项级数，如果

$$\lim_{n\to\infty}\frac{a_{n+1}}{a_n}=\rho,$$

则当 $\rho<1$ 时级数收敛；$\rho>1$ $\left(\text{或}\lim\limits_{n\to\infty}\frac{a_{n+1}}{a_n}=\infty\right)$ 时级数发散；$\rho=1$ 时级数可能收敛可能发散.

定理 4.1.5（根值审敛法，柯西判别法） 设 $\sum\limits_{n=1}^{\infty}a_n$ 为正项级数，如果

$$\lim_{n\to\infty}\sqrt[n]{a_n}=\rho,$$

则当$\rho<1$时级数收敛；$\rho>1$（或$\lim\limits_{n\to\infty}\sqrt[n]{a_n}=\infty$）时级数发散；$\rho=1$时级数可能收敛可能发散.

定理 4.1.6（极限审敛法） 设$\sum\limits_{n=1}^{\infty}a_n$为正项级数，如果$\lim\limits_{n\to\infty}na_n=l>0$（或$\lim\limits_{n\to\infty}na_n=+\infty$），则级数$\sum\limits_{n=1}^{\infty}a_n$发散；如果$p>1$，而$\lim\limits_{n\to\infty}n^pa_n=l>0$（$0\leqslant l<+\infty$），则级数$\sum\limits_{n=1}^{\infty}a_n$收敛.

（2）交错级数及其审敛法

所谓交错级数是这样的级数，它的各项是正负交错的，从而可以写成下面的形式：

$$a_1-a_2+a_3-a_4+\cdots \tag{4.1.6}$$

或

$$-a_1+a_2-a_3+a_4-\cdots, \tag{4.1.7}$$

其中$a_1,a_2,\cdots$都是正数．下面我们按级数（4.1.6）的形式给出交错级数的一个审敛法.

定理 4.1.7（莱布尼茨定理） 如果交错级数$\sum\limits_{n=1}^{\infty}(-1)^{n-1}a_n$满足条件：

① $a_n\geqslant a_{n+1}$；

② $\lim\limits_{n\to\infty}a_n=0$.

则级数收敛，且其和$s\leqslant a_1$，其余项r_n的绝对值$|r_n|\leqslant a_{n+1}$.

（3）绝对收敛与条件收敛

现在我们讨论一般的级数

$$a_1+a_2+\cdots+a_n+\cdots,$$

它的各项为任意实数．如果级数$\sum\limits_{n=1}^{\infty}a_n$各项的绝对值所构成的正项级数$\sum\limits_{n=1}^{\infty}|a_n|$收敛，则称级数$\sum\limits_{n=1}^{\infty}a_n$绝对收敛；如果级数$\sum\limits_{n=1}^{\infty}a_n$收敛，而级数$\sum\limits_{n=1}^{\infty}|a_n|$发散，则称级数$\sum\limits_{n=1}^{\infty}a_n$条件收敛.

容易知道，级数$\sum\limits_{n=1}^{\infty}(-1)^n\dfrac{1}{n^2}$是绝对收敛，而级数$\sum\limits_{n=1}^{\infty}(-1)^n\dfrac{1}{n}$是条件收敛.

级数绝对收敛与级数收敛有以下重要关系.

定理 4.1.8 如果级数$\sum\limits_{n=1}^{\infty}a_n$绝对收敛，则级数$\sum\limits_{n=1}^{\infty}a_n$必定收敛.

定理 4.1.8 说明，对于一般级数$\sum\limits_{n=1}^{\infty}a_n$，如果我们用正项级数的审敛法判定级数$\sum\limits_{n=1}^{\infty}|a_n|$收敛，则此级数收敛．这就使得一大类级数的收敛性判定问题，转

化为正项级数的收敛性判定问题.

一般来说，如果级数 $\sum_{n=1}^{\infty}|a_n|$ 发散，我们不能断定级数 $\sum_{n=1}^{\infty}a_n$ 也发散．但是，如果我们用比值审敛法或根值审敛法根据 $\lim_{n\to\infty}\left|\frac{a_{n+1}}{a_n}\right|=\rho>1$ 或 $\lim_{n\to\infty}\sqrt[n]{|a_n|}=\rho>1$ 判定级数 $\sum_{n=1}^{\infty}|a_n|$ 发散，则可以断定级数 $\sum_{n=1}^{\infty}a_n$ 也发散.

4.2　复数项级数

4.2.1　复数列的极限

定义 4.2.1　设 $\{\alpha_n\}=\{a_n+\mathrm{i}b_n\}$ $(n=1,2,\cdots)$ 为一复数列，$\alpha=a+\mathrm{i}b$ 为一确定的复常数．如果对于任意给定的正数 ε，总存在正整数 $N(\varepsilon)$，使当 $n>N$ 时，$|\alpha_n-\alpha|<\varepsilon$ 恒成立，则称 α 为复数列 $\{\alpha_n\}$ 当 $n\to\infty$ 时的极限，或称 $\{\alpha_n\}$ 收敛于 α，记作

$$\lim_{n\to\infty}\alpha_n=\alpha \quad 或 \quad \alpha_n\to\alpha\ (当\ n\to\infty).$$

由不等式 $|a_n-a|\leqslant|\alpha_n-\alpha|$，$|b_n-b|\leqslant|\alpha_n-\alpha|$ 及 $|\alpha_n-\alpha|\leqslant|a_n-a|+|b_n-b|$，容易看出下面的定理成立.

定理 4.2.1　复数列 $\{\alpha_n\}=\{a_n+\mathrm{i}b_n\}$ $(n=1,2,\cdots)$ 收敛于 $\alpha=a+\mathrm{i}b$ 的充要条件是当 $n\to\infty$ 时，$a_n\to a$，$b_n\to b$.

4.2.2　复数项级数的概念

设有复数列 $\{\alpha_n\}=\{a_n+\mathrm{i}b_n\}$ $(n=1,2,\cdots)$，将复数列各项依次累加所得的式子

$$\alpha_1+\alpha_2+\cdots+\alpha_n+\cdots$$

称为复数项无穷级数简称为复数项级数，记为 $\sum_{n=1}^{\infty}\alpha_n$，即

$$\sum_{n=1}^{\infty}\alpha_n=\alpha_1+\alpha_2+\cdots+\alpha_n+\cdots, \tag{4.2.1}$$

其中第 n 项 α_n 叫做级数的一般项.

级数（4.2.1）的前 n 项和记为 S_n，即

$$S_n=\sum_{k=1}^{n}\alpha_k=\alpha_1+\alpha_2+\cdots+\alpha_n, \tag{4.2.2}$$

称 S_n 为级数（4.2.1）的部分和．当 n 依次取 $1,2,\cdots$ 时，它们构成一个新的数列

$$S_1=\alpha_1, S_2=\alpha_1+\alpha_2,\cdots, S_n=\alpha_1+\alpha_2+\cdots+\alpha_n,\cdots.$$

根据这个数列有没有极限，我们引进复数项级数（4.2.1）的收敛与发散的概念.

定义 4.2.2　如果级数 $\sum_{n=1}^{\infty}\alpha_n$ 的部分和数列 $\{S_n\}$ 有极限 S，即

$$\lim_{n\to\infty} S_n = S ,$$

则称级数 $\sum_{n=1}^{\infty}\alpha_n$ 收敛，这时极限 S 叫做这级数和，并写成

$$S = \sum_{n=1}^{\infty}\alpha_n ;$$

如果 $\{S_n\}$ 没有极限，则称级数 $\sum_{n=1}^{\infty}\alpha_n$ 发散．另外若正项级数 $\sum_{n=1}^{\infty}|\alpha_n|$ 收敛，则称级数 $\sum_{n=1}^{\infty}\alpha_n$ 绝对收敛.

4.2.3　复数项级数的审敛法

由于 $S_n = \sum_{k=1}^{n}\alpha_k = \sum_{k=1}^{n}a_k + \mathrm{i}\sum_{k=1}^{n}b_k$ ，根据定理 4.1.9 和实数项级数和复数项级数的收敛定义不难得出下面的定理.

定理 4.2.2　复数项级数 $\sum_{n=1}^{\infty}(a_n+\mathrm{i}b_n)$ 收敛的充要条件是其实部级数 $\sum_{n=1}^{\infty}a_n$ 和虚部级数 $\sum_{n=1}^{\infty}b_n$ 都收敛.

根据实数项级数收敛的必要条件，上述实部级数和虚部级数都收敛时有 $a_n \to 0$ 且 $b_n \to 0\ (n\to\infty)$，从而 $\alpha_n \to 0$. 于是得

定理 4.2.3　复数项级数 $\sum_{n=1}^{\infty}\alpha_n$ 收敛的必要条件是 $\lim_{n\to\infty}\alpha_n = 0$.

在判别复数项级数的敛散性时，常用该定理的逆否命题判定所给级数发散．即有

推论　如果 $\lim_{n\to\infty}\alpha_n \neq 0$，则级数 $\sum_{n=1}^{\infty}\alpha_n$ 一定发散.

另外同实数项级数一样有下面定理成立.

定理 4.2.4　若级数 $\sum_{n=1}^{\infty}\alpha_n$ 绝对收敛，则级数 $\sum_{n=1}^{\infty}\alpha_n$ 一定收敛；反之不真.

4.3　幂　级　数

4.3.1　函数项级数

如果给定一个定义在区域 D 上的复变函数列

$$f_1(z),\ f_2(z),\ f_3(z),\ \cdots,\ f_n(z),\cdots$$

则由这函数列构成的表达式

$$f_1(z)+f_2(z)+f_3(z)+\cdots+f_n(z)+\cdots . \tag{4.3.1}$$

称为定义在区域 D 上的复变函数项级数，简称为函数项级数.

对于每一个确定的值 $z_0 \in D$，函数项级数（4.3.1）成为复数项级数

$$f_1(z_0)+f_2(z_0)+f_3(z_0)+\cdots+f_n(z_0)+\cdots. \tag{4.3.2}$$

这个级数可能收敛也可能发散．如果级数（4.3.2）收敛，称点 z_0 是函数项级数（4.3.1）的收敛点；如果级数（4.3.2）发散，称点 z_0 是函数项级数（4.3.1）的发散点．函数项级数（4.3.1）的收敛点的全体称为它的收敛域，发散点的全体称为它的发散域.

对应于收敛域内的任意一点 z，函数项级数成为一收敛的复数项级数，因而有一确定的和 $S(z)$．这样，在收敛域上，函数项级数的和 $S(z)$ 是 z 的函数，通常称 $S(z)$ 为函数项级数的和函数，这函数的定义域就是级数的收敛域，并写成

$$S(z)=f_1(z)+f_2(z)+f_3(z)+\cdots+f_n(z)+\cdots. \tag{4.3.3}$$

把函数项级数（4.3.1）的前 n 项的部分和记作 $S_n(z)$，则在收敛域上有

$$\lim_{n\to\infty}S_n(z)=S(z). \tag{4.3.4}$$

记 $R_n(z)=S(z)-S_n(z)$，$R_n(z)$ 叫做函数项级数的余项［当然，只有 z 在收敛域上 $R_n(z)$ 才有意义］，并有

$$\lim_{n\to\infty}R_n(z)=0. \tag{4.3.5}$$

4.3.2 幂级数及其收敛性

函数项级数中简单而常见的一类级数就是各项都是幂函数的函数项级数，即所谓幂级数，它的一般形式是

$$\sum_{n=0}^{\infty}c_n(z-z_0)^n=c_0+c_1(z-z_0)+\cdots+c_n(z-z_0)^n+\cdots, \tag{4.3.6}$$

特别当 $z_0=0$ 时，得

$$\sum_{n=0}^{\infty}c_nz^n=c_0+c_1z+\cdots+c_nz^n+\cdots, \tag{4.3.7}$$

式中，$c_0,c_1,\cdots,c_n,\cdots$ 都是复常数，称为幂级数的系数，由于做变换 $\zeta=z-z_0$ 可将式(4.3.6) 化为式(4.3.7) 的形式，因此下面主要讨论式(4.3.7) 型的幂级数.

现在我们来讨论：对于一个给定的幂级数，它的收敛域与发散域是怎样的？

为此先看一个例子．考察幂级数

$$1+z+\cdots+z^n+\cdots$$

的收敛性．由例 4.1.1 知道，当 $|z|<1$ 时，这级数和收敛于 $\dfrac{1}{1-z}$；当 $|z|\geqslant 1$ 时，这级数发散．因此这幂级数的收敛域是圆域 $|z|<1$；发散域是圆外区域 $|z|\geqslant 1$，并有

$$1+z+\cdots+z^n+\cdots=\frac{1}{1-z},(|z|<1). \tag{4.3.8}$$

在这个例子中我们看到，这个幂级数的收敛域是一个圆域．事实上，这个结论对于一般的幂级数也是成立的．故有如下定理成立.

定理 4.3.1［阿贝尔（Abel）定理］ 如果幂级数 $\sum\limits_{n=0}^{\infty}c_nz^n$ 当 $z=z_0(z_0\neq 0)$时

收敛，则它必在圆域$|z|<|z_0|$内部处处绝对收敛；如果该幂级数当$z=z_1$时发散，则它必在圆外区域$|z|>|z_1|$处处发散.

证 若$\sum\limits_{n=0}^{\infty}c_nz^n$在点$z_0$收敛，即$\sum\limits_{n=0}^{\infty}c_nz_0{}^n$收敛，由定理4.2.3，则当$n\to\infty$时有$c_nz_0{}^n\to 0$，故存在$M>0$，使当$n=0,1,2,\cdots$时 恒有

$$|c_nz_0{}^n|\leqslant M,$$

于是，对圆域$|z|<|z_0|$内的任意一点z总有$\left|\dfrac{z}{z_0}\right|=q<1$，从而

$$|c_nz^n|=|c_nz_0{}^n|\cdot\left|\frac{z}{z_0}\right|^n\leqslant Mq^n.$$

又因等比级数$\sum\limits_{n=0}^{\infty}Mq^n$收敛，因此由正项级数的比较判别法知级数$\sum\limits_{n=0}^{\infty}|c_nz^n|$收敛，从而级数$\sum\limits_{n=0}^{\infty}c_nz^n$在圆域$|z|<|z_0|$内是处处绝对收敛.

当级数$\sum\limits_{n=0}^{\infty}c_nz^n$在点$z_1$发散时，可用反证法易证明结论成立.

从定理4.3.1可以看出，复变量幂级数的收敛范围是复平面内以原点为中心的圆域．注意到这一点，利用定理4.3.1就可以进一步讨论复变量幂级数的收敛域.

4.3.3 幂级数的收敛圆与收敛半径

对于幂级数$\sum\limits_{n=0}^{\infty}c_nz^n$，它的收敛情形有以下三种.

① 对所有的正实数$z=x$都是收敛的．由定理4.3.1知，此时级数在复平面内处处绝对收敛.

② 对所有的正实数$z=x\ (x\neq 0)$都是发散的．此时级数仅在$z=x=0$处收敛，从而在复平面内除原点外处处发散.

③ 既存在正实数$z=x_1$使级数收敛，又存在正实数$z=x_2$使级数发散．由定理4.3.1知，幂级数在圆周C_1：$|z|=x_1$内部绝对收敛；在圆周C_2：$|z|=x_2$外部发散，且$x_1<x_2$．根据定理4.3.1，在正实轴上点$z=x_1$和$z=x_2$之间存在分界点$x_R=R$（正实数），是幂级数在圆C_R：$|z|=R$内部处处绝对收敛；在圆C_R外部处处发散；而在圆C_R上各点处的敛散性需另外判定．此时称圆C_R为幂级数的收敛圆（图4.3.1），其半径R称为幂级数的收敛半径.

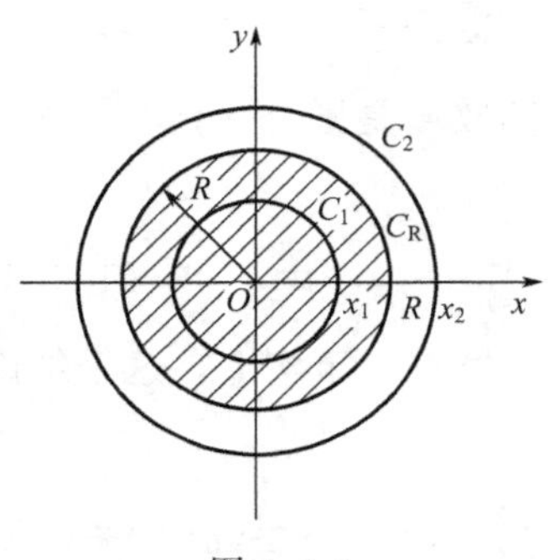

图4.3.1

为了统一起见，我们规定①、②两种情形的收敛半径分别为$R=+\infty$和$R=0$.

关于幂级数$\sum\limits_{n=0}^{\infty}c_nz^n$收敛半径的求法，有如下定理.

定理 4.3.2（比检法）　如果 $\lim\limits_{n\to\infty}\left|\dfrac{c_{n+1}}{c_n}\right|=\rho$，其中 c_n, c_{n+1} 是幂级数 $\sum\limits_{n=0}^{\infty}c_n z^n$ 相邻两项的系数，则此幂级数的收敛半径

$$R=\begin{cases}\dfrac{1}{\rho}, & \rho\neq 0,\\ +\infty, & \rho=0,\\ 0, & \rho=+\infty.\end{cases}$$

证　考察级数 $\sum\limits_{n=0}^{\infty}|c_n z^n|$，由

$$\lim_{n\to\infty}\left|\frac{c_{n+1}z^{n+1}}{c_n z^n}\right|=\lim_{n\to\infty}\left|\frac{c_{n+1}}{c_n}\right||z|=\rho|z|$$

和正项级数的比值审敛法得到：

① 如果 $\rho\neq 0$，当 $\rho|z|<1$，即 $|z|<\dfrac{1}{\rho}$ 时，级数 $\sum\limits_{n=0}^{\infty}|c_n z^n|$ 收敛，从而级数 $\sum\limits_{n=0}^{\infty}c_n z^n$ 绝对收敛；当 $\rho|z|>1$，即 $|z|>\dfrac{1}{\rho}$ 时，级数 $\sum\limits_{n=0}^{\infty}|c_n z^n|$ 发散并且从某一个 n 开始

$$|c_{n+1}z^{n+1}|>|c_n z^n|,$$

因此一般项 $|c_n z^n|$ 不能趋于零，所以 $c_n z^n$ 也不能趋于零，从而级数 $\sum\limits_{n=0}^{\infty}c_n z^n$ 发散．于是收敛半径 $R=\dfrac{1}{\rho}$．

② 如果 $\rho=0$，则对任何 z 都有 $\rho|z|=0<1$，级数 $\sum\limits_{n=0}^{\infty}|c_n z^n|$ 收敛，从而级数 $\sum\limits_{n=0}^{\infty}c_n z^n$ 绝对收敛．于是 $R=+\infty$．

③ 如果 $\rho=+\infty$，则对于除 $z=0$ 外的其他一切 z，幂级数 $\sum\limits_{n=0}^{\infty}c_n z^n$ 必发散，于是 $R=0$.

定理 4.3.3（根检法）　如果 $\lim\limits_{n\to\infty}\sqrt[n]{|c_n|}=\rho$，则此幂级数 $\sum\limits_{n=0}^{\infty}c_n z^n$ 的收敛半径

$$R=\begin{cases}\dfrac{1}{\rho}, & \rho\neq 0,\\ +\infty, & \rho=0,\\ 0, & \rho=+\infty.\end{cases}$$

证明略.

【例 4.3.1】　求幂级数 $\sum\limits_{n=0}^{\infty}n!\,z^n$ 的收敛半径.

解 因为

$$\rho=\lim_{n\to\infty}\left|\frac{c_{n+1}}{c_n}\right|=\lim_{n\to\infty}\frac{(n+1)!}{n!}=+\infty,$$

所以收敛半径 $R=0$.

【例 4.3.2】 求幂级数 $\sum\limits_{n=1}^{\infty}(-1)^{n-1}\frac{z^n}{n}$ 的收敛半径.

解 因为

$$\rho=\lim_{n\to\infty}\left|\frac{c_{n+1}}{c_n}\right|=\lim_{n\to\infty}\frac{1/(n+1)}{1/n}=\lim_{n\to\infty}\frac{n}{n+1}=1,$$

所以收敛半径 $R=1$.

【例 4.3.3】 求幂级数 $\sum\limits_{n=0}^{\infty}\frac{(2n)!}{(n!)^2}z^{2n}$ 的收敛半径.

解 级数缺少奇次幂的项，定理 4.3.2 不能直接应用．我们根据比值审敛法来求收敛半径：

$$\lim_{n\to\infty}\left|\frac{\frac{[2(n+1)]!}{[(n+1)!]^2}z^{2(n+1)}}{\frac{(2n)!}{(n!)^2}z^{2n}}\right|=4|z|^2.$$

当 $4|z|^2<1$ 即 $|z|<\frac{1}{2}$ 时级数收敛；当 $4|z|^2>1$ 即 $|z|>\frac{1}{2}$ 时级数发散．所以收敛半径 $R=\frac{1}{2}$.

【例 4.3.4】 求幂级数 $\sum\limits_{n=1}^{\infty}\frac{(z-1)^n}{2^n\cdot n^2}$ 的收敛域.

解 令 $\zeta=z-1$，上述级数变为 $\sum\limits_{n=1}^{\infty}\frac{\zeta^n}{2^n\cdot n^2}$．因为

$$\rho=\lim_{n\to\infty}\left|\frac{c_{n+1}}{c_n}\right|=\lim_{n\to\infty}\frac{2^n\cdot n^2}{2^{n+1}\cdot(n+1)^2}=\frac{1}{2},$$

所以收敛半径 $R=2$. 收敛域为 $|\zeta|<2$.

当 $|\zeta|=2$ 时，$\sum\limits_{n=1}^{\infty}\frac{|\zeta|^n}{2^n\cdot n^2}=\sum\limits_{n=1}^{\infty}\frac{1}{n^2}$ 收敛，即 $\sum\limits_{n=1}^{\infty}\frac{\zeta^n}{2^n\cdot n^2}$ 绝对收敛，从而 $\sum\limits_{n=1}^{\infty}\frac{\zeta^n}{2^n\cdot n^2}$ 也收敛.

所以幂级数 $\sum\limits_{n=1}^{\infty}\frac{(z-1)^n}{2^n\cdot n^2}$ 的收敛域为 $|z-1|\leqslant 2$.

4.3.4 幂级数的运算性质

复变量幂级数具有下列运算性质（证明略）.

(1) 幂级数的四则运算

设 $f(z)=\sum_{n=0}^{\infty}a_n z^n$，收敛半径 $R=r_1$；$g(z)=\sum_{n=0}^{\infty}b_n z^n$，收敛半径 $R=r_2$．令 $r=\min\{r_1,r_2\}$，则当 $|z|<r$ 时，

$$\sum_{n=0}^{\infty}a_n z^n \pm \sum_{n=0}^{\infty}b_n z^n=\sum_{n=0}^{\infty}(a_n \pm b_n)z^n=f(z)\pm g(z),$$

$$\left(\sum_{n=0}^{\infty}a_n z^n\right)\cdot\left(\sum_{n=0}^{\infty}b_n z^n\right)=\sum_{n=0}^{\infty}(a_0 b_n+a_1 b_{n-1}+\cdots+a_n b_0)z^n=f(z)\cdot g(z).$$

(2) 复合（代换）运算

设 $\eta=g(z)$ 在区域 D 内有定义且满足 $|g(z)|<R$. 若当 $|\eta|<R$ 时有 $f(\eta)=\sum_{n=0}^{\infty}c_n\eta^n$，则对任意 $z\in D$ 有

$$f[g(z)]=\sum_{n=0}^{\infty}c_n g(z)^n.$$

(3) 关于幂级数的和函数有下列重要性质

定理 4.3.4 幂级数 $\sum_{n=0}^{\infty}c_n(z-z_0)^n$ 的和函数 $S(z)$ 在其收敛域上解析，并且可以逐项微分、积分任意多次，所得的每个新的幂级数与原幂级数具有相同的收敛半径．即对于

$$\sum_{n=0}^{\infty}c_n(z-z_0)^n=S(z) \qquad (|z-z_0|<R),$$

有 $$S'(z)=\sum_{n=1}^{\infty}nc_n(z-z_0)^{n-1} \qquad (|z-z_0|<R),$$

$$\int_{z_0}^{z}S(z)\mathrm{d}z=\sum_{n=0}^{\infty}\frac{c_n}{n+1}(z-z_0)^{n+1} \qquad (|z-z_0|<R).$$

4.4 泰勒级数

在上一节讨论了幂级数的收敛域及其和函数的性质．但在许多应用中，我们遇到的确是相反的问题：给定函数 $f(z)$，要考虑它是否能在某个区域内“展开成幂级数”，就是说，是否能找到这样的幂级数在某个区域内收敛，且其和恰好就是给定的函数 $f(z)$．如果能找到这样的幂级数，我们就说，函数 $f(z)$ 在该区域内能展开成幂级数，而这个幂级数在该区域内就表达了函数 $f(z)$．这一节主要研究在圆内解析的函数展开成幂级数的问题.

4.4.1 泰勒定理

由定理 4.3.4 看到，任意一个具有非零收敛半径的幂级数在其收敛圆内收敛于一个解析函数，这个性质是很重要的．但在解析函数的研究上，幂级数之所以重要，还在于这个性质的逆命题也是成立的，即有

定理 4.4.1 若函数 $f(z)$ 在点 z_0 的某邻域 $|z-z_0|<R$ 内解析，则对该邻域

内任意点 z 有

$$f(z)=\sum_{n=0}^{\infty}c_n(z-z_0)^n. \tag{4.4.1}$$

该等式称为 $f(z)$ 在点 z_0 的泰勒展开式，其右端的级数称为 $f(z)$ 在点 z_0 的泰勒级数，其中 c_n 为展开式的泰勒系数，可表示为

$$c_n=\frac{1}{2\pi \mathrm{i}}\oint_C \frac{f(\zeta)}{(\zeta-z_0)^{n+1}}\mathrm{d}\zeta=\frac{f^{(n)}(z_0)}{n!}\quad (n=0,1,2,\cdots),$$

这里的 C 为该邻域内任意一条围绕 z_0 的正向简单闭曲线.

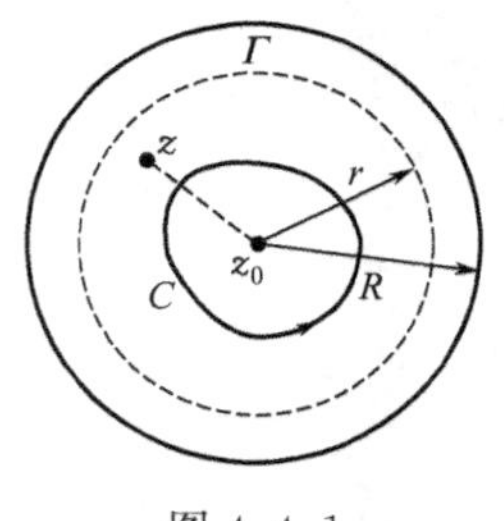

图 4.4.1

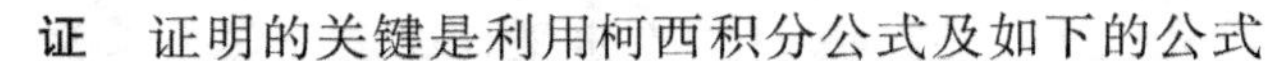

证　证明的关键是利用柯西积分公式及如下的公式

$$\frac{1}{1-z}=\sum_{n=0}^{\infty}z^n\quad (|z|<1). \tag{4.4.2}$$

因为对邻域 $|z-z_0|<R$ 内任一点 z 总可作一个正向圆周 $\Gamma:|\zeta-z_0|=r<R$，使点 z 和曲线 C 都在 Γ 的内部（图 4.4.1），而 $f(z)$在 Γ 上及其内部解析，所以由柯西积分公式有

$$f(z)=\frac{1}{2\pi \mathrm{i}}\oint_{\Gamma}\frac{f(\zeta)}{\zeta-z}\mathrm{d}\zeta. \tag{4.4.3}$$

我们设法将被积函数 $\dfrac{f(\zeta)}{\zeta-z}$ 表示为含有 $z-z_0$ 正幂次的级数. 为此写

$$\frac{f(\zeta)}{\zeta-z}=\frac{f(\zeta)}{\zeta-z_0-(z-z_0)}=\frac{f(\zeta)}{\zeta-z_0}\cdot\frac{1}{1-\dfrac{z-z_0}{\zeta-z_0}}, \tag{4.4.4}$$

当 $\zeta\in\Gamma$ 时，由于

$$\left|\frac{z-z_0}{\zeta-z_0}\right|=\frac{|z-z_0|}{r}<1,$$

应用式(4.4.2)，有

$$\frac{f(\zeta)}{\zeta-z}=\frac{f(\zeta)}{\zeta-z_0}\cdot\frac{1}{1-\dfrac{z-z_0}{\zeta-z_0}}=\frac{f(\zeta)}{\zeta-z_0}\cdot\sum_{n=0}^{\infty}\left(\frac{z-z_0}{\zeta-z_0}\right)^n.$$

代入式(4.4.3) 有

$$f(z)=\sum_{n=0}^{\infty}\left[\frac{1}{2\pi \mathrm{i}}\oint_{\Gamma}\frac{f(\zeta)}{(\zeta-z_0)^{n+1}}\mathrm{d}\zeta\right](z-z_0)^n=\sum_{n=0}^{\infty}c_n(z-z_0)^n$$

另外，可以证明函数在解析点的泰勒展开式的唯一性.

设 $f(z)$ 在点 z_0 还能展开为幂级数

$$f(z)=a_0+a_1(z-z_0)+a_2(z-z_0)^2+\cdots+a_n(z-z_0)^n+\cdots.$$

由幂级数在其收敛圆内可以逐项微分的性质，得

$$f'(z)=a_1+2a_2(z-z_0)+\cdots+na_n(z-z_0)^{n-1}+\cdots,$$

$$f''(z)=2!\ a_2+3\cdot 2a_3(z-z_0)+\cdots+n(n-1)a_n(z-z_0)^{n-2}+\cdots,$$

$\cdots$.

将 $z=z_0$ 代入以上各式，得

$$a_0=f(z_0),a_1=f'(z_0),a_2=\frac{f''(z_0)}{2!},\cdots,a_n=\frac{f^{(n)}(z_0)}{n!},\cdots.$$

由此可见，$f(z)$ 在点 z_0 展开为幂级数的结果就是泰勒级数，因而是唯一的.

关于泰勒定理有以下几点值得注意.

① 如果 $f(z)$ 在某区域 D 内解析，则 $f(z)$ 在 D 内任一点 z_0 处都能展开成泰勒级数，且其收敛半径至少等于 z_0 到 D 的边界上各点的最短距离 R（图 4.4.2).

图 4.4.2　　图 4.4.3

② 如果 $f(z)$ 在整个复平面内解析，则 $f(z)$ 在复平面内任一点都能展开成泰勒级数，且其收敛半径 $R=+\infty$.

③ 如果 $f(z)$在复平面内除若干个奇点外均解析，则 $f(z)$在任一解析点 z_0处可展成泰勒级数，且其收敛半径等于 z_0到 $f(z)$的距 z_0最近一个奇点 z_1之间的距离，即 $R=|z_1-z_0|$（图 4.4.3). 即可利用所给函数 $f(z)$的奇点得出所展幂级数的收敛半径，而不必再利用所得泰勒级数的系数求其收敛半径.

4.4.2　解析函数的幂级数展开法

(1) 直接展开法

所谓直接展开法就是直接通过计算泰勒系数 $c_n=f^{(n)}(z_0)/n!$ ，由式(4.4.1)把 $f(z)$ 在点 z_0 展开成幂级数.

【例 4.4.1】 将函数 $f(z)=e^z$ 在 $z_0=0$ 点展开成幂级数.

解　因为 $f(z)=e^z$ 在复平面内处处解析，所以它在点 $z_0=0$ 处的泰勒级数的收敛半径为 $R=+\infty$，又 $f^{(n)}(z)=e^z$，$f^{(n)}(0)=1\ (n=0,1,2,\cdots)$，所以有

$$e^z=1+z+\frac{z^2}{2!}+\cdots+\frac{z^n}{n!}+\cdots\quad(|z|<+\infty).\qquad(4.4.5)$$

用同样的方法可求出 $\sin z,\cos z$ 的泰勒展开式

$$\sin z=z-\frac{z^3}{3!}+\frac{z^5}{5!}-\cdots+(-1)^n\frac{z^{2n+1}}{(2n+1)!}+\cdots\quad(|z|<+\infty),\qquad(4.4.6)$$

$$\cos z=1-\frac{z^2}{2!}+\frac{z^4}{4!}-\cdots+(-1)^n\frac{z^{2n}}{(2n)!}+\cdots\quad(|z|<+\infty).\qquad(4.4.7)$$

(2) 间接展开法

用直接展开法将函数展开成幂级数需要求出任意阶导数，这对于比较复杂的函

数是非常困难的．为避免直接计算泰勒系数 $c_n=\dfrac{f^{(n)}(z_0)}{n!}$，常常根据解析函数泰勒级数展开式的唯一性，从上述几个基本初等函数的泰勒展开式出发，利用幂级数的复合（代换）运算、逐项微分、逐项积分和四则运算等求出其泰勒级数展开式及收敛圆域，这种方法称为间接展开法.

【例 4.4.2】 将函数 $f(z)=\dfrac{1}{1+z^2}$ 展开成 z 的幂级数.

解 因为函数 $f(z)$ 在 $z=0$ 处解析，$z=\pm i$ 是 $f(z)$ 的奇点，所以 $f(z)$ 在 $|z|<1$ 内可展开成 z 的幂级数．利用代换运算，以 $-z^2$ 代换式(4.3.8) 中的 z 得，

$$\frac{1}{1+z^2}=1-z^2+z^4-z^6+\cdots+(-1)^n z^{2n}+\cdots \quad (|z|<1).$$

【例 4.4.3】 将函数 $f(z)=\dfrac{1}{(1+z^2)^2}$ 展开成 z 的幂级数.

解 由例 4.4.2 有

$$\frac{1}{1+z^2}=1-z^2+z^4-z^6+\cdots+(-1)^n z^{2n}+\cdots \quad (|z|<1),$$

两边逐项求导，得

$$\frac{-2z}{(1+z^2)^2}=-2z+4z^3-6z^5+\cdots+(-1)^n\cdot 2nz^{2n-1}+\cdots \quad (|z|<1),$$

即

$$\frac{1}{(1+z^2)^2}=1-2z^2+3z^4-\cdots+(-1)^{n-1}\cdot nz^{2n-2}+\cdots \quad (|z|<1).$$

【例 4.4.4】 将函数 $f(z)=\ln(1+z)$ 展开成 z 的幂级数.

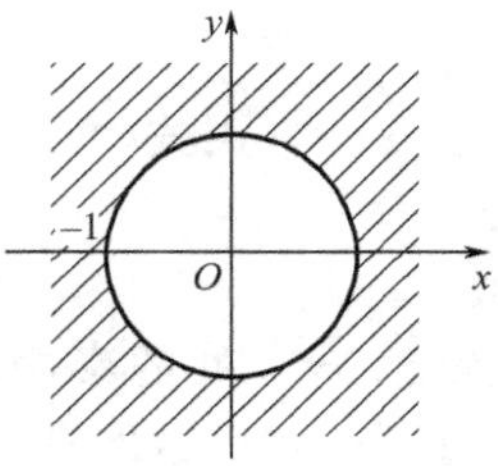

解 由于 $f(z)=\ln(1+z)$ 在复平面内除 $z=-1$ 点及 $z=-1$ 向左的负实轴外处处解析（图 4.4.4），所以函数可以在 $|z|<1$ 内展开成 z 的幂级数．因为

$$[\ln(1+z)]'=\frac{1}{1+z},$$

图 4.4.4

$$\frac{1}{1+z}=1-z+\cdots+(-1)^n z^n+\cdots \quad (|z|<1),$$

在此展开式的收敛圆域 $|z|<1$ 内，任取一条从 0 到 z 的积分路径 C，上式两端沿 C 逐项积分，得

$$\int_0^z \frac{1}{1+z}dz=\int_0^z 1\cdot dz-\int_0^z z\,dz+\cdots+(-1)^n\int_0^z z^n dz+\cdots \quad (|z|<1),$$

所以
$$\ln(1+z)=z-\frac{z^2}{2}+\cdots+(-1)^n\frac{z^{n+1}}{n+1}+\cdots \quad (|z|<1). \qquad (4.4.8)$$

【例 4.4.5】 将函数 $(1+z)^\alpha$（α 为复常数）的主值支

$$f(z)=e^{\alpha\ln(1+z)}, \ f(0)=1$$

展开成 z 的幂级数.

解　由于 $f(z)$ 在从 -1 起向左沿负实轴剪开的复平面内解析，因此必能在 $|z|<1$ 内展开成 z 的幂级数.

令 $h(z)=\ln(1+z)$, $1+z=e^{h(z)}$，则 $f(z)=e^{\alpha h(z)}$，求导得

$$f'(z)=e^{\alpha h(z)}\cdot \alpha h'(z)=\alpha e^{(\alpha-1)h(z)},$$
$$f''(z)=\alpha(\alpha-1)e^{(\alpha-2)h(z)},$$
$$\cdots$$
$$f^{(n)}(z)=\alpha(\alpha-1)\cdots(\alpha-n+1)e^{(\alpha-n)h(z)},$$
$$\cdots.$$

令 $z=0$，得

$$f(0)=1, f'(0)=\alpha, f''(0)=\alpha(\alpha-1),\cdots,$$
$$f^{(n)}(0)=\alpha(\alpha-1)\cdots(\alpha-n+1),\cdots,$$

于是有

$$(1+z)^{\alpha}=1+\alpha z+\frac{\alpha(\alpha-1)}{2!}z^2+\frac{\alpha(\alpha-1)(\alpha-2)}{3!}z^3+\cdots$$
$$+\frac{\alpha(\alpha-1)\cdots(\alpha-n+1)}{n!}z^n+\cdots\quad(|z|<1).\tag{4.4.9}$$

4.5　洛朗级数

在前一节我们已经看出，用泰勒级数来表示圆形区域内的解析函数是很方便的．但是对于有些特殊函数，如贝塞尔（Bessel）函数，以圆心为奇点，就不能在奇点邻域内表成泰勒级数．为此，本节将建立（挖去奇点 z_0 的）圆环域 $R_1<|z-z_0|<R_2$ ($R_1\geqslant 0, R_2\leqslant+\infty$，当 $R_1=0$ 时为去心圆 $0<|z-z_0|<R_2$) 内解析函数的幂级数表示．这种级数是下一章研究解析函数在孤立奇点邻域内性质的重要工具，也为定义留数和计算留数奠定了理论基础.

4.5.1　洛朗级数及其收敛域

定义 4.5.1　把含有 $z-z_0$ 的正、负整数次幂的级数，即形如

$$\sum_{n=-\infty}^{+\infty}c_n(z-z_0)^n=\cdots+c_{-n}(z-z_0)^{-n}+\cdots+c_{-1}(z-z_0)^{-1}+c_0+c_1(z-z_0)+\cdots+c_n(z-z_0)^n+\cdots,\tag{4.5.1}$$

的级数称为洛朗级数.

显然级数（4.5.1）是由负幂项部分

$$\sum_{n=-\infty}^{-1}c_n(z-z_0)^n=\sum_{n=1}^{\infty}c_{-n}(z-z_0)^{-n}$$
$$=\frac{c_{-1}}{z-z_0}+\frac{c_{-2}}{(z-z_0)^2}+\cdots+\frac{c_{-n}}{(z-z_0)^n}+\cdots\tag{4.5.2}$$

与正幂项（包括常数项）部分

$$\sum_{n=0}^{+\infty}c_n(z-z_0)^n=c_0+c_1(z-z_0)+\cdots+c_n(z-z_0)^n+\cdots\tag{4.5.3}$$

合成的，因此它的收敛域就是级数（4.5.2）和级数（4.5.3）收敛域的公共部分.

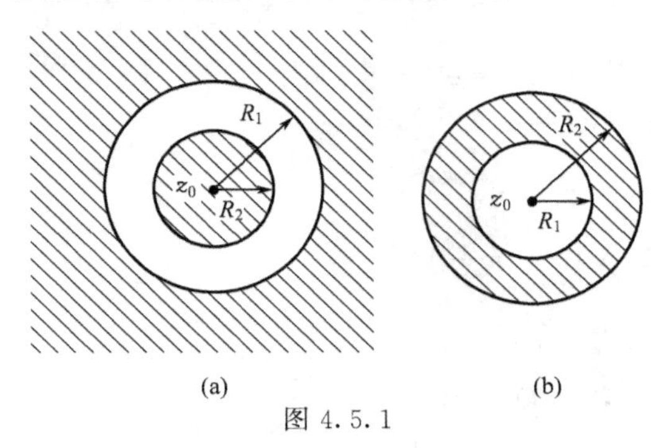

图 4.5.1

级数（4.5.2）可以看做变量 $\zeta=\dfrac{1}{z-z_0}$ 的幂级数．设其收敛半径为 R，当 $0<R<+\infty$ 时，不难看出，级数（4.5.2）在 $|z-z_0|>\dfrac{1}{R}$ 内处处绝对收敛，在 $|z-z_0|<\dfrac{1}{R}$ 内发散．同样，当 $R=+\infty$ 时，级数（4.5.2）在 $|z-z_0|>0$ 内绝对收敛；当 $R=0$ 时，级数（4.5.2）在每一点处发散（在 $z=z_0$ 点无意义）. 于是该级数在 $|z-z_0|>\dfrac{1}{R}=R_1(0<R\leqslant+\infty)$ 内绝对收敛且收敛于一解析函数.

设级数（4.5.3）的收敛半径为 R_2，则当 $|z-z_0|<R_2$ 时，该级数绝对收敛且收敛于一解析函数．因此当 $R_1\geqslant R_2$ 时［图 4.5.1(a)］，以上两个级数没有公共的收敛域，于是级数（4.5.1）是发散的．当 $R_1<R_2$ 时［图 4.5.1(b)］，两个级数公共的收敛域为圆环域 $R_1<|z-z_0|<R_2$．从而级数（4.5.1）在圆环域 $R_1<|z-z_0|<R_2$ 内收敛于一个解析函数.

4.5.2 洛朗级数展开定理

上面指出了洛朗级数在其收敛的圆环域内收敛于解析函数，反过来有如下的洛朗展开定理.

定理 4.5.1 若函数 $f(z)$ 在圆环域 $R_1<|z-z_0|<R_2$ 内处处解析，则对圆环域内任一点 z 有

$$f(z)=\sum_{n=-\infty}^{+\infty}c_n(z-z_0)^n. \tag{4.5.4}$$

该等式称为 $f(z)$ 在圆环域内的洛朗级数展开式，其右端的级数称为 $f(z)$ 在该域内的洛朗级数，其中 c_n 为展开式的洛朗系数，可表示为

$$c_n=\frac{1}{2\pi i}\oint_C\frac{f(\zeta)}{(\zeta-z_0)^{n+1}}d\zeta\quad(n=0,\pm1,\pm2,\cdots). \tag{4.5.5}$$

这里 C 为该圆环域内任一条围绕点 z_0 的正向简单闭曲线.

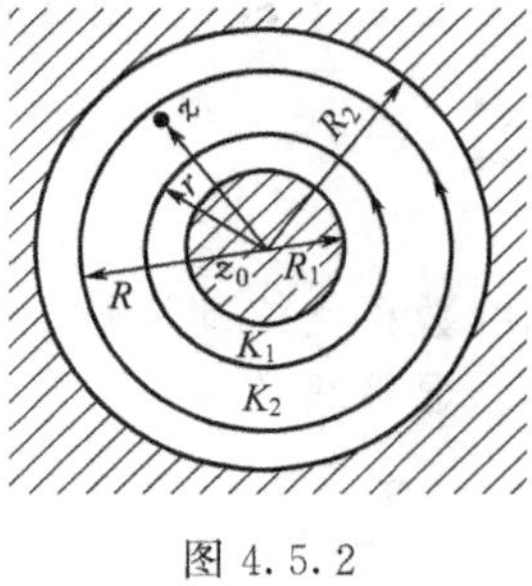

图 4.5.2

证 对于圆环域 $R_1<|z-z_0|<R_2$ 内的任一点 z，在该圆环域内作以 z_0 为中心的正向圆周 K_1：$|\zeta-z_0|=r$ 和 K_2：$|\zeta-z_0|=R$，且 $r<R$，并使 z 在 K_1 与 K_2 之间（图 4.5.2）

因为 $f(z)$ 在闭圆环域 $r\leqslant|z-z_0|\leqslant R$ 上解析，由柯西积分公式有

$$f(z)=\frac{1}{2\pi i}\oint_{K_2}\frac{f(\zeta)}{\zeta-z}d\zeta-\frac{1}{2\pi i}\oint_{K_1}\frac{f(\zeta)}{\zeta-z}d\zeta. \tag{4.5.6}$$

我们将上式中的两个积分表为含有 $z-z_0$ 的（正或负）幂次的级数.

对于第一个积分，只要照抄泰勒定理 4.4.1 证明中的相应部分，就得

$$\frac{1}{2\pi i}\oint_{K_2}\frac{f(\zeta)}{\zeta-z}d\zeta=\sum_{n=0}^{+\infty}c_n(z-z_0)^n\ , \tag{4.5.7}$$

$$c_n=\frac{1}{2\pi i}\oint_{K_2}\frac{f(\zeta)}{(\zeta-z_0)^{n+1}}d\zeta \quad (n=0,1,2,\cdots). \tag{4.5.8}$$

类似地考虑式(4.5.6) 中的第二个积分

$$-\frac{1}{2\pi i}\oint_{K_1}\frac{f(\zeta)}{\zeta-z}d\zeta=\frac{1}{2\pi i}\oint_{K_1}\frac{f(\zeta)}{z-\zeta}d\zeta\ ,$$

我们有 $$\frac{f(\zeta)}{z-\zeta}=\frac{f(\zeta)}{(z-z_0)-(\zeta-z_0)}=\frac{f(\zeta)}{z-z_0}\cdot\frac{1}{1-\dfrac{\zeta-z_0}{z-z_0}}.$$

当 $\zeta\in K_1$ 时， $$\left|\frac{\zeta-z_0}{z-z_0}\right|=\frac{r}{|z-z_0|}<1\ ,$$

于是有 $$\frac{f(\zeta)}{z-\zeta}=\frac{f(\zeta)}{z-z_0}\sum_{n=1}^{+\infty}\left(\frac{\zeta-z_0}{z-z_0}\right)^{n-1}.$$

沿 K_1 逐项积分，再以 $\frac{1}{2\pi i}$ 乘两端即得

$$\frac{1}{2\pi i}\oint_{K_1}\frac{f(\zeta)}{z-\zeta}d\zeta=\sum_{n=1}^{+\infty}c_{-n}(z-z_0)^{-n}\ , \tag{4.5.9}$$

$$c_{-n}=\frac{1}{2\pi i}\oint_{K_1}\frac{f(\zeta)}{(\zeta-z_0)^{-n+1}}d\zeta \quad (n=1,2,\cdots). \tag{4.5.10}$$

由式(4.5.6)，式(4.5.7)，式(4.5.9) 即得

$$f(z)=\sum_{n=0}^{+\infty}c_n(z-z_0)^n+\sum_{n=1}^{+\infty}c_{-n}(z-z_0)^{-n}=\sum_{n=-\infty}^{+\infty}c_n(z-z_0)^n.$$

对于式(4.5.8) 及式(4.5.10) 所表示的系数，如果在圆环域 $R_1<|z-z_0|<R_2$ 内任取一条围绕 z_0 的正向简单闭曲线 C，根据闭路变形原理，c_n 与 c_{-n} 中的 K_2 和 K_1 可改写为闭曲线 C，于是系数 c_n 与 c_{-n} 便可表示为

$$c_n=\frac{1}{2\pi i}\oint_C\frac{f(\zeta)}{(\zeta-z_0)^{n+1}}d\zeta \quad (n=0,\pm1,\pm2,\cdots).$$

从而，展开式(4.5.4) 成立.

同泰勒级数一样，洛朗级数在其收敛圆环域内具有以下性质.

定理 4.5.2 若函数 $f(z)$ 在圆环域 $D:R_1<|z-z_0|<R_2$ 内处处解析，则该函数的洛朗级数展开式(4.5.4) 在圆环域 D 内处处成立，可以逐项微分和积分，并且其展开式的系数是唯一的，即它的各项系数 c_n 一定可以表示为式(4.4.5) 的形式.

4.5.3 洛朗级数展开法

显然根据定理 4.5.1 直接利用式(4.5.5) 计算系数 c_n(n 为任意整数)，可写出函数在圆环域内的洛朗级数展开式，但这是相当麻烦的. 通常用间接展开法求其展开式，即从已知的基本初等函数的泰勒展开式出发，利用幂级数的复合（代换）运

算、逐项微分、逐项积分和四则运算等求出其洛朗级数展开式.

【例 4.5.1】 函数 $f(z)=\dfrac{1}{z(1-z)}$在圆环域

(1) $0<|z|<1$； (2) $1<|z-1|<+\infty$；

(3) $0<|z-2|<1$； (4) $1<|z-2|<2$.

内是处处解析的，试把 $f(z)$在这些区域内展开成洛朗级数.

解 (1) 在 $0<|z|<1$ 内，由于

$$\frac{1}{1-z}=1+z+z^2+\cdots+z^n+\cdots,$$

所以

$$f(z)=\frac{1}{z(1-z)}=\frac{1}{z}\cdot\frac{1}{1-z}=\frac{1}{z}(1+z+z^2+\cdots+z^n+\cdots)$$

$$=\frac{1}{z}+1+z+\cdots+z^{n-1}+\cdots.$$

(2) 在 $1<|z-1|<+\infty$内，由于$\left|\dfrac{1}{z-1}\right|<1$，所以

$$\frac{1}{z}=\frac{1}{1+(z-1)}=\frac{1}{z-1}\cdot\frac{1}{1+\dfrac{1}{z-1}}=\frac{1}{z-1}\left[1-\frac{1}{z-1}+\left(\frac{1}{z-1}\right)^2-\left(\frac{1}{z-1}\right)^3+\cdots\right]$$

$$=\frac{1}{z-1}-\frac{1}{(z-1)^2}+\frac{1}{(z-1)^3}-\frac{1}{(z-1)^4}+\cdots,$$

从而

$$f(z)=\frac{1}{z(1-z)}=\frac{1}{1-z}\cdot\frac{1}{z}=-\frac{1}{z-1}\left[\frac{1}{z-1}-\frac{1}{(z-1)^2}+\frac{1}{(z-1)^3}-\frac{1}{(z-1)^4}+\cdots\right]$$

$$=-\frac{1}{(z-1)^2}+\frac{1}{(z-1)^3}-\frac{1}{(z-1)^4}+\cdots.$$

(3) 先将 $f(z)$用部分分式来表示：

$$f(z)=\frac{1}{z(1-z)}=\frac{1}{z}+\frac{1}{1-z}.$$

在 $0<|z-2|<1$ 内，由于

$$\frac{1}{z}=\frac{1}{2+z-2}=\frac{1}{2}\cdot\frac{1}{1+\dfrac{z-2}{2}}=\frac{1}{2}\left[1-\frac{z-2}{2}+\left(\frac{z-2}{2}\right)^2-\left(\frac{z-2}{2}\right)^3+\cdots\right]$$

$$=\frac{1}{2}-\frac{z-2}{4}+\frac{(z-2)^2}{8}-\frac{(z-2)^3}{16}+\cdots,$$

$$\frac{1}{1-z}=-\frac{1}{1+(z-2)}=-[1-(z-2)+(z-2)^2-(z-2)^3+\cdots]$$

$$=-1+(z-2)-(z-2)^2+(z-2)^3-\cdots,$$

所以

$$f(z)=\left[\frac{1}{2}-\frac{z-2}{4}+\frac{(z-2)^2}{8}-\frac{(z-2)^3}{16}+\cdots\right]+$$
$$[-1+(z-2)-(z-2)^2+(z-2)^3-\cdots]$$
$$=-\frac{1}{2}+\frac{3(z-2)}{4}-\frac{7(z-2)^2}{8}+\frac{15(z-2)^3}{16}-\cdots.$$

这里，展开式中不含有 $z-2$ 的负幂项．因为 $f(z)$ 在 $z=2$ 处是解析的，故所得的展式实际上是 $f(z)$ 在圆域 $|z-2|<1$ 内的泰勒级数.

(4) 在 $1<|z-2|<2$ 内，由于 $|z-2|>1$，从而 (3) 中 $\frac{1}{1-z}$ 的展开式不再成立．但此时 $\left|\frac{1}{z-2}\right|<1$，所以可将 $\frac{1}{1-z}$ 另展开如下

$$\frac{1}{1-z}=-\frac{1}{1+(z-2)}=-\frac{1}{z-2}\cdot\frac{1}{1+\frac{1}{z-2}}$$
$$=-\frac{1}{z-2}\left[1-\frac{1}{z-2}+\left(\frac{1}{z-2}\right)^2-\left(\frac{1}{z-2}\right)^3+\cdots\right]$$
$$=-\frac{1}{z-2}+\frac{1}{(z-2)^2}-\frac{1}{(z-2)^3}+\cdots.$$

又此时 $|z-2|<2$，从而 $\left|\frac{z-2}{2}\right|<1$，所以 (3) 中 $\frac{1}{z}$ 的展开式仍然成立．故有

$$f(z)=\cdots-\frac{1}{(z-2)^3}+\frac{1}{(z-2)^2}-\frac{1}{z-2}+\frac{1}{2}-\frac{z-2}{4}+\frac{(z-2)^2}{8}-\frac{(z-2)^3}{16}+\cdots.$$

从上面例题可以看出，函数 $f(z)$ 在所给的各个圆环域内分别有各自不同的洛朗级数展开式，但这与洛朗级数展开式的唯一性并不矛盾．因为洛朗级数展开式的唯一性是针对确定的某一圆环域而言，$f(z)$ 在该域内的洛朗级数展开式是唯一的.

4.6　复级数的应用

4.6.1　复级数在三角级数求和中的应用

在傅里叶级数中，我们可以将周期函数展成三角级数．反之，对于给定的三角级数，怎样求其和函数呢？在这里，我们借助于复变函数幂级数的和函数，可以解决一些三角级数的求和问题.

求 $\sum_{n=0}^{\infty}a_n\sin nx$ 及 $\sum_{n=0}^{\infty}a_n\cos nx$ 的和函数，可以构造复变函数幂级数 $\sum_{n=0}^{\infty}a_nz^n$，设法求 $\sum_{n=0}^{\infty}a_nz^n$ 的和函数 $f(z)$，令 $z=e^{ix}$，则有 $\sum_{n=0}^{\infty}a_n\cos nx+i\sum_{n=0}^{\infty}a_n\sin nx=f(e^{ix})$.

比较上式左右两端实部和虚部，则得到

$$\sum_{n=0}^{\infty}a_n\cos nx=\mathrm{Re}[f(e^{ix})],\ \sum_{n=0}^{\infty}a_n\sin nx=\mathrm{Im}[f(e^{ix})]$$

在求 $\sum\limits_{n=0}^{\infty}a_nz^n$ 的和函数中，我们常常用到以下结论

(1) $e^z=1+z+\dfrac{z^2}{2!}+\cdots+\dfrac{z^n}{n!}+\cdots \quad (|z|<+\infty)$；

(2) $\dfrac{1}{1-z}=1+z+z^2+\cdots+z^n+\cdots \quad (|z|<1)$；

(3) $-\ln(1-z)=z+\dfrac{z^2}{2}+\cdots+\dfrac{z^{n+1}}{n+1}+\cdots \quad (|z|\leqslant 1,\ z\neq 1)$.

【例 4.6.1】 求 $\sum\limits_{n=0}^{\infty}\dfrac{\sin nx}{n!}$ 及 $\sum\limits_{n=0}^{\infty}\dfrac{\cos nx}{n!}$ 的和.

解 由 $e^z=\sum\limits_{n=0}^{\infty}\dfrac{z^n}{n!}$，$z=e^{ix}$ 得

$$\sum_{n=0}^{\infty}\frac{\cos nx}{n!}+i\sum_{n=0}^{\infty}\frac{\sin nx}{n!}=\sum_{n=0}^{\infty}\frac{e^{inx}}{n!}=e^{e^{ix}}=e^{\cos x}[\cos(\sin x)+i\sin(\sin x)],$$

所以

$$\sum_{n=0}^{\infty}\frac{\cos nx}{n!}=\mathrm{Re}(e^z)=e^{\cos x}\cos(\sin x),\ \sum_{n=0}^{\infty}\frac{\sin nx}{n!}=\mathrm{Im}(e^z)=e^{\cos x}\sin(\sin x).$$

【例 4.6.2】 求 $\sum\limits_{n=1}^{\infty}\dfrac{\sin nx}{n}$ 及 $\sum\limits_{n=1}^{\infty}\dfrac{\cos nx}{n}$ 的和.

解 由 $-\ln(1-z)=\sum\limits_{n=1}^{\infty}\dfrac{z^n}{n}$，及 $z=e^{ix}$，有

$$\begin{aligned}\sum_{n=1}^{\infty}\frac{\cos nx}{n}+i\sum_{n=1}^{\infty}\frac{\sin nx}{n}=\sum_{n=1}^{\infty}\frac{e^{inx}}{n}&=-\ln(1-e^{ix})=\ln\frac{1-\cos x+i\sin x}{2(1-\cos x)}\\&=\ln\left|\frac{1-\cos x+i\sin x}{2(1-\cos x)}\right|+i\arg\left[\frac{1-\cos x+i\sin x}{2(1-\cos x)}\right]\\&=\ln\frac{1}{\sqrt{2(1-\cos x)}}+i\arctan\frac{\sin x}{1-\cos x}\\&=-\ln\left(2\sin\frac{x}{2}\right)+i\arctan\left(\cot\frac{x}{2}\right)\\&=-\ln\left(2\sin\frac{x}{2}\right)+i\left(\frac{\pi}{2}-\frac{x}{2}\right).\end{aligned}$$

所以

$$\sum_{n=1}^{\infty}\frac{\cos nx}{n}=-\ln\left(2\sin\frac{x}{2}\right),\ \sum_{n=1}^{\infty}\frac{\sin nx}{n}=\frac{\pi}{2}-\frac{x}{2}.$$

4.6.2 洛朗级数在积分中的应用

这时可根据定理 4.5.2（展开式的唯一性），利用展开式中已知的系数 c_{-1} 来计算式(4.5.5) 中相应的积分，即

$$\oint_C f(z)\mathrm{d}z=2\pi i c_{-1}.$$

【例 4.6.3】 计算积分 $I=\oint_{|z|=2} z^2 e^{\frac{1}{z}}$.

解 显然被积函数只有一个奇点 $z=0$，它在该点的去心邻域 $0<|z|<\infty$ 内解析，为求其在该邻域内的洛朗级数展开式，由

$$e^z=1+z+\frac{z^2}{2!}+\cdots+\frac{z^n}{n!}+\cdots\quad(|z|<+\infty),$$

以$\frac{1}{z}$代换上式中的 z，得

$$e^{\frac{1}{z}}=1+\frac{1}{z}+\frac{1}{2!}\cdot\frac{1}{z^2}+\cdots+\frac{1}{n!}\cdot\frac{1}{z^n}+\cdots.$$

从而

$$z^2e^{\frac{1}{z}}=z^2+z+\frac{1}{2!}+\frac{1}{3!}\cdot\frac{1}{z}+\cdots+\frac{1}{n!}\cdot\frac{1}{z^{n-2}}+\cdots.$$

于是有

$$I=\oint_{|z|=2} z^2e^{\frac{1}{z}}=\frac{1}{3}\pi i.$$

4.6.3 利用洛朗级数求三角函数有理式 $R(\cos x,\sin x)$ 的傅里叶级数

三角函数的特点是可以将 x 作为复数 z 的幅角，通过变量代换 $z=e^{ix}$，当实变数 x 从 0 变到 2π 时，复变数 z 从 $z=1$ 出发沿着单位圆 $|z|=1$ 逆时针走一圈又回到 $z=1$. 这个特点使得在求三角函数有理式 $R(\cos x,\sin x)$ 的傅里叶级数时，可将其转化为求复变函数的洛朗级数．下面通过一个例子说明这种方法．

【例 4.6.4】 将函数 $f(x)=\dfrac{1-a^2}{1-2a\cos x+a^2}$ （$|a|<1$）展开为傅里叶级数．

解 令 $z=e^{ix}$，则 $f(x)=\dfrac{z}{z-a}-\dfrac{az}{az-1}$.

$$\frac{z}{z-a}=\frac{1}{1-\frac{a}{z}}=\sum_{n=0}^{\infty}\left(\frac{a}{z}\right)^n=1+\sum_{n=1}^{\infty}a^nz^{-n},$$

$$\frac{az}{az-1}=\frac{-az}{1-az}=1-\frac{1}{1-az}=-\sum_{n=1}^{\infty}a^nz^n,$$

所以

$$f(x)=\frac{z}{z-a}-\frac{az}{az-1}=1+\sum_{n=1}^{\infty}a^n(z^{-n}+z^n)=1+\sum_{n=1}^{\infty}2a^n\cos nx.$$

这种方法需要读者对复变函数在环域上解析以及单位圆内孤立奇点的定义有深刻的理解，解题关键在于将拆分出的两个分式在单位圆内挖去奇点形成的环域上展开为幂级数，其优点在于不用进行积分运算．

4.6.4 用洛朗级数展开法化有理分式为部分分式

设 z_0 是 $f(z)$ 的 m 级极点（参阅第 5 章），则其洛朗级数应是

$$f(z)=c_{-m}(z-z_0)^{-m}+\cdots+c_{-1}(z-z_0)^{-1}+c_0+c_1(z-z_0)+\cdots \tag{4.6.1}$$

以 $(z-z_0)^m$ 遍乘式(4.6.1) 各项得

$$(z-z_0)^m f(z)=c_{-m}+c_{-m+1}(z-z_0)^1+\cdots+c_{-1}(z-z_0)^{m-1}+ c_0(z-z_0)^m+c_1(z-z_0)^{m+1}+\cdots \tag{4.6.2}$$

式(4.6.2) 两边取 $z\to z_0$ 极限，可得

$$c_{-m}=\lim_{z\to z_0}[(z-z_0)^m f(z)]. \tag{4.6.3}$$

而 c_{-m} 正是 $f(z)$ 的部分分式中 $1/(z-z_0)^m$ 项的系数．

特别地，当 z_0 是 $f(z)$ 的单极点时，部分分式中 $1/(z-z_0)$ 项的系数就是 $f(z)$ 在 z_0 点的留数（参阅第 5 章），即

$$c_{-1}=\lim_{z\to z_0}[(z-z_0)f(z)]. \tag{4.6.4}$$

【例 4.6.5】 函数只有一级极点的情形．试将函数 $f(z)=\dfrac{1}{(z-1)(z-2)(z-3)}$ 化为部分分式．

解 设 $f(z)=\dfrac{1}{(z-1)(z-2)(z-3)}=\dfrac{A}{z-1}+\dfrac{B}{z-2}+\dfrac{C}{z-3}$，由以上讨论可知，三个待定系数 A，B，C 正好就是函数 $f(z)$ 在其一级极点 $z=1$，$z=2$，$z=3$ 处的留数．由式(4.6.4) 得

$$A=\mathrm{Res}[f(z),1]=\lim_{z\to 1}[(z-1)f(z)]=\lim_{z\to 1}\frac{1}{(z-2)(z-3)}=\frac{1}{2},$$

$$B=\mathrm{Res}[f(z),2]=\lim_{z\to 2}[(z-2)f(z)]=\lim_{z\to 2}\frac{1}{(z-1)(z-3)}=-1,$$

$$C=\mathrm{Res}[f(z),3]=\lim_{z\to 3}[(z-3)f(z)]=\lim_{z\to 1}\frac{1}{(z-1)(z-2)}=\frac{1}{2}.$$

【例 4.6.6】 函数 $f(z)$ 具有二级极点的情形．试将 $f(z)=\dfrac{1}{(z-1)^2(z-2)(z-3)}$ 化为部分分式．

解 设 $f(z)=\dfrac{1}{(z-1)^2(z-2)(z-3)}=\dfrac{A}{(z-1)^2}+\dfrac{B}{z-1}+\dfrac{C}{z-2}+\dfrac{D}{z-3}$，应用式(4.6.3) 得

$$A=\lim_{z\to 1}[(z-1)^2 f(z)]=\lim_{z\to 1}\frac{1}{(z-2)(z-3)}=\frac{1}{2};$$

由式(4.6.4) 得

$$B=\mathrm{Res}[f(z),1]=\frac{3}{4},C=\mathrm{Res}[f(z),2]=-1,D=\mathrm{Res}[f(z),3]=\frac{1}{4}.$$

需要注意：A 不是 $f(z)$ 在二级极点 $z=1$ 处的留数，而是 $f(z)$ 的洛朗展开式中 $\dfrac{1}{(z-1)^2}$ 项的系数．

4.6.5 洛朗级数在流体力学中的应用

在本目中，应用解析函数计算飞机在飞行时空气对机翼的升力．假定飞机以不

变速度在天空飞行，其速度不超过音速 0.6～0.8 倍．为了方便，我们把坐标系取在飞机上．这样，对坐标系而言，飞机是不动的，而空气冲向飞机而流动．离飞机很远处的空气的速度可以看成是不变的，把它看作是无穷远处的速度．设想机翼很长，并且考虑垂直机翼的诸平行平面与机翼相交的截面（称作机翼剖面）．只要这些截面离机身和翼端较远，就可把它们看成是全等的，而且在它们所在的平面上，空气流动的情形也看成是相同的．这样，在上述条件下，研究飞机飞行时围绕机翼的气流情况问题，就化成了不可压缩流体的平面稳定流动问题．显然，这一流动是无源无漏的，而且根据实验，在飞机速度满足上述条件时，这一流动也可看作是无旋的．

在上述条件下，取离机身及翼端较远的一个机翼剖面的所在平面作为 z 平面，剖面边界是带有尖端点的一条简单闭曲线 C．这时空气可以看作沿着曲线 C 流动，即气体质点沿着 C 运动，从而 C 是一条流线．只要知道曲线 C 的形状以及气流在无穷远点的速度（记作实数 w_∞），就可以在曲线 C 的外部求出上述流动的复势 $f(z)$ 以及环量 Γ．换句话说，$f(z)$ 及 Γ 只与曲线 C 的形状以及气流在无穷远点的速度 w_∞ 有关．

事实上，应用双方单值映照解析函数，可以把曲线 C 的外部单值映照成一个圆 K 的外部．我们在圆 K 的外部，求出无源、无漏以及无旋的平面稳定流动的复势．再应用保形映照就可以求出 $f(z)$ 和 Γ．

设想有一与 z 平面平行且距离为 1 的另一平面，并考虑通过 C 上各点而与两平面垂直的直线所形成的柱面．我们要计算气流作用于这柱面上的压力，简称作用在曲线 C 上的压力．

对于不可压缩流体的稳定流动平面，考虑在每一点与流动平面相垂直的单位面积的矩形．这个矩形所受到的压力的大小 p 由下列公式确定

$$p=A-\frac{\rho}{2}|\boldsymbol{w}|^2 \tag{4.6.5}$$

式中，$\boldsymbol{w}$ 是在这点流动的速度向量；ρ 是流体的密度；A 是一个实常数．

现在考虑上面流动中的曲线 C，因为在 C 上，压力的方向沿着法线向内，所以作用在弧长元素 $\mathrm{d}s=|\mathrm{d}z|$ 上的压力向量的模是 $p|\mathrm{d}z|$，其幅角是 $\mathrm{d}z$ 的幅角加 $\frac{\pi}{2}$，于是所求的压力向量是

$$p\,\mathrm{d}z\cdot \mathrm{e}^{\frac{\pi}{2}\mathrm{i}}=A\mathrm{i}\,\mathrm{d}z-\frac{\rho\mathrm{i}}{2}|\boldsymbol{w}|^2\mathrm{d}z.$$

作用在曲线 C 上的压力向量 $\boldsymbol{P}$ 是作用在各弧长元素上的压力向量和，即

$$\boldsymbol{P}=-\frac{\rho\mathrm{i}}{2}\int_C |\boldsymbol{w}|^2\mathrm{d}z.$$

由于 C 是一条流线，在曲线 C 上的每一点，速度向量在这一点的切线上．令 $\mathrm{d}z=\mathrm{e}^{\mathrm{i}\varphi}\mathrm{d}s$，则有

$$\boldsymbol{w}=\pm|\boldsymbol{w}|\mathrm{e}^{\mathrm{i}\varphi},$$

其中±号应适当取定．又因 $\boldsymbol{w}=\overline{f'(z)}$，于是有

$$P=-\frac{\rho i}{2}\int_C[\overline{f'(z)}]^2 e^{-2i\varphi}dz=-\frac{\rho i}{2}\int_C[\overline{f'(z)}]^2\overline{dz},$$

其中 $e^{-2i\varphi}dz=e^{-i\varphi}ds=\overline{dz}$，在上式中取共轭复数，得

$$\overline{P}=\frac{\rho i}{2}\int_C[f'(z)]^2 dz. \tag{4.6.6}$$

现在计算式(4.6.6) 中的积分值．由于 $\lim\limits_{z\to\infty}\overline{f'(z)}=w_\infty$（选坐标轴使在无穷远点的速度向量为正实数 w_∞），可见无穷远点是 $f'(z)$ 的可去奇点．于是在以原点为圆心某一圆的外部，$f'(z)$ 的洛朗级数为

$$f'(z)=w_\infty+\frac{c_{-1}}{z}+\frac{c_{-2}}{z^2}+\cdots+\frac{c_{-n}}{z^n}+\cdots,$$

因此

$$\frac{1}{2\pi i}\int_C f'(z)dz=c_{-1}.$$

用 u 和 v 表示 $\boldsymbol{w}$ 的实部和虚部．因为通过 C 流向它外面的流量是零，所以我们有

$$\int_C f'(z)dz=\int_C(u-iv)d(x+iy)=\int_C u dx+v dy+i\int_C -v dx+u dy=\Gamma.$$

其中 Γ 为一实数．因而在上述圆的外部，我们有

$$f'(z)=w_\infty+\frac{\Gamma}{2\pi i}\frac{1}{z}+\frac{c_{-2}}{z^2}+\cdots,$$

$$[f'(z)]^2=w_\infty{}^2+\frac{w_\infty\Gamma}{\pi i}\cdot\frac{1}{z}+\frac{c'_{-2}}{z^2}+\cdots,$$

其中 c_{-2}，c'_{-2}，…是复常数．于是由式(4.6.6) 有

$$\overline{P}=\frac{\rho i}{2}\cdot 2\pi i\cdot\frac{w_\infty\Gamma}{\pi i}=\rho w_\infty\Gamma i,$$

最后我们就得到茹科夫斯基升力公式

$$P=-\rho w_\infty\Gamma i.$$

由此可见，机翼所受升力的大小 $\rho w_\infty|\Gamma|$，而升力的方向与 w_∞ 的方向正交．如果 Γ 为正，升力的方向指向虚轴下方；如果 Γ 为负，升力的方向指向虚轴上方．

综上所述，如果知道了机翼截面的形状，那么给出 w_∞，可求出 Γ 的值，从而可求出升力 P 的值．这样，升力 P 的大小与机翼截面的形状有关．在航空工业中，要根据升力的大小来设计翼型，不仅要使飞机在天空上飞行，而且要符合起飞和降落快慢的要求．

本章主要内容

1．设 $\{\alpha_n\}=\{a_n+ib_n\}(n=1,2,\cdots)$，则 $\sum\limits_{n=1}^{\infty}\alpha_n$ 收敛的充要条件是 $\sum\limits_{n=1}^{\infty}a_n$ 与

$\sum_{n=1}^{\infty} b_n$ 都收敛.

2. 如果 $\sum_{n=1}^{\infty} |\alpha_n|$ 收敛，则 $\sum_{n=1}^{\infty}\alpha_n$ 也收敛，称 $\sum_{n=1}^{\infty}\alpha_n$ 是绝对收敛.

3. 如果 $\sum_{n=1}^{\infty}\alpha_n$ 收敛，则 $\lim_{n\to\infty}\alpha_n=0$；如果 $\lim_{n\to\infty}\alpha_n \neq 0$，则 $\sum_{n=1}^{\infty}\alpha_n$ 发散.

4. 阿贝尔定理：如果幂级数 $\sum_{n=0}^{\infty} c_n z^n$ 当 $z=z_0(z_0\neq 0)$ 时收敛，则它必在圆域 $|z|<|z_0|$ 内部处处绝对收敛；如果该幂级数当 $z=z_1$ 时发散，则它必在圆外区域 $|z|>|z_1|$ 处处发散.

5. 对于阿贝尔定理中的级数，如果 $\lim_{n\to\infty}\left|\frac{c_{n+1}}{c_n}\right|=\rho$ 或 $\lim_{n\to\infty}\sqrt[n]{|c_n|}=\rho$ 则此幂级数的收敛半径

$$R=\begin{cases}\frac{1}{\rho}, & \rho\neq 0,\\ +\infty, & \rho=0,\\ 0, & \rho=+\infty.\end{cases}$$

6. 在收敛圆内，幂级数的和函数是解析函数，且可以逐项求导与逐项积分.

7. 若函数 $f(z)$ 在点 z_0 的某邻域 $|z-z_0|<R$ 内解析，则对该邻域内任意点 z 有

$$f(z)=\sum_{n=0}^{\infty} c_n(z-z_0)^n .$$

其中

$$c_n=\frac{f^{(n)}(z_0)}{n!} \quad (n=0,1,2,\cdots).$$

如果 $f(z)$ 在某区域 D 内解析，则 $f(z)$ 在 D 内任一点 z_0 处都能展开成泰勒级数，且其收敛半径至少等于 z_0 到 D 的边界上各点的最短距离 R .

如果 $f(z)$ 在整个复平面内解析，则 $f(z)$ 在复平面内任一点都能展开成泰勒级数，且其收敛半径 $R=+\infty$.

如果 $f(z)$ 在复平面内除若干个奇点外均解析，则 $f(z)$ 在任一解析点 z_0 处可展成泰勒级数，且其收敛半径等于 z_0 到 $f(z)$ 的距 z_0 最近一个奇点 z_1 之间的距离，即 $R=|z_1-z_0|$. 即可利用所给函数 $f(z)$ 的奇点得出所展幂级数的收敛半径，而不必再利用所得泰勒级数的系数求其收敛半径.

任何解析函数展开成幂级数的结果是泰勒级数——展开具有唯一性.

8. 若函数 $f(z)$ 在圆环域 $R_1<|z-z_0|<R_2$ 内处处解析，则对圆环域内任一点 z 有

$$f(z)=\sum_{n=-\infty}^{+\infty} c_n(z-z_0)^n ,$$

其中

$$c_n=\frac{1}{2\pi i}\oint_C \frac{f(\zeta)}{(\zeta-z_0)^{n+1}}d\zeta \quad (n=0,\pm 1,\pm 2,\cdots).$$

这里 C 为该圆环域内任一条围绕点 z_0 的正向简单闭曲线.

若函数 $f(z)$ 在圆环域 $D:R_1<|z-z_0|<R_2$ 内处处解析，则该函数的洛朗级数展开式在圆环域 D 内处处成立，可以逐项微分和积分，并且其展开式是唯一的.

9. 主要函数幂级数展开式

$$e^z=1+z+\frac{z^2}{2!}+\cdots+\frac{z^n}{n!}+\cdots \ (|z|<+\infty),$$

$$\sin z=z-\frac{z^3}{3!}+\frac{z^5}{5!}-\cdots+(-1)^n\frac{z^{2n+1}}{(2n+1)!}+\cdots \quad (|z|<+\infty),$$

$$\cos z=1-\frac{z^2}{2!}+\frac{z^4}{4!}-\cdots+(-1)^n\frac{z^{2n}}{(2n)!}+\cdots \quad (|z|<+\infty),$$

$$\frac{1}{1-z}=1+z+z^2+\cdots+z^n+\cdots \quad (|z|<1),$$

$$\ln(1+z)=z-\frac{z^2}{2}+\cdots+(-1)^n\frac{z^{n+1}}{n+1}+\cdots \quad (|z|<1).$$

习　题　4

1. 根据级数收敛与发散的定义判定下列级数的收敛性：

(1) $\sum_{n=1}^{\infty}(\sqrt{n+1}-\sqrt{n})$；　　(2) $\frac{1}{1\cdot 3}+\frac{1}{3\cdot 5}+\cdots+\frac{1}{(2n-1)(2n+1)}+\cdots$.

2. 用比较审敛法或极限形式的比较审敛法判定下列级数的收敛性：

(1) $1+\frac{1}{3}+\frac{1}{5}+\cdots+\frac{1}{2n-1}+\cdots$；

(2) $1+\frac{1+2}{1+2^2}+\frac{1+3}{1+3^2}+\cdots+\frac{1+n}{1+n^2}+\cdots$.

3. 用比值审敛法判定下列级数的收敛性：

(1) $\sum_{n=1}^{\infty}\frac{n^2}{3^n}$；　　(2) $\sum_{n=1}^{\infty}\frac{2^n\cdot n!}{n^n}$.

4. 下列数列 $\{z_n\}$ 是否收敛？若收敛，求其极限.

(1) $z_n=\frac{1+ni}{1-ni}$；　　(2) $z_n=\left(1+\frac{i}{2}\right)^{-n}$；

(3) $z_n=(-1)^n+\frac{i}{n+1}$；　　(4) $z_n=e^{-\frac{n\pi i}{2}}$.

5. 判断下列级数的收敛性与绝对收敛性：

(1) $\sum_{n=1}^{\infty}\left[\left(1+\frac{1}{n}\right)^n+i\frac{3}{n^2}\right]$；(2) $\sum_{n=1}^{\infty}\frac{i^n}{n}$；　(3) $\sum_{n=1}^{\infty}\frac{e^{-\frac{n\pi}{2}i}}{n^2}$

6. 下列结论是否正确？为什么？

(1) 每一个幂级数在它的收敛圆内与收敛圆上都收敛.

(2) 幂级数在其收敛圆内收敛于一个解析函数.

(3) 每一个在 z_0 连续的函数一定可以在 z_0 的某一邻域内展开成泰勒级数.

(4) $f(z)=1-z^2+z^4-\cdots$ 在 $|z|\leqslant 1$ 上成立.

(5) 在圆环域内，解析函数的洛朗展开式是唯一的.

(6) 幂级数 $\sum\limits_{n=0}^{\infty} c_n(z+2)^n$ 在 $z=0$ 收敛，而在 $z=-3$ 发散.

(7) 在公共圆 $|z-z_0|<R$ 内有

$$\sum_{n=0}^{+\infty} a_n(z-z_0)^n+\sum_{n=0}^{+\infty} b_n(z-z_0)^n=\sum_{n=0}^{+\infty}(a_n+b_n)(z-z_0)^n \text{ 成立.}$$

(8) 幂级数在收敛圆上必收敛.

(9) 幂级数必收敛于解析函数.

(10) $f(z)=\dfrac{1}{1+z^2}=1-z^2+z^4-\cdots$ 在 $|z|\leqslant 1$ 上成立.

(11) 用长除法

$$\frac{z}{1-z}=z+z^2+z^3+\cdots,\quad \frac{z}{z-1}=1+\frac{1}{z}+\frac{1}{z^2}+\frac{1}{z^3}+\cdots,$$

因为 $\dfrac{z}{1-z}+\dfrac{z}{z-1}=0$，所以有

$$\cdots+\frac{1}{z^3}+\frac{1}{z^2}+\frac{1}{z}+1+z+z^2+z^3+\cdots=0.$$

(12) 幂级数在收敛圆上可以积分任意次.

(13) 幂级数在收敛圆上可以微分任意次.

(14) 幂级数在收敛圆上可能收敛可能发散.

7. 将下列各函数展成 z 的幂级数，并指出它们的收敛半径.

(1) $\dfrac{1}{1+z^3}$；　(2) $\dfrac{1}{(1+z)^2}$；　(3) $\cos z^2$；　(4) $\operatorname{sh} z$；　(5) $\dfrac{1}{z^2-z-2}$.

8. 将下列函数在指定点 z_0 处展成泰勒级数，并指出它们的收敛半径.

(1) $\dfrac{z-1}{z+1}, z_0=1$；

(2) $\ln(3+z), z_0=0$；

(3) $\dfrac{1}{z^2}, z_0=-1$；

(4) $\dfrac{1}{4-3z}, z_0=1+i$；

(5) $e^z, z_0=1$；

(6) $\arctan z, z_0=0$；

(7) $\cos(z+1), z_0=0$；

(8) $\tan z, z_0=\dfrac{\pi}{4}$.

9. 求下列各函数在指定圆环域的洛朗级数展开式：

(1) $\dfrac{1}{(z^2+1)(z-2)}, 1<|z|<2$；

(2) $\dfrac{1}{z(1-z)^2}, 0<|z|<1, 1<|z-1|<+\infty$；

(3) $z^3 e^{\frac{1}{z}}, 0<|z|<+\infty$；

(4) $\dfrac{1}{z^2(z-i)}, 0<|z-i|<1$；

(5) $\sin\dfrac{z}{1-z}, 0<|z-1|<1$；

(6) $\dfrac{1}{(z-2)(z-3)}, |z|>3$；

(7) $\dfrac{1}{(z-a)(z-b)}, |a|<|z|<|b|$；

(8) $z e^{\frac{z}{z-1}}, 0<|z-1|<+\infty$.

10. 确定洛朗级数

$$\sum_{n=1}^{\infty} 2(-1)^n z^{-2n} - \sum_{n=0}^{\infty} 2^{-(n+1)} z^n$$

的收敛域，并求其和函数.

11. 利用洛朗级数的系数 c_{-1} 计算积分

(1) $\oint_{|z|=2} \dfrac{1+2z}{z^2+z^3}dz$；

(2) $\oint_{|z|=3} \dfrac{2+z}{z(z+1)}dz$；

(3) $\oint_{|z|=3} \dfrac{dz}{z(z+1)(z+4)}$；

(4) $\oint_{|z-1|=3} \sin\dfrac{1}{1-z}dz$.

12. 单项选择题

(1) 下列结论正确的是（　　）.

(A) 若 $\sum_{n=1}^{\infty} |a_n|$收敛，则 $\sum_{n=1}^{\infty} a_n$ 收敛

(B) 若 $\sum_{n=1}^{\infty} a_n$ 收敛，则 $\sum_{n=1}^{\infty} |a_n|$收敛

(C) 若 $\sum_{n=1}^{\infty} |a_n|$发散，则 $\sum_{n=1}^{\infty} a_n$ 发散

(D) 若 $\sum_{n=1}^{\infty} a_n$ 发散，则 $\sum_{n=1}^{\infty} |a_n|$可能收敛

(2) 幂级数在收敛圆内（　　）.

(A) 绝对收敛　　(B) 可能发散

(C) 收敛但非绝对收敛　　(D) 以上都不对

(3) 函数 $f(z)$ 在圆环域 $0<|z-z_0|<R$ 内展开成洛朗级数的条件是（　　）.

(A) $f(z)$ 在圆环域内解析　　(B) $f(z)$ 在圆环域内连续

(C) $f(z)$ 在 z_0 解析　　(D) 以上都不对

(4) 函数 $f(z)=e^z$ 在 $z=0$ 处的泰勒级数是（　　）.

(A) $\sum_{n=0}^{\infty} \dfrac{z^n}{n!}$　　(B) $\sum_{n=0}^{\infty} (-1)^n \dfrac{z^{n+1}}{n+1}$

(C) $\sum_{n=0}^{\infty} (-1)^n \dfrac{z^{2n+1}}{(2n+1)!}$　　(D) $\sum_{n=0}^{\infty} (-1)^n \dfrac{z^{2n}}{(2n)!}$

(5) 函数 $f(z)=\sin z$ 在 $z=0$ 处的泰勒级数是（　　）.

(A) $\sum_{n=0}^{\infty} \dfrac{z^n}{n!}$　　(B) $\sum_{n=0}^{\infty} (-1)^n \dfrac{z^{n+1}}{n+1}$

(C) $\sum_{n=0}^{\infty} (-1)^n \dfrac{z^{2n+1}}{(2n+1)!}$　　(D) $\sum_{n=0}^{\infty} (-1)^n \dfrac{z^{2n}}{(2n)!}$

(6) 幂级数 $\sum_{n=0}^{\infty} (nz)^n$ 的收敛半径是（　　）.

(A) 1　　(B) ∞　　(C) 0　　(D) 以上都不对

(7) 函数 $f(z)=\cos z$ 在 $z=0$ 处的泰勒级数是(　　).

(A) $\sum_{n=0}^{\infty} \frac{z^n}{n!}$　　(B) $\sum_{n=0}^{\infty}(-1)^n \frac{z^{n+1}}{n+1}$

(C) $\sum_{n=0}^{\infty}(-1)^n \frac{z^{2n+1}}{(2n+1)!}$　　(D) $\sum_{n=0}^{\infty}(-1)^n \frac{z^{2n}}{(2n)!}$

(8) 幂级数 $\sum_{n=0}^{\infty}(n+1)z^n$ 的收敛半径是(　　).

(A) 1　　(B) ∞　　(C) 0　　(D) 2

(9) 函数 $f(z)=\ln(1+z)$ 在 $z=0$ 处的泰勒级数是(　　).

(A) $\sum_{n=0}^{\infty} \frac{z^n}{n!}$　　(B) $\sum_{n=0}^{\infty}(-1)^n \frac{z^{n+1}}{n+1}$

(C) $\sum_{n=0}^{\infty}(-1)^n \frac{z^{2n+1}}{(2n+1)!}$　　(D) $\sum_{n=0}^{\infty}(-1)^n \frac{z^{2n}}{(2n)!}$

(10) 幂级数 $\sum_{n=0}^{\infty}\left(\frac{z}{2}\right)^n$ 的收敛半径是(　　).

(A) 1　　(B) ∞　　(C) 0　　(D) 2

第 5 章　留数及其应用

这一章是第 3 章柯西积分理论的继续．留数在复变函数论本身及实际应用中都是很重要的．本章首先介绍函数的孤立奇点的概念及其分类，然后重点讨论留数的概念、计算和留数定理及它在复变函数积分和一元实函数定积分及物理和电磁学中的应用．

5.1　函数的孤立奇点

5.1.1　函数孤立奇点的概念和分类

孤立奇点是解析函数的奇点中最简单最重要的一种类型．以解析函数的洛朗展式为工具，我们能够在孤立奇点的去心邻域内充分研究一个解析函数的性质．

定义 5.1.1　如果函数 $f(z)$ 在 z_0 点不解析，但在 z_0 的某个去心邻域 $0<|z-z_0|<\delta$ 内处处解析，则称 z_0 为函数 $f(z)$ 的孤立奇点．

注意　函数的奇点不一定都是孤立的，例如 $z=0$ 和负实轴上的点都是函数 $\ln z$ 的奇点，显然这些奇点都不是孤立奇点．又如函数 $[\sin(1/z)]^{-1}$，$z_0=0$ 和 $z_k=1/(k\pi)(k=\pm1,\pm2,\cdots)$ 都是它的奇点，由于当 k 的绝对值无限增大时，在奇点 $z_0=0$ 的任何去心邻域内都含有它的无数多个奇点，因此奇点 $z_0=0$ 不是它的孤立奇点．

从孤立奇点的定义可以看出，函数 $f(z)$ 在其孤立奇点 z_0 的去心邻域 $0<|z-z_0|<\delta$ 内一定能够展开成洛朗级数

$$f(z)=\sum_{n=-\infty}^{+\infty}c_n(z-z_0)^n. \tag{5.1.1}$$

下面根据所展洛朗级数中含 $z-z_0$ 负幂项的个数不同将孤立奇点分为可去奇点、极点和本性奇点三类．

(1) 可去奇点

定义 5.1.2　如果 z_0 为 $f(z)$ 的孤立奇点，且 $f(z)$ 的洛朗级数不含有 $z-z_0$ 的负幂项，则 z_0 称为 $f(z)$ 的可去奇点．

如果 z_0 是 $f(z)$ 的可去奇点，则 $f(z)$ 的洛朗级数（5.1.1）简化为一般的幂级数

$$f(z)=c_0+c_1(z-z_0)+\cdots+c_n(z-z_0)^n+\cdots\quad(0<|z-z_0|<\delta).$$

显然右端的幂级数在圆域 $|z-z_0|<\delta$ 内处处收敛，其和函数

$$S(z)=\begin{cases}f(z), & 0<|z-z_0|<\delta\\ c_0, & z=z_0\end{cases}$$

在该圆域内解析．因此，只要补充定义 $f(z_0)=c_0$，那么在圆域 $|z-z_0|<\delta$ 内

恒有

$$f(z)=S(z)=\sum_{n=0}^{+\infty}c_n(z-z_0)^n,$$

从而使得 $f(z)$ 在 z_0 解析，这就是我们称 z_0 是 $f(z)$ 的可去奇点的由来．

例如，当我们约定 $\frac{\sin z}{z}\big|_{z=0}=1$ 时，$\frac{\sin z}{z}$ 在 $z=0$ 就解析了．

事实上，$\frac{\sin z}{z}$ 在 $z=0$ 的去心邻域 $0<|z|<+\infty$ 的洛朗级数

$$\frac{\sin z}{z}=\frac{1}{z}\left(z-\frac{z^3}{3!}+\cdots\right)=1-\frac{z^2}{3!}+\cdots$$

中，显然不含有负幂项．

关于可去奇点有如下定理．

定理 5.1.1　如果 z_0 是函数 $f(z)$ 的孤立奇点，则下列三条是等价的．

① z_0 是 $f(z)$ 的可去奇点；

② $\lim\limits_{z\to z_0}f(z)=c\quad(\neq\infty)$；

③ $f(z)$ 在点 z_0 的某去心邻域内有界．

(2) 极点

定义 5.1.3　如果 z_0 为 $f(z)$ 的孤立奇点，且 $f(z)$ 的洛朗级数中只有有限个 $z-z_0$ 的负幂项，又设 $(z-z_0)^{-1}$ 的最高次幂为 $(z-z_0)^{-m}$，则 z_0 称为 $f(z)$ 的 m 级极点．

此时，$f(z)$ 在 z_0 洛朗展式为

$$f(z)=c_{-m}(z-z_0)^{-m}+\cdots+c_{-1}(z-z_0)^{-1}+c_0+c_1(z-z_0)+\cdots\quad(m\geqslant1,c_{-m}\neq0).$$

上式可改写为

$$f(z)=\frac{1}{(z-z_0)^m}g(z),$$

其中 $g(z)=c_{-m}+c_{-m+1}(z-z_0)+c_{-m+2}(z-z_0)^2+\cdots$，显然 $g(z)$ 在圆域 $|z-z_0|<\delta$ 内是解析函数，且 $g(z_0)=c_{-m}\neq0$. 由此有如下定理成立．

定理 5.1.2　如果 z_0 是函数 $f(z)$ 的孤立奇点，则

① z_0 是函数 $f(z)$ 的 m 级极点的充要条件是存在 z_0 点解析函数 $g(z)$，使 $g(z_0)\neq0$，且在点 z_0 的去心邻域 $0<|z-z_0|<\delta$ 内有 $f(z)=\frac{1}{(z-z_0)^m}g(z)$.

② z_0 是函数 $f(z)$ 的极点的充要条件是 $\lim\limits_{z\to z_0}f(z)=\infty$.

例如，$z=-\frac{1}{2}$ 是函数 $f(z)=\frac{5z+1}{(z-1)(2z+1)^2}$ 的二级极点，因为存在 $g(z)=\frac{5z+1}{z-1}$ 在 $|2z+1|<\frac{1}{2}$ 内解析，且 $g(-\frac{1}{2})=1\neq0$，使得 $f(z)=\frac{1}{(2z+1)^2}g(z)$. 同理可知 $z=1$ 是 $f(z)$ 的一级极点．

(3) 本性奇点

定义 5.1.4　如果 z_0 为 $f(z)$ 的孤立奇点，且 $f(z)$ 的洛朗级数中含有无限多个

$z-z_0$的负幂项，则z_0称为$f(z)$的本性奇点.

由函数孤立奇点的分类定义可以看出，若$f(z)$的孤立奇点z_0不是它的可去奇点和极点，则它一定是$f(z)$的本性奇点，反之亦然.于是有

定理 5.1.3 如果z_0是函数$f(z)$的孤立奇点，则z_0是$f(z)$的本性奇点的充要条件是当$z\to z_0$时$f(z)$的极限不存在也不为∞.

例如，函数$f(z)=e^{\frac{1}{z}}$，$z=0$是它的孤立奇点.因为当沿正实轴$z=x\to 0^+$时，有$f(z)\to\infty$；当沿负实轴$z=x\to 0^-$时，有$f(z)\to 0$. 于是当$z\to 0$时$f(z)$无极限，也不为∞，所以$z=0$是它的本性奇点.

事实上，$f(z)$在$z=0$的去心邻域$0<|z|<+\infty$内的洛朗展式为

$$e^{\frac{1}{z}}=1+\frac{1}{z}+\frac{1}{2!}\frac{1}{z^2}+\cdots+\frac{1}{n!}\frac{1}{z^n}+\cdots,$$

其负幂项有无穷多个.

5.1.2 函数的零点与极点的关系

(1) 函数的零点

定义 5.1.5 如果函数$f(z)$在z_0点解析且$f(z_0)=0$，则称z_0是$f(z)$的零点. 若$f(z)$在z_0点的泰勒级数

$$f(z)=\sum_{n=m}^{\infty}c_n(z-z_0)^n \quad (|z-z_0|<\delta) \tag{5.1.2}$$

中所含$z-z_0$的最低次幂为$(z-z_0)^m$，其中$c_m\neq 0$，则称z_0是$f(z)$的m级零点.

对于在z_0点解析函数而言，它一定在z_0的某个邻域内解析，根据函数的泰勒级数展开定理及其系数的唯一性，式(5.1.2) 成立的充要条件是

$$c_n=f^{(n)}(z_0)/n!=0 \quad [n=0,1,\cdots(m-1)],$$

且$f^{(m)}(z_0)=c_m m!\neq 0$，即有下面定理.

定理 5.1.4 设$f(z)$在z_0点解析，则z_0为$f(z)$的m级零点的充要条件为

$$f(z_0)=f'(z_0)=\cdots=f^{(m-1)}(z_0)=0, f^{(m)}(z_0)\neq 0.$$

例如$f(z)=(z-z_0)^n$，$z=z_0$是$f(z)$的n级零点.事实上，由于$f(z_0)=f'(z_0)=\cdots=f^{(n-1)}(z_0)=0, f^{(n)}(z_0)=n!\neq 0$,

故$z=z_0$是$f(z)$的n级零点.

(2) 函数的零点与极点的关系

若将式(5.1.2) 表示为

$$f(z)=(z-z_0)^m h(z), \tag{5.1.3}$$

其中$h(z)=c_m+c_{m+1}(z-z_0)+\cdots$在$z_0$点解析，且$h(z_0)=c_m\neq 0$，则由式(5.1.3) 和$m$级极点的充要条件可以得出函数的零点与极点的关系.

定理 5.1.5 点z_0为$f(z)$的m级零点的充要条件是z_0为$\frac{1}{f(z)}$的m级极点.

推论 1 若函数$g(z)$在点z_0解析，且$g(z_0)\neq 0$，则当z_0是$f(z)$的m级零点或m级极点时，z_0也一定是$f(z)g(z)$的m级零点或m级极点.

推论 2 若z_0是$f_k(z)$的m_k级零点$(k=1,2)$，则z_0也一定是$f_1(z)f_2(z)$的

m_1+m_2级零点，且当$m_1<m_2$时，z_0为$\dfrac{f_1(z)}{f_2(z)}$的m_2-m_1级极点．

以上定理和推论为我们判别函数的极点提供了更简便的方法．

【例 5.1.1】 判别下列函数孤立奇点的类型，对其极点，指出是多少级极点．

(1) $f(z)=\dfrac{1}{\sin z}$；　　(2) $f(z)=\dfrac{\sin z}{z^4}$；

(3) $f(z)=\dfrac{\sin z}{(z-1)^4(z+1)^3}$；　　(4) $f(z)=\dfrac{\cot \pi z}{(z-1)^4}$.

解　(1) 令$\sin z=0$得$\sin z$的零点为$z=k\pi\quad(k=0,\pm1,\pm2,\cdots)$，又$(\sin z)'\Big|_{z=k\pi}=\cos z\Big|_{z=k\pi}=(-1)^k\neq0$，故$z=k\pi$是$\sin z$的一级零点，从而$z=k\pi(k=0,\pm1,\pm2,\cdots)$是函数$f(z)=\dfrac{1}{\sin z}$的一级极点．

(2) 显然$z=0$是$f(z)$的孤立奇点，且$z=0$是$\sin z$的一级零点，是z^4的四级零点，所以$z=0$是$f(z)=\dfrac{\sin z}{z^4}$的三级极点．

(3) 显然$z=1$和-1分别是$f(z)$的四级零点和三级零点．当$z=1$时，$f(z)=\dfrac{g(z)}{(z-1)^4}$，其中$g(z)=\dfrac{\sin z}{(z+1)^3}$在$z=1$解析且$g(1)=\dfrac{\sin 1}{8}\neq0$，故$z=1$是$f(z)$的四级极点；当$z=-1$时，$f(z)=\dfrac{g(z)}{(z+1)^3}$，其中$g(z)=\dfrac{\sin z}{(z-1)^4}$在$z=-1$解析且$g(-1)=-\dfrac{\sin 1}{16}\neq0$，故$z=-1$是$f(z)$的三级极点．

(4) 本题不能只从表面形式观察函数的奇点，先将函数变形为

$$f(z)=\frac{\cos \pi z}{(z-1)^4\sin \pi z},$$

函数的奇点就是分母$(z-1)^4\sin \pi z$的零点．显然$z=0,-1,\pm2,\cdots$为分母的一级零点，且有$\cos \pi z\neq0$，从而$z=0,-1,\pm2,\cdots$为$f(z)$的一级极点．又$z=1$为分母的五级零点，且$\cos \pi z|_{z=1}\neq0$，故$z=1$为$f(z)$的五级极点．

另外注意，由定义可判定z_0是函数

$$(z-z_0)^m e^{1/(z-z_0)},\ (z-z_0)^m \sin\frac{1}{(z-z_0)^2},\ (z-z_0)^m \cos\frac{1}{(z-z_0)^4}$$

的本性奇点，而不是它们的极点（m为任意整数）.

5.2　留　　数

留数的概念和留数定理在工程技术中有广泛的应用，所以这一节是本章的重点．

5.2.1　留数的定义和计算

如果z_0是$f(z)$的孤立奇点，根据洛朗展开定理知函数$f(z)$可在z_0的某个去

心邻域 $0<|z-z_0|<\delta$ 内展开成洛朗级数

$$f(z)=\sum_{n=-\infty}^{+\infty}c_n(z-z_0)^n .$$

对于该邻域内任一条围绕 z_0 的正向简单闭曲线 C，上式两端沿 C 逐项积分，得

$$\oint_C f(z)\mathrm{d}z=\sum_{n=-\infty}^{+\infty}c_n\oint_C(z-z_0)^n\mathrm{d}z .$$

利用柯西积分定理和闭路变形原理知，该式右端除留下 $n=-1$ 的对应项等于 $2\pi\mathrm{i}c_{-1}$ 外，其余各项均为零，所以

$$\oint_C f(z)\mathrm{d}z=2\pi\mathrm{i}c_{-1}$$

或

$$c_{-1}=\frac{1}{2\pi\mathrm{i}}\oint_C f(z)\mathrm{d}z .$$

由此给出留数的定义．

定义 5.2.1 设 $z_0(z_0\neq\infty)$ 是函数 $f(z)$ 的孤立奇点，C 为去心邻域 $0<|z-z_0|<\delta$ 内任一条围绕 z_0 的正向简单闭曲线，则称积分

$$\frac{1}{2\pi\mathrm{i}}\oint_C f(z)\mathrm{d}z$$

为 $f(z)$ 在点 z_0 处的留数，记作 $\mathrm{Res}[f(z),z_0]$，即

$$\mathrm{Res}[f(z),z_0]=\frac{1}{2\pi\mathrm{i}}\oint_C f(z)\mathrm{d}z , \tag{5.2.1}$$

从而有

$$\mathrm{Res}[f(z),z_0]=c_{-1}.$$

5.2.2 留数的计算

由留数的定义可以知道，函数 $f(z)$ 在点 z_0 处的留数就是 $f(z)$ 在点 z_0 去心邻域 $0<|z-z_0|<\delta$ 内洛朗级数展开式中 $(z-z_0)^{-1}$ 项的系数 c_{-1}，这也是计算留数的一般方法．然而，如果能预先判知孤立奇点的类型，对留数的计算会更加方便．根据孤立奇点的分类，分以下三种情形来讨论．

① 若 z_0 是 $f(z)$ 的可去奇点，则 $\mathrm{Res}[f(z),z_0]=0$. 由可去奇点的定义，该结论显然成立．

② 若 z_0 是 $f(z)$ 的本性奇点，则 $\mathrm{Res}[f(z),z_0]=c_{-1}$. 对于这种情形，一般只能将 $f(z)$ 在点 z_0 去心邻域 $0<|z-z_0|<\delta$ 内展成洛朗级数得到 c_{-1}.

③ 若 z_0 是 $f(z)$ 的极点，多数情况用下列规则计算更简便．

规则 1 若 z_0 是 $f(z)$ 的一级极点，则

$$\mathrm{Res}[f(z),z_0]=\lim_{z\to z_0}(z-z_0)f(z). \tag{5.2.2}$$

规则 2 若 z_0 是 $f(z)$ 的 m 级极点，则对任意正整数 $n\geqslant m$ 有

$$\mathrm{Res}[f(z),z_0]=\frac{1}{(n-1)!}\lim_{z\to z_0}\frac{\mathrm{d}^{n-1}}{\mathrm{d}z^{n-1}}[(z-z_0)^n f(z)]. \tag{5.2.3}$$

事实上，由于在点 z_0 去心邻域 $0<|z-z_0|<\delta$ 内有

$$f(z)=c_{-m}(z-z_0)^{-m}+\cdots+c_{-1}(z-z_0)^{-1}+c_0+c_1(z-z_0)^1+\cdots,$$

对任意正整数 $n\geqslant m$，两端同乘以 $(z-z_0)^n$ 得

$$(z-z_0)^n f(z)=c_{-m}(z-z_0)^{n-m}+\cdots+c_{-1}(z-z_0)^{n-1}+c_0(z-z_0)^n+c_1(z-z_0)^{n+1}+\cdots.$$

由洛朗级数在其收敛的圆环域内可逐项微分的性质，上式两边求 $n-1$ 阶导数得

$$\frac{\mathrm{d}^{n-1}}{\mathrm{d}z^{n-1}}(z-z_0)^n f(z)=(n-1)!c_{-1}+c_0 n!(z-z_0)+\cdots,$$

令 $z\to z_0$ 取极限，可以看出所证结论式(5.2.3) 成立.

特别地，取 $n=m=1$ 就是规则 1.

规则 3　设 $f(z)=P(z)/Q(z)$，其中 $P(z)$ 和 $Q(z)$ 在点 z_0 都解析. 若 $P(z_0)\neq 0$，$Q(z_0)=0, Q'(z_0)\neq 0$，则 z_0 为 $f(z)$ 的一级极点，且

$$\mathrm{Res}[f(z),z_0]=\frac{P(z_0)}{Q'(z_0)}.$$

事实上，由于 $Q(z_0)=0, Q'(z_0)\neq 0$，故 z_0 是 $Q(z)$ 的一级零点，又因为 $P(z_0)\neq 0$，所以 z_0 是 $f(z)=P(z)/Q(z)$ 的一级极点. 于是由规则 1 得

$$\mathrm{Res}[f(z),z_0]=\lim_{z\to z_0}(z-z_0)f(z)=\lim_{z\to z_0}\frac{P(z)}{\dfrac{Q(z)-Q(z_0)}{z-z_0}}=\frac{P(z_0)}{Q'(z_0)}.$$

【例 5.2.1】　求下列函数在指定点处的留数.

(1) $f(z)=\dfrac{\sin z}{z}, z_0=0$；　　(2) $f(z)=z^5\cos\dfrac{1}{z}, z_0=0$；

(3) $f(z)=\cos z/\sin z, z_k=k\pi$ (k 为整数)；(4) $f(z)=\mathrm{e}^z/[z(z-1)^2], z_0=0$ 和 $z_1=1$；

(5) $f(z)=(\mathrm{e}^z-1)/z^5, z_0=0$；　　(6) $f(z)=z/\sin^2 z, z_0=0$.

解　(1) 显然 $z_0=0$ 是 $f(z)$ 的孤立奇点，由 $\lim\limits_{z\to 0}\dfrac{\sin z}{z}=1$ 知 $z_0=0$ 是 $f(z)$ 的可去奇点，所以 $\mathrm{Res}[f(z),0]=0$.

(2) 显然 $z_0=0$ 是 $f(z)$ 的本性奇点，$\cos\dfrac{1}{z}$ 在 $z_0=0$ 的去心邻域 $0<|z|<+\infty$ 内的洛朗级数为

$$\cos\frac{1}{z}=\sum_{n=0}^{\infty}\frac{(-1)^n z^{-2n}}{(2n)!},$$

于是有

$$z^5\cos\frac{1}{z}=\sum_{n=0}^{\infty}\frac{(-1)^n z^{-2n+5}}{(2n)!},\quad 0<|z|<+\infty.$$

其中 $n=3$ 的项的系数 $c_{-1}=-1/6!$，所以

$$\mathrm{Res}[f(z),0]=c_{-1}=-1/6!.$$

(3) 显然 $z_k=k\pi$ 是 $f(z)$ 的一级极点，由规则 3 有

$$\mathrm{Res}[f(z),k\pi]=\left.\frac{\cos z}{\sin' z}\right|_{z=k\pi}=1.$$

(4) 显然 $z_0=0$ 和 $z_1=1$ 分别是 $f(z)$ 的一级和二级极点，于是分别用规则 1 和 2 可得

$$\mathrm{Res}[f(z),0]=\lim_{z\to 0}\frac{\mathrm{e}^z}{(z-1)^2}=1,$$

$$\mathrm{Res}[f(z),1]=\lim_{z\to 1}\frac{\mathrm{d}}{\mathrm{d}z}\left(\frac{\mathrm{e}^z}{z}\right)=\lim_{z\to 1}\frac{\mathrm{e}^z(z-1)}{z^2}=0.$$

(5) 因为 $z_0=0$ 是 e^z-1 的一级零点，又是 z^5 的五级零点，因此它是 $f(z)$ 的四级极点，即 $m=4$. 为了计算简便取 $n=5$，由规则 2 可得

$$\mathrm{Res}[f(z),0]=\frac{1}{4!}\lim_{z\to 0}\frac{\mathrm{d}^4}{\mathrm{d}z^4}(\mathrm{e}^z-1)=\frac{1}{4!}.$$

(6) 显然 $z_0=0$ 是 $f(z)$ 的一级极点，但无法利用规则 3 求其留数．由规则 1 得

$$\mathrm{Res}[f(z),0]=\lim_{z\to 0}\frac{z^2}{\sin^2 z}=1.$$

本题若用留数定义计算其留数相当麻烦．

5.2.3　留数定理

定理 5.2.1　若函数 $f(z)$ 在正向简单闭曲线 C 上处处解析，在 C 的内部除有限个奇点 $z_1,z_2,\cdots,z_n$ 外处处解析，则有

$$\oint_C f(z)\mathrm{d}z=2\pi\mathrm{i}\sum_{k=1}^{n}\mathrm{Res}[f(z),z_k].\tag{5.2.4}$$

证　首先在 C 的内部，作以 $z_k(k=1,2,\cdots,n)$ 为中心，以充分小的正数 ρ_k 为半径的互不相交且互不包含的正向圆周 C_k（图 5.2.1）.

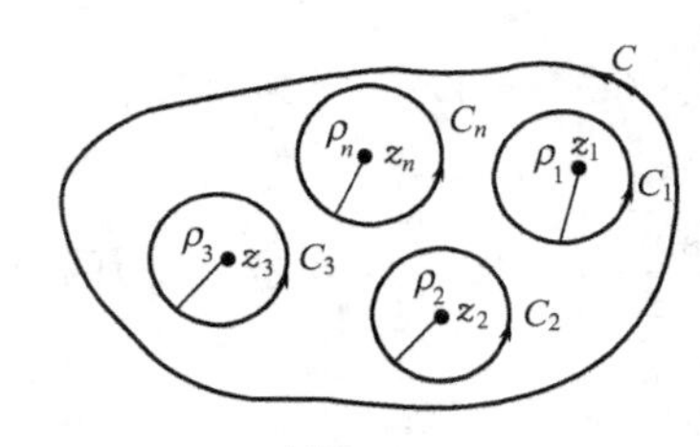

图 5.2.1

根据复合闭路定理得

$$\oint_C f(z)\mathrm{d}z=\sum_{k=1}^{n}\oint_{C_k}f(z)\mathrm{d}z,$$

由留数的定义有

$$\oint_{C_k}f(z)\mathrm{d}z=2\pi\mathrm{i}\mathrm{Res}[f(z),z_k],$$

代入上式得所证结论式(5.2.4).

留数定理把计算简单闭曲线上积分的整体问题，化为计算各孤立奇点处留数的问题．它为留数的应用奠定了理论基础，下面举例说明该定理在计算复变函数积分中的应用．

【例 5.2.2】　计算下列积分．

(1) $I=\oint\limits_{|z|=2}\dfrac{4z-2}{z(z-1)^2}\mathrm{d}z$；　　(2) $I=\oint\limits_{|z|=10}\tan\pi z\,\mathrm{d}z$；

(3) $I=\oint\limits_{|z|=1}\mathrm{e}^{\frac{1}{z}}\mathrm{d}z$．

解　(1) 被积函数 $f(z)=\dfrac{4z-2}{z(z-1)^2}$ 在 $|z|=2$ 内有一个一级极点 $z=0$ 和一个二级极点 $z=1$，由留数的计算规则 1 和 2 得

$$\mathrm{Res}[f(z),0]=\lim_{z\to 0}\frac{4z-2}{(z-1)^2}=-2,$$

$$\mathrm{Res}[f(z),1]=\lim_{z\to 1}\frac{\mathrm{d}}{\mathrm{d}z}\left(\frac{4z-2}{z}\right)=\lim_{z\to 1}\frac{2}{z^2}=2,$$

于是由留数定理得

$$I=2\pi i\{\mathrm{Res}[f(z),0]+\mathrm{Res}[f(z),1]\}=2\pi i\{-2+2\}=0.$$

(2) 被积函数 $f(z)=\tan\pi z=\dfrac{\sin\pi z}{\cos\pi z}$的奇点为 $z_k=k+\dfrac{1}{2}(k=0,\pm1,\pm2,\cdots)$，此时，$\sin\pi z$ 与 $\cos\pi z$ 在整个复平面内都解析，且 $\sin\pi z_k=(-1)^k\neq0$，$\cos\pi z_k=0$，$(\cos\pi z)'|_{z=z_k}=-\pi\sin\pi z_k\neq0$，因此 $z_k=k+\dfrac{1}{2}(k=0,\pm1,\pm2,\cdots)$为 $f(z)$的一级极点．由规则3有

$$\mathrm{Res}[f(z),z_k]=\frac{\sin\pi z}{(\cos\pi z)'}\bigg|_{z=z_k}=-\frac{1}{\pi},$$

于是由留数定理得

$$I=2\pi i\sum_{|z_k|<10}\mathrm{Res}[f(z),z_k]=2\pi i\left(-\frac{20}{\pi}\right)=-40i.$$

(3) 被积函数 $f(z)=e^{\frac{1}{z}}$在$|z|=1$ 内只有一个本性奇点 $z=0$，在该点的去心邻域 $0<|z|<+\infty$内有

$$e^{\frac{1}{z}}=1+\frac{1}{z}+\frac{1}{2!}\cdot\frac{1}{z^2}+\cdots,$$

于是有

$$\mathrm{Res}[f(z),0]=1.$$

由留数定理得，积分值 $I=2\pi i$.

5.3　留数的应用

5.3.1　留数在定积分计算中的应用

在一元实函数的定积分和广义积分中，许多被积函数的原函数很难求出，有时其原函数还不能用初等函数表示出来，使得计算其积分值经常会遇到困难．而留数定理为许多这类积分的计算提供了一种新的简便方法，即把所求定积分转化为复变函数沿某条闭曲线的积分，然后利用留数定理求其积分值．不过，利用留数计算定积分或广义积分没有普遍适用的方法，本节针对几种特殊类型的积分计算，具体说明这一方法．

(1) 形如 $I=\int_0^{2\pi}R(\cos\theta,\sin\theta)d\theta$ 的积分

这里 $R(\cos\theta,\sin\theta)$是 $\cos\theta,\sin\theta$ 的有理函数，θ 可以看做是圆周$|z|=1$ 的参数方程 $z=e^{i\theta}$中的参数，于是令 $z=e^{i\theta}(0\leqslant\theta\leqslant2\pi)$，则有

$$dz=ie^{i\theta}d\theta=iz\,d\theta,\quad \cos\theta=\frac{e^{i\theta}+e^{-i\theta}}{2}=\frac{z^2+1}{2z},\quad \sin\theta=\frac{z^2-1}{2iz}.$$

且当 θ 从 0 变到 2π 时，z 沿圆周$|z|=1$ 正向绕行一周，从而有

$$I=\oint_{|z|=1}R\left(\frac{z^2+1}{2z},\frac{z^2-1}{2iz}\right)\frac{1}{iz}dz=\frac{1}{i}\oint_{|z|=1}R\left(\frac{z^2+1}{2z},\frac{z^2-1}{2iz}\right)\frac{1}{z}dz.$$

若函数 $f(z)=R\left(\dfrac{z^2+1}{2z},\dfrac{z^2-1}{2iz}\right)\dfrac{1}{z}$ 在 $|z|<1$ 内只有有限个奇点 $z_1,z_2,\cdots,z_n$，

则由留数定理得

$$\oint_{|z|=1} f(z)\mathrm{d}z = 2\pi \sum_{k=1}^{n} \mathrm{Res}[f(z), z_k]. \tag{5.3.1}$$

【例 5.3.1】 计算积分 $I=\int_0^{2\pi}\dfrac{\mathrm{d}\theta}{5+3\cos\theta}$.

解 令 $z=\mathrm{e}^{\mathrm{i}\theta}$，则 $\cos\theta=\dfrac{\mathrm{e}^{\mathrm{i}\theta}+\mathrm{e}^{-\mathrm{i}\theta}}{2}=\dfrac{z^2+1}{2z}$，$\mathrm{d}\theta=\dfrac{\mathrm{d}z}{\mathrm{i}z}$. 于是

$$I=\frac{2}{\mathrm{i}}\oint_{|z|=1}\frac{\mathrm{d}z}{3z^2+10z+3}.$$

被积函数 $f(z)=\dfrac{1}{3z^2+10z+3}$ 在 $|z|=1$ 内只有一个一级极点 $z=-\dfrac{1}{3}$，其留数为

$$\mathrm{Res}\left[f(z), -\frac{1}{3}\right]=\lim_{z\to-\frac{1}{3}}\left(z+\frac{1}{3}\right)\cdot\frac{1}{3z^2+10z+3}=\frac{1}{8}.$$

所以

$$I=2\pi\mathrm{i}\cdot\frac{2}{\mathrm{i}}\cdot\frac{1}{8}=\frac{\pi}{2}.$$

(2) 形如 $I=\int_{-\infty}^{+\infty}R(x)\mathrm{d}x$ 的积分

被积函数 $R(x)=\dfrac{P(x)}{Q(x)}$ 是有理分式函数，其中

$$P(x)=x^n+a_1x^{n-1}+\cdots+a_n,$$
$$Q(x)=x^m+b_1x^{m-1}+\cdots+b_m.$$

为互质多项式，如果满足条件：

① $m-n\geqslant 2$；

② $R(z)$ 在实轴上没有孤立奇点.

则积分存在，并且有

$$I=\int_{-\infty}^{+\infty}R(x)\mathrm{d}x=2\pi\mathrm{i}\sum_{k=1}^{n}\mathrm{Res}[R(z),z_k] \tag{5.3.2}$$

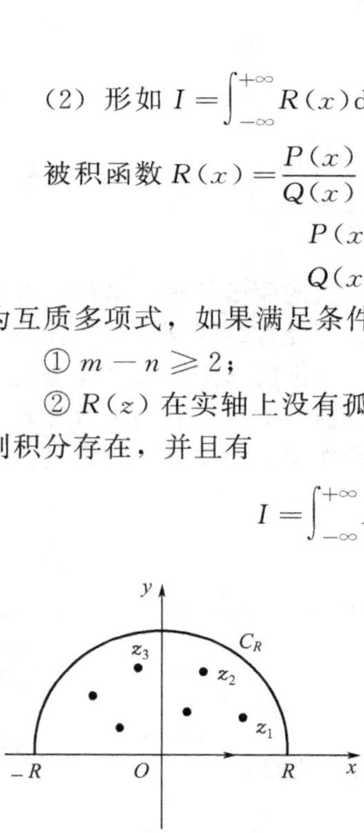

其中 $z_k(k=1,2,\cdots,n)$ 是 $R(z)$ 在上半平面内所有的孤立奇点.

图 5.3.1

事实上，取积分曲线如图 5.3.1 所示，C_R 为上半圆周 $z=R\mathrm{e}^{\mathrm{i}\theta}\ (0\leqslant\theta\leqslant\pi)$，取 R 足够大，使 $R(z)$ 在上半平面内所有的孤立奇点 $z_k(k=1,2,\cdots,n)$ 都包含在这条积分曲线内，由留数定理得

$$\int_{-R}^{R}R(x)\mathrm{d}x+\int_{C_R}R(z)\mathrm{d}z=2\pi\mathrm{i}\sum_{k=1}^{n}\mathrm{Res}[R(z),z_k].$$

由闭路变形原理知，上述积分不会因 R 的增大而改变. 又因为

$$|R(z)|=\left|\frac{P(z)}{Q(z)}\right|=\frac{|z|^n\cdot|1+a_1z^{-1}+\cdots+a_nz^{-n}|}{|z|^m\cdot|1+b_1z^{-1}+\cdots+b_mz^{-m}|}$$
$$\leqslant\frac{1}{|z|^{m-n}}\cdot\frac{1+|a_1z^{-1}+\cdots+a_nz^{-n}|}{1-|b_1z^{-1}+\cdots+b_mz^{-m}|},$$

当$|z|$充分大时，总可使

$$|a_1z^{-1}+\cdots+a_nz^{-n}|<\frac{1}{10},|b_1z^{-1}+\cdots+b_mz^{-m}|<\frac{1}{10}.$$

由于$m-n\geqslant2$，故

$$|R(z)|<\frac{1}{|z|^{m-n}}\cdot\frac{1+\frac{1}{10}}{1-\frac{1}{10}}<\frac{2}{|z|^2}.$$

因此，当R充分大时有

$$\left|\int_{C_R}R(z)\mathrm{d}z\right|\leqslant\int_{C_R}|R(z)|\,\mathrm{d}s<\frac{2}{R^2}\cdot\pi R=\frac{2\pi}{R}.$$

所以，当$R\to+\infty$时，$\int_{C_R}R(z)\mathrm{d}z\to0$，从而得

$$\int_{-\infty}^{+\infty}R(x)\mathrm{d}x=2\pi\mathrm{i}\sum_{k=1}^{n}\mathrm{Res}[R(z),z_k].$$

其中$z_k(k=1,2,\cdots,n)$是$R(z)$在上半平面内所有的孤立奇点.

特别地，当$R(x)$为偶函数时，有

$$\int_{0}^{+\infty}R(x)\mathrm{d}x=\frac{1}{2}\int_{-\infty}^{+\infty}R(x)\mathrm{d}x=\pi\mathrm{i}\sum_{k=1}^{n}\mathrm{Res}[R(z),z_k].\tag{5.3.3}$$

【例5.3.2】 计算积分$I=\int_{-\infty}^{+\infty}\frac{\mathrm{d}x}{(1+x^2)^2}$.

解　$R(z)=\frac{1}{(1+z^2)^2}$在上半平面内只有一个二级极点$z=\mathrm{i}$，且

$$\mathrm{Res}[R(z),\mathrm{i}]=\lim_{z\to\mathrm{i}}\frac{\mathrm{d}}{\mathrm{d}z}\left[(z-\mathrm{i})^2\cdot\frac{1}{(1+z^2)^2}\right]=\frac{1}{4\mathrm{i}},$$

由式(5.3.2)得

$$I=\int_{-\infty}^{+\infty}\frac{\mathrm{d}x}{(1+x^2)^2}=2\pi\mathrm{i}\cdot\frac{1}{4\mathrm{i}}=\frac{\pi}{2}.$$

(3) 形如$I=\int_{-\infty}^{+\infty}R(x)\mathrm{e}^{a\mathrm{i}x}\mathrm{d}x\ (a>0)$的积分

被积函数中，$R(x)=\frac{P(x)}{Q(x)}$是有理分式函数，其中

$$P(x)=x^n+a_1x^{n-1}+\cdots+a_n,$$
$$Q(x)=x^m+b_1x^{m-1}+\cdots+b_m.$$

为互质多项式，如果满足条件：

① $m-n\geqslant1$；

② $R(z)$ 在实轴上没有孤立奇点．
则积分存在，并且有

$$I=\int_{-\infty}^{+\infty} R(x)\mathrm{e}^{\alpha \mathrm{i} x}\mathrm{d}x = 2\pi\mathrm{i}\sum_{k=1}^{n}\mathrm{Res}[R(z)\mathrm{e}^{\alpha \mathrm{i} z}, z_k] \tag{5.3.4}$$

式中，$z_k(k=1,2,\cdots,n)$ 是 $R(z)\mathrm{e}^{\alpha \mathrm{i} z}$ 在上半平面内所有的孤立奇点．

事实上，取积分曲线如图 5.3.1 所示，由留数定理得

$$\int_{-R}^{R} R(x)\mathrm{e}^{\alpha \mathrm{i} x}\mathrm{d}x + \int_{C_R} R(z)\mathrm{e}^{\alpha \mathrm{i} z}\mathrm{d}z = 2\pi\mathrm{i}\sum_{k=1}^{n}\mathrm{Res}[R(z)\mathrm{e}^{\alpha \mathrm{i} z}, z_k],$$

由于 $m-n\geqslant 1$，故当 $|z|$ 充分大时有 $|R(z)|<\dfrac{2}{|z|}$，从而当 R 充分大时有

$$\left|\int_{C_R} R(z)\mathrm{e}^{\alpha \mathrm{i} z}\mathrm{d}z\right| \leqslant \int_{C_R} |R(z)||\mathrm{e}^{\alpha \mathrm{i} z}|\mathrm{d}s < \frac{2}{R}\int_{C_R}\mathrm{e}^{-\alpha y}\mathrm{d}s,$$

$$\frac{2}{R}\int_{C_R}\mathrm{e}^{-\alpha y}\mathrm{d}s = \frac{2}{R}\int_{0}^{\pi}\mathrm{e}^{-\alpha R\sin\theta}R\,\mathrm{d}\theta = 2\int_{0}^{\pi}\mathrm{e}^{-\alpha R\sin\theta}\mathrm{d}\theta.$$

注意到 $\int_0^{\pi} f(\sin\theta)\mathrm{d}\theta = 2\int_0^{\frac{\pi}{2}} f(\sin\theta)\mathrm{d}\theta$ 及当 $0\leqslant\theta\leqslant\dfrac{\pi}{2}$ 时，$\sin\theta\geqslant\dfrac{2\theta}{\pi}$，于是有

$$\left|\int_{C_R} R(z)\mathrm{e}^{\alpha \mathrm{i} z}\mathrm{d}z\right| < 4\int_0^{\frac{\pi}{2}}\mathrm{e}^{-\alpha R\sin\theta}\mathrm{d}\theta \leqslant 4\int_0^{\frac{\pi}{2}}\mathrm{e}^{-\alpha R\cdot\frac{2\theta}{\pi}}\mathrm{d}\theta = \frac{2\pi}{\alpha R}(1-\mathrm{e}^{-\alpha R}).$$

显然，当 $R\to+\infty$ 时，$\int_{C_R} R(z)\mathrm{e}^{\alpha \mathrm{i} z}\mathrm{d}z\to 0$，从而有

$$\int_{-\infty}^{+\infty} R(x)\mathrm{e}^{\alpha \mathrm{i} x}\mathrm{d}x = 2\pi\mathrm{i}\sum_{k=1}^{n}\mathrm{Res}[R(z)\mathrm{e}^{\alpha \mathrm{i} z}, z_k].$$

其中 $z_k(k=1,2,\cdots,n)$ 是 $R(z)\mathrm{e}^{\alpha \mathrm{i} z}$ 在上半平面内所有的孤立奇点．

由于 $\mathrm{e}^{\alpha \mathrm{i} x}=\cos\alpha x+\mathrm{i}\sin\alpha x$，所以式(5.3.4) 可改写为

$$\int_{-\infty}^{+\infty} R(x)\cos\alpha x\,\mathrm{d}x + \mathrm{i}\int_{-\infty}^{+\infty} R(x)\sin\alpha x\,\mathrm{d}x = 2\pi\mathrm{i}\sum_{k=1}^{n}\mathrm{Res}[R(z)\mathrm{e}^{\alpha \mathrm{i} z}, z_k]. \tag{5.3.5}$$

【例 5.3.3】 计算积分 $I=\int_{-\infty}^{+\infty}\dfrac{x\cos x}{x^2-2x+10}\mathrm{d}x$．

解　$R(x)=\dfrac{x}{x^2-2x+10}$，$m=2, n=1, m-n\geqslant 1$，且 $R(z)$ 在实轴上没有孤立奇点，故积分

$$\int_{-\infty}^{+\infty}\frac{x\mathrm{e}^{\mathrm{i}x}}{x^2-2x+10}\mathrm{d}x$$

存在，所求积分 I 是它的实部．

函数 $R(z)=\dfrac{z}{z^2-2z+10}$ 在上半平面内只有一个一级极点 $z=1+3\mathrm{i}$，而且

$$\mathrm{Res}[R(z)\mathrm{e}^{\mathrm{i}z}, 1+3\mathrm{i}] = \lim_{z\to 1+3\mathrm{i}}\left\{[z-(1+3\mathrm{i})]\frac{z\mathrm{e}^{\mathrm{i}z}}{z^2-2z+10}\right\} = \frac{(1+3\mathrm{i})\mathrm{e}^{-3+\mathrm{i}}}{6\mathrm{i}}.$$

由式(5.3.4) 得

$$\int_{-\infty}^{+\infty}\frac{x\mathrm{e}^{\mathrm{i}x}}{x^2-2x+10}\mathrm{d}x=2\pi\mathrm{i}\,\frac{(1+3\mathrm{i})\mathrm{e}^{-3+\mathrm{i}}}{6\mathrm{i}}$$

$$=\frac{\pi}{3}\mathrm{e}^{-3}(\cos1-3\sin1)+\mathrm{i}\,\frac{\pi}{3}\mathrm{e}^{-3}(3\cos1+\sin1).$$

在由式(5.3.5) 得　$\displaystyle\int_{-\infty}^{+\infty}\frac{x\cos x}{x^2-2x+10}\mathrm{d}x=\frac{\pi}{3}\mathrm{e}^{-3}(\cos1-3\sin1).$

同时可得　$\displaystyle\int_{-\infty}^{+\infty}\frac{x\sin x}{x^2-2x+10}\mathrm{d}x=\frac{\pi}{3}\mathrm{e}^{-3}(3\cos1+\sin1).$

5.3.2　留数定理在物理问题中的应用

具体的物理问题中遇到的一些积分在高等数学中没有对应的原函数，留数定理往往是求解这些积分的一条有效途径．如描述有阻尼振动的狄利克雷型积分 $\displaystyle\int_0^{+\infty}\frac{\sin x}{x}\mathrm{d}x$，研究光的衍射时需要计算的菲涅尔积分 $\displaystyle\int_0^{+\infty}\sin x^2\mathrm{d}x$ 和 $\displaystyle\int_0^{+\infty}\cos x^2\mathrm{d}x$，用傅里叶变换法求解热传导问题的偏微分方程时将遇到的积分 $\displaystyle\int_0^{+\infty}\mathrm{e}^{-ax^2}\cos bx\,\mathrm{d}x$（$a>0$，$b$ 为任意实数)．狄利克雷型积分有很多种方法可以求解，但大都比较复杂，另两个积分用实函数分析求解，几乎无法完成．这几个积分的求解所选取的辅助曲线各不相同，在利用留数定理求解反常积分中具有非常典型的意义．

1．计算积分 $I=\displaystyle\int_0^{+\infty}\frac{\sin x}{x}\mathrm{d}x$

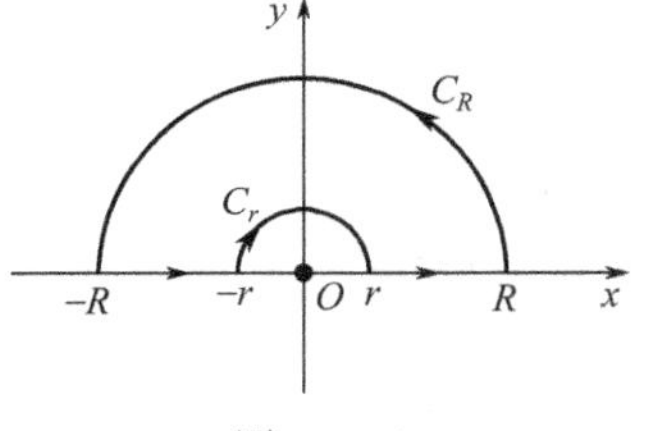

图 5.3.2

解　由于$\dfrac{\sin x}{x}$是函数$\dfrac{\mathrm{e}^{\mathrm{i}x}}{x}$的虚部，故可由函数$\dfrac{\mathrm{e}^{\mathrm{i}z}}{z}$沿某一条闭曲线的积分来求．但是$\dfrac{\mathrm{e}^{\mathrm{i}z}}{z}$的一级极点 $z=0$ 在实轴上，为了使积分路径不通过该奇点，可取图 5.3.2 所示的积分路径．于是函数$\dfrac{\mathrm{e}^{\mathrm{i}z}}{z}$在如图所示闭曲线内解析，所以有

$$\int_{C_R}\frac{\mathrm{e}^{\mathrm{i}z}}{z}\mathrm{d}z+\int_{-R}^{-r}\frac{\mathrm{e}^{\mathrm{i}x}}{x}\mathrm{d}x+\int_{C_r}\frac{\mathrm{e}^{\mathrm{i}z}}{z}\mathrm{d}z+\int_r^R\frac{\mathrm{e}^{\mathrm{i}x}}{x}\mathrm{d}x=0.$$

令 $x=-t$，则有

$$\int_{-R}^{-r}\frac{\mathrm{e}^{\mathrm{i}x}}{x}\mathrm{d}x=\int_R^r\frac{\mathrm{e}^{-\mathrm{i}t}}{t}\mathrm{d}t=-\int_r^R\frac{\mathrm{e}^{-\mathrm{i}x}}{x}\mathrm{d}x,$$

代入上式得

$$\int_{C_R}\frac{\mathrm{e}^{\mathrm{i}z}}{z}\mathrm{d}z+\int_{C_r}\frac{\mathrm{e}^{\mathrm{i}z}}{z}\mathrm{d}z+\int_r^R\frac{\mathrm{e}^{\mathrm{i}x}-\mathrm{e}^{\mathrm{i}x}}{x}\mathrm{d}x=0.$$

即

$$2\mathrm{i}\int_r^R\frac{\sin x}{x}\mathrm{d}x+\int_{C_R}\frac{\mathrm{e}^{\mathrm{i}z}}{z}\mathrm{d}z+\int_{C_r}\frac{\mathrm{e}^{\mathrm{i}z}}{z}\mathrm{d}z=0.$$

令 $r \to 0$，$R \to +\infty$可确定积分$\int_0^{+\infty} \frac{\sin x}{x} \mathrm{d}x$.

当 $R \to +\infty$时，由式(5.3.4) 的讨论知$\int_{C_R} \frac{\mathrm{e}^{\mathrm{i}z}}{z} \mathrm{d}z \to 0$.

下面考察 $\lim\limits_{r \to 0} \int_{C_r} \frac{\mathrm{e}^{\mathrm{i}z}}{z} \mathrm{d}z$. 因为

$$\frac{\mathrm{e}^{\mathrm{i}z}}{z} = \frac{1}{z} + \mathrm{i} - \frac{z}{2!} + \cdots + \frac{\mathrm{i}^n z^{n-1}}{n!} + \cdots = \frac{1}{z} + \varphi(z),$$

其中

$$\varphi(z) = \mathrm{i} - \frac{z}{2!} + \cdots + \frac{\mathrm{i}^n z^{n-1}}{n!} + \cdots$$

在 $z=0$ 解析，且 $\varphi(0) = \mathrm{i} \neq 0$，当 $|z|$ 充分小时，可使 $|\varphi(z)| \leqslant 2$.
所以

$$\int_{C_r} \frac{\mathrm{e}^{\mathrm{i}z}}{z} \mathrm{d}z = \int_{C_r} \frac{1}{z} \mathrm{d}z + \int_{C_r} \varphi(z) \mathrm{d}z .$$

由于 $\int_{C_r} \frac{1}{z} \mathrm{d}z = \int_\pi^0 \frac{\mathrm{i} r \mathrm{e}^{\mathrm{i}\theta}}{r \mathrm{e}^{\mathrm{i}\theta}} = -\pi i$,

而在 r 充分小时，

$$\left| \int_{C_r} \varphi(z) \mathrm{d}z \right| \leqslant \int_{C_r} |\varphi(z)| \mathrm{d}s \leqslant 2 \int_{C_r} \mathrm{d}s = 2\pi r ,$$

因此

$$\lim_{r \to 0} \int_{C_r} \varphi(z) \mathrm{d}z = 0 .$$

从而

$$\lim_{r \to 0} \int_{C_r} \frac{\mathrm{e}^{\mathrm{i}z}}{z} \mathrm{d}z = -\pi \mathrm{i} .$$

于是有

$$2\mathrm{i} \int_0^{+\infty} \frac{\sin x}{x} \mathrm{d}x - \pi \mathrm{i} = 0 ,$$

即

$$I = \int_0^{+\infty} \frac{\sin x}{x} \mathrm{d}x = \frac{\pi}{2} .$$

因为函数$\frac{\sin x}{x}$是偶函数，所以$\int_{-\infty}^{+\infty} \frac{\sin x}{x} \mathrm{d}x = 2\int_0^{+\infty} \frac{\sin x}{x} \mathrm{d}x = \pi$.

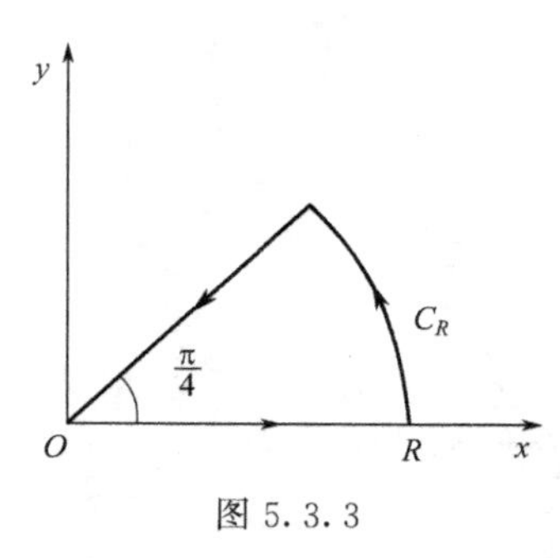

图 5.3.3

2. 计算积分 $I_1 = \int_0^{+\infty} \sin x^2 \mathrm{d}x , I_2 = \int_0^{+\infty} \cos x^2 \mathrm{d}x$

解 取图 5.3.3 所示辅助曲线［闭曲线由实轴上 $(0, R)$，圆弧 $z = R\mathrm{e}^{\mathrm{i}\theta}$ $(0 \leqslant \theta \leqslant \pi/4)$，及射线 l：$z = r\mathrm{e}^{\mathrm{i}\pi/4}$（$r$ 从 R 变到 0）组成］构成复平面上的闭合曲

线．当 $R \to +\infty$ 时，沿实轴的积分即待求积分；在此极限下，沿圆弧的积分 $\int_{C_R} e^{iz^2} dz$ 根据若尔当引理其值为零，沿射线 l 的积分 $\int_l e^{iz^2} dz$ 可以通过第二类欧拉积分 $\Gamma(x)=\int_0^{+\infty} e^{-t} t^{x-1} dt\ (x>0)$，由 $\Gamma\left(\frac{1}{2}\right)=\sqrt{\pi}$，$t=r^2$ 得到的 $\int_0^{+\infty} e^{-r^2} dr = \frac{\sqrt{\pi}}{2}$ 的积分公式计算得

$$\lim_{R\to+\infty}\int_l e^{iz^2} dz = -e^{i\frac{\pi}{4}}\int_0^{+\infty} e^{-r^2} dr = -\frac{\sqrt{\pi}}{2}\left(\frac{\sqrt{2}}{2}+i\frac{\sqrt{2}}{2}\right).$$

再由柯西积分定理有

$$\int_0^{+\infty} e^{ix^2} dx = -\int_l e^{iz^2} dz = \frac{\sqrt{\pi}}{2}\left(\frac{\sqrt{2}}{2}+i\frac{\sqrt{2}}{2}\right).$$

从而有

$$I_1=\int_0^{+\infty}\sin x^2 dx = \frac{\sqrt{2\pi}}{4}, I_2=\int_0^{+\infty}\cos x^2 dx=\frac{\sqrt{2\pi}}{4}.$$

3. 计算积分 $\int_0^{+\infty} e^{-ax^2}\cos bx\, dx\ (a>0,\ b$ 为任意实数)

解　取如图 5.3.4 所示辅助矩形闭曲线，由于在该闭曲线内函数 e^{-az^2+ibz} 无奇点，根据留数定理可知函数沿闭曲线积分的值为零：

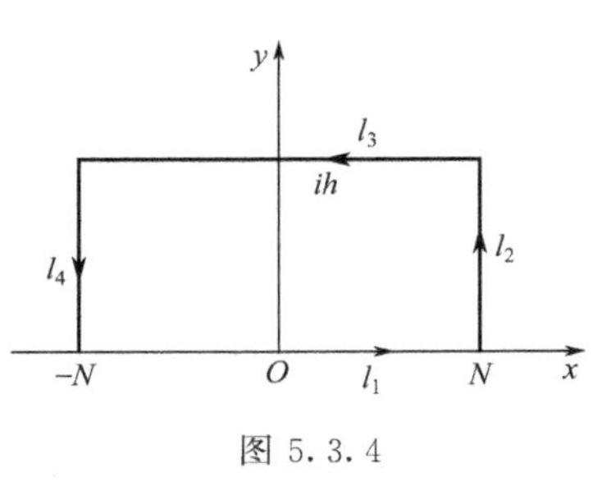

图 5.3.4

$$\int_{-N}^{+N} e^{-ax^2+ibx} dx + \int_{l_2} e^{-az^2+ibz} dz + \int_{l_3} e^{-az^2+ibz} dz + \int_{l_4} e^{-az^2+ibz} dz = 0.$$

当 $N\to+\infty$ 时，可以证明沿 l_2，l_4 的积分值为零，沿 l_3 的积分在 $h=\frac{b}{2a}$ 时可以借助第二类欧拉积分在 $x=\frac{1}{2}$ 时的值求出，即 $\int_{-\infty}^{+\infty} e^{-ax^2}\cos bx\, dx = \sqrt{\frac{\pi}{a}} e^{-\frac{b2}{4a}}$，则

$$\int_0^{+\infty} e^{-ax^2}\cos bx\, dx = \frac{1}{2}\int_{-\infty}^{+\infty} e^{-ax^2}\cos bx\, dx = \frac{1}{2}\sqrt{\frac{\pi}{a}} e^{-\frac{b2}{4a}}.$$

5.3.3　留数定理在电磁学中的应用

1. 安培环路定理的导出

电磁学中的安培环路定理表述为：磁感应强度 $\boldsymbol{B}$ 沿任何闭合环路 L 的线积分，等于穿过此环路所有电流强度的代数和的 μ_0 倍，即

$$\oint_L \boldsymbol{B}\cdot d\boldsymbol{l} = \mu_0\sum_{k=1}^{n} I_k.$$

我们知道留数定理适用于复数域，而安培环路定理中的磁感应强度 $\boldsymbol{B}$ 是矢量，因此不能直接将留数定理应用于电磁学中的安培环路定理，必须重新构造一合适的复数场才能应用．为此我们考虑一无限长载流直导线的磁场，由对称性可知，在沿着导线的方向磁场分布应该是均匀的，这样该问题可以简化为一个平面矢量场的问

题．设流过无限长导线的电流为 I，电流方向垂直纸面向外。由电磁学我们知道，空间磁感应强度矢量为

$$\boldsymbol{B}=\frac{\mu_0 I\boldsymbol{k}}{2\pi r},$$

式中，r 为以导线上各点为原点的极径；$\boldsymbol{k}$ 为磁感应强度方向的单位矢量．在直角坐标系中可以分解为

$$B_x=-\frac{\mu_0 I}{2\pi}\cdot\frac{y}{x^2+y^2},B_y=\frac{\mu_0 I}{2\pi}\cdot\frac{x}{x^2+y^2},$$

即

$$\boldsymbol{B}=B_x\boldsymbol{i}+B_y\boldsymbol{j},$$

其中 $\boldsymbol{i}$，$\boldsymbol{j}$ 分别为 x 轴和 y 轴的单位矢量．

由此我们可以构造下面的复数场

$$B(z)=B_y+\mathrm{i}B_x=\frac{\mu_0 I}{2\pi}\cdot\frac{x-\mathrm{i}y}{x^2+y^2}=\frac{\mu_0 I}{2\pi}\cdot\frac{\overline{z}}{z\overline{z}}=\frac{\mu_0 I}{2\pi}\cdot\frac{1}{z}.$$

$z=0$ 是函数 $B(z)$ 在有限远点的唯一奇点，且为单极点，根据留数定理有

$$\oint_L B(z)\mathrm{d}z=2\pi\mathrm{i}\mathrm{Res}[B(z),0]=\mathrm{i}\mu_0 I.\tag{5.3.6}$$

又

$$\begin{aligned}\oint_L B(z)\mathrm{d}z&=\oint_L(B_y+\mathrm{i}B_x)\mathrm{d}(x+\mathrm{i}y)\\&=\oint_L(B_y\mathrm{d}x-B_x\mathrm{d}y)+\mathrm{i}\oint_L(B_x\mathrm{d}x+B_y\mathrm{d}y).\end{aligned}\tag{5.3.7}$$

而

$$\oint_L\boldsymbol{B}\cdot\mathrm{d}\boldsymbol{l}=\oint_L(B_x\mathrm{d}x+B_y\mathrm{d}y)\tag{5.3.8}$$

由式(5.3.6)～式(5.3.8) 可知

$$\oint_L(B_y\mathrm{d}x-B_x\mathrm{d}y)=0,\tag{5.3.9}$$

$$\oint_L\boldsymbol{B}\cdot\mathrm{d}\boldsymbol{l}=\oint_L(B_x\mathrm{d}x+B_y\mathrm{d}y)=\mu_0 I.\tag{5.3.10}$$

如果回路中包围有 n 个电流源，则与上面的推导过程类似，我们得到电磁学中的安培环路定理

$$\oint_L\boldsymbol{B}\cdot\mathrm{d}\boldsymbol{l}=\mu_0\sum_{k=1}^{n}I_k,$$

这种推导方法比较简单，避免了电磁学中比较繁杂的积分过程．事实上，式(5.3.9) 就是二维情况下的磁场高斯定理，表示通过闭合曲线 L 的二维磁通量为零．这样我们利用留数定理不仅推导了安培环路定理，而且也得到了磁场的高斯定理.

2. 静电场高斯定理的导出

跟上面磁场中的推导类似，下面我们考虑二维平面静电场的问题．为明确起见，选择线电荷分布，其电荷线密度为 λ. 同样考虑到沿直线方向的对称性，这个问题可以简化为二维磁场问题．设该磁场分布在 xy 平面内，由电磁学结论知，该电场沿径向分布，可表示为

$$\boldsymbol{E}=\frac{\lambda}{2\pi\varepsilon_0 r^2}\cdot\boldsymbol{r} \tag{5.3.11}$$

可以分解为

$$E_x=\frac{\lambda}{2\pi\varepsilon_0}\cdot\frac{x}{x^2+y^2},E_y=\frac{\lambda}{2\pi\varepsilon_0}\cdot\frac{y}{x^2+y^2},$$

由此我们可以构造下面的复数场

$$E(z)=E_x-\mathrm{i}E_y=\frac{\lambda}{2\pi\varepsilon_0}\frac{x-\mathrm{i}y}{x^2+y^2}=\frac{\lambda}{2\pi\varepsilon_0}\frac{\bar{z}}{z\bar{z}}=\frac{\lambda}{2\pi\varepsilon_0}\frac{1}{z} \tag{5.3.12}$$

$z=0$ 的是函数 $E(z)$ 在有限远点的唯一奇点，且为单极点，根据留数定理有

$$\oint_L E(z)\mathrm{d}z=2\pi\mathrm{i}\mathrm{Res}[E(z),0]=\mathrm{i}\frac{\lambda}{\varepsilon_0} \tag{5.3.13}$$

又

$$\begin{aligned}\oint_L E(z)\mathrm{d}z&=\oint_L(E_x-\mathrm{i}E_y)\mathrm{d}(x+\mathrm{i}y)\\&=\oint_L(E_x\mathrm{d}x+E_y\mathrm{d}y)+\mathrm{i}\oint_L(E_x\mathrm{d}y-E_y\mathrm{d}x).\end{aligned} \tag{5.3.14}$$

由式(5.3.13) 和式(5.3.14) 可知

$$\oint_L\boldsymbol{E}\cdot\mathrm{d}\boldsymbol{l}=\oint_L(E_x\mathrm{d}x+E_y\mathrm{d}y)=0\ , \tag{5.3.15}$$

$$\oint_L(E_x\mathrm{d}y-E_y\mathrm{d}x)=\frac{\lambda}{\varepsilon_0}. \tag{5.3.16}$$

式(5.3.15) 就是我们所熟知的静电场环路定理，它表明静电场是保守场．式(5.3.16) 就是二维情况下的静电场高斯定理。因此构造了如式(5.3.12) 所示的复数场，我们就可以利用留数定理导出静电场的两个基本定理．

本章主要内容

1. 孤立奇点

如果函数 $f(z)$ 在 z_0 不解析，但在 z_0 的某个去心邻域 $0<|z-z_0|<\delta$ 内处处解析，则 z_0 称为 $f(z)$ 的孤立奇点．

可去奇点：如果 z_0 是 $f(z)$ 的孤立奇点，且 $f(z)$ 的洛朗级数中不含有 $z-z_0$ 的负幂项，则 z_0 称为 $f(z)$ 的可去奇点．

可去奇点的判别：

(1) 由定义判断：如果 $f(z)$ 在孤立奇点 z_0 的洛朗级数无负幂项，则 z_0 是 $f(z)$ 的可去奇点．

(2) 由极限判断：孤立奇点 z_0 为 $f(z)$ 的可去奇点的充要条件是 $\lim\limits_{z\to z_0}f(z)=c$ 为有限值．

极点：如果 z_0 是 $f(z)$ 的孤立奇点，且 $f(z)$ 的洛朗级数中只有有限个 $z-z_0$ 的负幂项，又设 $(z-z_0)$ 的最高次幂为 $(z-z_0)^{-m}$，则 z_0 称为 $f(z)$ 的 m 级极点．

极点的判别：

(1) 由定义判别：如果 $f(z)$ 在孤立奇点 z_0 的洛朗级数含有 $z-z_0$ 的负幂项为有限项，则 z_0 是 $f(z)$ 的极点.

(2) 由定义的等价形式判别：在点 z_0 的某个去心邻域 $0<|z-z_0|<\delta$ 内

$$f(z)=\frac{g(z)}{(z-z_0)^m},$$

其中 $g(z)$ 在 z_0 点解析，且 $g(z_0)\neq 0$.

(3) 由极限判别：z_0 为 $f(z)$ 的极点的充要条件是 $\lim\limits_{z\to z_0}f(z)=\infty$

本性奇点：如果 z_0 是 $f(z)$ 的孤立奇点，且 $f(z)$ 的洛朗级数中含有无穷多个 $z-z_0$ 的负幂项，则 z_0 称为 $f(z)$ 的本性奇点.

本性奇点的判别如下。

(1) 由定义判别：如果 $f(z)$ 在孤立奇点 z_0 的洛朗级数含有 $z-z_0$ 的负幂项为无限项，则 z_0 是 $f(z)$ 的本性奇点.

(2) 由极限判别：z_0 为 $f(z)$ 的本性奇点的充要条件是 $\lim\limits_{z\to z_0}f(z)$ 不存在也不为无穷大.

2. 零点

不恒等于零的解析函数 $f(z)$ 如果能表示成 $f(z)=(z-z_0)^m\varphi(z)$，其中 $\varphi(z)$ 在 z_0 解析且 $\varphi(z_0)\neq 0$，m 为正整数，则 z_0 称为 $f(z)$ 的 m 级零点.

定理 1　设 $f(z)$ 在 z_0 点解析，则 z_0 为 $f(z)$ 的 m 级零点的充要条件为

$$f(z_0)=f'(z_0)=\cdots=f^{(m-1)}(z_0)=0,f^{(m)}(z_0)\neq 0.$$

定理 2　点 z_0 为 $f(z)$ 的 m 级零点的充要条件是 z_0 为 $\dfrac{1}{f(z)}$ 的 m 级极点，反之也成立.

3. 留数

设 $z_0(z_0\neq\infty)$ 是函数 $f(z)$ 的孤立奇点，C 为去心邻域 $0<|z-z_0|<\delta$ 内任一条围绕 z_0 的正向简单闭曲线，则称 $\mathrm{Res}[f(z),z_0]=\dfrac{1}{2\pi\mathrm{i}}\oint_C f(z)\mathrm{d}z$ 为 $f(z)$ 在点 z_0 处的留数.

如果 $f(z)$ 在 $0<|z-z_0|<R$ 的洛朗级数中 $(z-z_0)^{-1}$ 的系数为 c_{-1}，则 $\mathrm{Res}[f(z),z_0]=c_{-1}$.

定理 3（留数定理）　若函数 $f(z)$ 在正向简单闭曲线 C 上处处解析，在 C 的内部除有限个奇点 $z_1,z_2,\cdots,z_n$ 外处处解析，则有

$$\oint_C f(z)\mathrm{d}z=2\pi\mathrm{i}\sum_{k=1}^{n}\mathrm{Res}[f(z),z_k].$$

由留数定理，求沿闭曲线 C 的积分，就转化为求被积函数在 C 内各孤立奇点的留数.

4. 留数的计算规则

(1) 若 z_0 是 $f(z)$ 的可去奇点，则 $\mathrm{Res}[f(z),z_0]=0$.

(2) 若 z_0 是 $f(z)$ 的本性奇点，则 $\mathrm{Res}[f(z),z_0]=c_{-1}$. 对于这种情形，一般

只能将 $f(z)$ 在点 z_0 去心邻域 $0<|z-z_0|<\delta$ 内展成洛朗级数得到 c_{-1}.

(3) 若 z_0 是 $f(z)$ 的一级极点，则 $\mathrm{Res}[f(z),z_0]=\lim\limits_{z\to z_0}(z-z_0)f(z)$.

(4) 若 z_0 是 $f(z)$ 的 m 级极点，则对任意正整数 $n\geqslant m$ 有

$$\mathrm{Res}[f(z),z_0]=\frac{1}{(n-1)!}\lim_{z\to z_0}\frac{\mathrm{d}^{n-1}}{\mathrm{d}z^{n-1}}[(z-z_0)^n f(z)].$$

习　题　5

1. 举例说明下列各题是错误的．

(1) 复变函数 $w=f(z)$ 的奇点都是孤立的；

(2) 如果 $f(z)$ 没有零点，则 $1/f(z)$ 没有奇点；

(3) $z=0$ 为 $\dfrac{\ln(1+z)}{z^2}$ 的二级极点；

(4) $z=a$ 是 $(z-a)^5\sin\dfrac{1}{(z-a)^2}$ 的二级极点．

2. 填空题

(1) 设 $f(z)=\dfrac{z+1}{z^2-2z}$，$\mathrm{Res}[f(z),2]=$（　　　　）；

(2) 设 $f(z)=\dfrac{1-\cos z}{z^2}$，$\mathrm{Res}[f(z),0]=$（　　　　）；

(3) 设 $f(z)=\dfrac{1}{z^2(z-1)}$，$\mathrm{Res}[f(z),0]=$（　　　　）；

(4) 设 $f(z)=\dfrac{z}{z^2+1}$，$\mathrm{Res}[f(z),-\mathrm{i}]=$（　　　　）；

(5) 设 $f(z)=z^2\sin\dfrac{1}{z}$，$\mathrm{Res}[f(z),0]=$（　　　　）；

(6) 设 $f(z)=\dfrac{\mathrm{e}^z}{(z-\mathrm{i})^{10}}$，则 $z=\mathrm{i}$ 是 $f(z)$ 的（　　）极点；

(7) $\mathrm{Res}\left[\dfrac{1}{(z-1)^2},1\right]=$（　　　）；

(8) 设 $f(z)=\dfrac{\cos(z-1)}{(z-1)^3}$，则 $z=1$ 是 $f(z)$ 的（　　）极点；

(9) $\mathrm{Res}\left[\dfrac{1}{z-2},2\right]=$（　　　）；

(10) $\mathrm{Res}\left[\dfrac{\sin 2}{(z-2)^3},2\right]=$（　　　）.

3. 求下列函数的孤立奇点并确定它们的类别，若是极点，指出它们的级．

(1) $\dfrac{1}{z(z^2+1)^2}$；

(2) $\dfrac{1}{z^3-z^2-z+1}$；

(3) $\dfrac{\sin z}{z^3}$；

(4) $\dfrac{\ln(1+z)}{z}$；

(5) $\dfrac{z^6+1}{z(z^2+1)}$； (6) $e^{\frac{1}{z-1}}$；

(7) $\dfrac{1}{z^2(e^z-1)}$； (8) $\cos\dfrac{1}{z-2}$；

(9) $\dfrac{\cos z}{z^2}$； (10) $e^{\frac{1}{z^2}}$；

(11) $\sin\dfrac{1}{z-1}$； (12) $\dfrac{1}{\sin z^2}$.

4. 若 z_0 是 $f(z)$ 的 $m(m>1)$ 级零点，证明 z_0 是 $f'(z)$ 的 $m-1$ 级零点.

5. 设 z_0 是 $f(z)$ 的 m 级极点，又是 $g(z)$ 的 n 级极点，试说明 z_0 是下列函数的什么奇点.

(1) $f(z)+g(z)$； (2) $f(z)g(z)$； (3) $f(z)/g(z)$.

6. 求下列函数在有限奇点处的留数.

(1) $\dfrac{1}{z^3-z^5}$； (2) $\dfrac{1}{z(1-z^2)}$； (3) $\dfrac{z^2}{(z^2+1)^2}$；

(4) $\dfrac{z^4}{(z^2+1)^3}$； (5) $\dfrac{z}{\cos z}$； (6) $z^2\sin\dfrac{1}{z}$.

7. 利用留数定理计算下列积分.

(1) $\oint\limits_{|z|=3}\dfrac{z}{z^2-1}dz$； (2) $\oint\limits_{|z|=1}\dfrac{1-\cos z}{z}dz$；

(3) $\oint\limits_{|z|=\frac{3}{2}}\dfrac{-3z+4}{z(z-1)(z-2)}dz$； (4) $\oint\limits_{|z|=3}\dfrac{e^z}{(z-1)^2}dz$；

(5) $\oint\limits_{|z|=3}\dfrac{\sin z}{z}dz$； (6) $\oint\limits_{|z|=3}\dfrac{e^{\sin z}}{z^2(z^2-1)}dz$.

8. 利用留数计算下列定积分.

(1) $\displaystyle\int_0^{2\pi}\frac{d\theta}{2+\cos\theta}$； (2) $\displaystyle\int_0^{2\pi}\frac{d\theta}{\frac{5}{4}+\sin\theta}$；

(3) $\displaystyle\int_{-\infty}^{+\infty}\frac{1}{(1+x^2)^3}dx$； (4) $\displaystyle\int_0^{+\infty}\frac{\cos x}{1+x^2}dx$；

(5) $\displaystyle\int_0^{2\pi}\frac{d\theta}{4+\sin^2\theta}$； (6) $\displaystyle\int_0^{+\infty}\frac{x^2}{1+x^6}dx$；

(7) $\displaystyle\int_0^{2\pi}\frac{d\theta}{1-2\rho\sin\theta+\rho^2}$ $(\rho^2<1)$； (8) $\displaystyle\int_0^{+\infty}\frac{\sin x}{x(1+x^2)}dx$.

9. 单项选择题

(1) $z=i$ 是函数 $f(z)=\dfrac{1}{z(z^2+1)^2}$ 的（ ）.

(A) 可去奇点 (B) 本性奇点 (C) 二级极点 (D) 一级极点

(2) 若 z_0 是 $f(z)$ 的孤立奇点，则使 $\text{Res}[f(z),z_0]=0$ 的充分条件是：z_0 是

$f(z)$ 的（　　）.

(A) 可去奇点　(B) 本性奇点　(C) 极点　(D) 零点

(3) $f(z)=e^z$ 在 z 平面上（　　）.

(A) 有孤立奇点　(B) 没有孤立奇点　(C) 处处解析　(D) 有奇点

(4) $z=-i$ 是函数 $f(z)=\dfrac{1}{z(z^2+1)^2}$ 的（　　）.

(A) 可去奇点　(B) 本性奇点　(C) 二级极点　(D) 以上都不对

(5) 若 z_0 是 $f(z)$ 的（　　），则 $\mathrm{Res}[f(z),z_0]=\lim\limits_{z\to z_0}(z-z_0)f(z)$.

(A) 可去奇点　(B) 本性奇点　(C) 一级极点　(D) 以上都不对

(6) $f(z)=z^n$（$n>1$）在 z 平面上（　　）.

(A) 有孤立奇点　(B) 没有孤立奇点　(C) 处处解析　(D) 以上都不对

(7) $z=0$ 是函数 $f(z)=\dfrac{1}{z(z^2+1)^2}$ 的（　　）.

(A) 可去奇点　(B) 本性奇点　(C) 一级极点　(D) 以上都不对

(8) 若 z_0 是 $f(z)$ 的本性奇点，　则 $\mathrm{Res}[f(z),z_0]=$（　　）.

(A) c_{-1}　(B) c_1　(C) c_0　(D) 以上都不对

(9) $f(z)=\dfrac{1}{z}$ 在 z 平面上（　　）.

(A) 有孤立奇点　(B) 没有孤立奇点　(C) 处处解析　(D) 以上都不对

(10) 若 z_0 是 $f(z)$ 的孤立奇点，则使 $\mathrm{Res}[f(z),z_0]=c_{-1}$ 的充分条件是：z_0 是 $f(z)$ 的（　　）.

(A) 本性奇点　(B) 奇点　(C) 孤立奇点　(D) 解析点

(11) $f(z)=\sin z$ 在 z 平面上（　　）.

(A) 有孤立奇点　(B) 没有孤立奇点　(C) 处处解析　(D) 连续不解析

(12) $z=1$ 是函数 $f(z)=\dfrac{1}{z^3(z^2-1)^2}$ 的（　　）.

(A) 可去奇点　(B) 本性奇点　(C) 二级极点　(D) 三级极点

(13) $f(z)=\cos z$ 在 z 平面上（　　）.

(A) 有孤立奇点　(B) 没有孤立奇点　(C) 处处解析　(D) 有极点

(14) $z=0$ 是函数 $f(z)=\dfrac{1}{z^3(z^2-1)^2}$ 的（　　）.

(A) 可去奇点　(B) 本性奇点　(C) 二级极点　(D) 三级极点

第 6 章　傅里叶变换

傅里叶变换简称为傅氏变换，它的理论与方法不仅在数学的许多分支中，而且在自然科学和工程技术领域中均有着广泛的应用，已成为不可缺少的运算工具．本章在讨论傅氏积分的基础上，引入傅氏变换的概念，并讨论傅氏变换的性质及某些应用．

6.1　傅里叶积分

6.1.1　傅里叶级数

（1）三角级数、三角函数系的正交性

我们知道周期函数反映了客观世界中的周期运动．正弦函数是一种常见而简单的周期函数．例如描述简谐振动的函数

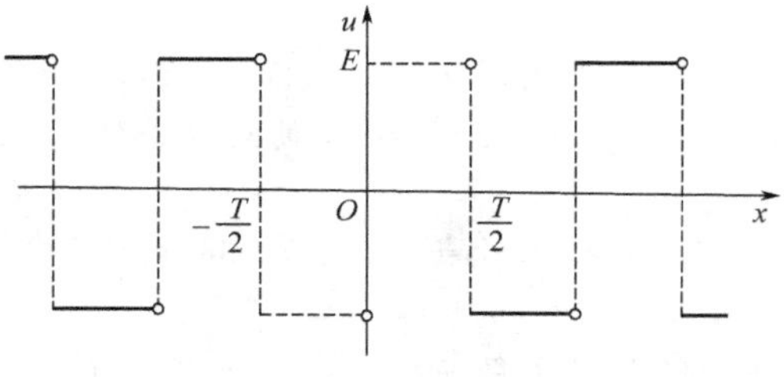

$$y = A\sin(\omega t + \varphi)$$

就是一个以 $\frac{2\pi}{\omega}$ 为周期的正弦函数．但在实际问题中，除了正弦函数外，还会遇到非正弦的周期函数，它们反映了较为复杂的周期运动．如电子技术中常用的周期为 T 的矩形波（图 6.1.1），就是一个非正弦的周期函数的例子．

图 6.1.1

为了深入研究非正弦周期函数，可以将周期为 $T\left(=\frac{2\pi}{\omega}\right)$ 的周期函数用一系列以 T 为周期的正弦函数 $A_n\sin(n\omega t)$ 组成的级数来表示，记为

$$f(t) = A_0 + \sum_{n=1}^{\infty} A_n \sin(n\omega t + \varphi_n) \tag{6.1.1}$$

式中，$A_0, A_n, \varphi_n (n = 1, 2, \cdots)$ 都是常数．

将周期函数按上述方式展开，它的物理意义是很明确的，就是把一个比较复杂的周期运动看成是许多不同频率的简谐振动的叠加．在电工学上，这种展开称为谐波分析．其中常数项 A_0 称为 $f(t)$ 的直流分量；$A_1\sin(\omega t + \varphi_1)$ 称为一次谐波（又叫做基波）；而 $A_2\sin(2\omega t + \varphi_2)$，$A_3\sin(3\omega t + \varphi_3)$，$\cdots$ 依次称为二次谐波，三次谐波等．

为了以后讨论方便起见，我们将正弦函数 $A_n\sin(n\omega t + \varphi_n)$ 按三角公式变形，得

$$A_n\sin(n\omega t+\varphi_n)=A_n\sin\varphi_n\cos n\omega t+A_n\cos\varphi_n\sin n\omega t,$$

若令 $\frac{a_0}{2}=A_0, a_n=A_n\sin\varphi_n, b_n=A_n\cos\varphi_n, \omega t=x$，则式(6.1.1)右端的级数就可以改写为

$$\frac{a_0}{2}+\sum_{n=1}^{\infty}(a_n\cos nx+b_n\sin nx) \tag{6.1.2}$$

一般，形如式(6.1.2)的级数叫做三角级数，其中 $a_0, a_n, b_n (n=1,2,\cdots)$ 都是常数．

下面讨论三角级数（6.1.2）的收敛问题，以及给定周期为 2π 的周期函数如何把它展开成三角级数（6.1.2)．为此，我们首先介绍三角函数系的正交性．

所谓三角函数系

$$1,\cos x,\sin x,\cos 2x,\sin 2x,\cdots,\cos nx,\sin nx,\cdots \tag{6.1.3}$$

在区间 $[-\pi,\pi]$ 上正交，就是指在三角函数系（6.1.3）中任何不同的两个函数的乘积在区间 $[-\pi,\pi]$ 上的积分等于零，即

$$\int_{-\pi}^{\pi}\cos nx\,dx=0\ (n=1,2,3,\cdots),$$

$$\int_{-\pi}^{\pi}\sin nx\,dx=0\ (n=1,2,3,\cdots),$$

$$\int_{-\pi}^{\pi}\sin kx\cos nx\,dx=0\ (k,n=1,2,3,\cdots),$$

$$\int_{-\pi}^{\pi}\cos kx\cos nx\,dx=0\ (k,n=1,2,3,\cdots,k\neq n),$$

$$\int_{-\pi}^{\pi}\sin kx\sin nx\,dx=0\ (k,n=1,2,3,\cdots,k\neq n).$$

以上等式都可以通过定积分来验证．

在三角函数系（6.1.3）中，两个相同函数的乘积在区间 $[-\pi,\pi]$ 上的积分不等于零，即

$$\int_{-\pi}^{\pi}1^2\,dx=2\pi,$$

$$\int_{-\pi}^{\pi}\sin^2 nx\,dx=\pi\ (n=1,2,3,\cdots),$$

$$\int_{-\pi}^{\pi}\cos^2 nx\,dx=\pi\ (n=1,2,3,\cdots).$$

(2) 函数展开成傅里叶级数

设 $f(x)$ 是周期为 2π 的周期函数，且能展开成三角级数：

$$f(x)=\frac{a_0}{2}+\sum_{n=1}^{\infty}(a_n\cos nx+b_n\sin nx). \tag{6.1.4}$$

我们自然要问：系数 $a_0, a_n, b_n (n=1,2,\cdots)$ 与函数 $f(x)$ 之间存在着怎样的关系？换句话说，如何利用 $f(x)$ 把 $a_0, a_n, b_n (n=1,2,\cdots)$ 表达出来？为此我们进一步假设级数（6.1.4）可以逐项积分．

先求 a_0，对式(6.1.4)从 $-\pi$ 到 π 逐项积分，

$$\int_{-\pi}^{\pi} f(x)\mathrm{d}x=\int_{-\pi}^{\pi}\frac{a_0}{2}\mathrm{d}x+\sum_{n=1}^{\infty}\left(a_n\int_{-\pi}^{\pi}\cos nx\,\mathrm{d}x+b_n\int_{-\pi}^{\pi}\sin nx\,\mathrm{d}x\right).$$

根据三角函数系正交性，等式右端除第一项外，其余各项均为零，所以

$$\int_{-\pi}^{\pi} f(x)\mathrm{d}x=\frac{a_0}{2}\cdot 2\pi=a_0\pi,$$

于是得

$$a_0=\frac{1}{\pi}\int_{-\pi}^{\pi} f(x)\mathrm{d}x.$$

其次求 a_n，用 $\cos nx$ 乘式(6.1.4) 两端，再从 $-\pi$ 到 π 逐项积分，我们得到

$$\int_{-\pi}^{\pi} f(x)\cos nx\,\mathrm{d}x=\int_{-\pi}^{\pi}\frac{a_0}{2}\cos nx\,\mathrm{d}x+\sum_{k=1}^{\infty}\left(a_k\int_{-\pi}^{\pi}\cos kx\cos nx\,\mathrm{d}x+b_k\int_{-\pi}^{\pi}\sin kx\cos nx\,\mathrm{d}x\right).$$

根据三角函数系正交性，等式右端除 $k=n$ 的一项外，其余各项均为零，所以

$$\int_{-\pi}^{\pi} f(x)\cos nx\,\mathrm{d}x=a_n\int_{-\pi}^{\pi}\cos^2 nx\,\mathrm{d}x=a_n\pi,$$

于是得

$$a_n=\frac{1}{\pi}\int_{-\pi}^{\pi} f(x)\cos nx\,\mathrm{d}x\quad(n=1,2,\cdots).$$

类似地，用 $\sin nx$ 乘式(6.1.4) 两端，再从 $-\pi$ 到 π 逐项积分，我们得到

$$b_n=\frac{1}{\pi}\int_{-\pi}^{\pi} f(x)\sin nx\,\mathrm{d}x\quad(n=1,2,\cdots).$$

由于当 $n=0$ 时，a_n 的表达式正好给出 a_0，因此，已得结果可以合并写成

$$a_n=\frac{1}{\pi}\int_{-\pi}^{\pi} f(x)\cos nx\,\mathrm{d}x\quad(n=0,1,2,\cdots),$$

$$b_n=\frac{1}{\pi}\int_{-\pi}^{\pi} f(x)\sin nx\,\mathrm{d}x\quad(n=1,2,\cdots).$$

如果上式中的积分都存在，这时它们定出的系数 $a_0, a_1, b_1\cdots$ 叫做函数 $f(x)$ 的傅里叶系数，将这些系数代入式(6.1.4) 右端，所得的三角级数

$$\frac{a_0}{2}+\sum_{n=1}^{\infty}(a_n\cos nx+b_n\sin nx)$$

叫做函数 $f(x)$ 的傅里叶级数．

一个定义在 $(-\infty,+\infty)$ 上周期为 2π 的函数 $f(x)$，如果在一个周期上可积，则一定可以作出 $f(x)$ 的傅里叶级数．然而，函数 $f(x)$ 的傅里叶级数是否一定收敛？如果它收敛是否一定收敛于函数 $f(x)$？一般说来，这两个问题的答案都不是肯定的．那么，$f(x)$ 在怎样的条件下，它的傅里叶级数是收敛的，而且收敛于 $f(x)$？

下面我们叙述一个收敛定理（不加证明），它给出了上述问题的一个重要结论．

定理 6.1.1（收敛定理，狄利克雷充分条件） 设函数 $f(x)$ 是周期为 2π 的周期函数，如果它满足：

① 在一个周期内连续或只有有限个第一类间断点；

② 在一个周期内至多只有有限个极值点．

则 $f(x)$ 的傅里叶级数收敛，并且

当 x 是 $f(x)$ 的连续点时，级数收敛于 $f(x)$；

当 x 是 $f(x)$ 的间断点时，级数收敛于 $\frac{1}{2}[f(x^-)+f(x^+)]$.

(3) 周期为 T 的周期函数展开成傅里叶级数

根据上述讨论的结果，经过自变量的变量代换，可得下面定理.

定理 6.1.2　设周期为 T 的周期函数 $f(x)$ 满足收敛定理的条件，则它的傅里叶级数展开式为

$$f(x)=\frac{a_0}{2}+\sum_{n=1}^{\infty}\left(a_n\cos\frac{2n\pi x}{T}+b_n\sin\frac{2n\pi x}{T}\right)\ (x\in C)$$

其中

$$a_n=\frac{2}{T}\int_{-\frac{T}{2}}^{\frac{T}{2}}f(x)\cos\frac{2n\pi x}{T}\mathrm{d}x\ (n=0,1,2,\cdots),$$

$$b_n=\frac{2}{T}\int_{-\frac{T}{2}}^{\frac{T}{2}}f(x)\sin\frac{2n\pi x}{T}\mathrm{d}x\ (n=1,2,\cdots).$$

$$C=\left\{x\mid f(x)=\frac{1}{2}[f(x^-)+f(x^+)]\right\}$$

当 $f(x)$ 为奇函数时，$f(x)=\sum_{n=1}^{\infty}b_n\sin\frac{2n\pi x}{T}(x\in C)$，

$$b_n=\frac{4}{T}\int_0^{\frac{T}{2}}f(x)\sin\frac{2n\pi x}{T}\mathrm{d}x\ (n=1,2,\cdots).$$

当 $f(x)$为偶函数时，$f(x)=\frac{a_0}{2}+\sum_{n=1}^{\infty}a_n\cos\frac{2n\pi x}{T}(x\in C)$，

$$a_n=\frac{4}{T}\int_0^{l}f(x)\cos\frac{2n\pi x}{T}\mathrm{d}x\ (n=0,1,2,\cdots).$$

6.1.2　傅里叶积分定理

我们知道，一个以 T 为周期的周期函数 $f_T(t)$，如果在 $\left[-\frac{T}{2},\frac{T}{2}\right]$ 上满足狄利克雷 (Dirichlet) 条件（即函数在 $\left[-\frac{T}{2},\frac{T}{2}\right]$ 上满足：连续或只有有限个第一类间断点；只有有限个极值点)，那么在 $\left[-\frac{T}{2},\frac{T}{2}\right]$ 上就可以展成傅里叶级数. 即在 $f_T(t)$ 的连续点 t 处，有

$$f_T(t)=\frac{a_0}{2}+\sum_{n=1}^{+\infty}(a_n\cos n\omega t+b_n\sin n\omega t).\tag{6.1.5}$$

其中 $\omega=\frac{2\pi}{T}$，$a_0=\frac{2}{T}\int_{-\frac{T}{2}}^{\frac{T}{2}}f_T(t)\mathrm{d}t$，

$$a_n=\frac{2}{T}\int_{-\frac{T}{2}}^{\frac{T}{2}}f_T(t)\cos n\omega t\,\mathrm{d}t\ ,\ b_n=\frac{2}{T}\int_{-\frac{T}{2}}^{\frac{T}{2}}f_T(t)\sin n\omega t\,\mathrm{d}t\ (n=1,2,\cdots).$$

为了今后应用上的方便，下面把傅里叶级数的三角形式转化为复指数形式．根据欧拉公式

$$\cos\theta=\frac{e^{j\theta}+e^{-j\theta}}{2}, \sin\theta=\frac{e^{j\theta}-e^{-j\theta}}{2j}=-j\cdot\frac{e^{j\theta}-e^{-j\theta}}{2},$$

式(6.1.5) 可以写为

$$f_T(t)=\frac{a_0}{2}+\sum_{n=1}^{+\infty}\left(a_n\frac{e^{jn\omega t}+e^{-jn\omega t}}{2}-jb_n\frac{e^{jn\omega t}-e^{-jn\omega t}}{2}\right)$$
$$=\frac{a_0}{2}+\sum_{n=1}^{+\infty}\left(\frac{a_n-jb_n}{2}e^{jn\omega t}+\frac{a_n+jb_n}{2}e^{-jn\omega t}\right).$$

若令

$$c_0=\frac{a_0}{2}=\frac{1}{T}\int_{-\frac{T}{2}}^{\frac{T}{2}}f_T(t)dt,$$

$$c_n=\frac{a_n-jb_n}{2}=\frac{1}{T}\int_{-\frac{T}{2}}^{\frac{T}{2}}f_T(t)\cos n\omega t\,dt-j\cdot\frac{1}{T}\int_{-\frac{T}{2}}^{\frac{T}{2}}f_T(t)\sin n\omega t\,dt$$
$$=\frac{1}{T}\int_{-\frac{T}{2}}^{\frac{T}{2}}f_T(t)(\cos n\omega t-j\sin n\omega t)dt$$
$$=\frac{1}{T}\int_{-\frac{T}{2}}^{\frac{T}{2}}f_T(t)e^{-jn\omega t}dt\ (n=1,2,\cdots),$$

$$d_n=\frac{a_n+jb_n}{2}=\frac{1}{T}\int_{-\frac{T}{2}}^{\frac{T}{2}}f_T(t)e^{jn\omega t}dt=c_{-n}\ (n=1,2,\cdots).$$

c_n 和 c_{-n} 可合写成一个式子

$$c_n=\frac{1}{T}\int_{-\frac{T}{2}}^{\frac{T}{2}}f_T(t)e^{-jn\omega t}dt\ (n=0,\pm1,\pm2,\cdots).$$

若再令 $\omega_n=n\omega\ (n=0,\pm1,\pm2,\cdots)$，则式(6.1.5) 可写为

$$f_T(t)=c_0+\sum_{n=1}^{+\infty}(c_ne^{j\omega_nt}+c_{-n}e^{-j\omega_nt})=\sum_{n=-\infty}^{+\infty}c_ne^{j\omega_nt},$$

这就是傅里叶级数的复指数形式．或者写为

$$f_T(t)=\frac{1}{T}\sum_{n=-\infty}^{+\infty}\left[\int_{-\frac{T}{2}}^{\frac{T}{2}}f_T(t)e^{-j\omega_nt}dt\right]e^{j\omega_nt}. \tag{6.1.6}$$

下面讨论非周期函数的展开问题．任何一个非周期函数 $f(t)$ 都可以看成是某个周期函数 $f_T(t)$ 当 $T\to+\infty$ 时的极限．为了说明这一点，我们作周期为 T 的函数 $f_T(t)$，使其在 $\left[-\frac{T}{2},\frac{T}{2}\right)$ 内等于 $f(t)$，而在 $\left[-\frac{T}{2},\frac{T}{2}\right)$ 之外按周期 T 延拓到整个数轴上，如图 6.1.2 所示．很明显，T 越大，$f_T(t)$ 与 $f(t)$ 相同的范围也就越大，从而，当 $T\to+\infty$ 时，周期函数 $f_T(t)$ 便可转化为非周期函数 $f(t)$，即

$$\lim_{T\to+\infty}f_T(t)=f(t).$$

于是，在式(6.1.6) 两端令 $T\to+\infty$，得

$$f(t)=\lim_{T\to+\infty}\frac{1}{T}\sum_{n=-\infty}^{+\infty}\left[\int_{-\frac{T}{2}}^{\frac{T}{2}}f_T(t)e^{-j\omega_nt}dt\right]e^{j\omega_nt}. \tag{6.1.7}$$

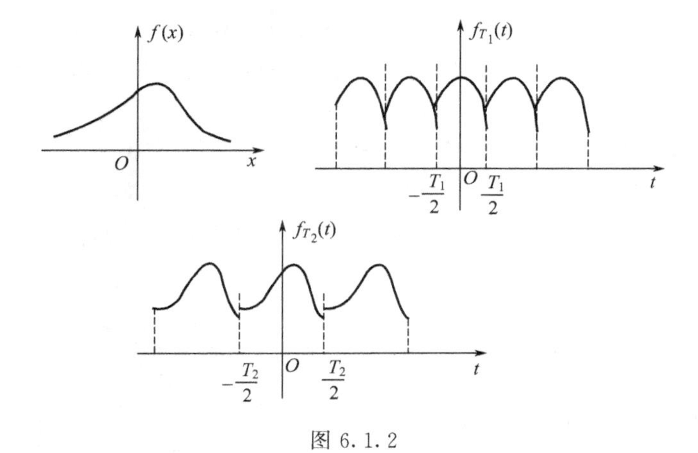

图 6.1.2

当 n 取所有的整数时，ω_n 所对应的点便均匀地分布在整个数轴上，如图 6.1.3 所示．若两个相邻点的距离用 $\Delta\omega_n$ 表示，即

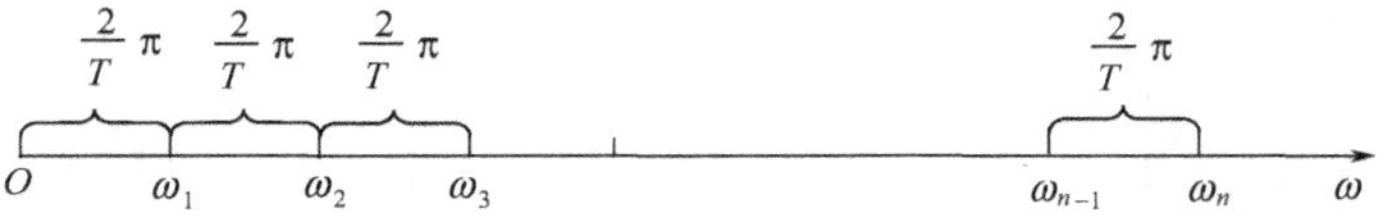

图 6.1.3

$$\Delta\omega_n=\omega_n-\omega_{n-1}=\frac{2\pi}{T} \text{ 或 } T=\frac{2\pi}{\Delta\omega_n},$$

则当 $T\to+\infty$ 时，有 $\Delta\omega_n\to 0$，所以式(6.1.7) 又可写为

$$f(t)=\lim_{\Delta\omega_n\to 0}\sum_{n=-\infty}^{+\infty}\left[\frac{1}{2\pi}\int_{-\frac{T}{2}}^{\frac{T}{2}}f_T(\tau)\mathrm{e}^{-\mathrm{j}\omega_n\tau}\mathrm{d}\tau\right]\mathrm{e}^{\mathrm{j}\omega_n t}\Delta\omega_n. \tag{6.1.8}$$

当 t 固定时，$\left[\frac{1}{2\pi}\int_{-\frac{T}{2}}^{\frac{T}{2}}f_T(\tau)\mathrm{e}^{-\mathrm{j}\omega_n\tau}\mathrm{d}\tau\right]\mathrm{e}^{\mathrm{j}\omega_n t}$ 是参数 ω_n 的函数，记为 $\Phi_T(\omega_n)$，即

$$\Phi_T(\omega_n)=\left[\frac{1}{2\pi}\int_{-\frac{T}{2}}^{\frac{T}{2}}f_T(\tau)\mathrm{e}^{-\mathrm{j}\omega_n\tau}\mathrm{d}\tau\right]\mathrm{e}^{\mathrm{j}\omega_n t}. \tag{6.1.9}$$

于是式(6.1.8) 变为

$$f(t)=\lim_{\Delta\omega_n\to 0}\sum_{n=-\infty}^{+\infty}\Phi_T(\omega_n)\Delta\omega_n.$$

由于当 $\Delta\omega_n\to 0$ 时，有 $T\to+\infty$，且 $\Phi_T(\omega_n)\to\Phi(\omega_n)=\left[\frac{1}{2\pi}\int_{-\infty}^{\infty}f(\tau)\mathrm{e}^{-\mathrm{j}\omega_n\tau}\mathrm{d}\tau\right]\mathrm{e}^{\mathrm{j}\omega_n\tau}$，于是上式结合积分定义有

$$f(t)=\lim_{\Delta\omega_n\to 0}\sum_{n=-\infty}^{+\infty}\Phi(\omega_n)\Delta\omega_n=\int_{-\infty}^{+\infty}\Phi(\omega)\mathrm{d}\omega, \tag{6.1.10}$$

这里
$$\Phi(\omega)=\left[\frac{1}{2\pi}\int_{-\infty}^{+\infty}f(\tau)\mathrm{e}^{-\mathrm{j}\omega\tau}\mathrm{d}\tau\right]\mathrm{e}^{\mathrm{j}\omega t},$$

即
$$f(t)=\int_{-\infty}^{+\infty}\Phi(\omega)\mathrm{d}\omega=\int_{-\infty}^{+\infty}\left[\frac{1}{2\pi}\int_{-\infty}^{+\infty}f(\tau)\mathrm{e}^{-\mathrm{j}\omega\tau}\mathrm{d}\tau\right]\mathrm{e}^{\mathrm{j}\omega t}\mathrm{d}\omega. \tag{6.1.11}$$

式(6.1.11) 称为函数 $f(t)$ 的傅里叶积分公式（简称为傅氏积分公式）. 应该指出，上式只是由式(6.1.8) 形式上推出的，是不严格的. 关于一个非周期函数在什么条件下可以用傅氏积分公式来表示，有如下定理.

定理 6.1.3（傅里叶积分定理） 若函数 $f(t)$ 在 $(-\infty,+\infty)$ 上满足：

① 在任意有限区间上满足狄利克雷条件；

② 在无限区间 $(-\infty,+\infty)$ 上绝对可积 $\left[\text{即积分} \int_{-\infty}^{+\infty} |f(t)|\,\mathrm{d}t \text{ 收敛}\right]$.

则有

$$f(t)=\frac{1}{2\pi}\int_{-\infty}^{+\infty}\left[\int_{-\infty}^{+\infty} f(\tau)\mathrm{e}^{-\mathrm{j}\omega\tau}\,\mathrm{d}\tau\right]\mathrm{e}^{\mathrm{j}\omega t}\,\mathrm{d}\omega \tag{6.1.12}$$

成立，而左端的 $f(t)$ 在它的间断点 t 处，应以 $\dfrac{f(t^{+})+f(t^{-})}{2}$ 来代替.

这个定理称为傅里叶积分定理，简称为傅氏积分定理，其中所列的条件是充分的，它的证明要用到较多的基础理论，证明略.

式(6.1.12) 是 $f(t)$ 的傅氏积分的复指数形式，利用欧拉公式，可将它转化为三角形式. 因为

$$\begin{aligned} f(t)&=\frac{1}{2\pi}\int_{-\infty}^{+\infty}\left[\int_{-\infty}^{+\infty} f(\tau)\mathrm{e}^{-\mathrm{j}\omega\tau}\,\mathrm{d}\tau\right]\mathrm{e}^{\mathrm{j}\omega t}\,\mathrm{d}\omega=\frac{1}{2\pi}\int_{-\infty}^{+\infty}\left[\int_{-\infty}^{+\infty} f(\tau)\mathrm{e}^{\mathrm{j}\omega(t-\tau)}\,\mathrm{d}\tau\right]\mathrm{d}\omega \\ &=\frac{1}{2\pi}\int_{-\infty}^{+\infty}\left[\int_{-\infty}^{+\infty} f(\tau)\cos\omega(t-\tau)\mathrm{d}\tau+\mathrm{j}\int_{-\infty}^{+\infty} f(\tau)\sin\omega(t-\tau)\mathrm{d}\tau\right]\mathrm{d}\omega\ , \end{aligned}$$

考虑到积分 $\int_{-\infty}^{+\infty} f(\tau)\sin\omega(t-\tau)\mathrm{d}\tau$ 是 ω 的奇函数，则有

$$\int_{-\infty}^{+\infty}\left[\int_{-\infty}^{+\infty} f(\tau)\sin\omega(t-\tau)\mathrm{d}\tau\right]\mathrm{d}\omega=0\ ,$$

从而

$$f(t)=\frac{1}{2\pi}\int_{-\infty}^{+\infty}\left[\int_{-\infty}^{+\infty} f(\tau)\cos\omega(t-\tau)\mathrm{d}\tau\right]\mathrm{d}\omega\ , \tag{6.1.13}$$

又考虑到积分 $\int_{-\infty}^{+\infty}\left[\int_{-\infty}^{+\infty} f(\tau)\cos\omega(t-\tau)\mathrm{d}\tau\right]\mathrm{d}\omega$ 是 ω 的偶函数，则式(6.1.13) 可写为

$$f(t)=\frac{1}{\pi}\int_{0}^{+\infty}\left[\int_{-\infty}^{+\infty} f(\tau)\cos\omega(t-\tau)\mathrm{d}\tau\right]\mathrm{d}\omega \tag{6.1.14}$$

这便是 $f(t)$ 的傅氏积分公式的三角形式. 稍加改变，还可以得到其他形式（见本章习题）.

6.2 傅里叶变换

6.2.1 傅里叶变换的定义

我们知道，若函数 $f(t)$ 满足傅氏积分定理的条件，则在 $f(t)$ 的连续点处有

$$f(t)=\frac{1}{2\pi}\int_{-\infty}^{+\infty}\left[\int_{-\infty}^{+\infty}f(\tau)\mathrm{e}^{-\mathrm{j}\omega\tau}\mathrm{d}\tau\right]\mathrm{e}^{\mathrm{j}\omega t}\mathrm{d}\omega$$

成立．若记

$$F(\omega)=\int_{-\infty}^{+\infty}f(t)\mathrm{e}^{-\mathrm{j}\omega t}\mathrm{d}t\ , \tag{6.2.1}$$

则

$$f(t)=\frac{1}{2\pi}\int_{-\infty}^{+\infty}F(\omega)\mathrm{e}^{\mathrm{j}\omega t}\mathrm{d}\omega\ . \tag{6.2.2}$$

式(6.2.1)，式(6.2.2) 表明，$f(t)$ 与 $F(\omega)$ 可以通过积分运算相互表示．由此便可给出傅里叶变换的定义．

定义 6.2.1 若函数 $f(t)$ 在 $(-\infty,+\infty)$ 上满足：

① 在任意有限区间上满足狄氏条件（逐段光滑）；

② 绝对可积，即 $\int_{-\infty}^{+\infty}|f(t)|\mathrm{d}t$ 收敛．

称 $F(\omega)=\int_{-\infty}^{+\infty}f(t)\mathrm{e}^{-\mathrm{j}\omega t}\mathrm{d}t$ 叫做 $f(t)$ 的傅里叶变换，简称为傅氏变换．

可记为

$$F(\omega)=\mathscr{F}[f(t)]$$

$F(\omega)$ 叫做 $f(t)$ 的像函数，而式(6.2.2) 叫做 $f(t)$ 的傅里叶逆变换式，可记为

$$f(t)=\mathscr{F}^{-1}[F(\omega)]$$

$f(t)$ 叫做 $F(\omega)$ 的像原函数．

式(6.2.1) 右端的积分运算，叫做取 $f(t)$ 的傅氏变换，同样，式(6.2.2) 右端的积分运算，叫做取 $F(\omega)$ 的傅氏逆变换．可以说像函数 $F(\omega)$ 和像原函数 $f(t)$ 构成了一个傅氏变换对．

注意 ① $f(t)$ 为偶函数时，$f(t)=\frac{2}{\pi}\int_{0}^{+\infty}F_c(\omega)\cos\omega t\,\mathrm{d}\omega$，$F_c(\omega)=\int_{0}^{+\infty}f(\tau)\cos\omega\tau\,\mathrm{d}\tau$．称 $F_c(\omega)$ 为 $f(t)$ 的傅里叶余弦变换，记为 $\mathscr{F}_c[f(t)]=F_c(\omega)$，$f(t)$ 称为 $F_c(\omega)$ 傅里叶余弦逆变换，记为 $\mathscr{F}_c{}^{-1}[F_c(\omega)]=f(t)$；

$f(t)$ 为奇函数时，$f(t)=\frac{2}{\pi}\int_{0}^{+\infty}F_s(\omega)\sin\omega t\,\mathrm{d}\omega$，$F_s(\omega)=\int_{0}^{+\infty}f(\tau)\sin\omega\tau\,\mathrm{d}\tau$．称 $F_s(\omega)$ 为 $f(t)$ 的傅里叶正弦变换，记为 $\mathscr{F}_s[f(t)]=F_s(\omega)$，$f(t)$ 称为$F_s(\omega)$ 傅里叶正弦逆变换，记为 $\mathscr{F}_s{}^{-1}[F_s(\omega)]=f(t)$.

② 在频谱分析中，傅氏变换 $F(\omega)$ 又称为 $f(t)$ 的频谱函数，而它的模 $|F(\omega)|$ 称为 $f(t)$ 的振幅频谱（亦简称为频谱). 由于 ω 是连续变化的，我们称之为连续频谱，对一个时间函数 $f(t)$ 作傅氏变换，就是求这个时间函数 $f(t)$ 的频谱.

【例 6.2.1】 设 $f(t)=\begin{cases}0, & t<0,\\ \mathrm{e}^{-\beta t}, & t\geqslant 0.\end{cases}$ 这里 $\beta>0$，称 $f(t)$ 为指数衰减函数，是工程技术中经常碰到的一个函数．求 $f(t)$ 的傅氏变换及其傅氏积分表达式．

解 $F(\omega)=\mathscr{F}[f(t)]=\int_{-\infty}^{+\infty}f(t)e^{-j\omega t}dt=\int_{0}^{+\infty}e^{-\beta t}e^{-j\omega t}dt=\int_{0}^{+\infty}e^{-(\beta+j\omega)t}dt$

$$=\frac{1}{\beta+j\omega}=\frac{\beta-j\omega}{\beta^2+\omega^2},$$

$$f(t)=\mathscr{F}^{-1}[F(\omega)]=\frac{1}{2\pi}\int_{-\infty}^{+\infty}F(\omega)e^{j\omega t}d\omega=\frac{1}{2\pi}\int_{-\infty}^{+\infty}\frac{\beta-j\omega}{\beta^2+\omega^2}(\cos\omega t+j\sin\omega t)d\omega$$

$$=\frac{1}{\pi}\int_{0}^{+\infty}\frac{\beta\cos\omega t+\omega\sin\omega t}{\beta^2+\omega^2}d\omega\ (t\neq 0).$$

再利用傅里叶积分定理，还可以由此得到如下的含参变量积分的结果

$$\int_{0}^{+\infty}\frac{\beta\cos\omega t+\omega\sin\omega t}{\beta^2+\omega^2}d\omega=\begin{cases}0, & t<0,\\ \frac{\pi}{2}, & t=0,\\ \pi e^{-\beta t}, & t>0.\end{cases}$$

6.2.2 δ-函数及其傅氏变换

δ-函数是英国著名理论物理学家狄拉克在20世纪20年代引入的，它既可以用来描写空间中的点源，如质点的质量分布，点电荷的电荷分布等；也可以用来描述时间上的瞬时源，如瞬时力、脉冲电流或电压等．因此在物理学中有着广泛的应用.

δ-函数并不是经典意义上的函数，直到20世纪50年代，法国著名数学家施瓦兹（Schwartz）在数学中引入广义函数之后，才给δ-函数的运算奠定了严格的数学基础．但这超出了本书的范围，我们将从物理实例出发引入δ-函数，并介绍δ-函数的基本知识，为求广义的傅里叶变换做准备．

（1）δ-函数的定义

下面通过计算点电荷的电荷密度引入δ-函数的概念．

中心位于x_0，长度为l，总电量为1的均匀带电细线，其线电荷密度$\rho(x)$及总电量Q分别为

$$\rho(x)=\begin{cases}0, & |x-x_0|>\frac{l}{2},\\ \frac{1}{l}, & |x-x_0|<\frac{l}{2},\end{cases}\quad Q=\int_{-\infty}^{+\infty}\rho(x)dx=1.$$

当$l\to 0$时，电荷分布可看作位于$x=x_0$的单位点电荷，这时的线密度及总电量分别为

$$\rho(x)=\begin{cases}0, & x\neq x_0,\\ \infty, & x=x_0,\end{cases}\quad Q=\int_{-\infty}^{+\infty}\rho(x)dx=1.$$

由此引入δ-函数的定义．

定义 6.2.2 称具有下列性质的函数为狄拉克函数，简称为δ-函数．

① $$\delta(x-x_0)=\begin{cases}0, & x\neq x_0,\\ \infty, & x=x_0.\end{cases}\tag{6.2.3}$$

② $$\int_{a}^{b}\delta(x-x_0)dx=\begin{cases}0, & x_0\notin(a,b),\\ 1, & x_0\in(a,b).\end{cases}\tag{6.2.4}$$

其函数曲线如图 6.2.1 所示.

引进 δ-函数后，位于 x_0 处，电量为 q 的点电荷的线密度可表示为

$$\rho(x)=q\delta(x-x_0).$$

位于坐标原点，质量为 m 的质点密度为 $\rho(x)=m\delta(x)$.

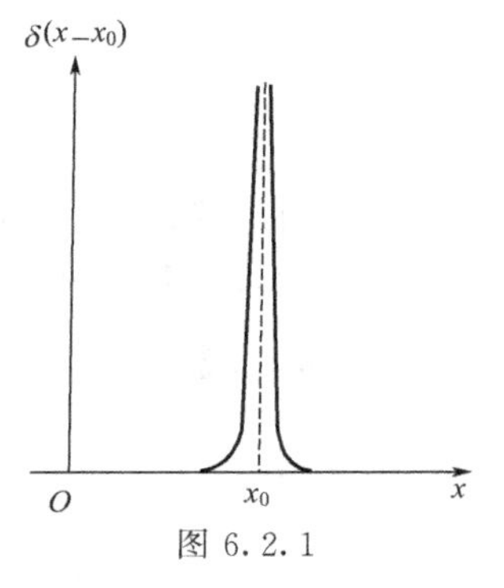

图 6.2.1

(2) δ-函数的性质

性质 1 若 $f(x)$ 是定义在区间 $(-\infty,+\infty)$ 的任意连续函数，则

$$\int_{-\infty}^{+\infty} f(x)\delta(x-x_0)\mathrm{d}x=f(x_0). \quad (6.2.5)$$

证 设 ε 是任意小的正数，因为在区间 $(x_0-\varepsilon, x_0+\varepsilon)$ 之外 $\delta(x-x_0)=0$，故 $\int_{-\infty}^{+\infty} f(x)\delta(x-x_0)\mathrm{d}x=\int_{x_0-\varepsilon}^{x_0+\varepsilon} f(x)\delta(x-x_0)\mathrm{d}x=f(\xi)\int_{x_0-\varepsilon}^{x_0+\varepsilon}\delta(x-x_0)\mathrm{d}x=f(\xi)$，这里利用了第二中值定理，$\xi\in(x_0-\varepsilon, x_0+\varepsilon)$. 由于 ε 是任意小的正数，当 $\varepsilon\to 0$ 时有 $\xi\to x_0, f(\xi)\to f(x_0)$，由此式(6.2.5) 得证.

特别地，当 $x_0=0$ 时有 $\int_{-\infty}^{+\infty} f(x)\delta(x)\mathrm{d}x=f(0)$.

性质 2 (对称性) $\delta(x-x_0)=\delta(x_0-x)$，即 δ-函数是偶函数.

性质 3 若 $g(x)$ 是定义在区间 $(-\infty,+\infty)$ 的任意连续函数，则

① $g(x)\delta(x-x_0)=g(x_0)\delta(x-x_0)$；

② $g(x)\delta(x)=g(0)\delta(x)$；

③ $x\delta(x)=0$.

性质 4 $\int_{-\infty}^{t}\delta(x)\mathrm{d}x=u(t)=\begin{cases}0, t<0,\\ 1, t>0.\end{cases}$ (单位阶跃函数)，即 $\frac{\mathrm{d}u(t)}{\mathrm{d}t}=\delta(t)$.

性质 5 若 $f(x)$ 具有任意阶的导数，且 $\lim\limits_{|x|\to+\infty} f^{(k)}(x)=0, k=1,2,\cdots$，则有

① $\int_{-\infty}^{+\infty} f(x)\delta'(x)\mathrm{d}x=-f'(0)$，

② $\int_{-\infty}^{+\infty} f(x)\delta^{(n)}(x)\mathrm{d}x=(-1)^n f^{(n)}(0)$.

(3) δ-函数的傅氏变换

利用傅氏变换的定义和 δ-函数的性质 1 可求出 δ-函数的傅氏变换

$$F(\omega)=\mathscr{F}[\delta(t)]=\int_{-\infty}^{+\infty}\delta(t)\mathrm{e}^{-\mathrm{j}\omega t}\mathrm{d}t=\mathrm{e}^{-\mathrm{j}\omega t}\big|_{t=0}=1.$$

可见 δ-函数与常数 1 构成了一个傅氏变换对.

需要指出的是，这里 δ- 函数的傅氏变换虽是按古典的定义求出的，但它已经不是古典意义上的傅氏变换，而是一种广义的傅氏变换. 因为古典意义下的傅氏变换要求像原函数满足傅氏积分定理中的狄利克雷条件，而 $\delta(t)$ 并不满足狄利克雷条件.

6.2.3 广义傅里叶变换

在物理和工程技术中，有许多重要函数不满足傅氏积分定理中的绝对可积条

件，即不满足条件

$$\int_{-\infty}^{+\infty} |f(t)| \, dt < +\infty .$$

例如，常数函数、符号函数、单位阶跃函数、正弦函数、余弦函数等就是如此．利用傅氏变换的定义及 δ-函数的结果，我们也可以求出以上诸函数的傅氏变换，只是已不再是古典意义下的变换，而是广义傅氏变换．不过一般无须冠以广义二字．

【例 6.2.2】 已知 $F(\omega)=\frac{1}{j\omega}+\pi\delta(\omega)$，试求其傅氏变换 $f(t)$，并由此求出单位阶跃函数 $u(t)=\begin{cases}0, & t<0,\\ 1, & t>0.\end{cases}$ 的傅氏变换及其傅氏积分表达式．

解 若 $F(\omega)=\frac{1}{j\omega}+\pi\delta(\omega)$，则按傅氏逆变换可得

$$\begin{aligned} f(t) &= \mathscr{F}^{-1}[F(\omega)] = \frac{1}{2\pi}\int_{-\infty}^{+\infty}\left[\frac{1}{j\omega}+\pi\delta(\omega)\right]e^{j\omega t}\,d\omega \\ &= \frac{1}{2\pi}\int_{-\infty}^{+\infty}\pi\delta(\omega)e^{j\omega t}\,d\omega + \frac{1}{2\pi}\int_{-\infty}^{+\infty}\frac{1}{j\omega}e^{j\omega t}\,d\omega \\ &= \frac{1}{2}\int_{-\infty}^{+\infty}\delta(\omega)e^{j\omega t}\,d\omega + \frac{1}{2\pi}\int_{-\infty}^{+\infty}\frac{\sin\omega t}{\omega}\,d\omega \\ &= \frac{1}{2} + \frac{1}{\pi}\int_{0}^{+\infty}\frac{\sin\omega t}{\omega}\,d\omega . \end{aligned}$$

而由狄利克雷积分 $\int_{0}^{+\infty}\frac{\sin\omega}{\omega}d\omega=\frac{\pi}{2}$ 易推得

$$\int_{0}^{+\infty}\frac{\sin\omega t}{\omega}\,d\omega = \begin{cases} -\frac{\pi}{2}, & t<0, \\ 0, & t=0, \\ \frac{\pi}{2}, & t>0. \end{cases}$$

将此结果代入 $f(t)$ 的表达式中，当 $t\neq 0$ 时，得

$$f(t)=\frac{1}{2}+\frac{1}{\pi}\int_{0}^{+\infty}\frac{\sin\omega t}{\omega}\,d\omega = \begin{cases} \frac{1}{2}+\frac{1}{\pi}\left(-\frac{\pi}{2}\right)=0, & t<0, \\ \frac{1}{2}+\frac{1}{\pi}\left(\frac{\pi}{2}\right)=1, & t>0. \end{cases}$$

这就表明，$F(\omega)=\frac{1}{j\omega}+\pi\delta(\omega)$ 的傅氏逆变换是 $u(t)$．因此 $u(t)$ 和 $\frac{1}{j\omega}+\pi\delta(\omega)$ 构成了一个傅氏变换对．

所以，单位阶跃函数 $u(t)$ 的积分表达式可写为

$$u(t)=\frac{1}{2}+\frac{1}{\pi}\int_{0}^{+\infty}\frac{\sin\omega t}{\omega}\,d\omega \quad (t\neq 0).$$

同样，若 $F(\omega)=2\pi\delta(\omega)$ 时，则由傅氏逆变换可得

$$f(t)=\frac{1}{2\pi}\int_{-\infty}^{+\infty}F(\omega)e^{j\omega t}\,d\omega = \frac{1}{2\pi}\int_{-\infty}^{+\infty}2\pi\delta(\omega)e^{j\omega t}\,d\omega = 1 .$$

所以，1 和 $2\pi\delta(\omega)$ 也构成了一个傅氏变换对．同理，$e^{j\omega_0 t}$ 和 $2\pi\delta(\omega-\omega_0)$ 也构成了一个傅氏变换对．由此可得

$$\int_{-\infty}^{+\infty} e^{-j\omega t}\,dt = 2\pi\delta(\omega)\ ,\ \int_{-\infty}^{+\infty} e^{-j(\omega-\omega_0)t}\,dt = 2\pi\delta(\omega-\omega_0)\ .$$

显然，这两个积分在普通意义下都是不存在的．

【例 6.2.3】 求正弦函数 $f(t)=\sin\omega_0 t$ 的傅氏变换．

解　根据傅氏变换公式有

$$F(\omega)=\mathscr{F}[f(t)]=\int_{-\infty}^{+\infty}\sin\omega_0 t\,e^{-j\omega t}\,dt=\int_{-\infty}^{+\infty}\frac{e^{j\omega_0 t}-e^{-j\omega_0 t}}{2j}e^{-j\omega t}\,dt$$

$$=\frac{1}{2j}\int_{-\infty}^{+\infty}[e^{-j(\omega-\omega_0)t}-e^{-j(\omega+\omega_0)t}]dt=\frac{1}{2j}[2\pi\delta(\omega-\omega_0)-2\pi\delta(\omega+\omega_0)]$$

$$=j\pi[\delta(\omega+\omega_0)-\delta(\omega-\omega_0)].$$

类似地，$\mathscr{F}[\cos\omega_0 t]=\pi[\delta(\omega+\omega_0)+\delta(\omega-\omega_0)]$．

通过上述的讨论，可以看出引进 δ-函数的重要性．它使得在普通意义上的一些不存在的积分，有了确定的数值；而且可利用 δ-函数及其傅氏变换很方便地得到工程技术上许多重要函数的傅氏变换；并且使得许多变换的推导大大地简化．

【例 6.2.4】 求符号函数 $f(t)=\mathrm{sgn}(t)$的傅氏变换．

解　符号函数 $f(t)=\mathrm{sgn}(t)=\begin{cases}1, t>0\\ -1, t<0\end{cases}$，不满足绝对可积条件，但它却存在傅里叶变换．具体求法是：采用符号函数与双边指数衰减函数相乘，求出奇双边指数函数 $f_1(t)=\mathrm{sgn}(t)e^{-|\alpha|t}$ 的频谱 $F_1(\omega)$，再取极限，从而求得符号函数的频谱 $F(\omega)$.

$$F_1(\omega)=\int_{-\infty}^{0}-e^{\alpha t}e^{-j\omega t}\,dt+\int_{0}^{+\infty}e^{-\alpha t}e^{-j\omega t}\,dt$$

$$=-\frac{1}{\alpha-j\omega}+\frac{1}{\alpha+j\omega}=-\frac{2\omega j}{\alpha^2+\omega^2},$$

$$F(\omega)=\lim_{\alpha\to 0}F_1(\omega)=\lim_{\alpha\to 0}-\frac{2\omega j}{\alpha^2+\omega^2}=\frac{2}{j\omega}\ .$$

6.2.4　傅里叶变换式(6.2.1)和傅里叶积分式(6.2.2)的物理学诠释

如果把式(6.2.1)、式(6.2.2)中的 t 和 ω 分别视为时间和频率的话，则 $f(t)$ 可以视为振动信号，而傅里叶积分式(6.2.2)代表振动的分解，即将复杂运动分解为简谐振动的线性叠加，而傅里叶变换式(6.2.1)代表分解式(6.2.2)中各简谐振动前的系数，称为频谱．这里需要注意的是：①将 $f(t)$ 视为振动信号并不意味着 $f(t)$ 一定是周期的，$f(t)$ 也可以是非周期信号；②这里的简谐振动采用复指数形式的运动方程 $e^{j\omega t}$；③这里的分解系数即频谱具有类似于权重的意义，但其取值则在复数范围内，并不局限于正实数．

由于这里侧重于物理理解而非数学证明，对下述傅里叶变换基本性质，为了能从振动的角度容易理解其物理含义，将分解系数（频谱）称为“权数”，从而傅里叶变换式(6.2.1)代表分解式(6.2.2)中各简谐振动的权数．同时为了方便，在下

文中我们将分解式(6.2.2) 中的各简谐振动称为 $f(t)$ 的分振动．

6.3　傅里叶变换的性质

本节介绍傅氏变换的几个重要性质．为叙述方便，假定以下需要求傅氏变换的函数都满足傅氏积分定理中的条件．

6.3.1　线性性质

设 $F_1(\omega)=\mathscr{F}[f_1(t)]$，$F_2(\omega)=\mathscr{F}[f_2(t)]$，$\alpha,\beta$ 是常数，则

$$\mathscr{F}[\alpha f_1(t)+\beta f_2(t)]=\alpha F_1(\omega)+\beta F_2(\omega) \tag{6.3.1}$$

这个性质表明了函数线性组合的傅氏变换等于各函数傅氏变换的线性组合．它的证明只需根据定义就可推出．

同样，傅氏逆变换也具有类似的线性性质，即

$$\mathscr{F}^{-1}[\alpha F_1(\omega)+\beta F_2(\omega)]=\alpha f_1(t)+\beta f_2(t). \tag{6.3.2}$$

【例 6.3.1】　求 $f(t)=\cos(\omega_0 t)$的傅氏变换．

解　因为 $\cos(\omega_0 t)=\dfrac{e^{j\omega_0 t}+e^{-j\omega_0 t}}{2}$，所以由线性性质有

$$\begin{aligned}\mathscr{F}[\cos\omega_0 t]&=\mathscr{F}\left[\frac{e^{j\omega_0 t}+e^{-j\omega_0 t}}{2}\right]=\frac{1}{2}\mathscr{F}(e^{j\omega_0 t})+\frac{1}{2}\mathscr{F}(e^{-j\omega_0 t})\\&=\frac{1}{2}\cdot 2\pi\delta(\omega-\omega_0)+\frac{1}{2}\cdot 2\pi\delta(\omega+\omega_0)\\&=\pi[\delta(\omega+\omega_0)+\delta(\omega-\omega_0)].\end{aligned}$$

线性性质的物理学诠释：基于 6.2 节中的物理对应，线性性质式(6.3.1) 可理解为：$\alpha f_1(t)+\beta f_2(t)$代表振动的线性组合，考虑到振动分解式(6.2.2) 的思想，$\alpha f_1(t)+\beta f_2(t)$所对应的分振动的权数 $\mathscr{F}[\alpha f_1(t)+\beta f_2(t)]$必是 $f_1(t)$ 和 $f_2(t)$ 分振动的权数 $\mathscr{F}[f_1(t)]$和$\mathscr{F}[f_2(t)]$的线性组合 $\alpha\mathscr{F}[f_1(t)]+\beta\mathscr{F}[f_2(t)]$，从而式(6.3.1) 成立．

6.3.2　位移性质

$$\mathscr{F}[f(t\pm t_0)]=e^{\pm j\omega t_0}\mathscr{F}[f(t)]. \tag{6.3.3}$$

它表明时间函数 $f(t)$ 沿 t 轴向左或向右位移 t_0 的傅氏变换等于 $f(t)$ 的傅氏变换乘以因子 $e^{j\omega t_0}$ 或 $e^{-j\omega t_0}$．

证　由傅氏变换的定义可知

$$\begin{aligned}\mathscr{F}[f(t\pm t_0)]&=\int_{-\infty}^{+\infty}f(t\pm t_0)e^{-j\omega t}\,dt\xlongequal{(令\ t\pm t_0=u)}\int_{-\infty}^{+\infty}f(u)e^{-j\omega(u\mp t_0)}\,du\\&=e^{\pm j\omega t_0}\int_{-\infty}^{+\infty}f(u)e^{-j\omega u}\,du=e^{\pm j\omega t_0}\mathscr{F}[f(t)].\end{aligned}$$

同样，傅氏逆变换具有类似的位移性质，即

$$\mathscr{F}^{-1}[F(\omega\mp\omega_0)]=f(t)e^{\pm j\omega_0 t} \tag{6.3.4}$$

【例 6.3.2】　求 $f(t)=\cos\left(2t+\dfrac{\pi}{3}\right)$ 的傅氏变换．

解　由例 6.3.1 知

$$\mathscr{F}[\cos 2t]=\pi[\delta(\omega+2)+\delta(\omega-2)].$$

而 $f(t)=\cos 2\left(t+\dfrac{\pi}{6}\right)$，所以由位移性质和 δ-函数的性质 3，得

$$\begin{aligned}\mathscr{F}\left[\cos\left(2t+\frac{\pi}{3}\right)\right]&=e^{j\omega\frac{\pi}{6}}\mathscr{F}[\cos 2t]=e^{j\omega\frac{\pi}{6}}\pi[\delta(\omega+2)+\delta(\omega-2)]\\&=\pi(\cos\frac{\pi\omega}{6}+j\sin\frac{\pi\omega}{6})[\delta(\omega+2)+\delta(\omega-2)]\\&=\pi[\cos(-\frac{\pi}{3})+j\sin(-\frac{\pi}{3})]\delta(\omega+2)+\pi\left[\cos\frac{\pi}{3}+j\sin\frac{\pi}{3}\right]\delta(\omega-2)\\&=\frac{\pi}{2}[(1-\sqrt{3}j)\delta(\omega+2)+(1+\sqrt{3}j)\delta(\omega-2)].\end{aligned}$$

【例 6.3.3】　求 $f(t)=e^{j2t}\cos 2t$ 的傅氏变换．

解　由例 6.3.1 知

$$F(\omega)=\mathscr{F}[\cos 2t]=\pi[\delta(\omega+2)+\delta(\omega-2)].$$

利用像函数的位移性质有

$$\mathscr{F}[e^{j2t}\cos 2t]=F(\omega-2)=\pi[\delta(\omega)+\delta(\omega-4)].$$

位移性质的物理学诠释：基于 6.2 节中的物理对应，t_0 的出现，即 $t-t_0$ 表征了计时起点的改变，对一振动信号而言，表征相位的移动．对基本的简谐振动，相位的移动量是 $-\omega t_0$，引起运动方程的改变量为 $e^{-j\omega t_0}$．根据振动的分解原理，$f(t-t_0)$ 分解为各简谐振动时，各简谐振动均会产生 $e^{-j\omega t_0}$，即 $f(t-t_0)$ 的分解权数 $\mathscr{F}[f(t-t_0)]$等于 $f(t)$ 分解权数 $\mathscr{F}[f(t)]$乘以 $e^{-j\omega t_0}$，从而式(6.3.3)成立；当给 $f(t)$ 乘以 $e^{j\omega_0 t}$时，引起相位的增加，即 $f(t)e^{j\omega_0 t}$各简谐振动的相位较之 $f(t)$ 多出了 ωt_0，从而引起 $f(t)e^{j\omega_0 t}$的权数分布 $\mathscr{F}[f(t)e^{j\omega_0 t}]$较之 $f(t)$ 的权数分布 $\mathscr{F}[f(t)]$发生了平移（若频率 $\omega_0>0$ 则蓝移，若频率 $\omega_0<0$ 则红移)，平移的频率量为 ω_0，即 $\mathscr{F}[f(t)e^{j\omega_0 t}]=F(\omega-\omega_0)$.

6.3.3　微分性质

如果 $f'(t)$ 在 $(-\infty,+\infty)$ 上连续或只有有限个可去间断点，且当 $|t|\to+\infty$ 时，$f(t)\to 0$，则 $\mathscr{F}[f'(t)]$ 一定存在，且

$$\mathscr{F}[f'(t)]=j\omega\mathscr{F}[f(t)] \tag{6.3.5}$$

证　由傅氏变换的定义，并利用分部积分可得

$$\mathscr{F}[f'(t)]=\int_{-\infty}^{+\infty}f'(t)e^{-j\omega t}dt=f(t)e^{-j\omega t}\Big|_{-\infty}^{+\infty}+j\omega\int_{-\infty}^{+\infty}f(t)e^{-j\omega t}dt=j\omega\mathscr{F}[f(t)].$$

它表明一个函数的导函数的傅氏变换等于这个函数的傅氏变换乘以因子 $j\omega$．

推论　若 $f^{(k)}(t)$　$(k=1,2,\cdots,n)$ 在 $(-\infty,+\infty)$ 上连续或只有有限个可去间断点，且当 $|t|\to+\infty$ 时，$f^{(k)}(t)\to 0(k=0,1,2,\cdots,n-1)$，则有

$$\mathscr{F}[f^{(n)}(t)]=(j\omega)^n\mathscr{F}[f(t)] \tag{6.3.6}$$

同样，我们还能得到像函数的导数公式．设 $\mathscr{F}[f(t)]=F(\omega)$，则

$$F'(\omega)=-\mathrm{j}\mathscr{F}[tf(t)] \text{ 或 } \mathscr{F}[tf(t)]=\mathrm{j}F'(\omega). \tag{6.3.7}$$

一般有

$$F^{(n)}(\omega)=(-\mathrm{j})^n\mathscr{F}[t^nf(t)] \text{ 或 } \mathscr{F}[t^nf(t)]=\mathrm{j}^nF^{(n)}(\omega). \tag{6.3.8}$$

【例 6.3.4】 求 $f(t)=tu(t)$的傅氏变换．

解 由像函数的导数公式知

$$\mathscr{F}[tu(t)]=\mathrm{j}\{\mathscr{F}[u(t)]\}'=\mathrm{j}\left[\frac{1}{\mathrm{j}\omega}+\pi\delta(\omega)\right]'=-\frac{1}{\omega^2}+\pi\mathrm{j}\delta'(\omega).$$

微分性质的物理学诠释：基于 6.2 节中的物理对应，傅里叶积分式(6.2.2) 代表振动的分解，即将复杂运动分解为简谐振动的线性叠加，当给 $f(t)$ 求导时，各分振动均会因此而出现 $\mathrm{j}\omega$，从而分振动权数变为 $\mathrm{j}\omega$ 倍，即有 $\mathscr{F}[f'(t)]=\mathrm{j}\omega\mathscr{F}[f(t)]$；式(6.3.6) 的理解类似．该性质也可与量子力学中的动量算符建立一定的关联，因此该性质的物理诠释对学生理解后续量子力学课程中的动量算符很有好处．

6.3.4 积分性质

如果当 $t\to+\infty$ 时，$g(t)=\int_{-\infty}^{t}f(t)\mathrm{d}t\to 0$，则

$$\mathscr{F}\left[\int_{-\infty}^{t}f(t)\mathrm{d}t\right]=\frac{1}{\mathrm{j}\omega}\mathscr{F}[f(t)]. \tag{6.3.9}$$

证 因为

$$\frac{\mathrm{d}}{\mathrm{d}t}\int_{-\infty}^{t}f(t)\mathrm{d}t=f(t),$$

所以

$$\mathscr{F}\left[\frac{\mathrm{d}}{\mathrm{d}t}\int_{-\infty}^{t}f(t)\mathrm{d}t\right]=\mathscr{F}[f(t)].$$

根据微分性质有

$$\mathscr{F}\left[\frac{\mathrm{d}}{\mathrm{d}t}\int_{-\infty}^{t}f(t)\mathrm{d}t\right]=\mathrm{j}\omega\mathscr{F}\left[\int_{-\infty}^{t}f(t)\mathrm{d}t\right],$$

故

$$\mathscr{F}\left[\int_{-\infty}^{t}f(t)\mathrm{d}t\right]=\frac{1}{\mathrm{j}\omega}\mathscr{F}[f(t)].$$

它表明一个函数积分后的傅氏变换等于这个函数的傅氏变换除以因子 $\mathrm{j}\omega$．

6.3.5 相似性质（尺度变换性质）

设 $F(\omega)=\mathscr{F}[f(t)]$，$a$ 为非零常数，则

$$\mathscr{F}[f(at)]=\frac{1}{|a|}F\left(\frac{\omega}{a}\right). \tag{6.3.10}$$

特别地，若 $a=-1$，有

$$\mathscr{F}[f(-t)]=F(-\omega)\text{（翻转性质）}.$$

证略．

相似性质的物理学诠释：将这种变换与物理系统的单位变换对应，从式(6.2.1)出发并假设 $a>0$ 进行分析．一般来讲，物理系统的简谐运动方程 $e^{j\omega t}$ 或 $e^{-j\omega t}$ 中的 ωt 量纲为 1，因此当单位变换 $t\to t'=at$ 时，$\omega\to\omega'=\dfrac{\omega}{a}$，这是式(6.3.10)右边 $F\left(\dfrac{\omega}{a}\right)$ 出现的原因．由式(6.2.1)可见量纲关系 $\left[F\left(\dfrac{\omega}{a}\right)\right]=[f(at)][at]$ 及 $[\mathscr{F}[f(at)]]=[f(at)][t]$，式中 [] 代表量纲，对比这两个关系有 $[\mathscr{F}[f(at)]]=\left[\dfrac{1}{a}\right]\left[F\left(\dfrac{\omega}{a}\right)\right]$.

尺度变换的物理意义：① 函数 $f(at)$ 表示函数 $f(t)$ 在时间刻度上压缩（扩展）a 倍，同样 $F\left(\dfrac{\omega}{a}\right)$ 表示函数在频率刻度上扩展（压缩）a 倍．因此相似特性表明，在时间域的压缩等于在频率域的扩展，反之亦然．

② 脉宽×频宽=常数．

【例 6.3.5】 已知抽样信号 $f(t)=\dfrac{\sin 2t}{\pi t}$ 的频谱函数（傅里叶变换）为

$$F(\omega)=\begin{cases}1, & |\omega|\leqslant 2,\\ 0, & |\omega|>2.\end{cases}$$

求信号 $f_1(t)=f(t/2)$ 的频谱函数（傅里叶变换）$F_1(\omega)$.

解　由傅里叶变换定义和相似性质有

$$F_1(\omega)=\mathscr{F}[f_1(t)]=\mathscr{F}[f(t/2)]=2F(2\omega).$$

即

$$F_1(\omega)=\begin{cases}2, & |\omega|\leqslant 1,\\ 0, & |\omega|>1\end{cases}\text{（见图 6.3.1）}.$$

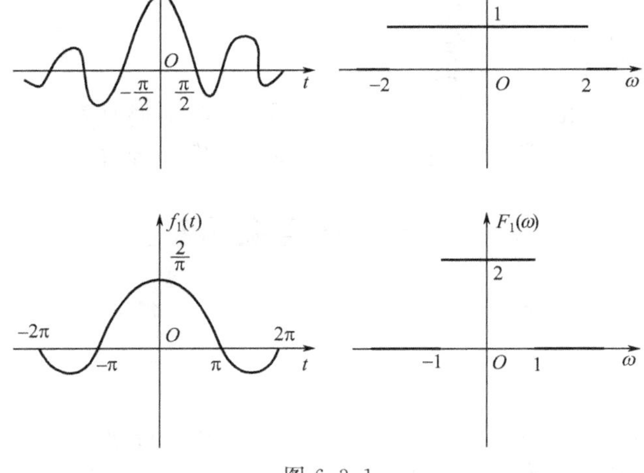

图 6.3.1

从图中可以看出，信号由 $f(t)$ 扩展为 $f_1(t)$ 后，其像信号在频域上被压缩了，由 $|\omega|<2$ 变为 $|\omega|<1$，这就意味着，频率变低了．相反，信号由 $f_1(t)$ 压缩为 $f(t)$ 后，其像信号在频域上被扩展了，由 $|\omega|<1$ 变为 $|\omega|<2$，这就是说，信号的频率变高了．

6.3.6 对称性质

设 $F(\omega)=\mathscr{F}[f(t)]$，则 $\mathscr{F}[F(t)]=2\pi f(-\omega)$.

证略．

6.3.7 帕塞瓦尔（Parserval）等式（能量积分）

设 $F(\omega)=\mathscr{F}[f(t)]$，则 $\int_{-\infty}^{+\infty}[f(t)]^2\mathrm{d}t=\frac{1}{2\pi}\int_{-\infty}^{+\infty}|F(\omega)|^2\mathrm{d}\omega$.

证略．

这里 $|F(\omega)|^2$ 称为能量密度函数（Energy density function）（或称能量谱密度）．它可以决定函数 $f(t)$ 的能量依频率分布的规律．凭借它可以选择能充分利用信号能量的电路通频带．比如，若能量主要集中在低频部分，则通频带就可以选得窄一些．若能量分散到高频部分的比例较大，则电路的通频带就需要宽一些，以便能充分利用信号的能量．将它对所有频率积分就得到 $f(t)$ 的总能量 $\int_{-\infty}^{+\infty}[f(t)]^2\mathrm{d}t$ ．

6.3.8 共轭对称性

设 $f(t)$ 是实函数，$F(\omega)=\mathscr{F}[f(t)]$，则有 $\overline{F(\omega)}=F(-\omega)$.

证 $F(\omega)=\int_{-\infty}^{+\infty}f(t)\mathrm{e}^{-\mathrm{j}\omega t}\mathrm{d}t$，$F(-\omega)=\int_{-\infty}^{+\infty}f(t)\mathrm{e}^{\mathrm{j}\omega t}\mathrm{d}t$，

$$\overline{F(\omega)}=\int_{-\infty}^{+\infty}\overline{f(t)}\,\overline{\mathrm{e}^{-\mathrm{j}\omega t}}\mathrm{d}t=\int_{-\infty}^{+\infty}f(t)\mathrm{e}^{\mathrm{j}\omega t}\mathrm{d}t\ .$$

所以

$$\overline{F(\omega)}=F(-\omega).$$

设 $F(\omega)=\mathrm{Re}[F(\omega)]+\mathrm{j}\mathrm{Im}[F(\omega)]$，则有 $F(-\omega)=\mathrm{Re}[F(-\omega)]+\mathrm{j}\mathrm{Im}[F(-\omega)]$，$\overline{F(\omega)}=\mathrm{Re}[F(\omega)]-\mathrm{j}\mathrm{Im}[F(\omega)]$.

根据共轭对称性 $\overline{F(\omega)}=F(-\omega)$，则有

$$\mathrm{Re}[F(-\omega)]=\mathrm{Re}[F(\omega)]\quad \text{实部偶对称},$$

$$\mathrm{Im}[F(-\omega)]=-\mathrm{Im}[F(\omega)]\quad \text{虚部奇对称}.$$

6.4 傅里叶变换的卷积

上一节介绍了傅氏变换的一些重要性质，本节将介绍傅氏变换的另一类重要性质.

6.4.1 卷积定义

卷积又叫褶积（convolution），是分析线性系统的重要工具．当将卷积用于各个特殊领域时，还会遇到各种不同的叫法或专业术语，如叠加积分（superposition integral)、(加权) 游动平均 [(weighted) running mean]、磨光 (smoothing) 等.

定义 6.4.1　若已知函数 $f_1(t), f_2(t)$，称积分

$$\int_{-\infty}^{+\infty} f_1(\tau) f_2(t-\tau) \mathrm{d}\tau$$

为函数 $f_1(t)$ 与 $f_2(t)$ 的卷积，记为 $f_1(t) * f_2(t)$，即

$$f_1(t) * f_2(t) = \int_{-\infty}^{+\infty} f_1(\tau) f_2(t-\tau) \mathrm{d}\tau . \tag{6.4.1}$$

6.4.2　卷积的运算规律

根据卷积的定义及定积分的性质易推得具有如下的运算规律.

① 交换率　$f_1(t) * f_2(t) = f_2(t) * f_1(t)$；

② 结合律　$f_1(t) * [f_2(t) * f_3(t)] = [f_1(t) * f_2(t)] * f_3(t)$；

③ 分配率　$f_1(t) * [f_2(t) + f_3(t)] = f_1(t) * f_2(t) + f_1(t) * f_3(t)$；

④ 数乘结合律　$\alpha[f_1(t) * f_2(t)] = [\alpha f_1(t)] * f_2(t) = f_1(t) * [\alpha f_2(t)]$；

⑤ $\dfrac{\mathrm{d}}{\mathrm{d}t}[f_1(t) * f_2(t)] = f'_1(t) * f_2(t) + f_1(t) * f'_2(t)$；

⑥ $f(t) * \delta(t) = \delta(t) * f(t) = f(t)$.

我们仅就①证明如下.

证　$$f_1(t) * f_2(t) = \int_{-\infty}^{+\infty} f_1(\tau) f_2(t-\tau) \mathrm{d}\tau$$

$$\xlongequal{t-\tau=u} \int_{+\infty}^{-\infty} f_1(t-u) f_2(u)(-\mathrm{d}u)$$

$$= \int_{-\infty}^{+\infty} f_2(u) f_1(t-u) \mathrm{d}u = f_2(t) * f_1(t) .$$

【例 6.4.1】　若 $f_1(t) = \begin{cases} 0, & t < 0, \\ 1, & t \geqslant 0, \end{cases}$ $f_2(t) = \begin{cases} 0, & t < 0, \\ \mathrm{e}^{-t}, & t \geqslant 0. \end{cases}$ 求 $f_1(t) * f_2(t)$.

解　$$f_1(t) * f_2(t) = \int_{-\infty}^{+\infty} f_1(\tau) f_2(t-\tau) \mathrm{d}\tau .$$

要使被积函数 $f_1(\tau) f_2(t-\tau)$ 非零，由 $f_1(t)$ 和 $f_2(t)$ 的定义可知，即要求

$$\begin{cases} \tau \geqslant 0, \\ t-\tau \geqslant 0 \end{cases} \text{或} \begin{cases} \tau \geqslant 0, \\ t \geqslant \tau \end{cases}$$

成立. 可见，当 $t \geqslant 0$ 时，$f_1(\tau) f_2(t-\tau) \neq 0$ 的区间为 $[0, t]$，故

$$f_1(t) * f_2(t) = \int_{-\infty}^{+\infty} f_1(\tau) f_2(t-\tau) \mathrm{d}\tau = \int_0^t 1 \cdot \mathrm{e}^{-(t-\tau)} \mathrm{d}\tau = 1 - \mathrm{e}^{-t} .$$

卷积在傅氏分析的应用中，有着十分重要的作用，这是由下面的卷积定理所决定的.

6.4.3　卷积定理

定理 6.4.1　若 $f_1(t), f_2(t)$ 都满足傅氏积分定理中的条件，且

$$\mathscr{F}[f_1(t)] = F_1(\omega), \mathscr{F}[f_2(t)] = F_2(\omega),$$

则

$$\mathscr{F}[f_1(t) * f_2(t)] = F_1(\omega) \cdot F_2(\omega),$$

或

$$\mathscr{F}^{-1}[F_1(\omega) \cdot F_2(\omega)] = f_1(t) * f_2(t) . \tag{6.4.2}$$

证
$$\mathscr{F}[f_1(t)*f_2(t)]=\int_{-\infty}^{+\infty}[f_1(t)*f_2(t)]\mathrm{e}^{-\mathrm{j}\omega t}\mathrm{d}t$$
$$=\int_{-\infty}^{+\infty}\left[\int_{-\infty}^{+\infty}f_1(\tau)f_2(t-\tau)\mathrm{d}\tau\right]\mathrm{e}^{-\mathrm{j}\omega t}\mathrm{d}t$$
$$=\int_{-\infty}^{+\infty}\int_{-\infty}^{+\infty}f_1(\tau)\mathrm{e}^{-\mathrm{j}\omega\tau}f_2(t-\tau)\mathrm{e}^{-\mathrm{j}\omega(t-\tau)}\mathrm{d}\tau\mathrm{d}t$$
$$=\int_{-\infty}^{+\infty}f_1(\tau)\mathrm{e}^{-\mathrm{j}\omega\tau}\left[\int_{-\infty}^{+\infty}f_2(t-\tau)\mathrm{e}^{-\mathrm{j}\omega(t-\tau)}\mathrm{d}t\right]\mathrm{d}\tau$$
$$=F_1(\omega)\cdot F_2(\omega).$$

这个定理表明，两个函数卷积的傅氏变换等于这两个函数的傅氏变换的乘积．

同理可得

$$\mathscr{F}[f_1(t)\cdot f_2(t)]=\frac{1}{2\pi}F_1(\omega)*F_2(\omega),$$

或

$$\mathscr{F}^{-1}[F_1(\omega)*F_2(\omega)]=2\pi[f_1(t)\cdot f_2(t)]. \tag{6.4.3}$$

即两个函数乘积的傅氏变换等于这两个函数的傅氏变换的卷积除以 2π．

一般若 $f_k(t)(k=1,2,\cdots,n)$ 满足傅氏积分定理中的条件，且 $\mathscr{F}[f_k(t)]=F_k(\omega)\ (k=1,2,\cdots,n)$，则有

$$\mathscr{F}[f_1(t)\cdot f_2(t)\cdot\cdots\cdot f_n(t)]=\frac{1}{(2\pi)^{n-1}}F_1(\omega)*F_2(\omega)*\cdots*F_n(\omega). \tag{6.4.4}$$

从上面可以看出，卷积并不总是容易计算的，但卷积定理提供了卷积计算的简便方法，即化卷积运算为乘积运算．这就使得卷积在线性系统分析中成为特别有用的方法．

最后还要指出，本节和上一节介绍的是古典意义上的傅氏变换的一些性质．对于广义傅氏变换来说，除了像函数的积分性质的结果稍有不同外，其他性质在形式上也都相同，只是难免要涉及广义函数．

卷积定理的物理学诠释：首先将卷积式(6.4.1)中的 $f_1(\tau)$，$f_2(t-\tau)$ 进行振动分解，有

$$f_1(\tau)=\frac{1}{2\pi}\int_{-\infty}^{+\infty}F_1(\omega)\mathrm{e}^{\mathrm{j}\omega\tau}\mathrm{d}\omega, \tag{6.4.5}$$

$$f_2(t-\tau)=\frac{1}{2\pi}\int_{-\infty}^{+\infty}F_2(\omega)\mathrm{e}^{\mathrm{j}\omega t}\mathrm{e}^{-\mathrm{j}\omega\tau}\mathrm{d}\omega, \tag{6.4.6}$$

其中 $F_1(\omega)=\mathscr{F}[f_1(t)]$，$F_2(\omega)=\mathscr{F}[f_2(t)]$.

式(6.4.6)中 $\mathrm{e}^{-\mathrm{j}\omega\tau}$ 的出现是由于 τ 引起的相移而导致．其次利用式(6.4.5)和式(6.4.6)可给出由基本简谐振动合成的卷积

$$f_1(t)*f_2(t)=\int_{-\infty}^{+\infty}f_1(\tau)f_2(t-\tau)\mathrm{d}\tau$$
$$=\int_{-\infty}^{+\infty}\left(\frac{1}{2\pi}\int_{-\infty}^{+\infty}F_1(\omega)\mathrm{e}^{\mathrm{j}\omega\tau}\mathrm{d}\omega\right)\left(\frac{1}{2\pi}\int_{-\infty}^{+\infty}F_2(\omega)\mathrm{e}^{\mathrm{j}\omega t}\mathrm{e}^{-\mathrm{j}\omega\tau}\mathrm{d}\omega\right)\mathrm{d}\tau$$

$$=\left(\frac{1}{2\pi}\right)^2\int_{-\infty}^{+\infty}\left(\int_{-\infty}^{+\infty}F_1(\omega)e^{j\omega\tau}d\omega\right)\left(\int_{-\infty}^{+\infty}F_2(\omega)e^{j\omega t}e^{-j\omega\tau}d\omega\right)d\tau$$

$$=\left(\frac{1}{2\pi}\right)^2\int_{-\infty}^{+\infty}\int_{-\infty}^{+\infty}\int_{-\infty}^{+\infty}F_1(\omega_1)F_2(\omega_2)e^{j\omega_2 t}e^{j(\omega_1-\omega_2)\tau}d\omega_1 d\omega_2 d\tau$$

$$=\left(\frac{1}{2\pi}\right)^2\int_{-\infty}^{+\infty}F_2(\omega_2)e^{j\omega_2 t}\left[\int_{-\infty}^{+\infty}F_1(\omega_1)\left(\int_{-\infty}^{+\infty}e^{j(\omega_1-\omega_2)\tau}d\tau\right)d\omega_1\right]d\omega_2$$

$$=\left(\frac{1}{2\pi}\right)^2\int_{-\infty}^{+\infty}F_2(\omega_2)e^{j\omega_2 t}\left[\int_{-\infty}^{+\infty}F_1(\omega_1)2\pi\delta(\omega_1-\omega_2)d\omega_1\right]d\omega_2$$

$$=\frac{1}{2\pi}\int_{-\infty}^{+\infty}F_1(\omega_2)F_2(\omega_2)e^{j\omega_2 t}d\omega_2=\frac{1}{2\pi}\int_{-\infty}^{+\infty}F_1(\omega)F_2(\omega)e^{j\omega t}d\omega .$$

由此可见，$F_1(\omega)\cdot F_2(\omega)$就是卷积$f_1(t)*f_2(t)$振动分解时各简谐振动的权数，即

$$\mathscr{F}[f_1(t)*f_2(t)]=F_1(\omega)\cdot F_2(\omega).$$

6.5　傅里叶变换的应用

傅里叶变换不仅应用于电力工程、通信与控制领域中，而且在物理学、声学、结构动力学、数论、组合数学、概率论、统计学、信号处理、密码学、海洋学、力学、光学、量子物理和各种线性分析系统等许多有关数学、物理和工程技术领域中都有着广泛的应用．例如在信号处理中，傅里叶变换的典型用途是将信号分解成幅值分量和频率分量；在图像处理中，傅里叶变换的典型用途是图像增强与图像去噪、图像分割之边缘检测、图像特征提取和图像压缩；在电磁场领域，傅里叶变换的应用包括雷达目标散射计算，天线阵列设计以及方向图计算、核磁共振成像（MRI）、合成孔径雷达成像以及在微分或积分方程快速算法中的应用等．

6.5.1　利用傅里叶变换性质分析希尔伯特变换与信号之间的关系

1. 希尔伯特变换的定义

在数学与信号处理的领域中，一个实值函数$f(t)$的希尔伯特变换（Hilbert transform）记为$H[f(t)]$，定义为

$$H[f(t)]=f(t)*\frac{1}{\pi t}=\frac{1}{\pi}\int_{-\infty}^{+\infty}\frac{f(\tau)}{t-\tau}d\tau=\frac{1}{\pi}\int_{-\infty}^{+\infty}\frac{f(t-\tau)}{\tau}d\tau \qquad (6.5.1)$$

希尔伯特变换看成是一个冲激响应$h(t)$为$\frac{1}{\pi t}$的全通滤波器，信号$f(t)$作用于该滤波器后，其输出就是信号$f(t)$的希尔伯特变换．

2. 利用傅里叶变换对称和卷积性质分析希尔伯特变换的频谱

利用傅里叶变换的性质研究信号经过希尔伯特变换后，傅里叶频谱发生了什么变化．由上面的希尔伯特变换的定义得知，对信号进行希尔伯特变换也就是将信号与$\frac{1}{\pi t}$作卷积运算，而$\frac{1}{\pi t}$傅里叶变换可由符号函数$\mathrm{sgn}(t)$的傅里叶变换和傅里叶变

换的对称性质推得．事实上，

$$\mathscr{F}[\operatorname{sgn}(t)]=\frac{2}{\mathrm{j}\omega} \tag{6.5.2}$$

由傅里叶变换的对称性质得：

$$\mathscr{F}\left[\frac{2}{\mathrm{j}t}\right]=2\pi\operatorname{sgn}(-\omega) \tag{6.5.3}$$

由式(6.5.3) 推得

$$\mathscr{F}\left[\frac{1}{\pi t}\right]=-\mathrm{j}\operatorname{sgn}(\omega) \tag{6.5.4}$$

即希尔伯特变换的冲激响应 $h(t)$ 的傅里叶变换是 $-\mathrm{j}\operatorname{sgn}(\omega)$. 即

$$\mathscr{F}[h(t)]=\mathscr{F}\left[\frac{1}{\pi t}\right]=-\mathrm{j}\operatorname{sgn}(\omega)=\begin{cases}-\mathrm{j}=\mathrm{e}^{-\frac{\pi}{2}\mathrm{j}}, \omega>0,\\ \mathrm{j}=\mathrm{e}^{\frac{\pi}{2}\mathrm{j}}, \omega<0.\end{cases} \tag{6.5.5}$$

由式(6.5.5) 得知，希尔伯特变换在频域内完成了对信号的移相．

由傅里叶变换的卷积性质，得到信号 $f(t)$ 经希尔伯特变换后的频谱为：

$$\mathscr{F}\left[f(t)*\frac{1}{\pi t}\right]=F(\omega)\cdot[-\mathrm{j}\operatorname{sgn}(\omega)]=\begin{cases}-\mathrm{j}F(\omega), \omega>0,\\ \mathrm{j}F(\omega), \omega<0.\end{cases} \tag{6.5.6}$$

这里，$\mathscr{F}[f(t)]=F(\omega)$.

由此得知希尔伯特变换在频域内就是一个理想的移相器，信号经过希尔伯特变换相当于对信号的正频率部分移相$-90°$，对负频率部分移相$+90°$.

同理，利用傅里叶变换可以推导出一个信号经过两次希尔伯特变换后的频谱为：

$$\mathscr{F}\left[f(t)*\frac{1}{\pi t}*\frac{1}{\pi t}\right]=F(\omega)\cdot[-\mathrm{j}\operatorname{sgn}(\omega)]\cdot[-\mathrm{j}\operatorname{sgn}(\omega)]=\begin{cases}-F(\omega), \omega>0,\\ -F(\omega), \omega<0.\end{cases} \tag{6.5.7}$$

由此得知一个信号经过两次希尔伯特变换后在频域内就是一个理想的移相器，信号经过希尔伯特变换相当于对信号的正频率部分移相$-180°$，对负频率部分移相 $180°$.

3．利用傅里叶变换卷积性质分析希尔伯特变换与因果信号的关系

在信号与系统分析中，系统可实现性的实质是具有因果性，时限信号、无时限信号经常用因果信号来表示，而且在实际中获得的信号大多是因果信号．

设 $x(t)$ 是实因果信号，当 $t<0$ 时，$x(t)=0$. 则 $x(t)=f(t)\cdot u(t)$，利用傅里叶变换的卷积性质得到 $x(t)$ 的傅里叶变换为：

$$\begin{aligned}X(\omega)&=\mathscr{F}[x(t)]=\mathscr{F}[f(t)\cdot u(t)]=\frac{1}{2\pi}F(\omega)*\left[\pi\delta(\omega)+\frac{1}{\mathrm{j}\omega}\right]\\&=\frac{1}{2}F(\omega)+\frac{1}{2}F(\omega)*\frac{1}{\mathrm{j}\pi\omega}=\frac{1}{2}F(\omega)-\mathrm{j}\,\frac{1}{2}F(\omega)*\frac{1}{\pi\omega}\\&=\operatorname{Re}[X(\omega)]+\mathrm{j}\operatorname{Im}[X(\omega)].\end{aligned} \tag{6.5.8}$$

由式(6.5.8) 可见，一个实因果信号的傅里叶变换的虚部被实部唯一确定，反

过来也一样．虚部是实部与$\frac{1}{\pi\omega}$的卷积的负值，即虚部是实部的希尔伯特变换的负值。同理，用类似的方法还可以研究模与相位之间的约束关系．希尔伯特变换作为一种数学工具在通信系统或数字信号处理中的应用相当广泛．

4. 利用傅里叶变换的奇偶性和线性分析希尔伯特变换与解析信号的关系

设信号 $x(t)$ 为一个实信号，利用 $x(t)$ 及其希尔伯特变换 $H[x(t)]$构造一个复信号 $z(t)$：

$$z(t)=x(t)+\mathrm{j}H[x(t)]=a(t)\mathrm{e}^{\mathrm{j}\theta(t)}=a(t)\cos\theta(t)+\mathrm{j}a(t)\sin\theta(t),\quad(6.5.9)$$

称 $z(t)$ 为 $x(t)$ 的解析信号，其中 $a(t)$ 为解析信号的模，$\theta(t)$ 为相角．

已知实信号 $x(t)$ 的频谱设为 $\mathrm{Re}(\omega)+\mathrm{jIm}(\omega)$，根据傅立叶变换实部对 ω 是偶对称的，虚部对 ω 是奇对称的，得

$$X(\omega)=\mathscr{F}[x(t)]=\begin{cases}\mathrm{Re}(\omega)+\mathrm{jIm}(\omega),\omega>0,\\ \mathrm{Re}(\omega)-\mathrm{jIm}(\omega),\omega<0.\end{cases}\quad(6.5.10)$$

信号 $x(t)$ 的希尔伯特变换 $H[x(t)]$是对原信号移相$\frac{\pi}{2}$，它的频谱为：

$$\mathscr{F}[H[x(t)]]=\begin{cases}-\mathrm{jRe}(\omega)+\mathrm{Im}(\omega),\omega>0,\\ \mathrm{jRe}(\omega)+\mathrm{Im}(\omega),\omega<0.\end{cases}\quad(6.5.11)$$

将 $H[x(t)]$再移相，即乘以 j，得 $\mathrm{j}H[x(t)]$的频谱为：

$$\mathrm{j}\,\mathscr{F}[H[x(t)]]=\begin{cases}\mathrm{Re}(\omega)+\mathrm{jIm}(\omega),\omega>0,\\ -\mathrm{Re}(\omega)+\mathrm{jIm}(\omega),\omega<0.\end{cases}\quad(6.5.12)$$

由式(6.5.10) 和式(6.5.12) 得解析信号 $z(t)$ 的频谱为：

$$Z(\omega)=\mathscr{F}[z(t)]=\begin{cases}2[\mathrm{Re}(\omega)+\mathrm{jIm}(\omega)],\omega>0,\\ 0,\omega<0.\end{cases}\quad(6.5.13)$$

在实信号分析中，利用构建解析信号的方法，可以得到一个实信号 $x(t)$ 在复空间的映射 $z(t)$ 为原信号 $x(t)$ 的解析信号．从这个复空间映射中得知实部与虚部互为希尔伯特变换，由希尔伯特变换的 90°相移功能，可以推断，解析信号的实部与虚部是互相正交的．解析信号 $z(t)$ 的幅值为 $a(t)$，相位为 $\theta(t)$，两者皆为时间函数，而且 $a(t)$ 也正好是原信号的幅度包络，$\theta(t)$ 也正好是原信号 $x(t)$ 的瞬时相位．

另外，由解析信号的频谱的傅里叶逆变换也可以推出解析信号与原信号的重要关系。由解析信号的频谱 $Z(\omega)$ 和原信号的频谱 $X(\omega)$ 关系：

$$Z(\omega)=2X(\omega)\cdot U(\omega)=\begin{cases}2[\mathrm{Re}(\omega)+\mathrm{jIm}(\omega)],&\omega>0,\\ 0,&\omega<0.\end{cases}\quad(6.5.14)$$

其中 $U(\omega)$ 是频域内单位阶跃信号．已知阶跃信号 $u(t)$ 的傅里叶频谱为：

$$\mathscr{F}[u(t)]=\pi\delta(\omega)+\frac{1}{\mathrm{j}\omega},$$

由傅里叶变换的对称性质得：

$$\mathscr{F}^{-1}[U(\omega)]=\frac{1}{2}\delta(t)+\frac{\mathrm{j}}{2\pi t}.$$

由此推导出解析信号的傅里叶反变换为：

$$\begin{aligned}z(t)&=\mathscr{F}^{-1}[Z(\omega)]=\mathscr{F}^{-1}[2X(\omega)\cdot U(\omega)]\\&=2x(t)*\left(\frac{1}{2}\delta(t)+\frac{\mathrm{j}}{2\pi t}\right)=x(t)*\delta(t)+x(t)*\frac{\mathrm{j}}{\pi t}\\&=x(t)+\mathrm{j}x(t)*\frac{1}{\pi t}.\end{aligned}$$

由上式可知，解析信号和原实信号自身本质是一致的．解析信号的实部就是原信号，其虚部是原信号的希尔伯特变换；而且利用傅里叶变换的性质推出了解析信号 $z(t)$ 的傅里叶频谱只有正频率部分，而且正好是原信号 $x(t)$ 的正频率部分的两倍，研究解析信号的频谱特点就能得到原信号正频率部分的频谱特征．

6.5.2 傅里叶变换在解微分积分方程上的应用

用傅氏变换解微分积分方程的方法是先取傅氏变换把微分积分方程化为像函数的代数方程，并由这个代数方程求出像函数，然后再取逆变换，即可得出原微分积分方程的解．这个解法示意图如图 6.5.1 所示.

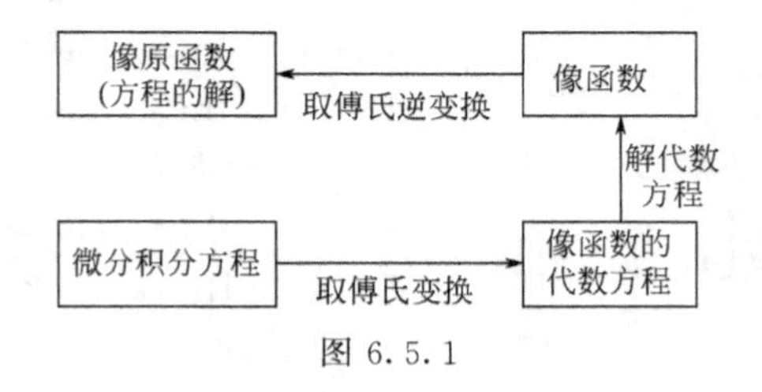

图 6.5.1

【例 6.5.1】 求积分方程 $\int_0^{+\infty}g(\omega)\sin\omega t\,\mathrm{d}\omega=f(t)$ 的解 $g(\omega)$，其中

$$f(t)=\begin{cases}\frac{\pi}{2}\sin t\,, 0<t\leqslant\pi,\\0, \quad t>\pi.\end{cases}$$

解 因为 $\frac{2}{\pi}\int_0^{+\infty}g(\omega)\sin\omega t\,\mathrm{d}\omega=\frac{2}{\pi}f(t)$，所以$\frac{2}{\pi}f(t)$为 $g(\omega)$的傅里叶正弦逆变换．故

$$g(\omega)=\int_0^{+\infty}\frac{2}{\pi}f(t)\sin\omega t\,\mathrm{d}t=\int_0^{\pi}\sin t\sin\omega t\,\mathrm{d}t=\frac{\sin\omega\pi}{1-\omega^2}.$$

【例 6.5.2】 求解积分方程 $g(t)=h(t)+\int_{-\infty}^{+\infty}f(\tau)g(t-\tau)\mathrm{d}\tau$，其中 $f(t)$，$h(t)$ 为已知函数，三者的傅里叶变换都存在．

解 设 $G(\omega)=\mathscr{F}[g(t)]$，$H(\omega)=\mathscr{F}[h(t)]$，$F(\omega)=\mathscr{F}[f(t)]$，而

$$\int_{-\infty}^{+\infty}f(\tau)g(t-\tau)\mathrm{d}\tau=f(t)*g(t).$$

对方程两边取傅氏变换，由卷积定理有

$$G(\omega)=H(\omega)+F(\omega)G(\omega),$$

所以
$$G(\omega)=\frac{H(\omega)}{1-F(\omega)}.$$
求傅里叶逆变换可得 $g(t)$ 的解
$$g(t)=\frac{1}{2\pi}\int_{-\infty}^{+\infty}\frac{H(\omega)}{1-F(\omega)}\mathrm{e}^{\mathrm{j}\omega t}\mathrm{d}\omega .$$
若 $h(t)=\delta(t)$，$f(t)=\delta''(t)$，则 $H(\omega)=1$，$F(\omega)=-\omega^2$，$G(\omega)=\dfrac{1}{1+\omega^2}$. 求傅里叶逆变换可得 $g(t)$ 的解
$$g(t)=\frac{1}{2\pi}\int_{-\infty}^{+\infty}\frac{1}{1+\omega^2}\mathrm{e}^{\mathrm{j}\omega t}\mathrm{d}\omega=\frac{1}{2}\mathrm{e}^{-|t|} .$$

【例 6.5.3】 求常系数非齐次线性微分方程 $y''(t)-y(t)=-f(t)$ 的解．其中 $f(t)$ 为已知函数，二者的傅里叶变换都存在．

解　设 $Y(\omega)=\mathscr{F}[y(t)]$，$F(\omega)=\mathscr{F}[f(t)]$，对方程两边取傅氏变换得
$$(\mathrm{j}\omega)^2Y(\omega)-Y(\omega)=-F(\omega),$$
$$Y(\omega)=\frac{1}{1+\omega^2}F(\omega).$$
求傅里叶逆变换可得 $y(t)$ 的解
$$y(t)=\mathscr{F}^{-1}\left[\frac{1}{1+\omega^2}F(\omega)\right]=\frac{1}{2}\mathrm{e}^{-|t|} * f(t)=\frac{1}{2}\int_{-\infty}^{+\infty}f(\tau)\mathrm{e}^{-|t-\tau|}\mathrm{d}\tau .$$

【例 6.5.4】 求微分积分方程 $ax'(t)+bx(t)+c\int_{-\infty}^{t}x(\tau)\mathrm{d}\tau=h(t)$ 的解，$-\infty<t<+\infty$，a，b，c 为常数．

解　设 $X(\omega)=\mathscr{F}[x(t)]$，$H(\omega)=\mathscr{F}[h(t)]$，对方程两边取傅氏变换得
$$a\mathrm{j}\omega X(\omega)+bX(\omega)+\frac{c}{\mathrm{j}\omega}X(\omega)=H(\omega),$$
故
$$X(\omega)=\frac{H(\omega)}{b+\mathrm{j}\left(a\omega-\dfrac{c}{\omega}\right)}.$$
求傅里叶逆变换可得 $x(t)$ 的解
$$x(t)=\frac{1}{2\pi}\int_{-\infty}^{+\infty}\frac{H(\omega)}{b+\mathrm{j}\left(a\omega-\dfrac{c}{\omega}\right)}\mathrm{e}^{\mathrm{j}\omega t}\mathrm{d}\omega .$$

6.5.3　傅里叶变换在广义积分中的应用

广义积分是高等数学中的重点又是难点，很多同学在讨论广义积分敛散性及求广义积分问题上不知如何操作、分析．而且用高等数学的方法很难或无法有效解决形如 $\int_{-\infty}^{+\infty}\left(\dfrac{\sin x}{x}\right)^2\mathrm{d}x$ 的积分及一类形如 $\int_{0}^{+\infty}\dfrac{\cos(tx)}{1+x^2}\mathrm{d}x$ 某些特定形式的含参变量的广义积分的计算．傅里叶变换为我们提供了有效解决这两类积分的方法．

1. 能量积分性质在广义积分中的应用

能量积分性质是傅里叶变换特有的一个重要性质，利用这一性质，对被积函数

为 $[f(x)]^2$形式的广义积分，可以取 $f(x)$ 为像原函数或像函数，借助傅氏变换表求出积分结果，进而解决这类广义积分问题，下面以例子做具体说明．

【例 6.5.5】 求广义积分 $\int_{-\infty}^{+\infty}\left(\frac{\sin x}{x}\right)^2 \mathrm{d}x$．

解法一： 设 $f(x)=\frac{\sin x}{x}$，对应傅氏变换表得到像函数 $F(\omega)=\begin{cases}\pi, |\omega|<1\\ 0, \text{其他}\end{cases}$，则由能量积分公式有

$$\int_{-\infty}^{+\infty}\left(\frac{\sin x}{x}\right)^2 \mathrm{d}x=\frac{1}{2\pi}\int_{-\infty}^{+\infty} |F(\omega)|^2 \mathrm{d}\omega=\frac{1}{2\pi}\int_{-1}^{+1}\pi^2 \mathrm{d}\omega=\pi .$$

解法二： 设 $F(x)=\frac{\sin x}{x}$，对应像原函数为 $f(t)=\begin{cases}\frac{1}{2}, |t|<1\\ 0, \text{其他}\end{cases}$，则由能量积分公式有

$$\int_{-\infty}^{+\infty}\left(\frac{\sin x}{x}\right)^2 \mathrm{d}x=2\pi\int_{-\infty}^{+\infty}[f(t)]^2 \mathrm{d}t=2\pi\int_{-1}^{+1}\frac{1}{4}\mathrm{d}t=\pi .$$

【例 6.5.6】 求广义积分 $\int_{-\infty}^{+\infty}\frac{1}{(1+x^2)^2}\mathrm{d}x$．

解 设 $f(x)=\frac{1}{1+x^2}=\frac{1}{(-1)^2+x^2}$，对应像函数 $F(\omega)=\pi \mathrm{e}^{-|\omega|}$．则由能量积分公式有

$$\int_{-\infty}^{+\infty}\frac{1}{(1+x^2)^2}\mathrm{d}x=\frac{1}{2\pi}\int_{-\infty}^{+\infty} |\pi \mathrm{e}^{-|\omega|}|^2 \mathrm{d}\omega=\frac{\pi}{2}\int_{-\infty}^{+\infty}\mathrm{e}^{-2|\omega|}\mathrm{d}\omega$$

$$=\pi\int_{0}^{+\infty}\mathrm{e}^{-2\omega}\mathrm{d}\omega=-\frac{\pi}{2}\mathrm{e}^{-2\omega}\Big|_{0}^{+\infty}=\frac{\pi}{2}.$$

2. 利用傅里叶变换求解含参变量的广义积分

查傅里叶变换简表，可得双边指数函数 $\mathrm{e}^{-a|t|}$ 的傅里叶变换

$$F(\omega)=\frac{2a}{\omega^2+a^2}.$$

利用傅里叶变换的位移性质，有

$$\mathscr{F}[\mathrm{e}^{-a|t-b|}]=\mathrm{e}^{-\mathrm{j}\omega b}\frac{2a}{\omega^2+a^2}, \tag{6.5.15}$$

$$\mathscr{F}[\mathrm{e}^{-a|t+b|}]=\mathrm{e}^{\mathrm{j}\omega b}\frac{2a}{\omega^2+a^2}. \tag{6.5.16}$$

式(6.5.15) 和式(6.5.16) 相加，由傅里叶变换的线性性质，可得

$$\mathscr{F}[\mathrm{e}^{-a|t-b|}+\mathrm{e}^{-a|t+b|}]=(\mathrm{e}^{-\mathrm{j}\omega b}+\mathrm{e}^{\mathrm{j}\omega b})\frac{2a}{\omega^2+a^2}=\frac{4a\cos b\omega}{\omega^2+a^2}. \tag{6.5.17}$$

由式(6.5.17) 有

$$\mathscr{F}^{-1}\left[\frac{\cos b\omega}{\omega^2+a^2}\right]=\frac{1}{4a}(\mathrm{e}^{-a|t-b|}+\mathrm{e}^{-a|t+b|}),$$

即

$$\int_{-\infty}^{+\infty} \frac{\cos b\omega}{\omega^2+a^2} e^{j\omega t} d\omega = \frac{\pi}{2a}(e^{-a|t-b|}+e^{-a|t+b|}) .$$

而

$$\int_{-\infty}^{+\infty} \frac{\cos b\omega}{\omega^2+a^2} e^{j\omega t} d\omega = \int_{-\infty}^{+\infty} \left(\frac{\cos b\omega \cos\omega t}{\omega^2+a^2} + j\frac{\cos b\omega \sin\omega t}{\omega^2+a^2}\right) d\omega$$

$$= 2\int_{0}^{+\infty} \frac{\cos b\omega \cos\omega t}{\omega^2+a^2} d\omega .$$

所以

$$\int_{0}^{+\infty} \frac{\cos b\omega \cos\omega t}{\omega^2+a^2} d\omega = \frac{\pi}{4a}(e^{-a|t-b|}+e^{-a|t+b|}). \quad (6.5.18)$$

式(6.5.15) 和式(6.5.16) 相减，由傅里叶变换的线性性质，可得

$$\mathscr{F}[e^{-a|t-b|}-e^{-a|t+b|}] = (e^{-j\omega b}-e^{j\omega b})\frac{2a}{\omega^2+a^2} = -\frac{4ja\sin b\omega}{\omega^2+a^2}. \quad (6.5.19)$$

由式(6.5.19) 有

$$\mathscr{F}^{-1}\left[\frac{\sin b\omega}{\omega^2+a^2}\right] = \frac{j}{4a}(e^{-a|t-b|}-e^{-a|t+b|}),$$

即

$$\int_{-\infty}^{+\infty} \frac{\sin b\omega}{\omega^2+a^2} e^{j\omega t} d\omega = \frac{\pi j}{2a}(e^{-a|t-b|}-e^{-a|t+b|}) .$$

而

$$\int_{-\infty}^{+\infty} \frac{\sin b\omega}{\omega^2+a^2} e^{j\omega t} d\omega = \int_{-\infty}^{+\infty} \left[\frac{\sin b\omega \cos\omega t}{\omega^2+a^2} + j\frac{\sin b\omega \sin\omega t}{\omega^2+a^2}\right] d\omega$$

$$= 2j\int_{0}^{+\infty} \frac{\sin b\omega \sin\omega t}{\omega^2+a^2} d\omega .$$

所以

$$\int_{0}^{+\infty} \frac{\sin b\omega \sin\omega t}{\omega^2+a^2} d\omega = \frac{\pi}{4a}(e^{-a|t-b|}-e^{-a|t+b|}). \quad (6.5.20)$$

说明：从式(6.5.18)、式(6.5.20) 出发，当参变量取某些特殊值时，便可得到一类某些形如 $\int_{0}^{+\infty} \frac{f(x,t)}{a^2+x^2} dx$ [$f(x,t)$为变量 x，t 的正弦、余弦函数] 含参变量的广义积分的解 .

【例 6.5.7】 求广义积分 $\int_{0}^{+\infty} \frac{\cos tx}{1+x^2} dx$.

解　由式(6.5.18)，令 $a=1$，$b=0$，有

$$\int_{0}^{+\infty} \frac{\cos tx}{1+x^2} dx = \frac{\pi}{4}(e^{-|t|}+e^{-|t|}) = \frac{\pi}{2}e^{-|t|} = \begin{cases} \frac{\pi}{2}e^{-t}, t \geqslant 0, \\ \frac{\pi}{2}e^{t}, t < 0. \end{cases}$$

【例 6.5.8】 求广义积分 $\int_{0}^{+\infty} \frac{\cos tx + \sin x \sin xt}{4+x^2} dx$.

解 由式(6.5.18)、式(6.5.20) 有

$$\int_0^{+\infty} \frac{\cos tx + \sin x \sin xt}{4+x^2}\mathrm{d}x = \int_0^{+\infty} \frac{\cos tx}{4+x^2}\mathrm{d}x + \int_0^{+\infty} \frac{\sin x \sin xt}{4+x^2}\mathrm{d}x$$

$$= \frac{\pi}{4}\mathrm{e}^{-2|t|} + \frac{\pi}{8}(\mathrm{e}^{-2|t-1|} - \mathrm{e}^{-2|t+1|}).$$

【例 6.5.9】 利用傅里叶变换计算狄利克雷积分 $\int_0^{+\infty} \frac{\sin x}{x}\mathrm{d}x$.

解 设 $f(t)=\begin{cases}1, 0\leqslant t<a \\ \frac{1}{2}, t=a \\ 0, t>a\end{cases}$,则 $f(t)$ 的傅里叶余弦变换为

$$\mathscr{F}_C[f(t)] = \int_0^{+\infty} f(t)\cos\omega t\,\mathrm{d}t = \int_0^a \cos\omega t\,\mathrm{d}t = \frac{\sin a\omega}{\omega}.$$

$f(t)$ 的傅里叶余弦逆变换为

$$f(t) = \frac{2}{\pi}\int_0^{+\infty} \mathscr{F}_C[f(t)]\cos\omega t\,\mathrm{d}\omega$$

$$= \frac{2}{\pi}\int_0^{+\infty} \frac{\sin a\omega \cos\omega t}{\omega}\mathrm{d}\omega = \begin{cases}1, 0\leqslant t<a \\ \frac{1}{2}, t=a \\ 0, t>a\end{cases}.$$

特别地当 $t=a$ 时，有

$$\frac{1}{\pi}\int_0^{+\infty} \frac{\sin 2a\omega}{\omega}\mathrm{d}\omega = \frac{1}{2},$$

若 $a=\frac{1}{2}$，有 $\int_0^{+\infty} \frac{\sin\omega}{\omega}\mathrm{d}\omega = \frac{\pi}{2}$，即 $\int_0^{+\infty} \frac{\sin x}{x}\mathrm{d}x = \frac{\pi}{2}$.

从例 6.5.9 可以看出，利用傅里叶变换计算狄利克雷积分比利用复变函数中围道积分简单得多．事实上，许多这样的实积分利用傅里叶变换计算比利用复积分计算简便．

本章主要内容

1．傅氏积分定理

若函数 $f(t)$ 在 $(-\infty, +\infty)$ 上满足：

① $f(t)$ 在任意有限区间上满足狄利克雷条件；

② $f(t)$ 在无限区间 $(-\infty, +\infty)$ 上绝对可积 [即积分 $\int_{-\infty}^{+\infty} |f(t)|\,\mathrm{d}t$ 收敛]．

则有

$$f(t) = \frac{1}{2\pi}\int_{-\infty}^{+\infty} \left[\int_{-\infty}^{+\infty} f(\tau)\mathrm{e}^{-\mathrm{j}\omega\tau}\mathrm{d}\tau\right]\mathrm{e}^{\mathrm{j}\omega t}\mathrm{d}\omega$$

成立，而左端的 $f(t)$ 在它的间断点 t 处，应以 $\frac{f(t^+)+f(t^-)}{2}$ 来代替．

2. 傅氏变换

设 $f(t)$ 满足傅氏积分定理的条件，称积分 $F(\omega)=\int_{-\infty}^{+\infty} f(t)\mathrm{e}^{-\mathrm{j}\omega t}\mathrm{d}t$ 叫做 $f(t)$ 的傅氏变换，记为 $\mathscr{F}[f(t)]$．即 $\mathscr{F}[f(t)]=\int_{-\infty}^{+\infty} f(t)\mathrm{e}^{-\mathrm{j}\omega t}\mathrm{d}t$．

称积分 $f(t)=\frac{1}{2\pi}\int_{-\infty}^{+\infty} F(\omega)\mathrm{e}^{\mathrm{j}\omega t}\mathrm{d}\omega$ 为 $F(\omega)$ 的傅氏逆变换，记为 $\mathscr{F}^{-1}[F(\omega)]$．即

$$\mathscr{F}^{-1}[F(\omega)]=\frac{1}{2\pi}\int_{-\infty}^{+\infty} F(\omega)\mathrm{e}^{\mathrm{j}\omega t}\mathrm{d}\omega.$$

3. 傅氏变换的性质

(1) 线性性质　设 $F_1(\omega)=\mathscr{F}[f_1(t)]$，$F_2(\omega)=\mathscr{F}[f_2(t)]$，$\alpha,\beta$ 是常数，则

$$\mathscr{F}[\alpha f_1(t)+\beta f_2(t)]=\alpha F_1(\omega)+\beta F_2(\omega).$$

同样，傅氏逆变换也具有类似的线性性质，即

$$\mathscr{F}^{-1}[\alpha F_1(\omega)+\beta F_2(\omega)]=\alpha f_1(t)+\beta f_2(t).$$

(2) 位移性质 $\mathscr{F}[f(t\pm t_0)]=\mathrm{e}^{\pm\mathrm{j}\omega t_0}\mathscr{F}[f(t)]$．傅氏逆变换具有类似地位移性质，即

$$\mathscr{F}^{-1}[F(\omega\mp\omega_0)]=f(t)\mathrm{e}^{\pm\mathrm{j}\omega_0 t}.$$

(3) 微分性质　如果 $f'(t)$ 在 $(-\infty,+\infty)$ 上连续或只有有限个可去间断点，且当 $|t|\to+\infty$ 时，$f(t)\to 0$，则 $\mathscr{F}[f'(t)]$ 一定存在，且

$$\mathscr{F}[f'(t)]=\mathrm{j}\omega\mathscr{F}[f(t)].$$

更一般地，若 $f^{(k)}(t)$ $(k=1,2,\cdots,n)$ 在 $(-\infty,+\infty)$ 上连续或只有有限个可去间断点，且当 $|t|\to+\infty$ 时，$f^{(k)}(t)\to 0(k=0,1,2,\cdots,n-1)$，则有

$$\mathscr{F}[f^{(n)}(t)]=(\mathrm{j}\omega)^n\mathscr{F}[f(t)].$$

同样，我们还能得到像函数的导数公式．设 $\mathscr{F}[f(t)]=F(\omega)$，则

$$F'(\omega)=-\mathrm{j}\mathscr{F}[tf(t)] \text{ 或 } \mathscr{F}[tf(t)]=\mathrm{j}F'(\omega).$$

一般有

$$F^{(n)}(\omega)=(-\mathrm{j})^n\mathscr{F}[t^n f(t)] \text{ 或 } \mathscr{F}[t^n f(t)]=\mathrm{j}^n F^{(n)}(\omega).$$

(4) 积分性质　如果当 $t\to+\infty$ 时，$g(t)=\int_{-\infty}^{t} f(t)\mathrm{d}t\to 0$，则

$$\mathscr{F}\left[\int_{-\infty}^{t} f(t)\mathrm{d}t\right]=\frac{1}{\mathrm{j}\omega}\mathscr{F}[f(t)].$$

(5) 相似性质（尺度变换性质）　设 $F(\omega)=\mathscr{F}[f(t)]$，$a$ 为非零常数，则

$$\mathscr{F}[f(at)]=\frac{1}{|a|}F\left(\frac{\omega}{a}\right),$$

特别地，若 $a=-1$，有 $\mathscr{F}[f(-t)]=F(-\omega)$（翻转性质）.

(6) 对称性质　设 $F(\omega)=\mathscr{F}[f(t)]$，则 $\mathscr{F}[F(t)]=2\pi f(-\omega)$.

(7) 帕塞瓦尔（Parserval）等式（能量积分）

设 $F(\omega)=\mathscr{F}[f(t)]$，则 $\int_{-\infty}^{+\infty}[f(t)]^2\mathrm{d}t=\frac{1}{2\pi}\int_{-\infty}^{+\infty}|F(\omega)|^2\mathrm{d}\omega$.

4. 卷积的定义和定理

(1) 卷积定义　若已知函数 $f_1(t), f_2(t)$，称积分 $\int_{-\infty}^{+\infty} f_1(\tau) f_2(t-\tau) \mathrm{d}\tau$ 为函数 $f_1(t)$ 与 $f_2(t)$ 的卷积，记为 $f_1(t) * f_2(t)$，即

$$f_1(t) * f_2(t) = \int_{-\infty}^{+\infty} f_1(\tau) f_2(t-\tau) \mathrm{d}\tau .$$

(2) 卷积定理　若 $f_1(t), f_2(t)$ 都满足傅氏积分定理中的条件，且 $\mathscr{F}[f_1(t)] = F_1(\omega)$，$\mathscr{F}[f_2(t)] = F_2(\omega)$，则 $\mathscr{F}[f_1(t) * f_2(t)] = F_1(\omega) \cdot F_2(\omega)$，

$$\mathscr{F}^{-1}[F_1(\omega) \cdot F_2(\omega)] = f_1(t) * f_2(t) .$$

5. 常用函数的傅氏变换

(1) $\mathscr{F}[\delta(t)] = 1$；

(2) $\mathscr{F}[1] = 2\pi\delta(\omega)$；

(3) $\mathscr{F}[\sin\omega_0 t] = \mathrm{j}\pi[\delta(\omega+\omega_0) - \delta(\omega-\omega_0)]$；

(4) $\mathscr{F}[\cos\omega_0 t] = \pi[\delta(\omega+\omega_0) + \delta(\omega-\omega_0)]$；

(5) $\mathscr{F}[\mathrm{e}^{\mathrm{j}\omega_0 t}] = 2\pi\delta(\omega-\omega_0)$；

(6) 设 $u(t)$ 是单位阶跃函数，则 $\mathscr{F}[u(t)] = \dfrac{1}{\mathrm{j}\omega} + \pi\delta(\omega)$；

(7) $\mathscr{F}[\mathrm{e}^{-\beta t^2}] = \sqrt{\dfrac{\pi}{\beta}}\,\mathrm{e}^{-\frac{\omega^2}{4\beta}}$.

注意　实际上，只要记住上面 (1)、(2)、(5)、(6)、(7) 五个傅里叶变换，则所有的傅里叶变换都无须用公式直接计算，而可由傅里叶变换的性质导出.

6. 求傅氏变换的方法

(1) 直接按定义；

(2) 利用常用函数的傅氏变换及变换的性质；

(3) 利用卷积定理.

习　题　6

1. 填空题

(1) 设 $u(t)$ 为单位阶跃函数，则 $\mathscr{F}[u(t)] = (\qquad)$；

(2) 设 $\delta(t)$ 为单位脉冲函数，则 $\mathscr{F}[\delta(t)] = (\qquad)$；

(3) 设 C 为常数，则 $\mathscr{F}[C] = (\qquad)$；

(4) 设 $f(t) = \sin at$，则 $\mathscr{F}[f(t)] = (\qquad)$；

(5) 设 $f(t) = \cos at$，则 $\mathscr{F}[f(t)] = (\qquad)$；

(6) 设 $f(t) = \mathrm{e}^{\mathrm{j}at}$，则 $\mathscr{F}[f(t)] = (\qquad)$.

2. 单项选择题

(1) $\sin 2t$ 的傅氏变换为 (　　).

(A) $\pi[\delta(\omega+2) - \delta(\omega-2)]$　　(B) $\mathrm{j}\pi[\delta(\omega+2) - \delta(\omega-2)]$

(C) $\pi[\delta(\omega+2) + \delta(\omega-2)]$　　(D) $\mathrm{j}\pi[\delta(\omega+2) + \delta(\omega-2)]$

(2) $\delta(t)$ 的傅氏变换为（　　）.

(A) 1　　(B) $\delta(\omega)$　　(C) $\pi\delta(\omega-\omega_0)$　　(D) $\pi\delta(\omega+\omega_0)$

(3) $\cos 8t$ 的傅氏变换为（　　）.

(A) $\pi[\delta(\omega+8)-\delta(\omega-8)]$　　(B) $j\pi[\delta(\omega+8)-\delta(\omega-8)]$

(C) $\pi[\delta(\omega+8)+\delta(\omega-8)]$　　(D) $j\pi[\delta(\omega+8)+\delta(\omega-8)]$

(4) 1 的傅氏变换为（　　）.

(A) 1　　(B) $\delta(\omega)$　　(C) $\pi\delta(\omega)$　　(D) $2\pi\delta(\omega)$

(5) $e^{j\omega_0 t}$ 的傅氏变换为（　　）.

(A) 1　　(B) $2\pi\delta(\omega)$　　(C) $2\pi\delta(\omega-\omega_0)$　　(D) $2\pi\delta(\omega+\omega_0)$

(6) 设 $u(t)$ 为单位阶跃函数，则 $u(t)$ 的傅氏变换为（　　）.

(A) $\dfrac{1}{j\omega}$　　(B) $\dfrac{1}{j\omega}+\delta(\omega)$　　(C) $\dfrac{1}{j\omega}+\pi\delta(\omega)$　　(D) $\dfrac{1}{j\omega}+2\pi\delta(\omega)$.

3. 用傅氏积分表示函数 $f(t)=\begin{cases}\sin t, & |t|\leqslant\pi,\\ 0, & |t|>\pi.\end{cases}$

4. 设函数 $f(t)=\begin{cases}1-t^2, & |t|\leqslant 1,\\ 0, & |t|>1.\end{cases}$

(1) 求 $f(t)$ 的傅氏变换；

(2) 计算 $\displaystyle\int_0^{+\infty}\frac{x\cos x-\sin x}{x^3}\cdot\cos\frac{x}{2}\mathrm{d}x$.

5. 已知某函数的傅氏变换为 $\pi[\delta(\omega+\omega_0)+\delta(\omega-\omega_0)]$，求该函数.

6. 求函数 $f(t)=e^{-\beta t}\sin\omega_0 t\cdot u(t)$ 的傅氏变换.

7. 设 $f(t)=\begin{cases}e^{-\beta t}, & t\geqslant 0,\\ 0, & t<0,\end{cases}$ $\beta>0$，证明：

(1) $\mathscr{F}[f(t)]=\dfrac{1}{\beta+j\omega}$ ；

(2) $\displaystyle\int_0^{+\infty}\frac{\beta\cos\omega t+\omega\sin\omega t}{\beta^2+\omega^2}\mathrm{d}\omega=\begin{cases}\pi e^{-\beta t}, & t>0,\\ \dfrac{\pi}{2}, & t=0,\\ 0, & t<0.\end{cases}$

8. 若 $\mathscr{F}[f(t)]=F(\omega)$ ，证明：

$$\mathscr{F}[f(t)\cdot\sin\omega_0 t]=\frac{1}{2j}[F(\omega-\omega_0)-F(\omega+\omega_0)].$$

9. 试证 $F(\omega)=\delta(\omega+1)-\delta(\omega-1)$ 的傅氏逆变换 $f(t)=\dfrac{\sin t}{\pi j}$.

10. 求符号函数 $\mathrm{sgn}t=\begin{cases}-1, & t<0\\ 1, & t>0\end{cases}$ 的傅氏变换.［提示：$\mathrm{sgn}t=2u(t)-1$］

11. 求函数 $f(t)=\sin 2t\cos t$ 的傅氏变换.

12. 利用位移性质计算下列函数的傅氏变换：

(1) $u(t-C)$ ；　　(2) $\dfrac{1}{2}[\delta(t+a)+\delta(t-a)]$ ；　　(3) $\sin\left(t-\dfrac{\pi}{3}\right)$.

13. 若 $\mathscr{F}[f(t)]=F(\omega)$，证明（像函数的微分性质）

$$\frac{\mathrm{d}}{\mathrm{d}\omega}F(\omega)=-\mathrm{j}\mathscr{F}[tf(t)],$$

并计算 $\mathscr{F}[t]$.

14. 若 $\mathscr{F}[f(t)]=F(\omega)$，证明（像函数的位移性质）

$$\mathscr{F}^{-1}[F(\omega\mp\omega_0)]=f(t)\mathrm{e}^{\pm\mathrm{j}\omega_0 t},$$

并计算 $\mathscr{F}[u(t)\mathrm{e}^{\mathrm{j}at}]$（$a$ 为常数）.

15. 若 $\mathscr{F}[f(t)]=F(\omega)$，证明

$$\mathscr{F}[f(t)\cos\omega_0 t]=\frac{1}{2}[F(\omega-\omega_0)+F(\omega+\omega_0)],$$

$$\mathscr{F}[f(t)\sin\omega_0 t]=\frac{1}{2\mathrm{j}}[F(\omega-\omega_0)+F(\omega+\omega_0)].$$

16. 证明下列式子：

(1) $\mathrm{e}^{at}[f_1(t)*f_2(t)]=[\mathrm{e}^{at}f_1(t)]*[\mathrm{e}^{at}f_2(t)]$（$a$ 为常数）；

(2) $\dfrac{\mathrm{d}}{\mathrm{d}t}[f_1(t)*f_2(t)]=\dfrac{\mathrm{d}}{\mathrm{d}t}f_1(t)*f_2(t)=f_1(t)*\dfrac{\mathrm{d}}{\mathrm{d}t}f_2(t)$.

17. 试证函数 $f(t)$ 与 δ 函数 $\delta(t)$ 的卷积等于 $f(t)$.

18. 若已知 $f_1(t)=\begin{cases}0, & t<0,\\ \mathrm{e}^{-t}, & t\geqslant 0,\end{cases}$ $f_2(t)=\begin{cases}\sin t, & 0\leqslant t\leqslant\dfrac{\pi}{2}\\ 0, & \text{其他}.\end{cases}$，求 $f_1(t)*f_2(t)$.

19. 若 $\mathscr{F}[f_1(t)]=F_1(\omega)$，$\mathscr{F}[f_2(t)]=F_2(\omega)$，证明 $\mathscr{F}^{-1}[F_1(\omega)*F_2(\omega)]=2\pi[f_1(t)\cdot f_2(t)]$.

20. 求下列函数的傅氏变换

(1) $f(t)=\cos\omega_0 t\cdot u(t)$；

(2) $f(t)=\mathrm{e}^{\mathrm{j}\omega_0 t}u(t)$；

(3) $f(t)=\mathrm{e}^{\mathrm{j}\omega_0 t}u(t-t_0)$；

(4) $f(t)=\mathrm{e}^{\mathrm{j}\omega_0 t}tu(t)$.

21. 用傅氏变换方法求解积分方程 $f(t)=g(t)+\int_{-\infty}^{+\infty}k(t-y)f(y)\mathrm{d}y$，其中 $g(t),k(t)$ 为满足变换条件的函数.

22. 求积分方程

$$\int_0^{+\infty}f(t)\sin\omega t\,\mathrm{d}t=\begin{cases}\dfrac{\pi}{2}\sin\omega, & 0\leqslant\omega\leqslant\pi,\\ 0, & \omega>\pi\end{cases}$$

的解 $f(t)$.

23. 求下列广义积分

(1) $\int_{-\infty}^{+\infty}\left(\dfrac{\sin 2x}{x}\right)^2\mathrm{d}x$

(2) $\int_{-\infty}^{+\infty}\left(\dfrac{\cos x}{x}\right)^2\mathrm{d}x$

(3) $\int_{-\infty}^{+\infty}\dfrac{1}{(4+x^2)^2}\mathrm{d}x$

(4) $\int_0^{+\infty}\dfrac{4\cos tx+5\sin x\sin xt}{9+x^2}\mathrm{d}x$

第 7 章　拉普拉斯变换

拉普拉斯（Laplace）变换是另一类重要的积分变换，它的理论和方法在自然科学和工程技术中均有着广泛的应用．本章介绍拉普拉斯变换（以下简称拉氏变换）的定义、拉氏变换的存在定理、常用函数的拉氏变换以及拉氏变换的性质．最后，介绍拉氏变换的应用.

7.1　拉氏变换的概念

7.1.1　拉氏变换的定义

在第 6 章我们讲过，一个函数当它除了满足狄氏条件以外，还在 $(-\infty, +\infty)$ 内满足绝对可积的条件时，就一定存在古典意义下的傅氏变换．但绝对可积的条件是比较强的，许多函数即使是很简单的函数（如单位阶跃函数、正弦函数、余弦函数以及线性函数等）都不满足这个条件；其次，可以进行傅氏变换的函数必须在整个数轴上有定义，但在物理、无线电技术等实际应用中，许多以时间 t 作为自变量的函数往往在 $t < 0$ 时无意义或不需要考虑，像这样的函数都不能取傅氏变换．由此可见，傅氏变换的应用范围受到相当大的限制．

若 $f(t)$ 定义于 $[0, +\infty)$，积分 $\int_0^{+\infty} |f(t)| \mathrm{d}t$ 也不一定存在．现在对这样的函数作适当的处理，则有可能由傅氏变换过渡到拉氏变换．为此引入函数（$\beta > 0$）

$$f_1(t) = \begin{cases} \mathrm{e}^{-\beta t} f(t), & t \geqslant 0 \\ 0, & t < 0 \end{cases}，即 f_1(t) = \mathrm{e}^{-\beta t} u(t) f(t).$$

当 β 足够大时，函数 $f_1(t)$ 的傅氏变换就有可能存在（见拉氏变换存在定理），于是

$$\mathscr{F}[f_1(t)] = \int_{-\infty}^{+\infty} f_1(t) \mathrm{e}^{-\mathrm{j}\omega t} \mathrm{d}t = \int_0^{+\infty} f(t) \mathrm{e}^{-(\beta+\mathrm{j}\omega)t} \mathrm{d}t = \int_0^{+\infty} f(t) \mathrm{e}^{-st} \mathrm{d}t,$$

其中 $s = \beta + \mathrm{j}\omega$ 为复参变量．

定义 7.1.1　设函数 $f(t)$ 当 $t \geqslant 0$ 时有定义，且积分

$$\int_0^{+\infty} f(t) \mathrm{e}^{-st} \mathrm{d}t \qquad （s 为复参变量）$$

在 s 的某个域内收敛，则由此积分所确定的函数可写为

$$F(s) = \int_0^{+\infty} f(t) \mathrm{e}^{-st} \mathrm{d}t . \tag{7.1.1}$$

称式(7.1.1) 为函数 $f(t)$ 的拉氏变换，记为

$$F(s) = \mathscr{L}[f(t)].$$

$F(s)$ 称为 $f(t)$ 的拉氏变换（或称为像函数)．而称 $f(t)$ 为 $F(s)$ 的拉氏逆变换（或称像原函数），记为

$$f(t)=\mathscr{L}^{-1}[F(s)].$$

注：由上可知，对 $f(t)$ 做拉氏变换等价于对函数 $e^{-\beta t}u(t)f(t)$ 做傅氏变换．

7.1.2 常用函数的拉氏变换

【例 7.1.1】 求函数 $f(t)=1$ 的拉氏变换．

解 $\mathscr{L}[f(t)]=\int_0^{+\infty}f(t)e^{-st}dt=\int_0^{+\infty}e^{-st}dt=-\frac{1}{s}e^{-st}\Big|_0^{+\infty}$

当 $\mathrm{Re}(s)>0$ 时，显然有 $\lim\limits_{t\to+\infty}e^{-st}=0$，故当 $\mathrm{Re}(s)>0$ 时，

$$\mathscr{L}[1]=\frac{1}{s}.$$

【例 7.1.2】 求指数函数 $f(t)=e^{kt}$ 的拉氏变换（k 为实常数).

解 $\mathscr{L}[e^{kt}]=\int_0^{+\infty}e^{kt}e^{-st}dt=\int_0^{+\infty}e^{-(s-k)t}dt=\frac{1}{s-k}\quad[\mathrm{Re}(s)>k].$

【例 7.1.3】 求正弦函数 $f(t)=\sin kt$ 的拉氏变换（k 为实常数).

解 方法 1：$\mathscr{L}[\sin kt]=\int_0^{+\infty}\sin kt\,e^{-st}dt=\frac{e^{-st}}{s^2+k^2}(-s\sin kt-k\cos kt)\Big|_0^{+\infty}$

$$=\frac{k}{s^2+k^2}\quad[\mathrm{Re}(s)>0].$$

方法 2：$\mathscr{L}[\sin kt]=\int_0^{+\infty}\sin kt\,e^{-st}dt=\int_0^{+\infty}\frac{e^{jkt}-e^{-jkt}}{2j}e^{-st}dt$

$$=\frac{1}{2j}\int_0^{+\infty}[e^{-(s-jk)t}-e^{-(s+jk)t}]dt$$

$$=\frac{1}{2j}\left(\frac{1}{s-jk}-\frac{1}{s+jk}\right)=\frac{k}{s^2+k^2}\quad[\mathrm{Re}(s)>0].$$

同理可得余弦函数的拉氏变换

$$\mathscr{L}[\cos kt]=\frac{s}{s^2+k^2}\quad[\mathrm{Re}(s)>0].$$

【例 7.1.4】 求幂函数 $f(t)=t^m$ 的拉氏变换（m 为正整数).

解 设 $I_m=\int_0^{+\infty}t^m e^{-st}dt$，则当 $\mathrm{Re}(s)>0$ 时，$I_0=\int_0^{+\infty}e^{-st}dt=\frac{1}{s}$．

由分部积分公式得

$$I_m=t^m\frac{e^{-st}}{-s}\Big|_0^{+\infty}-\int_0^{+\infty}mt^{m-1}\frac{e^{-st}}{-s}dt=\frac{m}{s}\int_0^{+\infty}t^{m-1}e^{-st}dt=\frac{m}{s}I_{m-1}.$$

因此

$$I_m=\frac{m}{s}\cdot\frac{m-1}{s}\cdot\cdots\cdot\frac{2}{s}\cdot\frac{1}{s}I_0=\frac{m!}{s^m}\cdot\frac{1}{s}=\frac{m!}{s^{m+1}},$$

即

$$\mathscr{L}[t^m]=\frac{m!}{s^{m+1}}\,[\mathrm{Re}(s)>0].$$

一般有

$$\mathscr{L}[t^m]=\frac{\Gamma(m+1)}{s^{m+1}}\quad[\mathrm{Re}(s)>0, m>-1\text{ 为实常数}].$$

7.1.3　拉氏变换的存在定理

从上面的例题可以看出，拉氏变换存在的条件要比傅氏变换存在的条件弱得多，但是对一个函数作拉氏变换也还是要具备一些条件的．那么，一个函数满足什么条件时，它的拉氏变换一定存在呢？下面定理将回答这个问题．

定理 7.1.1（拉氏变换的存在定理）　若函数 $f(t)$ 满足下列条件：

(1) 在 $t\geqslant 0$ 的任意有限区间上连续或分段连续；

(2) 当 $t\to+\infty$ 时，$f(t)$ 的增长速度不超过某一指数函数，亦即存在常数 $M>0$ 及 $c\geqslant 0$，使得

$$|f(t)|\leqslant M\mathrm{e}^{ct}\quad(0\leqslant t<+\infty)$$

成立（满足此条件的函数，称它的增大是指数级的，c 为它的增长指数）．

则 $f(t)$ 的拉氏变换

$$F(s)=\int_0^{+\infty}f(t)\mathrm{e}^{-st}\,\mathrm{d}t$$

在半平面 $\mathrm{Re}(s)>c$ 上一定存在，右端积分在 $\mathrm{Re}(s)\geqslant c_1>c$ 上绝对收敛而且一致收敛，并且在 $\mathrm{Re}(s)>c$ 的半平面内，$F(s)$ 为解析函数．

证　由条件（2）可知，对于任何 t 值$(0\leqslant t<+\infty)$，有

$$|f(t)\mathrm{e}^{-st}|=|f(t)|\mathrm{e}^{-\beta t}\leqslant M\mathrm{e}^{-(\beta-c)t},\mathrm{Re}(s)=\beta,$$

若令 $\beta-c\geqslant\varepsilon>0$（即 $\beta\geqslant c+\varepsilon=c_1>c$），则

$$|f(t)\mathrm{e}^{-st}|\leqslant M\mathrm{e}^{-\varepsilon t}.$$

所以

$$\int_0^{+\infty}|f(t)\mathrm{e}^{-st}|\,\mathrm{d}t\leqslant\int_0^{+\infty}M\mathrm{e}^{-\varepsilon t}\,\mathrm{d}t=\frac{M}{\varepsilon}.$$

根据含参量广义积分的性质可知，在 $\mathrm{Re}(s)\geqslant c_1>c$ 上，式(7.1.1) 右端积分不仅绝对收敛而且一致收敛．

由绝对收敛性知，$f(t)$ 的拉氏变换在 $\mathrm{Re}(s)>c$ 上是存在的．下面证明，在 $\mathrm{Re}(s)>c$ 上，$F(s)$为解析函数．事实上，若在式(7.1.1) 的积分号内对 s 求导，则有

$$\int_0^{+\infty}\frac{\mathrm{d}}{\mathrm{d}s}[f(t)\mathrm{e}^{-st}]\mathrm{d}t=\int_0^{+\infty}-tf(t)\mathrm{e}^{-st}\,\mathrm{d}t,$$

而

$$|-tf(t)\mathrm{e}^{-st}|\leqslant Mt\mathrm{e}^{-(\beta-c)t}\leqslant Mt\mathrm{e}^{-\varepsilon t},$$

所以

$$\int_0^{+\infty}\left|\frac{\mathrm{d}}{\mathrm{d}s}[f(t)\mathrm{e}^{-st}]\right|\mathrm{d}t\leqslant\int_0^{+\infty}Mt\mathrm{e}^{-\varepsilon t}\,\mathrm{d}t=\frac{M}{\varepsilon^2}.$$

由此可见，$\int_0^{+\infty}\frac{\mathrm{d}}{\mathrm{d}s}[f(t)\mathrm{e}^{-st}]\mathrm{d}t$ 在半平面 $\mathrm{Re}(s)\geqslant c_1>c$ 内也是绝对收敛而且一致收敛，从而微分和积分的次序可以交换，即

$$\begin{aligned}\frac{\mathrm{d}}{\mathrm{d}s}F(s)&=\frac{\mathrm{d}}{\mathrm{d}s}\int_0^{+\infty}f(t)\mathrm{e}^{-st}\,\mathrm{d}t=\int_0^{+\infty}\frac{\mathrm{d}}{\mathrm{d}s}[f(t)\mathrm{e}^{-st}]\mathrm{d}t\\&=\int_0^{+\infty}-tf(t)\mathrm{e}^{-st}\,\mathrm{d}t=\mathscr{L}[-tf(t)].\end{aligned}\tag{7.1.2}$$

这说明，$F(s)$ 在半平面 $\mathrm{Re}(s)>c$ 内是可微的，从而 $F(s)$ 在半平面 $\mathrm{Re}(s)>c$ 内

是解析的．

关于拉氏变换存在定理我们做如下几点注记．

① 存在定理中的“条件（1）”是容易满足的．对于“条件（2）”，大多数物理和工程技术中常见的函数也容易满足．比如，

$$|u(t)| \leqslant 1 \cdot e^{0t}，这里 M=1, c=0；$$
$$|\sin kt| \leqslant 1 \cdot e^{0t}，这里 M=1, c=0；$$
$$|\cos kt| \leqslant 1 \cdot e^{0t}，这里 M=1, c=0.$$

这说明，$u(t)$，$\sin kt$，$\cos kt$ 等函数虽然不满足傅氏变换中的绝对可积条件，却满足拉氏变换的条件，从而使拉氏变换的应用范围更加广泛（特别是在线性系统分析中）．今后我们遇到的函数，如无特别声明，总假定是满足拉氏变换存在条件的，且其增长指数为 c．

② 存在定理中的条件是充分的，但并非是必要的．比如，对于 $f(t)=t^m$ 来说，当 $m>-1$ 时，其拉氏变换是存在的（见例 7.1.4）．但当 $m=-\frac{1}{2}$ 时，$f(t)=t^{-\frac{1}{2}}$ 却不满足存在定理中的“条件（1）”，因这时 $f(t)$ 在 $t=0$ 为无穷大，不满足在 $t \geqslant 0$ 的任一有限区间上连续或分段连续的要求．同理 $\delta(t)$ 也不满足定理中的条件，但 $\delta(t)$ 的拉氏变换是存在的（见例 7.1.5）．

③ 由于拉氏变换不涉及 $f(t)$ 当 $t<0$ 时的情况，故我们以后约定当 $t<0$ 时，$f(t)=0$．例如，以后我们写 $\cos t$，应理解为 $u(t)\cos t$，即

$$u(t)\cos t=\begin{cases}\cos t, & t \geqslant 0, \\ 0, & t<0.\end{cases}$$

④ 我们还要指出，当满足拉氏变换存在定理条件的函数 $f(t)$ 在 $t=0$ 处为有界时，积分 $\mathscr{L}[f(t)]=\int_0^{+\infty} f(t) e^{-st} dt$ 中的下限取 0^+ 或 0^- 不会影响其结果．但当 $f(t)$ 在 $t=0$ 处包含了 δ 函数时，则拉氏变换的积分下限必须明确指出是 0^+ 还是 0^-，因为

$$\mathscr{L}_+[f(t)]=\int_{0^+}^{+\infty} f(t) e^{-st} dt，$$
$$\mathscr{L}_-[f(t)]=\int_{0^-}^{+\infty} f(t) e^{-st} dt=\int_{0^-}^{0^+} f(t) e^{-st} dt+\mathscr{L}_+[f(t)].$$

可以发现，当 $f(t)$ 在 $t=0$ 附近有界时，则 $\int_{0^-}^{0^+} f(t) e^{-st} dt=0$，即

$$\mathscr{L}_-[f(t)]=\mathscr{L}_+[f(t)].$$

当 $f(t)$ 在 $t=0$ 处包含了 δ 函数时，则 $\int_{0^-}^{0^+} f(t) e^{-st} dt \neq 0$，即

$$\mathscr{L}_-[f(t)] \neq \mathscr{L}_+[f(t)].$$

为了考虑这一情况，我们需要将进行拉氏变换的函数 $f(t)$ 当 $t \geqslant 0$ 时有定义扩大为当 $t>0$ 及 $t=0$ 任意一个邻域内有定义．这样，拉氏变换的定义

$$\mathscr{L}[f(t)]=\int_{0}^{+\infty} f(t)\mathrm{e}^{-st}\,\mathrm{d}t$$

应为

$$\mathscr{L}[f(t)]=\int_{0^-}^{+\infty} f(t)\mathrm{e}^{-st}\,\mathrm{d}t\,.$$

但为了书写方便起见，我们仍写成式(7.1.1) 形式.

【例 7.1.5】 求 δ-函数 $f(t)=\delta(t)$ 的拉氏变换.

解 根据上面的讨论，按式(7.1.1)，并利用性质 $\int_{-\infty}^{+\infty} f(t)\delta(t)\mathrm{d}t=f(0)$ 有

$$\mathscr{L}[\delta(t)]=\int_{0}^{+\infty}\delta(t)\mathrm{e}^{-st}\,\mathrm{d}t=\int_{0^-}^{+\infty}\delta(t)\mathrm{e}^{-st}\,\mathrm{d}t$$

$$=\int_{-\infty}^{+\infty}\delta(t)\mathrm{e}^{-st}\,\mathrm{d}t=\mathrm{e}^{-st}\big|_{t=0}=1.$$

【例 7.1.6】 设 $f(t)$ 是以 T 为周期的周期函数，即 $f(t+T)=f(t)(t>0)$，且 $f(t)$ 在一个周期上是连续或分段连续的，证明

$$\mathscr{L}[f(t)]=\frac{1}{1-\mathrm{e}^{-sT}}\int_{0}^{T} f(t)\mathrm{e}^{-st}\,\mathrm{d}t\ [\mathrm{Re}(s)>0]. \tag{7.1.3}$$

证

$$\mathscr{L}[f(t)]=\int_{0}^{+\infty} f(t)\mathrm{e}^{-st}\,\mathrm{d}t$$

$$=\int_{0}^{T} f(t)\mathrm{e}^{-st}\,\mathrm{d}t+\int_{T}^{2T} f(t)\mathrm{e}^{-st}\,\mathrm{d}t+\cdots+\int_{kT}^{(k+1)T} f(t)\mathrm{e}^{-st}\,\mathrm{d}t+\cdots$$

$$=\sum_{k=0}^{+\infty}\int_{kT}^{(k+1)T} f(t)\mathrm{e}^{-st}\,\mathrm{d}t\,.$$

而

$$\int_{kT}^{(k+1)T} f(t)\mathrm{e}^{-st}\,\mathrm{d}t\ \xlongequal{t-kT=u}\ \int_{0}^{T} f(u+kT)\mathrm{e}^{-s(u+kT)}\,\mathrm{d}u=\mathrm{e}^{-skT}\int_{0}^{T} f(u)\mathrm{e}^{-su}\,\mathrm{d}u$$

$$=\mathrm{e}^{-skT}\int_{0}^{T} f(t)\mathrm{e}^{-st}\,\mathrm{d}t\,.$$

故

$$\mathscr{L}[f(t)]=\sum_{k=0}^{+\infty}\left[\mathrm{e}^{-skT}\int_{0}^{T} f(t)\mathrm{e}^{-st}\,\mathrm{d}t\right]=\int_{0}^{T} f(t)\mathrm{e}^{-st}\,\mathrm{d}t\cdot\sum_{k=0}^{+\infty}\mathrm{e}^{-skT}$$

$$=\frac{1}{1-\mathrm{e}^{-sT}}\int_{0}^{T} f(t)\mathrm{e}^{-st}\,\mathrm{d}t\ [\mathrm{Re}(s)>0].$$

7.2　拉氏变换的性质

本节将介绍拉氏变换的几个性质，它们在拉氏变换的实际应用中都是很有用的.为了叙述方便起见，假定在这些性质中，凡是要求拉氏变换的函数都满足拉氏变换的存在定理中的条件，并且把这些函数的增长指数都统一地取为 c. 在证明这些性质时，我们不再重述这些条件.

7.2.1　线性性质

设 $F_1(s)=\mathscr{L}[f_1(t)]$，$F_2(s)=\mathscr{L}[f_2(t)]$，$\alpha,\beta$ 是常数，则

$$\mathscr{L}[\alpha f_1(t)+\beta f_2(t)]=\alpha F_1(s)+\beta F_2(s) \tag{7.2.1}$$

这个性质表明了函数线性组合的拉氏变换等于各函数拉氏变换的线性组合．它的证明只需根据定义，利用积分性质就可推出．

同样，拉氏逆变换也具有类似的线性性质，即

$$\mathscr{L}^{-1}[\alpha F_1(s)+\beta F_2(s)]=\alpha f_1(t)+\beta f_2(t). \tag{7.2.2}$$

【例 7.2.1】 利用线性性质求函数 $f(t)=\mathrm{ch}(kt)$ 的拉氏变换．

解 $$\mathscr{L}[\mathrm{ch}(kt)]=\mathscr{L}\left[\frac{\mathrm{e}^{kt}+\mathrm{e}^{-kt}}{2}\right]=\frac{1}{2}\{\mathscr{L}[\mathrm{e}^{kt}]+\mathscr{L}[\mathrm{e}^{-kt}]\}$$
$$=\frac{1}{2}\left(\frac{1}{s-k}+\frac{1}{s+k}\right)=\frac{s}{s^2-k^2}.$$

同理可得

$$\mathscr{L}[\mathrm{sh}(kt)]=\frac{k}{s^2-k^2}.$$

7.2.2 微分性质

若 $\mathscr{L}[f(t)]=F(s)$，则

$$\mathscr{L}[f'(t)]=sF(s)-f(0). \tag{7.2.3}$$

证 根据拉氏变换的定义和分部积分法可得

$$\mathscr{L}[f'(t)]=\int_0^{+\infty}f'(t)\mathrm{e}^{-st}\mathrm{d}t=f(t)\mathrm{e}^{-st}\Big|_0^{+\infty}+s\int_0^{+\infty}f(t)\mathrm{e}^{-st}\mathrm{d}t$$
$$=-f(0)+sF(s)\quad[\mathrm{Re}(s)>c],$$

即
$$\mathscr{L}[f'(t)]=sF(s)-f(0).$$

推论 设 $\mathscr{L}[f(t)]=F(s)$，则

$$\mathscr{L}[f^{(n)}(t)]=s^nF(s)-s^{n-1}f(0)-s^{n-2}f'(0)-\cdots-f^{(n-1)}(0)\quad[\mathrm{Re}(s)>c]. \tag{7.2.4}$$

特别地，当 $f(0)=f'(0)=\cdots=f^{(n-1)}(0)=0$ 时，有

$$\mathscr{L}[f^{(n)}(t)]=s^nF(s). \tag{7.2.5}$$

此性质使我们有可能将 $f(t)$ 的微分方程转化为 $F(s)$ 的代数方程，因此它对分析线性系统有着重要的作用，下面利用这一性质推算一些函数的拉氏变换．

【例 7.2.2】 利用式(7.2.4) 求函数 $f(t)=\sin kt$ 的拉氏变换．

解 由于 $f(0)=0$，$f'(0)=k$，$f''(t)=-k^2\sin kt$，则由式(7.2.4) 有

$$\mathscr{L}[-k^2\sin kt]=\mathscr{L}[f''(t)]=s^2\mathscr{L}[f(t)]-sf(0)-f'(0),$$

即
$$-k^2\mathscr{L}[\sin kt]=s^2\mathscr{L}[\sin kt]-k,$$

移项化简得
$$\mathscr{L}[\sin kt]=\frac{k}{s^2+k^2}\quad[\mathrm{Re}(s)>0].$$

【例 7.2.3】 利用式(7.2.4) 求函数 $f(t)=t^m$ 的拉氏变换，其中 m 为正整数．

解 由于 $f(0)=f'(0)=\cdots=f^{(m-1)}(0)=0$，而 $f^{(m)}(t)=m!$．所以

$$\mathscr{L}[m!]=\mathscr{L}[f^{(m)}(t)]=s^m\mathscr{L}[f(t)]-s^{m-1}f(0)-s^{m-2}f'(0)-\cdots-f^{(m-1)}(0),$$

即
$$\mathscr{L}[m!]=s^m\mathscr{L}[t^m],$$

又
$$\mathscr{L}[m!]=m!\mathscr{L}[1]=\frac{m!}{s},$$

所以
$$\mathscr{L}[t^m]=\frac{m!}{s^{m+1}}\quad [\mathrm{Re}(s)>0].$$

此外，由拉氏变换存在定理，还可以得到像函数的微分性质：若 $\mathscr{L}[f(t)]=F(s)$，则

$$F'(s)=\mathscr{L}[-tf(t)]\quad [\mathrm{Re}(s)>c], \tag{7.2.6}$$

一般有
$$F^{(n)}(s)=\mathscr{L}[(-t)^n f(t)]\quad [\mathrm{Re}(s)>c]. \tag{7.2.7}$$

【例 7.2.4】 求函数 $f(t)=t\cos kt$ 的拉氏变换.

解　因为 $\mathscr{L}[\cos kt]=\dfrac{s}{s^2+k^2}$，根据像函数的微分性质可得

$$\mathscr{L}[t\cos kt]=-\frac{\mathrm{d}}{\mathrm{d}s}\left(\frac{s}{s^2+k^2}\right)=\frac{s^2-k^2}{(s^2+k^2)^2}.$$

同理可得
$$\mathscr{L}[t\sin kt]=-\frac{\mathrm{d}}{\mathrm{d}s}\left(\frac{k}{s^2+k^2}\right)=\frac{2ks}{(s^2+k^2)^2}.$$

7.2.3　积分性质

若　$\mathscr{L}[f(t)]=F(s)$，则 $\mathscr{L}\left[\int_0^t f(t)\mathrm{d}t\right]=\dfrac{1}{s}F(s)$.　(7.2.8)

证　设 $g(t)=\int_0^t f(t)\mathrm{d}t$，则有 $g(0)=0, g'(t)=f(t)$. 由微分性质有

$$\mathscr{L}[g'(t)]=s\mathscr{L}[g(t)]-g(0)=s\mathscr{L}[g(t)],$$

即

$$\mathscr{L}\left[\int_0^t f(t)\mathrm{d}t\right]=\frac{1}{s}\mathscr{L}[f(t)]=\frac{1}{s}F(s).$$

这个性质表明了一个函数积分后的拉氏变换等于这个函数的拉氏变换除以复参数 s. 重复应用式(7.2.8)，就可得到：

$$\mathscr{L}\Big[\underbrace{\int_0^t \mathrm{d}t\int_0^t \mathrm{d}t\cdots\int_0^t}_{n\text{次}} f(t)\mathrm{d}t\Big]=\frac{1}{s^n}F(s). \tag{7.2.9}$$

此外，由拉氏变换存在定理，还可以得到像函数的积分性质：

若 $\mathscr{L}[f(t)]=F(s)$，则

$$\mathscr{L}\left[\frac{f(t)}{t}\right]=\int_s^{+\infty}F(s)\mathrm{d}s \tag{7.2.10}$$

或
$$f(t)=t\mathscr{L}^{-1}\left[\int_s^{+\infty}F(s)\mathrm{d}s\right].$$

一般有
$$\mathscr{L}\left[\frac{f(t)}{t^n}\right]=\underbrace{\int_s^{+\infty}\mathrm{d}s\int_s^{+\infty}\mathrm{d}s\cdots\int_s^{+\infty}}_{n\text{次}}F(s)\mathrm{d}s \tag{7.2.11}$$

或
$$f(t)=t^n\mathscr{L}^{-1}\left[\underbrace{\int_s^{+\infty}\mathrm{d}s\int_s^{+\infty}\mathrm{d}s\cdots}_{n\text{次}}\int_s^{+\infty}F(s)\mathrm{d}s\right].$$

【例 7.2.5】 求函数 $f(t)=\dfrac{\sin t}{t}$ 的拉氏变换.

解 因为 $\mathscr{L}[\sin t]=\dfrac{1}{s^2+1}$，由式(7.2.10)，
$$\mathscr{L}\left[\frac{\sin t}{t}\right]=\int_s^{+\infty}\frac{1}{s^2+1}\mathrm{d}s=\frac{\pi}{2}-\arctan s=\operatorname{arccot}s.$$

7.2.4 位移性质

若 $\mathscr{L}[f(t)]=F(s)$，则
$$\mathscr{L}[\mathrm{e}^{at}f(t)]=F(s-a)\quad[\mathrm{Re}(s-a)>c]\tag{7.2.12}$$
或
$$\mathscr{L}^{-1}[F(s-a)]=\mathrm{e}^{at}f(t)\quad[\mathrm{Re}(s-a)>c].$$

证 $\mathscr{L}[\mathrm{e}^{at}f(t)]=\displaystyle\int_0^{+\infty}\mathrm{e}^{at}f(t)\mathrm{e}^{-st}\mathrm{d}t=\int_0^{+\infty}f(t)\mathrm{e}^{-(s-a)t}\mathrm{d}t$
$$=F(s-a)\quad[\mathrm{Re}(s-a)>c].$$

【例 7.2.6】 求 $f(t)=\mathrm{e}^{at}\cos kt$ 的拉氏变换.

解 由于 $\mathscr{L}[\cos kt]=\dfrac{s}{s^2+k^2}$，故
$$\mathscr{L}[\mathrm{e}^{at}\cos kt]=\frac{s-a}{(s-a)^2+k^2}.$$

【例 7.2.7】 求 $F(s)=\dfrac{2}{(s+1)^2+4}$ 的拉氏逆变换.

解 因为 $\mathscr{L}^{-1}\left[\dfrac{2}{s^2+4}\right]=\sin 2t$，由式(7.2.12) 有
$$\mathscr{L}^{-1}\left[\frac{2}{(s+1)^2+4}\right]=\mathrm{e}^{-t}\sin 2t.$$

7.2.5 延迟性质

设 $\mathscr{L}[f(t)]=F(s)$，又 $t<0$ 时，$f(t)=0$，则对任一非负实数 τ，有
$$\mathscr{L}[f(t-\tau)]=\mathrm{e}^{-s\tau}F(s)$$
或
$$\mathscr{L}^{-1}[\mathrm{e}^{-s\tau}F(s)]=f(t-\tau).\tag{7.2.13}$$

证 $\mathscr{L}[f(t-\tau)]=\displaystyle\int_0^{+\infty}f(t-\tau)\mathrm{e}^{-st}\mathrm{d}t$
$$=\int_0^{\tau}f(t-\tau)\mathrm{e}^{-st}\mathrm{d}t+\int_\tau^{+\infty}f(t-\tau)\mathrm{e}^{-st}\mathrm{d}t.$$

由条件可知，当 $t<\tau$ 时，$f(t-\tau)=0$，故上式右端的第一个积分为零. 对于第二个积分，令 $u=t-\tau$，则有
$$\mathscr{L}[f(t-\tau)]=\int_0^{+\infty}f(u)\mathrm{e}^{-s(u+\tau)}\mathrm{d}u=\mathrm{e}^{-s\tau}\int_0^{+\infty}f(u)\mathrm{e}^{-su}\mathrm{d}u$$
$$=\mathrm{e}^{-s\tau}F(s)\quad[\mathrm{Re}(s)>c].$$

函数 $f(t-\tau)$ 与 $f(t)$ 相比，$f(t)$ 是从 $t=0$ 开始有非零值，而 $f(t-\tau)$ 是从$t=\tau$ 开始有非零值，即延迟了一个时间 τ. 从它们的图像来讲，$f(t-\tau)$ 的图像是由 $f(t)$ 的图像沿 t 轴向右平移距离 τ 而得，如图 7.2.1 所示．此性质表明，时间函数延迟 τ 的拉氏变换等于它的像函数乘以指数因子 $e^{-s\tau}$．

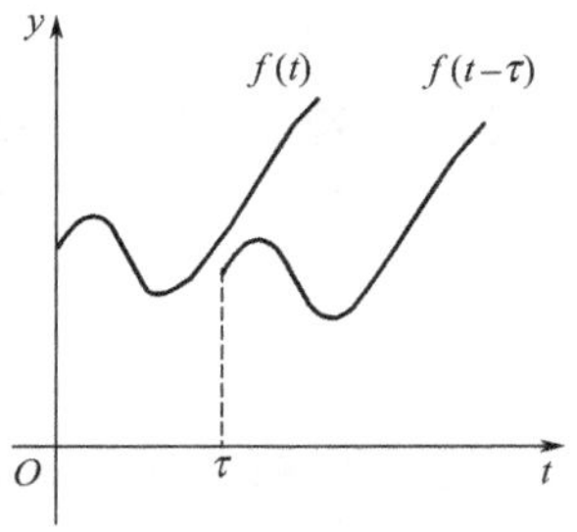

图 7.2.1

【例 7.2.8】 设 $f(t)=(t-1)^2$，试求 $f(t)$ 的拉氏变换．

解 因为 $f(t)=(t-1)^2=t^2-2t+1$，所以

$$F(s)=\mathscr{L}[t^2-2t+1]=\frac{2}{s^3}-\frac{2}{s^2}+\frac{1}{s}.$$

此题若如下求解则是错误的：

$$F(s)=\mathscr{L}[(t-1)^2]=e^{-s}\mathscr{L}[t^2]=e^{-s}\frac{2}{s^3},$$

这是由于 $f(t)$ 当 $t<1$ 时并不等于 0，不满足延迟性质的条件．

【例 7.2.9】 求如图 7.2.2 所示的阶梯函数 $f(t)$ 的拉氏变换．

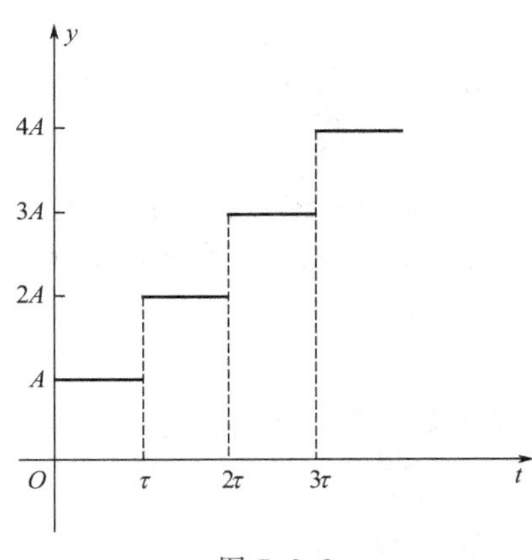

图 7.2.2

解 利用单位阶跃函数，可将 $f(t)$ 表示为

$$f(t)=A[u(t)+u(t-\tau)+u(t-2\tau)+\cdots].$$

上式两边取拉氏变换，并假定右边的拉氏变换可以逐项进行，再由拉氏变换的线性性质式(7.2.1) 及延迟性质式(7.2.13)，有

$$\mathscr{L}[f(t)]=A\left(\frac{1}{s}+\frac{1}{s}e^{-s\tau}+\frac{1}{s}e^{-2s\tau}+\cdots\right)$$

$$=\frac{A}{s}(1+e^{-s\tau}+e^{-2s\tau}+\cdots).$$

当 $\mathrm{Re}(s)>0$ 时，有

$$|e^{-s\tau}|<1,$$

所以，上式右端括号中为一公比的模小于 1 的等比级数，从而

$$\mathscr{L}[f(t)]=\frac{A}{s}\cdot\frac{1}{1-e^{-s\tau}}=\frac{A}{2s}\cdot\frac{(e^{\frac{s\tau}{2}}-e^{-\frac{s\tau}{2}})+(e^{\frac{s\tau}{2}}+e^{-\frac{s\tau}{2}})}{e^{\frac{s\tau}{2}}-e^{-\frac{s\tau}{2}}}$$

$$=\frac{A}{2s}\left(1+\coth\frac{s\tau}{2}\right)\quad[\mathrm{Re}(s)>0].$$

*7.2.6 初值定理和终值定理

初值定理 若 $\mathscr{L}[f(t)]=F(s)$，且 $\lim\limits_{s\to\infty}sF(s)$存在，则

$$\lim_{t\to 0}f(t)=\lim_{s\to\infty}sF(s),$$

或写成

$$f(0)=\lim_{s\to\infty}sF(s). \tag{7.2.14}$$

终值定理 若 $\mathscr{L}[f(t)]=F(s)$，且 $sF(s)$ 的所有奇点全在 s 平面的左半部，则

$$\lim_{t\to+\infty}f(t)=\lim_{s\to 0}sF(s),$$

或写成

$$f(+\infty)=\lim_{s\to 0}sF(s). \tag{7.2.15}$$

注：① 初值定理表明函数 $f(t)$ 在 $t=0$ 时的函数值可以通过 $f(t)$ 的拉氏变换 $F(s)$ 乘以 s 取 $s\to\infty$ 时的极限值而得到，它建立了函数 $f(t)$ 在坐标原点的值与函数 $sF(s)$ 的无穷远点的值之间的关系．

② 终值定理表明函数 $f(t)$ 在 $t\to+\infty$ 时的数值（即稳定值），可以通过 $f(t)$ 的拉氏变换 $F(s)$ 乘以 s 取 $s\to 0$ 时的极限值而得到，它建立了函数 $f(t)$ 在无穷远点的值与函数 $sF(s)$ 在原点的值之间的关系．

③ 在拉氏变换的应用中，往往先得到 $F(s)$ 再去求 $f(t)$．但我们有时并不关心函数 $f(t)$ 的表达式，而是需要知道 $f(t)$ 在 $t\to+\infty$ 或 $t\to 0$ 时的性态，这两个定理给我们提供了方便，能使我们直接由 $F(s)$ 求出 $f(t)$ 的两个特殊值 $f(0)$ 和 $f(+\infty)$.

7.3 拉氏变换的卷积

上一节我们介绍了拉氏变换的几个基本性质．本节将介绍拉氏变换的卷积性质．它不仅被用来求某些函数的逆变换及一些积分值，而且在线性系统的分析中起着重要的作用．

7.3.1 卷积的概念

在上一章我们已经讨论了傅氏变换的卷积及其性质．两个函数的傅氏变换的卷积是指

$$f_1(t)*f_2(t)=\int_{-\infty}^{+\infty}f_1(\tau)f_2(t-\tau)\mathrm{d}\tau.$$

如果 $f_1(t)$ 和 $f_2(t)$ 都满足条件：当 $t<0$ 时，$f_1(t)=f_2(t)=0$，则上式可写成

$$\begin{aligned}f_1(t)*f_2(t)&=\int_{-\infty}^{0}f_1(\tau)f_2(t-\tau)\mathrm{d}\tau+\int_0^t f_1(\tau)f_2(t-\tau)\mathrm{d}\tau+\int_t^{+\infty}f_1(\tau)f_2(t-\tau)\mathrm{d}\tau\\&=\int_0^t f_1(\tau)f_2(t-\tau)\mathrm{d}\tau.\end{aligned}$$

由此可以给出拉氏变换卷积的定义．

定义 7.3.1 设函数 $f_1(t),f_2(t)$ 满足条件：当 $t<0$ 时，$f_1(t)=f_2(t)=0$，则将积分

$$\int_0^t f_1(\tau)f_2(t-\tau)\mathrm{d}\tau$$

称为 $f_1(t)$ 与 $f_2(t)$ 的卷积，记作 $f_1(t)*f_2(t)$，即

$$f_1(t)*f_2(t)=\int_0^t f_1(\tau)f_2(t-\tau)\mathrm{d}\tau. \tag{7.3.1}$$

由上易看出，拉氏变换卷积的定义与傅氏变换卷积的定义是完全一致的．

7.3.2　卷积的运算规律

根据卷积的定义及定积分的性质易推得具有如下的运算规律．

① 交换律　$f_1(t)*f_2(t)=f_2(t)*f_1(t)$；

② 结合律　$f_1(t)*[f_2(t)*f_3(t)]=[f_1(t)*f_2(t)]*f_3(t)$；

③ 分配律　$f_1(t)*[f_2(t)+f_3(t)]=f_1(t)*f_2(t)+f_1(t)*f_3(t)$；

④ 数乘结合律　$\alpha[f_1(t)*f_2(t)]=[\alpha f_1(t)]*f_2(t)=f_1(t)*[\alpha f_2(t)]$．

【例 7.3.1】 求 $f_1(t)=t$ 与 $f_2(t)=\sin t$ 的卷积 $t*\sin t$．

解　$$t*\sin t=\sin t*t=\int_0^t\sin\tau\cdot(t-\tau)\mathrm{d}\tau=t\int_0^t\sin\tau\mathrm{d}\tau-\int_0^t\tau\sin\tau\mathrm{d}\tau$$
$$=-t\cos(\tau)\Big|_0^t+(\tau\cos\tau-\sin\tau)\Big|_0^t=t-\sin t.$$

本题计算若不使用卷积交换律，步骤也很简单，读者不妨一试．

7.3.3　卷积定理

定理 7.3.1　如果函数 $f_1(t),f_2(t)$ 满足拉氏变换存在定理中的条件，且 $\mathscr{L}[f_1(t)]=F_1(s)$，$\mathscr{L}[f_2(t)]=F_2(s)$，则 $f_1(t)*f_2(t)$ 的拉氏变换一定存在，且

$$\mathscr{L}[f_1(t)*f_2(t)]=F_1(s)\cdot F_2(s)$$

或　$$\mathscr{L}^{-1}[F_1(s)\cdot F_2(s)]=f_1(t)*f_2(t).\tag{7.3.2}$$

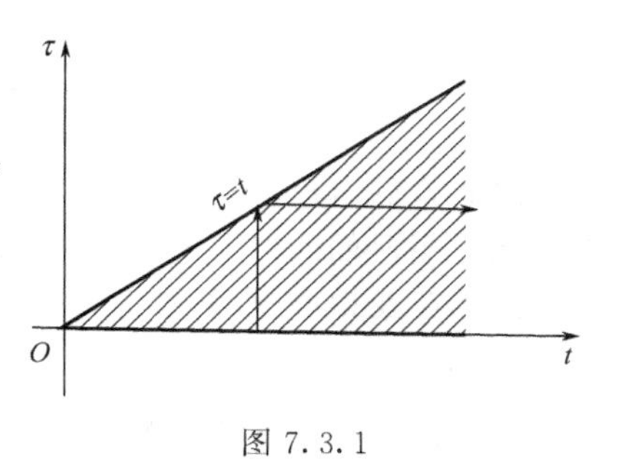

图 7.3.1

证　容易验证 $f_1(t)*f_2(t)$ 满足拉氏变换存在定理中的条件．它的变换式为

$$\mathscr{L}[f_1(t)*f_2(t)]=\int_0^{+\infty}[f_1(t)*f_2(t)]\mathrm{e}^{-st}\mathrm{d}t=\int_0^{+\infty}\left[\int_0^t f_1(\tau)f_2(t-\tau)\mathrm{d}\tau\right]\mathrm{e}^{-st}\mathrm{d}t$$

从上面积分式子可以看出，积分区域如图 7.3.1 所示（阴影部分）．由于二重积分绝对可积，可以交换积分次序，即

$$\mathscr{L}[f_1(t)*f_2(t)]=\int_0^{+\infty}f_1(\tau)\left[\int_\tau^{+\infty}f_2(t-\tau)\mathrm{e}^{-st}\mathrm{d}t\right]\mathrm{d}\tau$$
$$\xlongequal{令\ t-\tau=u}\int_0^{+\infty}f_1(\tau)\left[\int_0^{+\infty}f_2(u)\mathrm{e}^{-s(u+\tau)}\mathrm{d}u\right]\mathrm{d}\tau$$
$$=\int_0^{+\infty}f_1(\tau)\left[\int_0^{+\infty}f_2(u)\mathrm{e}^{-su}\mathrm{d}u\right]\mathrm{e}^{-s\tau}\mathrm{d}\tau$$
$$=\int_0^{+\infty}f_1(\tau)\mathrm{e}^{-s\tau}\mathrm{d}\tau\int_0^{+\infty}f_2(u)\mathrm{e}^{-su}\mathrm{d}u$$
$$=F_1(s)\cdot F_2(s).$$

这个性质表明两个函数卷积的拉氏变换等于这两个函数拉氏变换的乘积．

推论　如果函数 $f_k(t)(k=1,2,\cdots,n)$ 满足拉氏变换存在定理中的条件，且 $\mathscr{L}[f_k(t)]=F_k(s)$，$(k=1,2,\cdots,n)$，则 $f_1(t)*f_2(t)*\cdots*f_n(t)$ 的拉氏变换一定存在，且

$$\mathscr{L}[f_1(t) * f_2(t) * \cdots * f_n(t)] = F_1(s) \cdot F_2(s) \cdot \cdots \cdot F_n(s).$$

在拉氏变换应用中，卷积定理起着十分重要的作用.

【例 7.3.2】 若 $F(s)=\dfrac{1}{s^2(s^2+1)}$，求 $f(t)$.

解 因为

$$F(s)=\frac{1}{s^2(s^2+1)}=\frac{1}{s^2}\cdot\frac{1}{(s^2+1)},$$

取 $$F_1(s)=\frac{1}{s^2},F_2(s)=\frac{1}{s^2+1},$$

于是 $$f_1(t)=t,f_2(t)=\sin t,$$

根据卷积定理和例 9.3.1，得

$$f(t)=f_1(t)*f_2(t)=t*\sin t=t-\sin t.$$

7.4 拉氏逆变换

前面我们讨论了由已知函数 $f(t)$ 求它的像函数 $F(s)$，但在实际应用中常会碰到与此相反的问题，即已知像函数 $F(s)$ 求它的像原函数 $f(t)$，这就是本节讨论的拉氏逆变换问题.

7.4.1 反演积分公式

由拉氏变换的概念可知，函数 $f(t)$ 的拉氏变换，实际上就是 $f(t)u(t)\mathrm{e}^{-\beta t}$ 的傅氏变换，故当 $f(t)u(t)\mathrm{e}^{-\beta t}$ 满足傅氏积分定理的条件时，在 $f(t)$ 的连续点处，有

$$\begin{aligned}f(t)u(t)\mathrm{e}^{-\beta t}&=\frac{1}{2\pi}\int_{-\infty}^{+\infty}\left[\int_{-\infty}^{+\infty}f(\tau)u(\tau)\mathrm{e}^{-\beta\tau}\mathrm{e}^{-\mathrm{j}\omega\tau}\mathrm{d}\tau\right]\mathrm{e}^{\mathrm{j}\omega t}\mathrm{d}\omega\\&=\frac{1}{2\pi}\int_{-\infty}^{+\infty}\left[\int_{-\infty}^{+\infty}f(\tau)u(\tau)\mathrm{e}^{-(\beta+\mathrm{j}\omega)\tau}\mathrm{d}\tau\right]\mathrm{e}^{\mathrm{j}\omega t}\mathrm{d}\omega\\&=\frac{1}{2\pi}\int_{-\infty}^{\infty}\left[\int_{0}^{\infty}f(\tau)\mathrm{e}^{-(\beta+\mathrm{j}\omega)\tau}\mathrm{d}\tau\right]\mathrm{e}^{\mathrm{j}\omega t}\mathrm{d}\omega\\&=\frac{1}{2\pi}\int_{-\infty}^{+\infty}F(\beta+\mathrm{j}\omega)\mathrm{e}^{\mathrm{j}\omega t}\mathrm{d}\omega\quad(t>0,\beta>c).\end{aligned}$$

等式两边同时乘以 $\mathrm{e}^{\beta t}$，并考虑到它与积分变量无关，则有

$$f(t)=\frac{1}{2\pi}\int_{-\infty}^{+\infty}F(\beta+\mathrm{j}\omega)\mathrm{e}^{(\beta+\mathrm{j}\omega)t}\mathrm{d}\omega\quad(t>0,\beta>c).$$

令 $\beta+\mathrm{j}\omega=s$，有

$$f(t)=\frac{1}{2\pi\mathrm{j}}\int_{\beta-\mathrm{j}\infty}^{\beta+\mathrm{j}\infty}F(s)\mathrm{e}^{st}\mathrm{d}s,t>0\quad[\mathrm{Re}(s)>c].\tag{7.4.1}$$

这就是从像函数 $F(s)$ 求它的像原函数 $f(t)$ 的一般公式. 右端积分称为拉式反演积分公式. 显然，求出了反演积分也就求出了拉氏逆变换. 式(7.4.1) 与

$$F(s)=\int_{0}^{+\infty} f(t)\mathrm{e}^{-st}\mathrm{d}t$$

构成一对互逆的积分变换公式．由于式(7.4.1) 右端的反演积分是一个复变函数积分，所以计算起来通常比较困难．但当 $F(s)$ 满足一定条件时，可以用留数来计算它．下面的定理提供了计算方法．

定理 7.4.1　若 $s_1,s_2,\cdots,s_n$ 是函数 $F(s)$ 的所有奇点［适当选取 $\beta>c$，使这些奇点全在 $\mathrm{Re}(s)<\beta$ 的范围内］，且当 $s\to\infty$ 时，$F(s)\to 0$，则有

$$f(t)=\frac{1}{2\pi \mathrm{j}}\int_{\beta-\mathrm{j}\infty}^{\beta+\mathrm{j}\infty} F(s)\mathrm{e}^{st}\mathrm{d}s=\sum_{k=1}^{n}\mathrm{Res}[F(s)\mathrm{e}^{st},s_k]\ (t>0). \qquad (7.4.2)$$

证略．

7.4.2　拉氏逆变换的求法

下面用实例说明在已知拉氏变换的像函数 $F(s)$ 的情况下，如何求出其像原函数 $f(t)$.

(1) 反演积分公式法（留数法）

【例 7.4.1】　求 $F(s)=\dfrac{s}{s^2+1}$ 的逆变换．

解　$F(s)$ 有两个一级极点：$s_1=\mathrm{j},s_2=-\mathrm{j}$．由式(7.4.2) 得

$$\begin{aligned}f(t)&=\mathrm{Res}[F(s)\mathrm{e}^{st},\mathrm{j}]+\mathrm{Res}[F(s)\mathrm{e}^{st},-\mathrm{j}]\\&=\frac{1}{2}\mathrm{e}^{st}\Big|_{s=\mathrm{j}}+\frac{1}{2}\mathrm{e}^{st}\Big|_{s=-\mathrm{j}}=\frac{1}{2}\mathrm{e}^{\mathrm{j}t}+\frac{1}{2}\mathrm{e}^{-\mathrm{j}t}=\cos t\ (t>0).\end{aligned}$$

这与熟知的结果是一致的．

【例 7.4.2】　求 $F(s)=\dfrac{s-2}{s(s-1)^2}$ 的逆变换．

解　$s=0$ 为 $F(s)$ 的一级极点，$s=1$ 为 $F(s)$ 的二级极点．

$$\mathrm{Res}[F(s)\mathrm{e}^{st},0]=\lim_{s\to 0}s\cdot\frac{(s-2)\mathrm{e}^{st}}{s(s-1)^2}=-2,$$

$$\begin{aligned}\mathrm{Res}[F(s)\mathrm{e}^{st},1]&=\lim_{s\to 1}\left[(s-1)^2\cdot\frac{(s-2)\mathrm{e}^{st}}{s(s-1)^2}\right]'\\&=(2-t)\mathrm{e}^{t}.\end{aligned}$$

故　$$f(t)=\mathrm{Res}[F(s)\mathrm{e}^{st},0]+\mathrm{Res}[F(s)\mathrm{e}^{st},1]=-2+(2-t)\mathrm{e}^{t}.$$

【例 7.4.3】　求 $F(s)=\dfrac{s}{(s+1)(s-2)(s+3)}$ 的逆变换．

解　$F(s)$ 有三个一级极点 $s=-1,2,-3$. 因为

$$\mathrm{Res}[F(s)\mathrm{e}^{st},-1]=\lim_{s\to -1}(s+1)\cdot\frac{s\mathrm{e}^{st}}{(s+1)(s-2)(s+3)}=\frac{1}{6}\mathrm{e}^{-t},$$

$$\mathrm{Res}[F(s)\mathrm{e}^{st},2]=\lim_{s\to 2}(s-2)\cdot\frac{s\mathrm{e}^{st}}{(s+1)(s-2)(s+3)}=\frac{2}{15}\mathrm{e}^{2t},$$

$$\mathrm{Res}[F(s)\mathrm{e}^{st},-3]=\lim_{s\to -3}(s+3)\cdot\frac{s\mathrm{e}^{st}}{(s+1)(s-2)(s+3)}=-\frac{3}{10}\mathrm{e}^{-3t}.$$

所以 $$f(t)=\frac{1}{6}e^{-t}+\frac{2}{15}e^{2t}-\frac{3}{10}e^{-3t}.$$

(2) 性质法

根据已知函数的拉氏变换和拉氏变换的性质可以求出一些函数的拉氏逆变换．拉氏逆变换的性质有：

① $\mathscr{L}^{-1}[\alpha F_1(s)+\beta F_2(s)]=\alpha f_1(t)+\beta f_2(t)$；

② $\mathscr{L}^{-1}[F(s-a)]=e^{at}f(t)$；

③ $\mathscr{L}^{-1}[e^{-s\tau}F(s)]=f(t-\tau)$；

④ $\mathscr{L}^{-1}[F'(s)]=-tf(t)$ 或者 $f(t)=-\frac{1}{t}L^{-1}[F'(s)]$；

⑤ $\mathscr{L}^{-1}\left[\int_s^{+\infty}F(s)\mathrm{d}s\right]=\frac{f(t)}{t}$ 或者 $f(t)=t\mathscr{L}^{-1}\left[\int_s^{+\infty}F(s)\mathrm{d}s\right]$．

【例 7.4.4】 求 $F(s)=\frac{s+1}{s^2+2s+2}$ 的拉氏逆变换．

解 $$f(t)=\mathscr{L}^{-1}\left[\frac{s+1}{s^2+2s+2}\right]=\mathscr{L}^{-1}\left[\frac{s+1}{(s+1)^2+1}\right]$$
$$=e^{-t}\mathscr{L}^{-1}\left[\frac{s}{s^2+1}\right]=e^{-t}\cos t.$$

【例 7.4.5】 求 $F(s)=\ln\frac{s+1}{s-1}$ 的拉氏逆变换．

解 由 $F'(s)=-2\cdot\frac{1}{s^2-1}$，得
$$f(t)=-\frac{1}{t}\mathscr{L}^{-1}[F'(s)]=-\frac{1}{t}\mathscr{L}^{-1}\left[-2\cdot\frac{1}{s^2-1}\right]=\frac{2}{t}\mathscr{L}^{-1}\left[\frac{1}{s^2-1}\right]=\frac{2}{t}\mathrm{sh}t.$$

【例 7.4.6】 求 $F(s)=\frac{s}{(s^2-1)^2}$ 的拉氏逆变换．

解 由 $\int_s^{+\infty}F(s)\mathrm{d}s=\int_s^{+\infty}\frac{s}{(s^2-1)^2}\mathrm{d}s=\frac{-1}{2(s^2-1)}\bigg|_s^{+\infty}=\frac{1}{2(s^2-1)}$，

所以 $$f(t)=t\mathscr{L}^{-1}\left[\int_s^{+\infty}F(s)\mathrm{d}s\right]=t\mathscr{L}^{-1}\left[\frac{1}{2(s^2-1)}\right]$$
$$=\frac{t}{2}\mathscr{L}^{-1}\left[\frac{1}{s^2-1}\right]=\frac{t}{2}\mathrm{sh}t.$$

(3) 卷积定理法

根据卷积定理有
$$\mathscr{L}^{-1}[F_1(s)\cdot F_2(s)]=f_1(t)*f_2(t).$$
应用这一公式求有限个函数乘积的拉氏逆变换是很方便的．

【例 7.4.7】 求 $F(s)=\frac{1}{(s^2+4s+13)^2}$ 的拉氏逆变换．

解 $$F(s)=\frac{1}{(s^2+4s+13)^2}=\frac{1}{9}\cdot\frac{3}{(s+2)^2+9}\cdot\frac{3}{(s+2)^2+9},$$

由于
$$\mathscr{L}^{-1}\left[\frac{3}{(s+2)^2+9}\right]=\mathrm{e}^{-2t}\sin 3t\ ,$$
所以
$$f(t)=\mathscr{L}^{-1}[F(s)]=\frac{1}{9}\mathscr{L}^{-1}\left[\frac{3}{(s+2)^2+9}\cdot\frac{3}{(s+2)^2+9}\right]$$
$$=\frac{1}{9}(\mathrm{e}^{-2t}\sin 3t)*(\mathrm{e}^{-2t}\sin 3t)=\frac{1}{9}\int_0^t \mathrm{e}^{-2\tau}\sin 3\tau\cdot\mathrm{e}^{-2(t-\tau)}\sin 3(t-\tau)\mathrm{d}\tau$$
$$=\frac{1}{9}\mathrm{e}^{-2t}\int_0^t \sin 3\tau\cdot\sin 3(t-\tau)\mathrm{d}\tau=\frac{1}{18}\mathrm{e}^{-2t}\int_0^t[\cos(6\tau-3t)-\cos 3t]\mathrm{d}\tau$$
$$=\frac{1}{54}\mathrm{e}^{-2t}(\sin 3t-3t\cos 3t)\ .$$

(4) 部分分式法

部分分式法是将 $F(s)$ 先分解成部分分式，然后在求其逆变换的方法．由于部分分式的逆变换比较容易求出，从而可达到化难为易的目的．

【例 7.4.8】 求 $F(s)=\dfrac{s^3-s+4}{s^4-1}$ 的拉氏逆变换．

解 由于 $F(s)=\dfrac{s^3-s+4}{s^4-1}=\dfrac{s-2}{s^2+1}+\dfrac{2}{s^2-1}=\dfrac{s}{s^2+1}-\dfrac{2}{s^2+1}+\dfrac{2}{s^2-1}$，

所以
$$\mathscr{L}^{-1}[F(s)]=\mathscr{L}^{-1}\left[\frac{s}{s^2+1}\right]-2\mathscr{L}^{-1}\left[\frac{1}{s^2+1}\right]+2\mathscr{L}^{-1}\left[\frac{1}{s^2-1}\right]$$
$$=\cos t-2\sin t+2\operatorname{sh}t\ .$$

【例 7.4.9】 求 $F(s)=\dfrac{1}{(s+1)(s-2)(s+3)}$ 的逆变换．

解 设 $F(s)=\dfrac{1}{(s+1)(s-2)(s+3)}=\dfrac{A}{s+1}+\dfrac{B}{s-2}+\dfrac{C}{s+3}$，则有
$$A=\lim_{s\to-1}\frac{1}{(s-2)(s+3)}=-\frac{1}{6}\ ,$$
$$B=\lim_{s\to2}\frac{1}{(s+1)(s+3)}=\frac{1}{15}\ ,$$
$$C=\lim_{s\to-3}\frac{1}{(s+1)(s-2)}=\frac{1}{10}\ .$$
即
$$F(s)=\frac{-\frac{1}{6}}{s+1}+\frac{\frac{1}{15}}{s-2}+\frac{\frac{1}{10}}{s+3}\ .$$
所以
$$f(t)=\mathscr{L}^{-1}\left[\frac{-\frac{1}{6}}{s+1}+\frac{\frac{1}{15}}{s-2}+\frac{\frac{1}{10}}{s+3}\right]=-\frac{1}{6}\mathrm{e}^{-t}+\frac{1}{15}\mathrm{e}^{2t}+\frac{1}{10}\mathrm{e}^{-3t}\ .$$

(5) 查表法

下面举两个例子说明拉氏变换表的使用．

【例 7.4.10】 求 $\sin 3t\sin 2t$ 的拉氏变换．

解 根据附录Ⅲ中第 20 式，在 $a=3,b=2$ 时，得

$$\mathscr{L}[\sin 3t\sin 2t]=\frac{12s}{(s^2+5^2)(s^2+1^2)}=\frac{12s}{(s^2+25)(s^2+1)}.$$

【例 7.4.11】 求 $F(s)=\dfrac{s^2-4}{(s^2+4)^2}$ 的逆变换．

解 在附录Ⅲ中找不到现成的公式，但

$$F(s)=\frac{s^2-4}{(s^2+4)^2}=\frac{s^2}{(s^2+4)^2}-\frac{4}{(s^2+4)^2},$$

等式右边的两项，分别是附录Ⅲ中的第 30 式和第 29 式 $a=2$ 的情形，所以

$$\mathscr{L}^{-1}\left[\frac{s^2}{(s^2+4)^2}\right]=\frac{1}{4}(\sin 2t+2t\cos 2t),$$

$$\mathscr{L}^{-1}\left[\frac{4}{(s^2+4)^2}\right]=\frac{1}{4}(\sin 2t-2t\cos 2t),$$

故

$$\mathscr{L}^{-1}\left[\frac{s^2-4}{(s^2+4)^2}\right]=t\cos 2t.$$

7.5 拉氏变换的应用

拉氏变换在工程技术中有着广泛应用，它在力学系统、电路系统、机电系统、数理经济系统以及自动控制理论和随机分析理论的研究中具有重要的作用．本节讨论拉氏变换在计算广义积分和求解常微分方程中的应用及拉氏变换在电路和过程控制系统分析中的应用．

7.5.1 利用拉氏变换计算广义积分

① 设 $F(s)=\mathscr{L}[f(t)]=\int_0^{+\infty}f(t)e^{-st}dt$，取 $s=0$，得

$$\int_0^{+\infty}f(t)dt=F(0). \tag{7.5.1}$$

一般取 $s=s_0$，则有

$$\int_0^{+\infty}f(t)e^{-s_0t}dt=F(s_0). \tag{7.5.2}$$

这样求 $f(t)$ 或 $f(t)e^{-s_0t}$ 的广义积分转化为求 $f(t)$ 的拉氏变换函数在特殊点的函数值．

【例 7.5.1】 计算 $\int_0^{+\infty}e^{-5t}\sin 3t\,dt$．

解 因为 $F(s)=\mathscr{L}[\sin 3t]=\dfrac{3}{s^2+9}$，取 $s=5$ 得

$$\int_0^{+\infty}e^{-5t}\sin 3t\,dt=F(5)=\frac{3}{25+9}=\frac{3}{34}.$$

【例 7.5.2】 计算 $\int_0^{+\infty}e^{-5t}(\cos 5t+\sin 5t)dt$．

解　因为 $F(s)=\mathscr{L}[\cos 5t+\sin 5t]=\dfrac{s}{s^2+25}+\dfrac{5}{s^2+25}$，取 $s=5$ 得

$$\int_0^{+\infty} e^{-5t}(\cos 5t+\sin 5t)dt=F(5)=F(s)=\frac{5}{25+25}+\frac{5}{25+25}=\frac{1}{5}.$$

② 设 $F(s)=\mathscr{L}[f(t)]$，则 $\mathscr{L}\left[\dfrac{f(t)}{t}\right]=\displaystyle\int_s^{+\infty}F(s)ds$．取 $s=0$，得

$$\int_0^{+\infty}\frac{f(t)}{t}dt=\int_0^{+\infty}F(s)ds. \tag{7.5.3}$$

一般取 $s=s_0$，则有

$$\int_0^{+\infty}\frac{f(t)}{t}e^{-s_0t}dt=\int_{s_0}^{+\infty}F(s)ds. \tag{7.5.4}$$

利用式(7.5.3)及式(7.5.4)可很方便地求出 $\dfrac{f(t)}{t}$ 或 $\dfrac{f(t)}{t}e^{-s_0t}$ 的从 $t=0$ 到 $t=+\infty$ 的广义积分．

【例 7.5.3】　计算 $\displaystyle\int_0^{+\infty}\frac{\sin t}{t}e^{-t}dt$．

解　由式(7.5.4)有

$$\int_0^{+\infty}\frac{\sin t}{t}e^{-t}dt=\int_1^{+\infty}\frac{1}{s^2+1}ds=\arctan s\Big|_1^{+\infty}=\frac{\pi}{4}.$$

③ 设 $F(s)=\mathscr{L}[f(t)]$，则 $\displaystyle\int_0^{+\infty}t^nf(t)e^{-st}dt=(-1)^nF^{(n)}(s)$．取 $s=0$，得

$$\int_0^{+\infty}t^nf(t)dt=(-1)^nF^{(n)}(0). \tag{7.5.5}$$

一般取 $s=s_0$，则有

$$\int_0^{+\infty}t^nf(t)e^{-s_0t}dt=(-1)^nF^{(n)}(s_0). \tag{7.5.6}$$

利用式(7.5.5)及式(7.5.6)可很方便地求出 $t^nf(t)$ 或 $t^nf(t)e^{-s_0t}$ 的从 $t=0$ 到 $t=+\infty$ 的广义积分．

【例 7.5.4】　计算 $\displaystyle\int_0^{+\infty}te^{-t}\cos t\,dt$．

解　$F(s)=\mathscr{L}[\cos t]=\dfrac{s}{s^2+1}$，$F'(s)=\dfrac{1-s^2}{(s^2+1)^2}$，

由式(7.5.6)，得

$$\int_0^{+\infty}te^{-t}\cos t\,dt=-F'(1)=-\frac{1-1}{4}=0.$$

必须注意，式(7.5.5)及式(7.5.6)只在广义积分存在时才能使用．

7.5.2　利用拉氏变换求解常微分方程

在用拉氏变换解决线性系统问题时，一般要归结为解常微分方程．用拉氏变换解常微分方程的方法是先取拉氏变换把微分方程化为像函数的代数方程，并由这个代数方程求出像函数，然后再取逆变换，即可得出原微分方程的解．这个解法示意图如下：

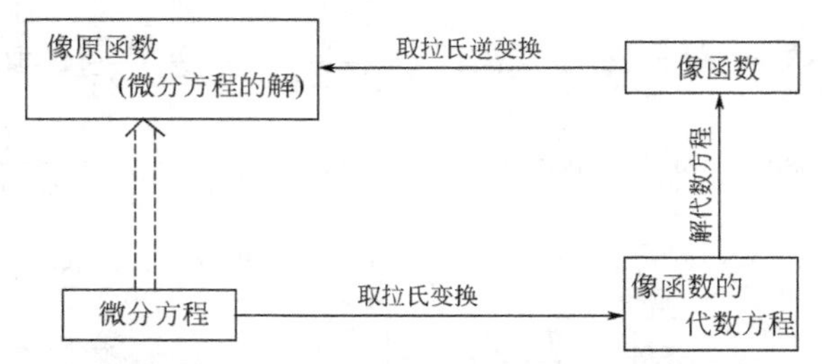

由此框图可看出，用拉氏变换解微分方程，可将复杂的微分方程化为求解一元一次代数方程．具体做法看下面例子．

【例 7.5.5】 求方程 $y''+2y'-3y=2e^{-t}\ (t>0)$，满足初始条件 $y(0)=0$，$y'(0)=1$ 的解．

解 设 $\mathscr{L}[y(t)]=Y(s)$，对方程两边取拉氏变换，并考虑到初始条件，有

$$s^2Y(s)-1+2sY(s)-3Y(s)=\frac{2}{s+1},$$

这是一个含未知量 $Y(s)$ 的代数方程，整理后解得

$$Y(s)=\frac{1}{(s+1)(s-1)},$$

这便是所求函数的拉氏变换，取它的逆变换便可以得出所求函数 $y(t)$．

为了求出 $Y(s)$ 的逆变换，将它写成部分分式之和

$$Y(s)=\frac{1}{(s+1)(s-1)}=\frac{1}{2}\left(\frac{1}{s-1}-\frac{1}{s+1}\right),$$

取逆变换，得

$$y(t)=\frac{1}{2}(e^t-e^{-t}).$$

这便是所求微分方程的解．

【例 7.5.6】 求方程组 $\begin{cases}y''-x''+y'=e^t(t-1)\\2y''-x''-2y'+x=-t\end{cases}$，满足初始条件 $\begin{cases}y(0)=y'(0)=0\\x(0)=x'(0)=0\end{cases}$ 的特解．

解 设 $\mathscr{L}[y(t)]=Y(s)$，$\mathscr{L}[x(t)]=X(s)$，对方程组两边取拉氏变换，并考虑到初始条件，有

$$\begin{cases}s^2Y(s)-s^2X(s)+sY(s)=\dfrac{1}{(s-1)^2}-\dfrac{1}{s-1}\\[2ex]2s^2Y(s)-s^2X(s)-2sY(s)+X(s)=-\dfrac{1}{s^2}\end{cases}.$$

解这个代数方程组得

$$\begin{cases}Y(s)=\dfrac{1}{s(s-1)^2}\\[2ex]X(s)=\dfrac{2s-1}{s^2(s-1)^2}\end{cases}.$$

取拉氏逆变换，有

$$\begin{cases} y(t)=\mathscr{L}^{-1}\left[\dfrac{1}{s(s-1)^2}\right]=t\mathrm{e}^t-\mathrm{e}^t+1 \\ x(t)=\mathscr{L}^{-1}\left[\dfrac{2s-1}{s^2(s-1)^2}\right]=\mathscr{L}^{-1}\left[\dfrac{1}{(s-1)^2}-\dfrac{1}{s^2}\right]=t\mathrm{e}^t-t \end{cases}.$$

这就是所求微分方程组的解．

从以上两个例子可以看出，在求解的过程中，初始条件也用上了，求出的结果是方程的特解．这就避免了在微分方程的一般解法中，先求出通解再由初始条件确定任意常数的复杂运算．

【例 7.5.7】 求解积分方程

$$f(t)=t+\int_0^t f(\tau)(t-\tau)\mathrm{d}\tau .$$

解法 1　该方程可以通过两边对 t 求导，化为微分方程，然后再按微分方程的方法求解．具体如下

$$f(t)=t+t\int_0^t f(\tau)\mathrm{d}\tau-\int_0^t \tau f(\tau)\mathrm{d}\tau,$$

$$f'(t)=1+\int_0^t f(\tau)\mathrm{d}\tau+tf(t)-tf(t)=1+\int_0^t f(\tau)\mathrm{d}\tau,$$

$$f''(t)=f(t).$$

于是得到微分方程

$$\begin{cases} f''(t)-f(t)=0 \\ f(0)=0, f'(0)=1 \end{cases}$$

设 $\mathscr{L}[f(t)]=F(s)$，对方程两边取拉氏变换，得

$$s^2F(s)-1-F(s)=0$$

于是

$$F(s)=\frac{1}{s^2-1}=\frac{1}{2}\left(\frac{1}{s-1}-\frac{1}{s+1}\right),$$

两边取拉氏逆变换得

$$f(t)=\frac{1}{2}(\mathrm{e}^t-\mathrm{e}^{-t})=\mathrm{sh}t.$$

解法 2　这个方程也可以利用拉氏变换的性质直接求解．具体如下

设 $\mathscr{L}[f(t)]=F(s)$，对方程两边取拉氏变换，得

$$F(s)=\frac{1}{s^2}+\mathscr{L}[f(t)*t]=\frac{1}{s^2}+\frac{1}{s^2}\cdot F(s).$$

整理得

$$F(s)=\frac{1}{s^2-1}=\frac{1}{2}\left(\frac{1}{s-1}-\frac{1}{s+1}\right),$$

两边取拉氏逆变换得

$$f(t)=\frac{1}{2}(\mathrm{e}^t-\mathrm{e}^{-t})=\mathrm{sh}t.$$

7.5.3　拉氏变换在电路中的应用

拉氏变换是解决复杂线性电路系统的有力工具．本目通过具体实例阐述拉氏变换在 RL、RC 和 RLC 电路中的应用．

(1) 在 RL 电路中的应用

【例 7.5.8】 图 7.5.1(a) RL 串联电路中 $u_s(t)$ 的波形如图 7.5.1(b) 所示，求电路中的电流 $i(t)$.

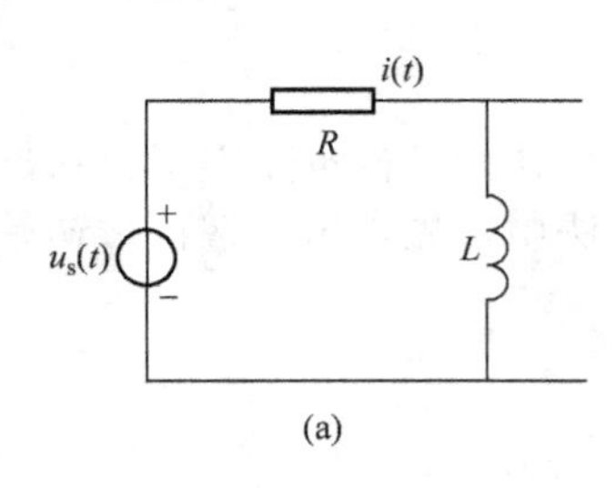

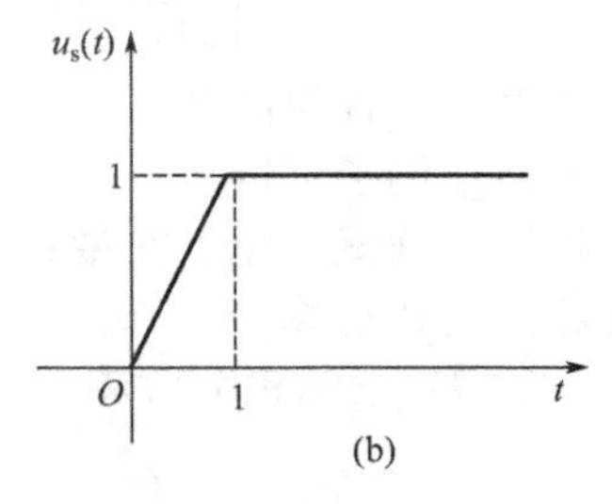

图 7.5.1

解 设激励 $u_s(t)$ 的像函数（即拉氏变换）为 $U(s)$，则所求电流 $i(t)$ 的像函数应为

$$I(s)=\frac{U(s)}{R+sL}. \tag{7.5.7}$$

为正确写出 $U(s)$ 的形式，先将 $u_s(t)$ 写为

$$\begin{aligned}u_s(t)&=t[u(t)-u(t-1)]+u(t-1)=tu(t)-(t-1)u(t-1)\\&=u_{s1}(t)u(t)-u_{s1}(t-1)u(t-1).\end{aligned}$$

则对应像函数为

$$U(s)=\frac{1}{s^2}-\frac{\mathrm{e}^{-s}}{s^2}=U_1(s)-U_2(s),$$

其中，$U_1(s)=\dfrac{1}{s^2}$，$U_2(s)=\dfrac{\mathrm{e}^{-s}}{s^2}$.

式(7.5.7) 中的 $I(s)$ 也可写作两部分

$$I(s)=\frac{U_1(s)}{R+sL}-\frac{U_2(s)}{R+sL}=I_1(s)-I_2(s),$$

$I_1(s)$ 和 $I_2(s)$ 的像原函数则分别对应于 $0\leqslant t<1$ 和 $t\geqslant 1$ 时的电流响应 $i_1(t)u(t)$ 和 $i_2(t)u(t-1)$.

现在由分解定理将 $I_1(s)$ 表示为

$$I_1(s)=\frac{-L/R^2}{s}+\frac{1/R}{s^2}+\frac{L/R^2}{s+R/L},$$

可得

$$i_1(t)=-\frac{L}{R^2}+\frac{t}{R}+\frac{L}{R^2}\mathrm{e}^{-\frac{R}{L}t},$$

$$i_2(t)=i_1(t-1)=-\frac{L}{R^2}+\frac{t-1}{R}+\frac{L}{R^2}\mathrm{e}^{-\frac{R}{L}(t-1)}.$$

则所求电流响应为

$$\begin{aligned}i(t)&=i_1(t)u(t)-i_2(t)u(t-1)\\&=\left(-\frac{L}{R^2}+\frac{t}{R}+\frac{L}{R^2}\mathrm{e}^{-\frac{R}{L}t}\right)u(t)-\left[-\frac{L}{R^2}+\frac{t-1}{R}+\frac{L}{R^2}\mathrm{e}^{-\frac{R}{L}(t-1)}\right]u(t-1).\end{aligned}$$

(2) 在 RC 电路中的应用

【例 7.5.9】 图 7.5.2(a) RC 并联电路中，$i_s(t)$ 的波形如图 7.5.2(b) 所示，

求电压 $u_s(t)$.

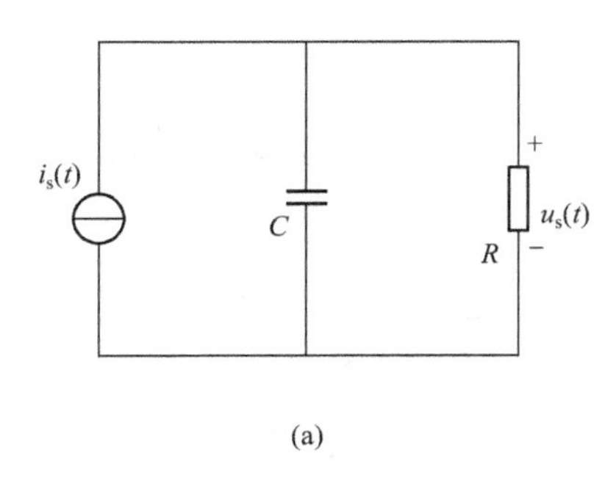

(a)

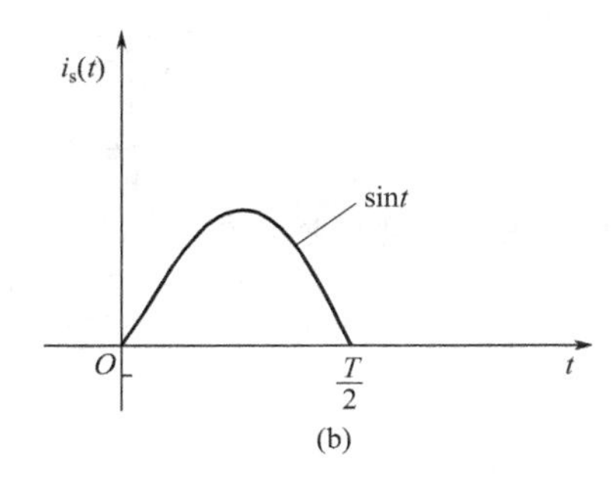

(b)

图 7.5.2

解　根据波形图 7.5.2(b) 激励函数可表示为

$$i_s(t)=\sin t\cdot u(t)-\sin t\cdot u(t-T/2),$$

对应的像函数设为 $I(s)=I_1(s)-I_2(s)$，其中

$$I_1(s)=\mathscr{L}[\sin t\cdot u(t)]=\frac{1}{s^2+1},$$

$$I_2(s)=\mathscr{L}[\sin t\cdot u(t-T/2)].$$

$$=\frac{\sin\frac{T}{2}\cdot s\cdot e^{-sT/2}}{s^2+1}+\frac{\cos\frac{T}{2}\cdot e^{-sT/2}}{s^2+1}=I_2'(s)+I_2''(s).$$

因为 RC 并联电路的等效运算阻抗为（这里 $R=1$，$C=1$）

$$Z(s)=\frac{R/sC}{R+1/sC}=\frac{1}{s+1}.$$

所以，所求电压响应的像函数为

$$U(s)=I(s)Z(s)=I_1(s)Z(s)-I_2(s)Z(s)=U_1(s)-U_2(s).$$

这里

$$U_1(s)=I_1(s)Z(s)=\frac{1}{s^2+1}\cdot\frac{1}{s+1}=-\frac{1}{2}\cdot\frac{s}{s^2+1}+\frac{1}{2}\cdot\frac{1}{s^2+1}+\frac{1}{2}\cdot\frac{1}{s+1},$$

对上式取拉氏逆变换，得 $U_1(s)$ 对应的原函数

$$u_1(t)=\frac{1}{2}(\sin t-\cos t+e^{-t}).$$

$$U_2(s)=I_2(s)Z(s)=I_2'(s)Z(s)+I_2''(s)Z(s)=U_2'(s)+U_2''(s),$$

其中

$$U_2'(s)=I_2'(s)Z(s)=\frac{\sin\frac{T}{2}\cdot s\cdot e^{-sT/2}}{(s^2+1)(s+1)}$$

$$=\frac{1}{2}\sin\frac{T}{2}\frac{s}{s^2+1}e^{-sT/2}+\frac{1}{2}\sin\frac{T}{2}\frac{1}{s^2+1}e^{-sT/2}-\frac{1}{2}\sin\frac{T}{2}\frac{1}{s+1}e^{-sT/2},$$

对上式取拉氏逆变换，得 $U_2'(s)$ 对应的原函数

$$u_2'(t)=\frac{1}{2}\sin\frac{T}{2}\left[\sin\left(t-\frac{T}{2}\right)+\cos\left(t-\frac{T}{2}\right)-e^{-\left(t-\frac{T}{2}\right)}\right].$$

$$U''_2(s)=I''_2(s)Z(s)=\frac{\cos\frac{T}{2}\cdot \mathrm{e}^{-sT/2}}{(s^2+1)(s+1)}$$

$$=-\frac{1}{2}\cos\frac{T}{2}\frac{s}{s^2+1}\mathrm{e}^{-sT/2}+\frac{1}{2}\cos\frac{T}{2}\frac{1}{s^2+1}\mathrm{e}^{-sT/2}+\frac{1}{2}\cos\frac{T}{2}\frac{1}{s+1}\mathrm{e}^{-sT/2},$$

对上式取拉氏逆变换，得 $U''_2(s)$ 对应的原函数

$$u''_2(t)=\frac{1}{2}\cos\frac{T}{2}\left[\sin\left(t-\frac{T}{2}\right)-\cos\left(t-\frac{T}{2}\right)+\mathrm{e}^{-\left(t-\frac{T}{2}\right)}\right]$$

故

$$u_2(t)=u'_2(t)+u''_2(t)=\frac{1}{2}(\sin t-\cos t)+\frac{1}{2}\left(\cos\frac{T}{2}-\sin\frac{T}{2}\right)\mathrm{e}^{-\left(t-\frac{T}{2}\right)}.$$

所以

$$u_s(t)=u_1(t)u(t)-u_2(t)u\left(t-\frac{T}{2}\right)$$

$$=\frac{1}{2}(\sin t-\cos t+\mathrm{e}^{-t})u(t)-\frac{1}{2}\left[\sin t-\cos t+\left(\cos\frac{T}{2}-\sin\frac{T}{2}\right)\mathrm{e}^{-\left(t-\frac{T}{2}\right)}\right]u\left(t-\frac{T}{2}\right).$$

(3) 在 RLC 电路中的应用

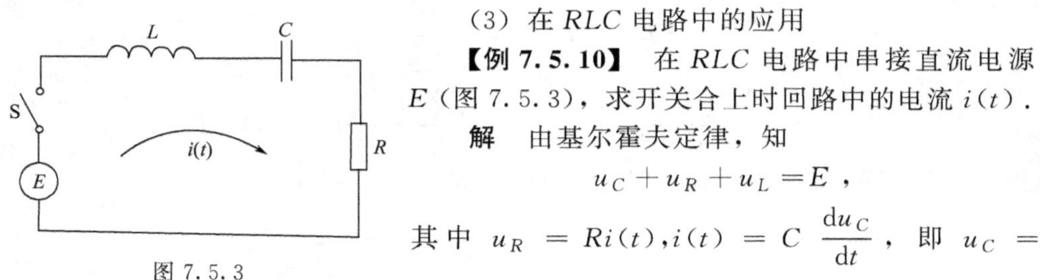

图 7.5.3

【例 7.5.10】 在 RLC 电路中串接直流电源 E（图 7.5.3），求开关合上时回路中的电流 $i(t)$.

解 由基尔霍夫定律，知

$$u_C+u_R+u_L=E,$$

其中 $u_R=Ri(t), i(t)=C\frac{\mathrm{d}u_C}{\mathrm{d}t}$，即 $u_C=\frac{1}{C}\int_0^t i(t)\mathrm{d}t$，而 $u_L=L\frac{\mathrm{d}i(t)}{\mathrm{d}t}$，代入上式，得

$$\begin{cases}\frac{1}{C}\int_0^t i(t)\mathrm{d}t+Ri(t)+L\frac{\mathrm{d}i(t)}{\mathrm{d}t}=E\\ i(0)=0,\left.\frac{\mathrm{d}i(t)}{\mathrm{d}t}\right|_{t=0}=\frac{E}{L}\end{cases}.$$

这便是 RLC 串联电路中电流 $i(t)$ 所满足的关系式.

设 $\mathscr{L}[i(t)]=I(s)$，对方程两边取拉氏变换，有

$$\frac{1}{Cs}I(s)+RI(s)+LsI(s)=\frac{E}{s},$$

由此解出 $I(s)$，

$$I(s)=\frac{\frac{E}{s}}{Ls+R+\frac{1}{Cs}}=\frac{E}{L\left(s^2+\frac{R}{L}s+\frac{1}{CL}\right)}.$$

再对 $I(s)$ 取拉氏逆变换，便可求出 $i(t)$ 为

$$i(t)=\mathscr{L}^{-1}\left[\frac{E}{L}\cdot\frac{1}{s^2+\frac{R}{L}s+\frac{1}{CL}}\right].$$

设 s_1,s_2 为方程 $s^2+\frac{R}{L}s+\frac{1}{CL}=0$ 的两个根，则有

$$s_1=-\frac{R}{2L}+\sqrt{\frac{R^2}{4L^2}-\frac{1}{CL}},\ s_2=-\frac{R}{2L}-\sqrt{\frac{R^2}{4L^2}-\frac{1}{CL}}.$$

记 $\alpha=\frac{R}{2L},\beta=\sqrt{\frac{R^2}{4L^2}-\frac{1}{CL}}=\sqrt{\alpha^2-\frac{1}{CL}}$，则

$$s_1=-\alpha+\beta,s_2=-\alpha-\beta,$$

$$s^2+\frac{R}{L}s+\frac{1}{CL}=(s-s_1)(s-s_2).$$

于是

$$I(s)=\frac{E}{L}\cdot\frac{1}{(s-s_1)(s-s_2)}=\frac{E}{L}\cdot\frac{1}{s_1-s_2}\left(\frac{1}{s-s_1}-\frac{1}{s-s_2}\right).$$

求逆变换可得

$$i(t)=\frac{E}{L}\cdot\frac{1}{s_1-s_2}(e^{s_1t}-e^{s_2t}).$$

将 s_1,s_2 的值代入，得

$$i(t)=\frac{E}{L}\cdot\frac{1}{2\beta}[e^{(-\alpha+\beta)t}-e^{(-\alpha-\beta)t}]=\frac{E}{L\beta}e^{-\alpha t}\operatorname{sh}(\beta t).$$

当 $\alpha^2>\frac{1}{CL}$，即 $R>2\sqrt{\frac{L}{C}}$ 时，β 为一实数，此时可直接由上式计算 $i(t)$.

当 $R<2\sqrt{\frac{L}{C}}$ 时，β 为一虚数．作如下变换：$\omega=\sqrt{\frac{1}{CL}-\alpha^2}$，则 $\beta=j\omega$．因为 $\operatorname{sh}(jz)=j\sin z$，故

$$i(t)=\frac{E}{Lj\omega}e^{-\alpha t}\operatorname{sh}(j\omega t)=\frac{E}{L\omega}e^{-\alpha t}\sin\omega t.$$

上式表明在回路中出现了角频率为 ω 的衰减正弦振荡．

当 $R=2\sqrt{\frac{L}{C}}$ 时（即在临界情况下）$\beta=0,s_1=s_2=-\alpha$，此时有

$$I(s)=\frac{E}{L(s+\alpha)^2},$$

容易求得

$$i(t)=\frac{E}{L}te^{-\alpha t}.$$

当给出 R,L,C 的具体值时，便能确定回路电流究竟是上例三种情况中的哪一种．但不管是哪种情况，由于

$$i(+\infty)=\lim_{s\to0}sI(s)=\lim_{s\to0}\frac{E}{L}\cdot\frac{s}{s^2+\frac{R}{L}s+\frac{1}{LC}}=0,$$

故知回路中有电流存在只是一个短暂的过渡过程．

7.5.4　拉普拉斯变换在过程控制系统分析中的应用

过程控制系统由对象、调节器、执行器和测量变送器4个环节组成，如果每个

环节都建立了时域特性的微分方程，这时要研究等效系统的性能是非常困难的．对于一个二、三 阶惯性环节，尽管已知其时域特性，要讨论其输出随输入变化的规律也是不方便的．但是，如果把过程控制系统中各时域特性环节通过拉普拉斯变换转换成传递函数形式表示，过程控制系统性能的分析将变得更为方便，而且逻辑严谨．

1．过程特性分析

假设某过程的传递函数是$\frac{Y(s)}{X(s)}=\frac{K}{Ts+1}$，其中，$T$ 为时间常数，K 为放大倍数，试求过程的单位阶跃响应函数．

不考虑干扰 $G_f(s)$，设过程的输入 $x(t)$ 是单位阶跃，经拉普拉斯变换 $X(s)=\frac{1}{s}$，过程的输出的拉普拉斯变换为

$$Y(s)=\frac{K}{Ts+1}\cdot X(s)=\frac{1}{s}\cdot\frac{K}{Ts+1}.$$

对 $Y(s)$ 求拉普拉斯逆变换得到该过程单位阶跃响应函数

$$y(t)=\mathscr{L}^{-1}[Y(s)]=\mathscr{L}^{-1}\left[\frac{1}{s}\cdot\frac{K}{Ts+1}\right]=K\,(1-\mathrm{e}^{-\frac{t}{T}}),\ (t>0).$$

阶跃响应函数 $y(t)$ 的初始值和稳态值分别是

$$y(0)=\lim_{t\to 0}y(t)=\lim_{t\to 0}K\,(1-\mathrm{e}^{-\frac{t}{T}})=0,$$

$$y(+\infty)=\lim_{t\to\infty}y(t)=\lim_{t\to\infty}K\,(1-\mathrm{e}^{-\frac{t}{T}})=K.$$

利用拉普拉斯变换的初值定理和终值定理，同样也可以由过程的传递函数直接求出其阶跃响应函数的初始值和稳态值为

$$y(0)=\lim_{s\to\infty}[sY(s)]=\lim_{s\to\infty}\left[s\cdot\frac{1}{s}\cdot\frac{K}{Ts+1}\right]=0,$$

$$y(+\infty)=\lim_{s\to 0}[sY(s)]=\lim_{s\to 0}\left[s\cdot\frac{1}{s}\cdot\frac{K}{Ts+1}\right]=K.$$

由此可见，应用拉普拉斯变换的性质比较容易得到正确的结果．

2．负反馈系统特性分析

上述分析过程特性的方法可以延伸到对负反馈等效系统的分析．图 7.5.4 是一个典型的过程控制系统原理方框图．其中，$G_o(s)$ 是过程的传递函数，$G_v(s)$ 是执行器的传递函数，$G_c(s)$ 是调节器的传递函数 ，$G_m(s)$ 是测量变送器的传递函数 ，则该负反馈系统的等效传递函数为

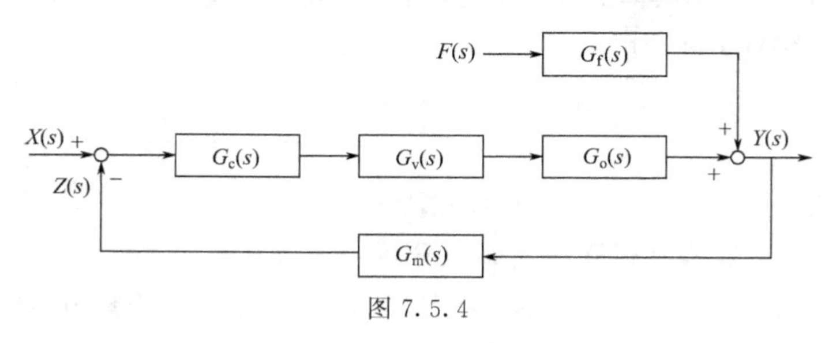

图 7.5.4

$$W(s)=\frac{Y(s)}{X(s)}=\frac{G_c(s)G_v(s)G_o(s)}{1+G_c(s)G_v(s)G_o(s)G_m(s)}.$$

若向给定值 $X(s)$ 输入一个单位阶跃信号 $X(s)=\frac{1}{s}$，则等效系统的输出为

$$Y(s)=\frac{G_c(s)G_v(s)G_o(s)}{1+G_c(s)G_v(s)G_o(s)G_m(s)}\cdot X(s)=\frac{G_c(s)G_v(s)G_o(s)}{1+G_c(s)G_v(s)G_o(s)G_m(s)}\cdot\frac{1}{s},$$

负反馈系统的阶跃响应函数为

$$y(t)=\mathscr{L}^{-1}[Y(s)]=\mathscr{L}^{-1}\left[\frac{G_c(s)G_v(s)G_o(s)}{1+G_c(s)G_v(s)G_o(s)G_m(s)}\cdot\frac{1}{s}\right].$$

同样，利用拉普拉斯变换的初值定理和终值定理，也可以分别求出负反馈等效系统的初始值和稳态值为

$$y(0)=\lim_{s\to\infty}[sY(s)]=\lim_{s\to\infty}\left[s\cdot\frac{G_c(s)G_v(s)G_o(s)}{1+G_c(s)G_v(s)G_o(s)G_m(s)}\cdot\frac{1}{s}\right],$$

$$y(+\infty)=\lim_{s\to 0}[sY(s)]=\lim_{s\to 0}\left[s\cdot\frac{G_c(s)G_v(s)G_o(s)}{1+G_c(s)G_v(s)G_o(s)G_m(s)}\cdot\frac{1}{s}\right].$$

求出负反馈系统的阶跃响应后的稳态值，在过程控制系统中具有重要的实际意义，它可以求出给定值一定变化量所引起系统稳态值的变化量．这是人们设计和分析过程系统性能的重要方法．

3．P 调节系统特性分析

P 调节系统实质是负反馈系统的实际工程应用，其原理方框图与图 7.5.4 相同．现在讨论调节器处于比例调节规律情况下过程控制系统的性能．

设 $G_c(s)=k_p$，$G_v(s)=1$，$G_o(s)=\frac{3}{2s+1}$，$G_m(s)=1$，给定值输入单位阶跃 $X(s)=\frac{1}{s}$，则

$$Y(s)=\frac{G_c(s)G_v(s)G_o(s)}{1+G_c(s)G_v(s)G_o(s)G_m(s)}\cdot X(s)=\frac{3k_p}{2s+1+3k_p}\cdot\frac{1}{s}.$$

给定值的单位阶跃引起输出稳态值的增量为

$$y(+\infty)=\lim_{s\to 0}[sY(s)]=\lim_{s\to 0}\left[s\cdot\frac{3k_p}{2s+1+3k_p}\cdot\frac{1}{s}\right]=\frac{3k_p}{1+3k_p}.$$

由此可见，由于系统对单位阶跃响应的稳态值不等于 1. 因此，比例调节的最大缺点是稳态值存在余差．当 $k_p=1$ 时，余差是 0.25，当 $k_p=3$ 时，余差是 0.1. 余差的变化趋势随着比例系数的增大而减小．增大比例系数可以提高比例调节系统的性能．现在分析比例调节系统的抗干扰能力．

设干扰通道的传递函数 $G_f(s)=\frac{1}{s+1}$，其他环节传递函数不变，若干扰 $F(s)$ 为单位阶跃，即 $F(s)=\frac{1}{s}$，此时给定值不变，则

$$\frac{Y(s)}{F(s)}=\frac{G_f(s)}{1+G_c(s)G_v(s)G_o(s)G_m(s)}=\frac{2s+1}{(s+1)(2s+1+3k_p)},$$

$$Y(s)=\frac{G_{\mathrm{f}}(s)}{1+G_{\mathrm{c}}(s)G_{\mathrm{v}}(s)G_{\mathrm{o}}(s)G_{\mathrm{m}}(s)}\cdot F(s)=\frac{2s+1}{(s+1)(2s+1+3k_{\mathrm{p}})}\cdot\frac{1}{s}.$$

则干扰 $F(s)$ 的单位阶跃引起输出的稳态值变化量为

$$y(+\infty)=\lim_{s\to0}[sY(s)]=\lim_{s\to0}\left[s\cdot\frac{2s+1}{(s+1)(2s+1+3k_{\mathrm{p}})}\cdot\frac{1}{s}\right]=\frac{1}{1+3k_{\mathrm{p}}}.$$

由此可见，比例调节系统受到干扰之后，系统的被控量的稳态值不等于零，产生了余差，因此干扰影响了系统的稳定性．而且干扰越大，余差越大．当然可以用增大比例系数的办法来提高系统的抗干扰能力．

4．PI 调节系统特性分析

设调节器的传递函数 $G_{\mathrm{c}}(s)=k_{\mathrm{p}}\left(1+\frac{1}{Ts}\right)$，其余环节的传递函数同前，如图 7.5.4 所示．若干扰不变，向系统的给定值施加单位阶跃，即 $X(s)=\frac{1}{s}$，则输出为

$$Y(s)=\frac{G_{\mathrm{c}}(s)G_{\mathrm{v}}(s)G_{\mathrm{o}}(s)}{1+G_{\mathrm{c}}(s)G_{\mathrm{v}}(s)G_{\mathrm{o}}(s)G_{\mathrm{m}}(s)}\cdot X(s)=\frac{3k_{\mathrm{p}}(Ts+1)}{2Ts^2+(1+3k_{\mathrm{p}})Ts+3k_{\mathrm{p}}}\cdot\frac{1}{s},$$

$$y(+\infty)=\lim_{s\to0}[sY(s)]=\lim_{s\to0}\left[s\cdot\frac{3k_{\mathrm{p}}(Ts+1)}{2Ts^2+(1+3k_{\mathrm{p}})Ts+3k_{\mathrm{p}}}\cdot\frac{1}{s}\right]=1.$$

由于系统的稳态值的增量是 1，因此 PI 调节系统没有余差，可见 P 调节与 I 调节的结合，达到了优势互补．P 调节的快速性克服了 I 调节的缓慢性，而积分调节的无余差性又弥补了比例调节的有差性．

若干扰为单位阶跃，即 $F(s)=\frac{1}{s}$，此时给定值不变，则

$$\frac{Y(s)}{F(s)}=\frac{G_{\mathrm{f}}(s)}{1+G_{\mathrm{c}}(s)G_{\mathrm{v}}(s)G_{\mathrm{o}}(s)G_{\mathrm{m}}(s)}=\frac{Ts(2s+1)}{(s+1)[Ts(2s+1)+3k_{\mathrm{p}}(Ts+1)]},$$

$$Y(s)=\frac{G_{\mathrm{f}}(s)}{1+G_{\mathrm{c}}(s)G_{\mathrm{v}}(s)G_{\mathrm{o}}(s)G_{\mathrm{m}}(s)}\cdot F(s)=\frac{Ts(2s+1)}{(s+1)[Ts(2s+1)+3k_{\mathrm{p}}(Ts+1)]}\cdot\frac{1}{s},$$

$$y(+\infty)=\lim_{s\to0}[sY(s)]=\lim_{s\to0}\left\{s\cdot\frac{Ts(2s+1)}{(s+1)[Ts(2s+1)+3k_{\mathrm{p}}(Ts+1)]}\cdot\frac{1}{s}\right\}=0.$$

PI 调节系统在单位阶跃干扰作用下的稳态响应是零，而且没有余差．说明 PI 调节规律的应用，使系统具有很强的抗干扰能力．积分变换的引入，大大改善了过程控制系统的品质，提高了过程控制系统的控制质量.

本章主要内容

1．拉氏变换定义

设函数 $f(t)$ 当 $t\geqslant0$ 时有定义，且积分 $\int_0^{+\infty}f(t)\mathrm{e}^{-st}\mathrm{d}t$（$s$ 为复参变量）在 s 的某个域内收敛，则由此积分所确定的函数 $F(s)=\int_0^{+\infty}f(t)\mathrm{e}^{-st}\mathrm{d}t$ 称为函数 $f(t)$ 的拉氏变换，记为 $F(s)=\mathscr{L}[f(t)]$．若 $F(s)$ 为 $f(t)$ 的拉氏变换，称 $f(t)$ 为

$F(s)$ 的拉氏逆变换，记为 $f(t)=\mathscr{L}^{-1}[F(s)]$.

2. 拉氏变换存在定理

若函数 $f(t)$ 满足下列条件：

(1) 在 $t\geqslant 0$ 的任意有限区间上连续或分段连续；

(2) 当 $t\to+\infty$ 时，$f(t)$的增长速度不超过某一指数函数，亦即存在常数 $M>0$ 及 $c\geqslant 0$，使得

$$|f(t)|\leqslant M\mathrm{e}^{ct},0\leqslant t<+\infty$$

成立，则 $f(t)$ 的拉氏变换

$$F(s)=\int_0^{+\infty} f(t)\mathrm{e}^{-st}\,\mathrm{d}t$$

在半平面 $\mathrm{Re}(s)>c$ 上一定存在，右端积分在 $\mathrm{Re}(s)\geqslant c_1>c$ 上绝对收敛而且一致收敛，并且在 $\mathrm{Re}(s)>c$ 的半平面内，$F(s)$ 为解析函数 .

3. 常用函数和周期函数的拉氏变换

(1) $\mathscr{L}[1]=\dfrac{1}{s}[\mathrm{Re}(s)>0]$.

(2) $\mathscr{L}[\mathrm{e}^{kt}]=\dfrac{1}{s-k}[\mathrm{Re}(s)>k]$.

(3) $\mathscr{L}[\sin kt]=\dfrac{k}{s^2+k^2}[\mathrm{Re}(s)>0]$.

(4) $\mathscr{L}[\cos kt]=\dfrac{s}{s^2+k^2}[\mathrm{Re}(s)>0]$.

(5) $\mathscr{L}[t^m]=\dfrac{m!}{s^{m+1}}[\mathrm{Re}(s)>0]$.

(6) $\mathscr{L}[\delta(t)]=1$.

(7) 设 $f(t)$ 是以 T 为周期的周期函数，即 $f(t+T)=f(t)(t>0)$，且 $f(t)$ 在一个周期上是连续或分段连续的，则有

$$\mathscr{L}[f(t)]=\frac{1}{1-\mathrm{e}^{-sT}}\int_0^T f(t)\mathrm{e}^{-st}\,\mathrm{d}t\quad[\mathrm{Re}(s)>0].$$

4. 拉氏变换的性质

(1) 线性性质　设 $F_1(s)=\mathscr{L}[f_1(t)]$，$F_2(s)=\mathscr{L}[f_2(t)]$，$\alpha,\beta$ 是常数，则

$$\mathscr{L}[\alpha f_1(t)+\beta f_2(t)]=\alpha F_1(s)+\beta F_2(s)$$

$$\mathscr{L}^{-1}[\alpha F_1(s)+\beta F_2(s)]=\alpha f_1(t)+\beta f_2(t).$$

(2) 微分性质　若 $\mathscr{L}[f(t)]=F(s)$，则

$$\mathscr{L}[f'(t)]=sF(s)-f(0).$$

更为一般的有

$$\mathscr{L}[f^{(n)}(t)]=s^nF(s)-s^{n-1}f(0)-s^{n-2}f'(0)-\cdots-f^{(n-1)}(0),[\mathrm{Re}(s)>c].$$

由拉氏变换存在定理，还可以得到像函数的微分性质：若 $\mathscr{L}[f(t)]=F(s)$，则

$$F'(s)=\mathscr{L}[-tf(t)]\quad[\mathrm{Re}(s)>c],$$

一般有

$$F^{(n)}(s)=\mathscr{L}[(-t)^n f(t)] \quad [\mathrm{Re}(s)>c].$$

（3）积分性质　若 $\mathscr{L}[f(t)]=F(s)$，则 $\mathscr{L}\left[\int_0^t f(t)\mathrm{d}t\right]=\frac{1}{s}F(s)$.

重复应用上式，就可得到

$$\mathscr{L}\left[\underbrace{\int_0^t \mathrm{d}t\int_0^t \mathrm{d}t\cdots\int_0^t}_{n次} f(t)\mathrm{d}t\right]=\frac{1}{s^n}F(s).$$

由拉氏变换存在定理，还可以得到像函数的积分性质

若 $\mathscr{L}[f(t)]=F(s)$，则 $\mathscr{L}\left[\frac{f(t)}{t^n}\right]=\underbrace{\int_s^{+\infty}\mathrm{d}s\int_s^{+\infty}\mathrm{d}s\cdots\int_s^{+\infty}}_{n次}F(s)\mathrm{d}s$.

（4）位移性质　若 $\mathscr{L}[f(t)]=F(s)$，则

$$\mathscr{L}[\mathrm{e}^{at}f(t)]=F(s-a) \quad [\mathrm{Re}(s-a)>c].$$

$$\mathscr{L}^{-1}[F(s-a)]=\mathrm{e}^{at}f(t) \quad [\mathrm{Re}(s-a)>c].$$

（5）延迟性质　设 $\mathscr{L}[f(t)]=F(s)$，又 $t<0$ 时，$f(t)=0$，则对任一非负实数 τ，有

$$\mathscr{L}[f(t-\tau)]=\mathrm{e}^{-s\tau}F(s)$$

或
$$\mathscr{L}^{-1}[\mathrm{e}^{-s\tau}F(s)]=f(t-\tau).$$

5. 卷积的定义和定理

（1）卷积的定义　设函数 $f_1(t),f_2(t)$ 满足条件：当 $t<0$ 时，$f_1(t)=f_2(t)=0$，则将积分

$$\int_0^t f_1(\tau)f_2(t-\tau)\mathrm{d}\tau$$

称为 $f_1(t)$ 与 $f_2(t)$ 的卷积，记作 $f_1(t)*f_2(t)$，即

$$f_1(t)*f_2(t)=\int_0^t f_1(\tau)f_2(t-\tau)\mathrm{d}\tau.$$

（2）卷积定理　如果函数 $f_1(t),f_2(t)$ 满足拉氏变换存在定理中的条件，且 $\mathscr{L}[f_1(t)]=F_1(s)$，$\mathscr{L}[f_2(t)]=F_2(s)$，则 $f_1(t)*f_2(t)$ 的拉氏变换一定存在，且

$$\mathscr{L}[f_1(t)*f_2(t)]=F_1(s)\cdot F_2(s)$$

或
$$\mathscr{L}^{-1}[F_1(s)\cdot F_2(s)]=f_1(t)*f_2(t).$$

6. 求拉氏变换的方法

（1）直接按定义求；

（2）利用常用函数的拉氏变换及变换的性质；

（3）利用拉氏变换卷积定理.

7. 拉氏逆变换求法

（1）利用常用函数的拉氏变换及变换的性质；

（2）利用卷积定理；

（3）利用留数计算.

习　题　7

1. 填空题

(1) 设 $u(t)$ 为单位阶跃函数，则 $\mathscr{L}[u(t)]=($　　　$)$.

(2) 设 $\delta(t)$ 为单位脉冲函数，则 $\mathscr{L}[\delta(t)]=($　　　$)$.

(3) 设 C 为常数，则 $\mathscr{L}[C]=($　　　$)$.

(4) 设 $f(t)=\sin at$ ，则 $\mathscr{L}[f(t)]=($　　　$)$.

(5) 设 $f(t)=\cos at$ ，则 $\mathscr{L}[f(t)]=($　　　$)$.

(6) 设 $f(t)=\mathrm{e}^{at}$ ，则 $\mathscr{L}[f(t)]=($　　　$)$.

(7) 设 $f(t)=t^n$ ，则 $\mathscr{L}[f(t)]=($　　　$)$.

(8) 设 $f(t)=\mathrm{sh}at$ ，则 $\mathscr{L}[f(t)]=($　　　$)$.

(9) 设 $f(t)=\mathrm{ch}at$ ，则 $\mathscr{L}[f(t)]=($　　　$)$.

(10) 若 $f(t)$ 是以 T 为周期的周期函数，则 $\mathscr{L}[f(t)]=($　　　$)$.

2. 单项选择题

(1) e^{3t} 的拉氏变换为（　　）.

(A) $\dfrac{s}{s^2+3^2}$　(B) $\dfrac{3}{s^2+3^2}$　(C) $\dfrac{1}{s-3}$　(D) 1

(2) $\cos 2t$ 的拉氏变换为（　　）.

(A) $\dfrac{1}{s-2}$　(B) $\dfrac{1}{s}$　(C) $\dfrac{s}{s^2+4}$　(D) $\dfrac{2}{s^2+4}$

(3) $\sin 5t$ 的拉氏变换为（　　）.

(A) $\dfrac{1}{s-5}$　(B) $\dfrac{1}{s}$　(C) $\dfrac{s}{s^2+25}$　(D) $\dfrac{5}{s^2+25}$

(4) t^5 的拉氏变换为（　　）.

(A) $\dfrac{1}{s-5}$　(B) $\dfrac{5!}{s^6}$　(C) $\dfrac{s}{s^2+25}$　(D) $\dfrac{5}{s^2+25}$

(5) $\delta(t)$ 的拉氏变换为（　　）.

(A) $\dfrac{s}{s^2+3^2}$　(B) $\dfrac{3}{s^2+3^2}$　(C) $\dfrac{1}{s-3}$　(D) 1

(6) $\mathrm{sh}5t$ 的拉氏变换为（　　）.

(A) $\dfrac{s}{s^2+25}$　(B) $\dfrac{5}{s^2+25}$　(C) $\dfrac{s}{s^2-25}$　(D) $\dfrac{5}{s^2-25}$

(7) $\mathrm{ch}2t$ 的拉氏变换为（　　）.

(A) $\dfrac{s}{s^2+4}$　(B) $\dfrac{2}{s^2+4}$　(C) $\dfrac{s}{s^2-4}$　(D) $\dfrac{2}{s^2-4}$

3. 求下列函数的拉氏变换：

(1) $f(t)=\sin\dfrac{t}{2}$ ；　(2) $f(t)=\mathrm{e}^{-2t}$ ；　(3) $f(t)=t^2$ ；

(4) $f(t)=\sin t\cos t$ ；　(5) $f(t)=\mathrm{sh}kt$ ；　(6) $f(t)=\mathrm{ch}kt$ ；

(7) $f(t)=\cos^2 t$；　　(8) $f(t)=\sin^2 t$.

4. 求下列函数的拉氏变换：

(1) $f(t)=\begin{cases}1, & 0\leqslant t<1,\\ -1, & 1\leqslant t<5,\\ 0, & t\geqslant 5;\end{cases}$　　(2) $f(t)=\mathrm{e}^t\cdot u(t)-\sin t\cdot u(t)$；

(3) $f(t)=\cos t\cdot\delta(t)-\sin t\cdot u(t)$.

5. 求下列周期函数的拉氏变换：

(1) $f(t)$ 以 2π 为周期且在一个周期内的表达式为：

$$f(t)=\begin{cases}\sin t, & 0\leqslant t<\pi,\\ 0, & \pi\leqslant t<2\pi.\end{cases}$$

(2) $f(t)$ 以 $4T$ 为周期且在一个周期内的表达式为

$$f(t)=\begin{cases}1, & 0\leqslant t<T,\\ 0, & T\leqslant t<2T,\\ -1, & 2T\leqslant t<3T,\\ 0, & 3T\leqslant t<4T.\end{cases}$$

6. 求下列函数的拉氏变换：

(1) $f(t)=(t-1)^2\mathrm{e}^t$；　　(2) $f(t)=5\sin 2t-3\cos t$；

(3) $f(t)=1-t\mathrm{e}^t$；　　(4) $f(t)=t^n\mathrm{e}^{kt}$（k 为实常数）；

(5) $f(t)=\mathrm{e}^{-2t}\sin 3t$；　　(6) $f(t)=\mathrm{e}^t\cos kt$（k 为实常数）；

(7) $f(t)=u(1-\mathrm{e}^{-t})$；　　(8) $f(t)=u(3t-5)$；

(9) $f(t)=t\mathrm{e}^{-3t}\sin 2t$；　　(10) $f(t)=t\int_0^t \mathrm{e}^{-3t}\sin 2t\,\mathrm{d}t$；

(11) $f(t)=\dfrac{\mathrm{e}^{-3t}\sin 2t}{t}$；　　(12) $f(t)=\int_0^t \dfrac{\mathrm{e}^{-3t}\sin 2t}{t}\mathrm{d}t$；

(13) $f(t)=\int_0^t t\mathrm{e}^{-3t}\sin 2t\,\mathrm{d}t$.

7. 求下列卷积：

(1) $t*t$；　　(2) $t*\mathrm{e}^t$；　　(3) $\cos t*\cos t$；

(4) $\sin t*\cos t$；　　(5) $\mathrm{e}^{kt}\sin t*\mathrm{e}^{kt}\cos t$；　　(6) $t*\sin t$.

8. 由卷积定理证明

$$\mathscr{L}^{-1}\left[\frac{s}{(s^2+a^2)^2}\right]=\frac{t}{2a}\sin at.$$

9. 求下列函数的拉氏逆变换：

(1) $F(s)=\dfrac{1}{s^2+9}$；　　(2) $F(s)=\dfrac{2}{s^4}$；

(3) $F(s)=\dfrac{1}{s+5}$；　　(4) $F(s)=\dfrac{s-2}{(s+1)(s-3)}$；

(5) $F(s)=\dfrac{2s+3}{s^2+4}$；　　(6) $F(s)=\dfrac{s+1}{s^2+s-6}$；

(7) $F(s)=\dfrac{s}{(s^2-1)^2}$；　　(8) $F(s)=\ln\dfrac{s+1}{s-1}$；

(9) $F(s)=\dfrac{1}{(s^2+4)s^3}$；　(10) $F(s)=\dfrac{1}{s^4-16}$；

(11) $F(s)=\dfrac{s^2+2s-1}{s(s-1)^2}$；　(12) $F(s)=\dfrac{s}{(s^2+1)(s^2+4)}$；

(13) $F(s)=\dfrac{s+2}{(s^2+4s+5)^2}$；　(14) $F(s)=\dfrac{s^2+4s+4}{(s^2+4s+13)^2}$；

(15) $F(s)=\dfrac{2s^2+3s+3}{(s+1)(s+3)^3}$；　(16) $F(s)=\dfrac{1+e^{-3s}}{s^2}$；

(17) $F(s)=\dfrac{1}{(s+1)^2}$；　(18) $F(s)=\dfrac{1}{(s-1)(s-2)(s+3)}$.

10. 计算积分：

(1) $\int_0^{+\infty} e^{-t}\sin 2t\,dt$；　(2) $\int_0^{+\infty} te^{-3t}\cos 2t\,dt$；

(3) $\int_0^{+\infty} \dfrac{e^t-e^{-t}}{t}dt$；　(4) $\int_0^{+\infty} \dfrac{\sin^2 t}{t^2}dt$.

11. 求解微（积）分方程：

(1) $y''-6y'+9y=e^{3t},y(0)=y'(0)=0$；

(2) $y''-2y'+2y=2e^t\cos t,y(0)=y'(0)=0$；

(3) $y'''+3y''+3y'+y=6e^{-t},y(0)=y'(0)=y''(0)=0$；

(4) $y''-3y'+2y=5,y(0)=1,y'(0)=2$；

(5) $y''-2y'+5y=e^t\sin 2t,y(0)=0,y'(0)=\dfrac{7}{4}$；

(6) $y'''+2y''+y'=-2e^{-2t},y(0)=2,y'(0)=y''(0)=0$；

(7) $\begin{cases}x'+x-y=e^t,\\ y'+3x-2y=2e^t,\end{cases}$ $x(0)=y(0)=1$；

(8) $\begin{cases}x'+2x+2y=10e^{2t},\\ y'-2x+y=7e^{2t},\end{cases}$ $x(0)=1,y(0)=3$；

(9) $f(t)=2t+\int_0^t f(\tau)\sin(t-\tau)d\tau$；

(10) $f(t)=\sin t+\int_0^t f(\tau)\cos(t-\tau)d\tau$.

12. 设有如图 7.5.5 所示的 RL 串联电路，在 $t=0$ 时，将电路接上直流电源 E，求电路中的电流 $i(t)$.

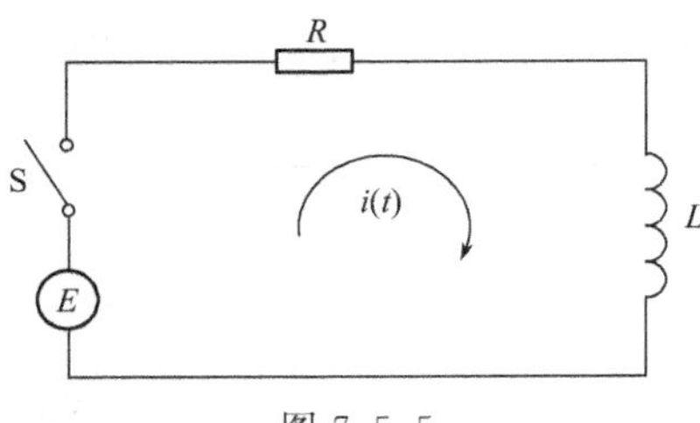

图 7.5.5

*第 8 章　Z　变　换

Z 变换是傅里叶变换的推广，是拉普拉斯变换的一种变形，是由（连续函数的）采样函数的拉普拉斯变换经由代换 $z=\mathrm{e}^{Ts}$（T 为采样周期）而得．如同拉普拉斯变换在连续时间系统中的地位，Z 变换已成为分析离散时间系统问题的重要工具，在数字信号处理、计算机控制系统及经济控制理论等领域均有广泛应用．本章介绍 Z 变换的定义、性质及其在求解差分方程中的应用．

*8.1　Z 变换的定义和性质

8.1.1　Z 变换的定义

设 $f(t)$ 是定义在 $[0, +\infty)$ 上的分段连续函数，且当 $t<0$ 时 $f(t)=0$．$f(n)$ 是 $f(t)$ 在 $t=n$（$n=0,1,2,\cdots$）时的离散值．

定义 $F(z)=\sum\limits_{n=0}^{\infty}f(n)z^{-n}$ 为 $f(n)$ 的 Z 变换（或称像函数），并记作

$$\mathscr{Z}[f(n)]=\sum_{n=0}^{\infty}f(n)z^{-n}=F(z) \tag{8.1.1}$$

$f(n)$ 为 $F(z)$ 的 Z 逆变换（或称像原函数），记为

$$f(n)=\mathscr{Z}^{-1}[F(z)]. \tag{8.1.2}$$

【例 8.1.1】　已知 $f_1(n)=2$，$f_2(n)=c^n$，求它们的 Z 变换．

解　由 Z 变换的定义，可得

$$\mathscr{Z}[2]=\sum_{n=0}^{\infty}2\cdot z^{-n}=\frac{2}{1-z^{-1}}=\frac{2z}{z-1}\ ,|z|>1;$$

$$\mathscr{Z}[c^n]=\sum_{n=0}^{\infty}c^n\cdot z^{-n}=\frac{1}{1-cz^{-1}}=\frac{z}{z-c},|z|>c.$$

【例 8.1.2】　已知 $f_1(n)=\sin n\omega$，$f_2(n)=\cos n\omega$，求它们的 Z 变换．

解　由 Z 变换的定义，可得

$$\begin{aligned}\mathscr{Z}[\sin n\omega]&=\sum_{n=0}^{\infty}z^{-n}\sin n\omega=\frac{1}{2\mathrm{j}}\sum_{n=0}^{\infty}z^{-n}(\mathrm{e}^{\mathrm{j}n\omega}-\mathrm{e}^{-\mathrm{j}n\omega})\\&=\frac{1}{2\mathrm{j}}\left(\frac{1}{1-\mathrm{e}^{\mathrm{j}\omega}z^{-1}}-\frac{1}{1-\mathrm{e}^{-\mathrm{j}\omega}z^{-1}}\right)=\frac{z\sin\omega}{z^2-2z\cos\omega+1}\ ,|z|>1;\end{aligned}$$

$$\begin{aligned}\mathscr{Z}[\cos n\omega]&=\sum_{n=0}^{\infty}z^{-n}\cos n\omega=\frac{1}{2}\sum_{n=0}^{\infty}z^{-n}(\mathrm{e}^{\mathrm{j}n\omega}+\mathrm{e}^{-\mathrm{j}n\omega})\\&=\frac{1}{2}\left(\frac{1}{1-\mathrm{e}^{\mathrm{j}\omega}z^{-1}}+\frac{1}{1-\mathrm{e}^{-\mathrm{j}\omega}z^{-1}}\right)=\frac{z(z-\cos\omega)}{z^2-2z\cos\omega+1}\ ,|z|>1.\end{aligned}$$

注：有的文献将 Z 变换定义为 $\mathscr{Z}[f(nT)]=\sum\limits_{n=0}^{\infty}f(nT)z^{-n}$，但通常取 $T=1$（本章取 $T=1$）

【例 8.1.3】 已知 $f_1(n)=\delta_{nk}$，$f_2(n)=H(n)$，求它们的 Z 变换．

解　由 Z 变换的定义，可得

$$\mathscr{Z}[\delta_{nk}]=\sum_{n=0}^{\infty}\delta_{nk}z^{-n}=z^{-k},|z|>0;$$

$$\mathscr{Z}[H(n)]=\sum_{n=0}^{\infty}H(n)z^{-n}=\sum_{n=0}^{\infty}z^{-n}=\frac{z}{z-1},|z|>1$$

8.1.2　Z 变换的基本性质

本目将介绍 Z 变换的几个性质，它们在 Z 变换的实际应用中都是很有用的．为了叙述方便起见，假定在这些性质中，凡是要求 Z 变换的函数都满足 Z 变换的要求.

1. 线性性质

设 $F_1(z)=\mathscr{Z}[f_1(n)]$，$F_2(z)=\mathscr{Z}[f_2(n)]$，$\alpha$，$\beta$ 是常数，则

$$\mathscr{Z}[\alpha f_1(n)+\beta f_2(n)]=\alpha F_1(z)+\beta F_2(z) \tag{8.1.3}$$

这个性质表明了函数线性组合的 Z 变换等于各函数 Z 变换的线性组合．它的证明只需根据定义就可推出．

同样，Z 逆变换也具有类似的线性性质，即

$$\mathscr{Z}^{-1}[\alpha F_1(z)+\beta F_2(z)]=\alpha f_1(n)+\beta f_2(n). \tag{8.1.4}$$

2. 时移性质

若 $\mathscr{Z}[f(n)]=F(z)$，则

$$\mathscr{Z}[f(n-k)]=z^{-k}F(z),k=0,1,2,\cdots; \tag{8.1.5}$$

$$\mathscr{Z}[f(n+k)]=z^{k}\left[F(z)-\sum_{n=0}^{k-1}f(n)z^{-n}\right],k=1,2,\cdots. \tag{8.1.6}$$

特别地

$$\mathscr{Z}[f(n+1)]=z[F(z)-f(0)], \tag{8.1.7}$$

$$\mathscr{Z}[f(n+2)]=z^{2}[F(z)-f(1)z^{-1}-f(0)]. \tag{8.1.8}$$

3. 尺度变换性质

若 $\mathscr{Z}[f(n)]=F(z)$，a 是非零常数，则 $\mathscr{Z}[a^n f(n)]=F\left(\dfrac{z}{a}\right)$.　(8.1.9)

4. 卷积定理

在 Z 变换中 $f_1(n)$ 与 $f_2(n)$ 的卷积定义为

$$f_1(n)*f_2(n)=\sum_{k=0}^{n}f_1(k)f_2(n-k) \tag{8.1.10}$$

则

$$\mathscr{Z}[f_1(n)*f_2(n)]=\mathscr{Z}[f_1(n)]\mathscr{Z}[f_2(n)]. \tag{8.1.11}$$

8.1.3 Z逆变换

由 $F(z)$ 求 $\mathscr{Z}^{-1}[F(z)]$的方法一般有三种：查表法、负幂级数法和留数法．现介绍后两种方法．

1. 负幂级数法

首先将 $F(z)$ 化简，如为分式则用部分分式将其展开，然后按Z变换的定义 $\mathscr{Z}[f(n)]=\sum\limits_{n=0}^{\infty}f(n)z^{-n}$得 $f(n)$.

【例 8.1.4】 已知 $F(z)=\dfrac{z(1-e^{a})}{(z-1)(z-e^{a})}$，求 $\mathscr{Z}^{-1}[F(z)]$.

解 首先，将 $F(z)$ 展开为负幂级数

$$F(z)=\frac{z(1-e^{-a})}{(z-1)(z-e^{-a})}=\frac{z}{z-1}-\frac{z}{z-e^{-a}}$$

$$=\sum_{n=0}^{\infty}z^{-n}-\sum_{n=0}^{\infty}e^{-an}z^{-n}=\sum_{n=0}^{\infty}(1-e^{-an})z^{-n}.$$

其次，将上式与定义式 $\mathscr{Z}[f(n)]=\sum\limits_{n=0}^{\infty}f(n)z^{-n}$相比较，即有 $f(n)=1-e^{-an}$.

2. 留数法

若 $F(z)$ 在 $|z|>R$ 解析，在 $|z|<R$ 内有有限个奇点 z_k （$k=1,2,\cdots,m$），则

$$f(n)=\frac{1}{2\pi i}\oint_L z^{n-1}F(z)dz=\sum_{k=1}^{m}\text{Res}[z^{n-1}F(z),z_k], \tag{8.1.12}$$

式中，L 是位于 $|z|>R$ 区域内任一围绕原点的正向简单闭曲线．

【例 8.1.5】 已知 $F(z)=\dfrac{z(z+1)}{(z-1)^2}$，求 $\mathscr{Z}^{-1}[F(z)]$.

解 $z=1$ 为 $F(z)$ 的二级极点，由式（8.1.12）得

$$\mathscr{Z}^{-1}[F(z)]=\text{Res}\left[z^{n-1}\cdot\frac{z(z+1)}{(z-1)^2},1\right]=\lim_{z\to1}\frac{d}{dz}\left[(z-1)^2\cdot\frac{z^n(z+1)}{(z-1)^2}\right]$$

$$=\lim_{z\to1}\frac{d}{dz}(z^{n+1}+z^n)=2n+1.$$

*8.2 Z变换的应用

在信息技术迅猛发展的今天，广泛采用“离散化”和“数字化”的方法处理信息．数字信号处理系统、遥测系统、通信系统和控制系统均为离散系统（即自变量取分立值）．描述离散系统状态的方程是差分方程，求解差分方程的重要方法是Z变换法．

8.2.1 线性差分方程的基本概念

设函数 $y=y(t)$ 的自变量 t 和函数 y 既可以连续变化，也可以取分立值（离

散值）．函数 $y(t)$ 在 t 点的差分定义为

$$\Delta y=y(t+\Delta t)-y(t) \tag{8.2.1}$$

式中，Δt 称为 t 的差分，通常取 $\Delta t=1$. $\frac{\Delta y}{\Delta t}$ 称为差商．$\Delta(\Delta y)=\Delta^2 y$ 称为二级差分.

函数 $y(t)$ 在 $t=n$ 点的第一差分、第二差分为

$$\Delta y(n)=y(n+1)-y(n), \tag{8.2.2}$$

$$\Delta^2 y=\Delta[\Delta y(n)]=\Delta[y(n+1)-y(n)]=y(n+2)-2y(n+1)+y(n) \tag{8.2.3}$$

其他的高级差分可以类推．不难看出，$y(t)$ 在 $t=n$ 点的第k 差分 $\Delta^k y(n)$ 可能包含 $y(n+k)$，$y(n+k-1)$，…，$y(n)$ 的项．

形如

$$G[n,y(n),\Delta y(n),\cdots,\Delta^k y(n)]=F[n,y(n),y(n+1),\cdots,y(n+k)]=0 \tag{8.2.4}$$

的方程称为 k 阶线性差分方程．因为 $F[n,y(n),y(n+1),\cdots,y(n+k)]$ 是 $y(n)$，$y(n+1)$，…，$y(n+k)$ 的线性函数，并且最高阶的差分为 $\Delta^k y(n)$.

8.2.2　用 Z 变换求解差分方程

用 Z 变换解线性差分方程的方法是先取 Z 变换把线性差分方程化为象函数的代数方程，并由这个代数方程求出像函数，然后再取 Z 逆变换，即可得出原差分方程的解．这个解法示意图如图 8.2.1 所示.

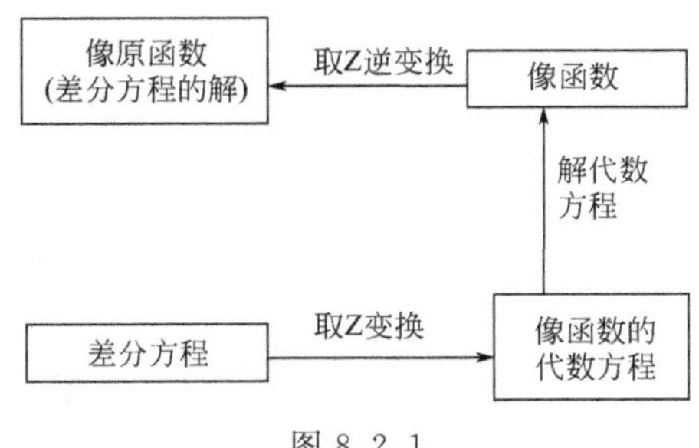

图 8.2.1

【例 8.2.1】 求解二阶常系数线性差分方程

$$y(n+2)+3y(n+1)+2y(n)=0$$

满足初始条件 $y(0)=0$，$y(1)=1$ 的解．

解　(1) 对初值问题作 Z 变换．

设 $\mathscr{Z}[y(n)]=Y(z)$，利用式(8.1.7) 和式(8.1.8)，可得

$$z^2[Y(z)-z^{-1}y(1)-y(0)]+3z[Y(z)-y(0)]+2Y(z)=0$$

即

$$z^2Y(z)-z+3zY(z)+2Y(z)=0.$$

(2) 求像函数．由上述代数方程易得

$$Y(z)=\frac{z}{z^2+3z+2}=\frac{z}{z+1}-\frac{z}{z+2}.$$

(3) 取 Z 逆变换得解．由例 8.1.1 知，$\mathscr{Z}^{-1}\left[\dfrac{z}{z-c}\right]=c^n$，故

$$y(n)=\mathscr{Z}^{-1}[Y(z)]=(-1)^n-(-2)^n.$$

【例 8.2.2】 已知某一个经济问题的空间状态模型为：

$$\boldsymbol{x}(t+1)=\begin{pmatrix}2&-1&-1\\1&0&-1\\-1&1&2\end{pmatrix}\boldsymbol{x}(t)，其中\ \boldsymbol{x}(t)=\begin{pmatrix}x_1(t)\\x_2(t)\\x_3(t)\end{pmatrix},$$

求 $\boldsymbol{x}(t)$.

分析说明：此题实际上是一个定常系数状态差分方程，其求解方法一般有三种：

(1) 迭代法．这个方法虽然简单，但由于要涉及计算方阵 $\boldsymbol{A}$ 的 n 次幂 $\boldsymbol{A}^n$，当 n 较小时可以直接计算 $\boldsymbol{A}^n$，而当 n 较大时计算 $\boldsymbol{A}^n$ 就烦琐了，需要将方阵 $\boldsymbol{A}$ 化成相似标准形 $\boldsymbol{A}=\boldsymbol{P}^{-1}\boldsymbol{\Lambda}\boldsymbol{P}$，其中 $\boldsymbol{P}$ 为可逆矩阵，$\boldsymbol{\Lambda}$ 是一个对角矩阵，其对角元素是 $\boldsymbol{A}$ 的特征值，于是才可方便计算出 $\boldsymbol{A}^n=\boldsymbol{P}^{-1}\boldsymbol{\Lambda}^n\boldsymbol{P}$.

(2) 特征值法．这个方法是：先由 $|\lambda\boldsymbol{E}-\boldsymbol{A}|$ 求出 $\boldsymbol{A}$ 的特征值 λ_1，λ_2，…，λ_n，再根据每一个特征值 λ_i 由线性齐次方程组 $(\boldsymbol{A}-\lambda_i\boldsymbol{E})\boldsymbol{x}=\boldsymbol{0}$ 求出相应的特征向量 $\boldsymbol{\alpha}_i$（其中 $\boldsymbol{E}$ 为 n 阶单位矩阵）．于是得到方程的解：$\boldsymbol{x}(t)=\sum\limits_{i=1}^{n}c_i\lambda_i^t\boldsymbol{\alpha}_i$；以上两种方法因计算量较大，一般只适合 n 较小时的计算．

(3) Z 变换法．方程两边取 Z 变换，并设 $Z[\boldsymbol{x}(t)]=\boldsymbol{X}(z)$，得到 $z\boldsymbol{X}(z)-z\boldsymbol{x}(0)=\boldsymbol{A}\boldsymbol{X}(z)$，其中

$$\boldsymbol{A}=\begin{pmatrix}2&-1&-1\\1&0&-1\\-1&1&2\end{pmatrix}.$$

由此解出

$\boldsymbol{X}(z)=z(z\boldsymbol{E}-\boldsymbol{A})^{-1}\boldsymbol{x}(0)$，其中

$$(z\boldsymbol{E}-\boldsymbol{A})^{-1}=\frac{1}{(z-1)(z-2)}\begin{pmatrix}z-1&-1&-1\\1&z-3&-1\\-1&1&z-1\end{pmatrix}.$$

于是
$$\boldsymbol{X}(z)=\frac{z}{(z-1)(z-2)}\begin{pmatrix}z-1&-1&-1\\1&z-3&-1\\-1&1&z-1\end{pmatrix}\boldsymbol{x}(0).$$

令 $\boldsymbol{X}(z)=\begin{pmatrix}X_1(z)\\X_2(z)\\X_3(z)\end{pmatrix}$，将上式改写成分量形式为

$$\begin{aligned}X_1(z)&=\frac{z}{(z-1)(z-2)}[(z-1)x_1(0)-x_2(0)-x_3(0)]\\&=\frac{z}{z-2}x_1(0)+\left(\frac{z}{z-1}-\frac{z}{z-2}\right)[x_2(0)+x_3(0)],\end{aligned}$$

$$X_2(z)=\left(\frac{z}{z-2}-\frac{z}{z-1}\right)[x_1(0)-x_3(0)]+\left(\frac{2z}{z-1}-\frac{z}{z-2}\right)x_2(0),$$

$$X_3(z)=\left(\frac{z}{z-2}-\frac{z}{z-1}\right)[-x_1(0)+x_2(0)]+\frac{z}{z-2}x_3(0).$$

由例 8.1.1 和线性性质，得

$$x_1(t)=2^t x_1(0)+(1-2^t)x_2(0)+(1-2^t)x_3(0),$$
$$x_2(t)=(2^t-1)x_1(0)+(2-2^t)x_2(0)+(1-2^t)x_3(0),$$
$$x_3(t)=(1-2^t)x_1(0)+(2^t-1)x_2(0)+2^t x_3(0).$$

用矩阵表示为

$$\boldsymbol{x}(t)=\begin{pmatrix}2^t & 1-2^t & 1-2^t\\ 2^t-1 & 2-2^t & 1-2^t\\ 1-2^t & 2^t-1 & 2^t\end{pmatrix}\boldsymbol{x}(0)$$

8.2.3　Z变换在传递函数中的应用

传递函数通常用于单输入、单输出的模拟电路的分析，例如信号处理、通信理论、控制理论等．其通过系统的输入量与输出量之间的关系来描述系统固有的特性，这就是传递函数的基本思想．当一个系统内部结构不清楚，或者根本无法弄清楚它的内部结构时，对系统的输入、输出量进行动态观测以建立系统的数学模型．进而由外部观测所获得的数据，辨识系统的结构及参数．

离散控制系统的传递函数，在零初始条件下，输出离散变量 $y(n)$ 的 Z 变换 $Y(z)$ 与输入离散变量 $x(n)$ 的 Z 变换 $X(z)$ 之比，即 $G(z)=\frac{Y(z)}{X(z)}$称为 Z 传递函数．

注意　(1) 若知道了系统的 $G(z)$ 和 $x(n)$，就可以求出其输出量 $y(n)$.

(2) 离散控制是连续控制的发展，故在离散控制系统的研究中要计算 $G(z)$. 由控制理论知，$G(z)$ 是 $G(s)$ 的离散化，即若 $G(t)$ 是 $G(s)$ 的拉氏逆变换．则 $G(z)=\mathscr{Z}[g(n)]$.

【例 8.2.3】　设某采样控制系统中的连续部分传递函数 $G(s)=\frac{1}{s+1}$，输入函数 $x(n)=1$，采样开关的采样周期 $T=1$，试求输出采样信号 $y(n)$.

解　(1) 求 Z 传递函数

$$g(t)=\mathscr{L}^{-1}[G(s)]=\mathscr{L}^{-1}\left(\frac{1}{s+1}\right)=\mathrm{e}^{-t}$$

$$G(z)=\mathscr{L}[G(n)]=\mathscr{L}[\mathrm{e}^{-n}]=\frac{z}{z-\mathrm{e}^{-1}}=\frac{z}{z-0.368};$$

(2) 求输入函数 $x(n)$ 的 Z 变换，有

$$X(z)=Z[x(n)]=Z[1]=\frac{z}{z-1};$$

(3) 求输出函数 $y(n)$ 的 Z 变换，由公式知

$$Y(z)=G(z)X(z)=\frac{z}{z-0.368}\cdot\frac{z}{z-1}=\frac{z^2}{z^2-1.368z+0.368}$$
$$=1+1.368z^{-1}+1.503z^{-2}+1.553z^{-3}+\cdots;$$

(4) 查 Z 变换表，求输出函数 $y(n)$

$$y(n)=Z^{-1}[Y(z)]=\delta(n)+1.368\delta(n-1)+1.503\delta(n-2)+1.553\delta(n-3)+\cdots.$$

本章主要内容

1. Z 变换的定义

设 $f(t)$ 是定义在 $[0, +\infty)$ 上的分段连续函数，且当 $t<0$ 时 $f(t)=0$. $f(n)$ 是 $f(t)$ 在 $t=n$ $(n=0,1,2,\cdots)$ 时的离散值．称 $F(z)=\sum\limits_{n=0}^{\infty} f(n)z^{-n}$ 为 $f(n)$的 Z 变换(或称像函数),并记作 $\mathscr{Z}[f(n)]=\sum\limits_{n=0}^{\infty} f(n)z^{-n}=F(z)$，$f(n)$ 为 $F(z)$ 的 Z 逆变换（或称像原函数），记为 $f(n)=\mathscr{Z}^{-1}[F(z)]$.

2. Z 变换的基本性质

(1) 线性性质　设 $F_1(z)=\mathscr{Z}[f_1(n)]$，$F_2(z)=\mathscr{Z}[f_2(n)]$，$\alpha$，$\beta$ 是常数，则

$$\mathscr{Z}[\alpha f_1(n)+\beta f_2(n)]=\alpha F_1(z)+\beta F_2(z);$$

$$\mathscr{Z}^{-1}[\alpha F_1(z)+\beta F_2(z)]=\alpha f_1(n)+\beta f_2(n).$$

(2) 时移性质 若 $\mathscr{Z}[f(n)]=F(z)$，则

$$\mathscr{Z}[f(n-k)]=z^{-k}F(z), k=0,1,2,\cdots;$$

$$\mathscr{Z}[f(n+k)]=z^{k}\left[F(z)-\sum_{n=0}^{k-1} f(n)z^{-n}\right], k=1,2,\cdots.$$

特别地

$$\mathscr{Z}[f(n+1)]=z[F(z)-f(0)],$$

$$\mathscr{Z}[f(n+2)]=z^{2}[F(z)-f(1)z^{-1}-f(0)].$$

(3) 尺度变换性质　若 $\mathscr{Z}[f(n)]=F(z)$，a 是非零常数，则

$$\mathscr{Z}[a^{n}f(n)]=F\left(\frac{z}{a}\right).$$

(4) 卷积定理

在 Z 变换中，$f_1(n)$ 与 $f_2(n)$ 的卷积定义为

$$f_1(n)*f_2(n)=\sum_{k=0}^{n} f_1(k)f_2(n-k)$$

则

$$\mathscr{Z}[f_1(n)*f_2(n)]=\mathscr{Z}[f_1(n)]\mathscr{Z}[f_2(n)].$$

3. 常用函数的 Z 变换

(1) $\mathscr{Z}[\delta(n)]=1$；　　(2) $\mathscr{Z}[1]=\dfrac{z}{z-1}$；

(3) $\mathscr{Z}[n]=\dfrac{z}{(z-1)^{2}}$；　　(4) $\mathscr{Z}[n^{2}]=\dfrac{z(z+1)}{(z-1)^{3}}$；

(5) $\mathscr{Z}[n^m]=(-1)^m\lim\limits_{a\to 0}\dfrac{\partial^m}{\partial a^m}\left(\dfrac{z}{z-e^{-a}}\right)$;

(6) $\mathscr{Z}[e^{-an}]=\dfrac{z}{z-e^{-a}}$.　(7) $\mathscr{Z}[ne^{-an}]=\dfrac{ze^{-a}}{(z-e^{-a})^2}$.

(8) $\mathscr{Z}[\sin\omega n]=\dfrac{z\sin\omega}{z^2-2z\cos\omega+1}$.　(9) $\mathscr{Z}[\cos\omega n]=\dfrac{z(z-\cos\omega)}{z^2-2z\cos\omega+1}$.

(10) $\mathscr{Z}[e^{-an}\sin\omega n]=\dfrac{ze^{-a}\sin\omega}{z^2-2ze^{-a}\cos\omega+e^{-2a}}$.

(11) $\mathscr{Z}[e^{-an}\cos\omega n]=\dfrac{z^2-ze^{-a}\cos\omega}{z^2-2ze^{-a}\cos\omega+e^{-2a}}$.

(12) $\mathscr{Z}[a^n]=\dfrac{z}{z-a}$.

4. 求 Z 变换的方法

(1) 直接按定义；

(2) 利用常用函数的 Z 变换及变换的性质；

(3) 利用卷积定理.

习　题　8

1. 填空题

(1) 设 $u(t)$ 为单位阶跃函数，则 $\mathscr{Z}[u(n)]=($　　　　$)$.

(2) 设 $\delta(t)$ 为单位脉冲函数，则 $\mathscr{Z}[\delta(n)]=($　　　　$)$.

(3) 设 C 为常数，则 $\mathscr{Z}[C]=($　　　　$)$.

(4) 设 $f(t)=\sin at$，则 $\mathscr{Z}[f(n)]=($　　　　$)$.

(5) 设 $f(t)=\cos at$，则 $\mathscr{Z}[f(n)]=($　　　　$)$.

(6) 设 $f(t)=e^{at}$，则 $\mathscr{Z}[f(n)]=($　　　　$)$.

(7) 设 $f(t)=t^2$，则 $\mathscr{Z}[f(n)]=($　　　　$)$.

(8) 设 $f(t)=a^t$，则 $\mathscr{Z}[f(n)]=($　　　　$)$.

(9) 设 $f(t)=\mathrm{ch}\,at$，则 $\mathscr{Z}[f(n)]=($　　　　$)$.

(10) 设 $f(t)=\mathrm{sh}\,at$，则 $\mathscr{Z}[f(n)]=($　　　　$)$.

2. 单项选择题

(1) $f(t)=e^{3t}$，则 $\mathscr{Z}[f(n)]=($　　$)$.

(A) $\dfrac{z(z-\cos 2)}{z^2-2z\cos 2+1}$　(B) $\dfrac{z\sin 2}{z^2-2z\cos 2+1}$

(C) $\dfrac{z}{z-e^3}$　(D) $\dfrac{z}{z-e^{-3}}$

(2) $f(t)=\cos 2t$，则 $\mathscr{Z}[f(n)]=($　　$)$.

(A) $\dfrac{z(z-\cos 2)}{z^2-2z\cos 2+1}$　(B) $\dfrac{z\sin 2}{z^2-2z\cos 2+1}$

(C) $\frac{z}{z-e^{-2}}$　　(D) $\frac{z}{z-a}$

(3) $f(t)=\sin 5t$，则 $\mathscr{Z}[f(n)]=$（　　）.

(A) $\frac{z(z-\cos 5)}{z^2-2z\cos 5+1}$　　(B) $\frac{z\sin 5}{z^2-2z\cos 5+1}$

(C) $\frac{z}{z-e^{-5}}$　　(D) $\frac{z}{z-a}$

(4) $f(t)=t$，则 $\mathscr{Z}[f(n)]=$（　　）.

(A) $\frac{z}{(z-1)^2}$　　(B) $\frac{z(z-\cos 1)}{z^2-2z\cos 1+1}$

(C) $\frac{z(z+1)}{(z-1)^3}$　　(D) $\frac{z\sin 1}{z^2-2z\cos 5+1}$

(5) $f(t)=t^2$，则 $\mathscr{Z}[f(n)]=$（　　）.

(A) $\frac{z}{(z-1)^2}$　　(B) $\frac{z(z-\cos 1)}{z^2-2z\cos 1+1}$

(C) $\frac{z(z+1)}{(z-1)^3}$　　(D) $\frac{z\sin 1}{z^2-2z\cos 5+1}$

(6) $f(t)=\delta(t)$，则 $\mathscr{Z}[f(n)]=$（　　）.

(A) $\frac{z}{(z-1)^2}$　　(B) $\frac{z(z+1)}{(z-1)^3}$

(C) 1　　(D) $\frac{z}{z-a}$

(7) $f(t)=\mathrm{ch}(at)$，则 $\mathscr{Z}[f(n)]=$（　　）.

(A) $\frac{z}{z-e^{a}}$　　(B) $\frac{z}{z-e^{-a}}$

(C) $\frac{1}{2}\left(\frac{z}{z-e^{a}}+\frac{z}{z-e^{-a}}\right)$　　(D) $\frac{1}{2}\left(\frac{z}{z-e^{a}}-\frac{z}{z-e^{-a}}\right)$

(8) $f(t)=\mathrm{sh}(at)$，则 $\mathscr{Z}[f(n)]=$（　　）.

(A) $\frac{z}{z-e^{a}}$　　(B) $\frac{z}{z-e^{-a}}$

(C) $\frac{1}{2}\left(\frac{z}{z-e^{a}}+\frac{z}{z-e^{-a}}\right)$　　(D) $\frac{1}{2}\left(\frac{z}{z-e^{a}}-\frac{z}{z-e^{-a}}\right)$

(9) $f(t)=e^{-t}\cos 2t$，则 $\mathscr{Z}[f(n)]=$（　　）.

(A) $\frac{z(z-\cos 2)}{z^2-2z\cos 2+1}$　　(B) $\frac{z\sin 2}{z^2-2z\cos 2+1}$

(C) $\frac{ze^{-1}\sin 2}{z^2-2ze^{-1}\cos 2+e^{-2}}$　　(D) $\frac{z^2-ze^{-1}\cos 2}{z^2-2ze^{-1}\cos 2+e^{-2}}$

(10) $f(t)=e^{-t}\sin 5t$，则 $\mathscr{Z}[f(n)]=$（　　）.

(A) $\frac{z(z-\cos 5)}{z^2-2z\cos 5+1}$　　(B) $\frac{z\sin 5}{z^2-2z\cos 5+1}$

(C) $\dfrac{z\mathrm{e}^{-1}\sin 5}{z^2-2z\mathrm{e}^{-1}\cos 5+\mathrm{e}^{-2}}$　　(D) $\dfrac{z^2-z\mathrm{e}^{-1}\cos 5}{z^2-2z\mathrm{e}^{-1}\cos 5+\mathrm{e}^{-2}}$

3. 求下列函数 $f(t)$ 的Z变换 $\mathscr{Z}[f(n)]$.

(1) $f(t)=\sin\dfrac{t}{2}$；　(2) $f(t)=\mathrm{e}^{-2t}$；　(3) $f(t)=t^2$；

(4) $f(t)=\sin t\cos t$；　(5) $f(t)=\mathrm{sh}kt$；　(6) $f(t)=\mathrm{ch}kt$；

(7) $f(t)=\cos^2 t$；　(8) $f(t)=\sin^2 t$.

4. 已知某宏观经济的动态资本形成方程为：

$$x(t+1)=x(t)-\delta\cdot x(t)+\rho u(t+1)+(1-\rho)u(t) \tag{1}$$

$$u(t)=(1+\alpha)^t u(0) \tag{2}$$

式中，δ 为折旧率；ρ 为资本形成系数；α 为投资增长率；$x(t)$ 为 t 年年末的固定资产存量；$u(t)$ 为 t 年的投资，求 $x(t)$.

*第 9 章　数 学 实 验

数学实验是计算机技术和数学、软件引入教学后出现的新事物．数学实验的开展可以在大学数学教育中体现学生的主体意识，让学生做到会学、会用、会做数学，提高学生学习数学的积极性，提高学生对数学的应用意识，并培养学生用所学的数学知识和计算机技术去认识问题和解决实际问题的能力．复变函数与积分变换课程是电气、电子、通信、自动化、水利、测绘等许多工科专业的必修课，也是物理、力学、港口工程等专业一些后续课程的必要基础．而应用型本科院校学生对数据处理方法的要求应偏重于以使用为主，注重实用性和先进性，不需追求理论的系统性和完整性，且能对相应问题直接套用现代工具替代烦琐计算，不需详细理论推导及分析过程．因此，在《复变函数与积分变换》课程中引入数学实践部分是必行之举，对提升学生的创造性、应用性思维有着重要的实践意义．本章采用 MATALB 这一强大的数学计算软件进行数学实验，其中包括如何使用 MATALB 实现复变函数中的各种运算、如何利用 MATALB 作图以及利用 MATALB 进行拉普拉斯变换和傅里叶变换等．

*9.1　数学实验 1

9.1.1　实验目的与内容

1. 实验目的

本节通过对 MATLAB 软件基本命令的学习，要求利用 MATLAB 软件会求复数的模、幅角及复数的幂与方根等运算；利用 MATLAB 软件会求复变函数的极限.

2. 实验内容

(1) 复数的输入　在 MATLAB 中，用预定义变量 i 或 j 表示虚单位$\sqrt{-1}$．因此复数 $z=x+y\mathrm{i}$ 可以直接输入．注意：在输入时，虚数部分的 y 和 i 之间不能有空格．

(2) 计算复数 z 的实部和虚部及其共轭复数　在 MATLAB 中，函数 real 和 imag 分别用于取得复数 z 的实部和虚部，其调用格式是 real(z)，imag(z).

函数 conj 用于生成复数的共轭复数，其调用格式是

conj(z)　　　　生成复数 z 的共轭复数；

conj([z1,z2,…,zn])　　　　生成复数 z1，z2，…，zn 的共轭复数．

(3) 计算复数 z 的模和幅角　在 MATLAB 中，函数 abs 用于计算复数 z 的模，其调用格式是 abs(z)；函数 angle 用于计算复数 z 的幅角，返回值用弧度来表示，取值范围 $(-\pi,\ \pi)$，其调用格式是 angle(z).

(4) 复数和复变函数的运算　在MATLAB中，函数的参数一般都允许是数组和复数，因此，我们在《高等数学及其MATLAB实现》中介绍过的绝大部分函数都可直接用于复数和复变函数的运算.

9.1.2　实验案例

【例 9.1.1】　求复数 $3i(\sqrt{3}-i)(1+\sqrt{3}i)$ 的实部、虚部、模、幅角及其共轭复数.

解　输入：

```
z=3i*(sqrt(3)-i)*(1+sqrt(3)*i)
x=real(z)
y=imag(z)
absz=abs(z)
angz=angle(z)
conz=conj(z)
```

输出结果

```
z =
 -6.00000000000000+10.39230484541326i
x=
          -6
y=
  10.39230484541326
absz=
        12
angz=
   2.09439510239320
conz=
 -6.00000000000000-10.39230484541326i
```

【例 9.1.2】　已知复数 $z=1+\sqrt{3}i$，求 z^4 及 z 的4次方根.

解　输入：

```
z=1+sqrt(3)*i;
z^4
```

输出 z^4 结果

```
-8.00000000000000-13.85640646055101i
```

输入：

```
solve('z^4=1+sqrt(3)*i')
```

输出 z 的4次方根结果

```
    1.14868586518784+0.30778944993413i
    -1.14868586518784-0.30778944993413i
    -0.30778944993413+1.14868586518784i
    0.30778944993413-1.14868586518784i
```

【例 9.1.3】 已知复变函数 $f(z)=z^3+\sin z$，$z_0=1+\sqrt{3}i$，求极限 $\lim\limits_{z\to z_0}=f(z)$.

解 输入：

```
syms z z0
f=z^3+sin(z);
z0=1+sqrt(3)*i;
limit(f,z,z0)
```

输出结果

```
    -5.54746765111628+1.47916197582785i
```

*9.2 数学实验 2

9.2.1 实验目的与内容

1. 实验目的

通过对 MATLAB 软件基本命令的学习，利用 MATLAB 软件绘制复变函数的图形.

2. 实验内容

由于复变函数的自变量是复数，函数值也是复数，所以在绘制复变函数的图形时就需要有四个量来表示. 可以利用 MATLAB 里的 "surf" 函数，以 XOY 平面表示自变量所在的平面，以 Z 轴表示复变函数的实部，以颜色表示复变函数的虚部，画出复变函数的四维表现图. 其调用格式是

surf(x,y,real(w),imag(w)) 绘制复变函数 w=f(z) 的图形.

为了表示颜色与数值之间的对应关系，通常使用指令 colorbar 来标注各个颜色所代表的数值. 其调用格式是

colorbar('vert') 标注各个颜色所代表的数值.

9.2.2 实验案例

复变量的初等函数是实变量初等函数的推广，它们在性质上有许多相似之处，但在教学中应重点强调它们之间的区别，如：指数函数的周期性、对数函数的多值性、正弦余弦函数的无界性. 通过 Matlab 软件的绘图功能，绘出这些函数的图形，便可直观地观察出函数的变换趋势，从而加深对该知识点的理解.

1. 指数函数的图像

复变量的指数函数 e^z 是以 $2k\pi i$（$k=0, \pm1, \pm2, \cdots$）为周期的周期函数，为了能更直观地看到复变量的指数函数具有周期性，可以利用 MATLAB 里的 "surf" 函数，以 XOY 平面表示自变量所在的平面，以 Z 轴表示复变函数的实部，以颜色表示复变函数的虚部，画出复变量指数函数的四维表现图. 具体的 MATLAB 指令如下：

```
x=[0:pi/15:6*pi];
[x,y]=meshgrid(x);
z=x+i*y;
u=exp(z);
```

```
surf(x,y,real(u),imag(u));
olorbar('vert');
title('u=exp(z)')
```

绘制图像如图 9.2.1 所示.

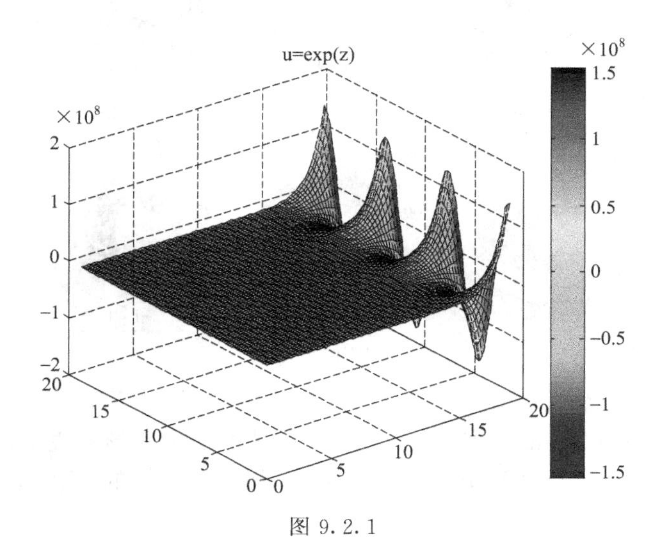

图 9.2.1

2. 对数函数的图像

复变量的对数函数为指数函数的反函数，$\mathrm{Ln}z=\ln|z|+\mathrm{i}\arg z+2k\pi\mathrm{i}$（$k=0,\pm1,\pm2,\cdots$），复变量的对数函数是多值函数，当 k 取值不同时，对应的函数值也不同，且每两个值相差 $2\pi\mathrm{i}$ 的整数倍．对数函数的多值性也可以通过 MATLAB 作图直观地呈现出来．以 Z 轴表示复变函数的虚部，以颜色表示复变函数的实部，用极坐标下的数据网格作图，取 $k=0,1,\cdots,5$，即可得到准确的函数图像．具体的 MATLAB 指令如下：

```
[r,theta]=meshgrid([0:0.1:1],[-pi:0.05*pi:pi]);
x=r.*cos(theta);
y=r.*sin(theta);
z=x+i*y;
u=log(z);
for k=0:5
subplot(2,3,k+1);
u=u+2*k*pi*i;
surf(x,y,imag(u),real(u));
caxis([0,100]);
title('u=Lnz');
end
```

绘制图像如图 9.2.2 所示.

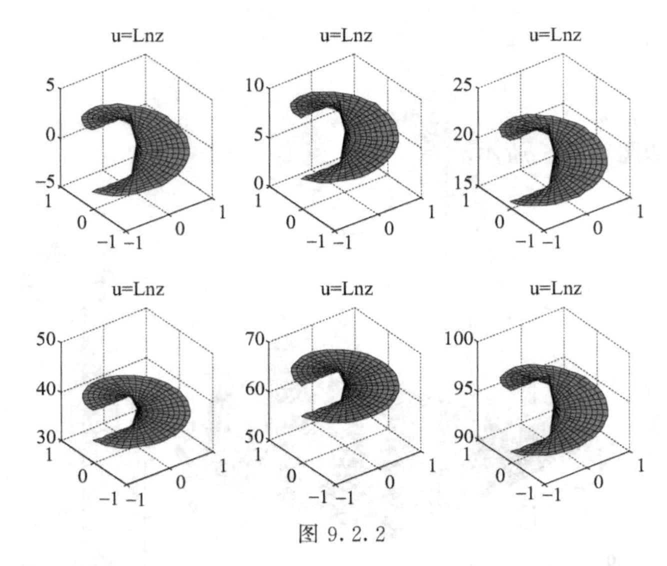

图 9.2.2

3. 三角函数的图像

(1) 在复数域中$|\sin z|\leqslant 1$，$|\cos z|\leqslant 1$ 不成立．为了形象说明这一性质，用 Z 轴表示 $\sin z$ 的模，用 MATLAB 作出$|\sin z|$的图像，具体的 MATLAB 指令如下：

```
x=[0:pi/5:7*pi];
[x,y]=meshgrid(x);
z=x+i*y;
u=sin(z);
surf(x,y,abs(u));
title('u=sin(z)模')
```

绘制图像如图 9.2.3 所示．

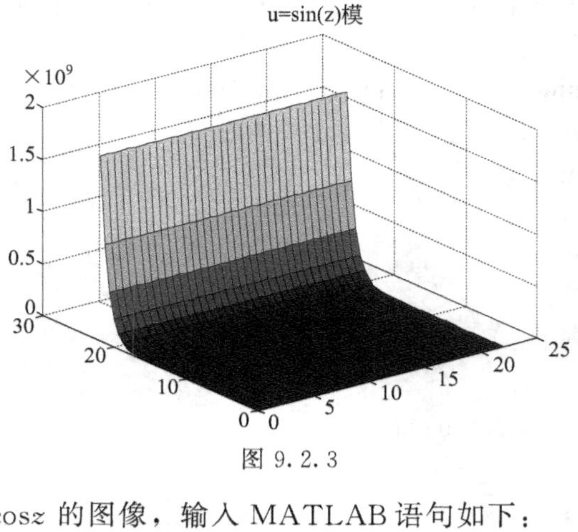

图 9.2.3

(2) 余弦函数 $\cos z$ 的图像，输入 MATLAB 语句如下：

```
x=[0:pi/5:7*pi];
[x,y]=meshgrid(x);
```

```
z=x+i*y;
u=cos(z);
surf(x,y,real(u),imag(u));
title('u=cos(z)')
```

绘制图像如图 9.2.4 所示.

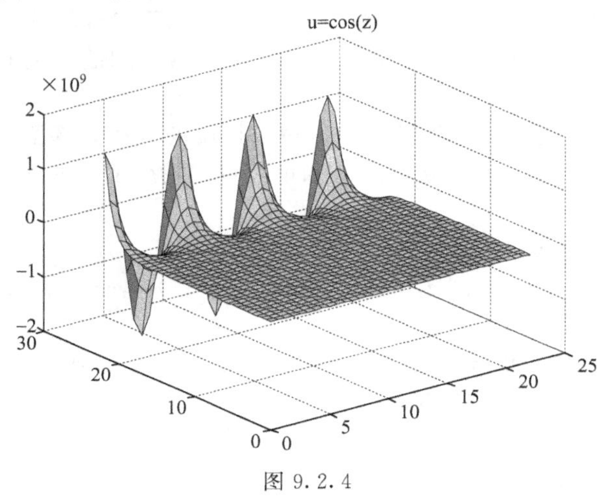

图 9.2.4

4. 幂函数 z^3 的图像

输入 MATLAB 语句如下:

```
z=cplxgrid(20);
w=z.^3;
surf(real(z),imag(z),real(w),imag(w));
title('z^3')
```

绘制图像如图 9.2.5 所示.

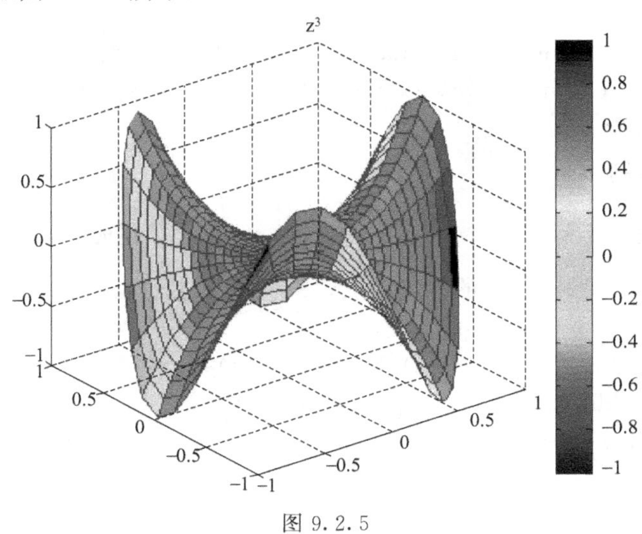

图 9.2.5

*9.3 数学实验3

9.3.1 实验的目的和内容

1. 实验目的

通过MATLAB软件基本命令学习，会利用MATLAB软件计算复变函数在孤立奇点处的留数；利用MATLAB软件计算复变函数在闭曲线上的积分．

2. 实验内容

(1) 计算在孤立奇点处的留数——通过求极限的方法计算留数．

假设已知函数 $F(z)$ 的孤立奇点 a 和重数 m，则用下面的MATLAB语句可求出相应的留数

```
c=limit(F*(z-a),z,a)                                //一级极点,
c=limit(diff(F*(z-a)^m,z,m-1)/prod(1:m-1),z,a)      //m 级极点.
```

(2) 计算复变函数的积分

① 沿非闭合路径的积分。沿非闭合路径的积分，用函数int求解，方法同高等数学部分的积分，其调用格式如下

- syms w a b
  S=int(w,a,b)
- syms w v a b
  S=int(w,v,a,b)

其中，w为被积函数（符号表达式），v为积分变量（符号变量），a是积分下限，b是积分上限．

② 沿闭合路径的积分。对沿闭合路径的积分，先计算闭区域内各孤立奇点处的留数，再利用留数定理可得积分．除了上述计算留数的方法外，MATLAB语言中给出了另外一个数值函数residue ( ) 求有理函数在孤立奇点处的留数，该函数的调用格式为

[R,P]=residue(B,A);返回留数、极点．

其中，向量B和A为分子、分母以降幂排列的多项式系数，向量R是返回的留数，向量P是返回的极点．

9.3.2 实验案例

【例9.3.1】 计算 $f(z)=\dfrac{1}{z^3(z-1)}\sin\left(z+\dfrac{\pi}{3}\right)e^{-2z}$ 在孤立奇点处的留数．

解 $z=0$ 是函数 $f(z)$ 的三级极点，$z=1$ 是函数 $f(z)$ 的一级极点．输入

```
syms z
f=sin(z+pi/3)*exp(-2*z)/(z^3*(z-1));
Res0=limit(diff(f*z^3,z,2)/prod(1:2),z,0)
Res1=limit(f*(z-1),z,1)
```

输出结果

```
Res0=
```

```
        0.0670
Res1=
        0.1203
```

【例 9.3.2】 计算 $f(z)=\dfrac{z+1}{z^2-2z}$在孤立奇点处的留数．

解 输入

```
[r,p]=residue([1,1],[1,-2,0])
```

输出结果

```
r=
    1.5000
    -0.5000
p=
     2
     0
```

即 Res$[f(z),2]=1.5$， Res$[f(z),0]=-0.5$.

【例 9.3.3】 计算 $S_1=\int_{-\pi i}^{3\pi i} e^{2z}dz$，$S_2=\int_{\frac{\pi}{6}i}^{0} \text{ch}3z\,dz$，$S_3=\int_0^i (z-1)e^{-z}dz$，

$$S_4=\int_1^i \frac{1+\tan z}{\cos^2 z}dz .$$

解 输入

```
S1=int('exp(2*z)','z',-pi*i,3*pi*i)
syms z
S2=int(cosh(3*z),z,pi*i/6,0)
S3=int((z-1)*exp(-z),z,0,i)
S4=int((1+tan(z))/(cos(z))^2,z,1,i)
```

输出结果

```
S1=
0
S2=
-i/3
S3=
-0.8415-0.5403i
S4=
-3.0602+0.7616i
```

说明：在 S1 中定义表达式为符号；在 S2、S3、S4 中，先定义符号变量再进行积分．两种方法都可行且结果一样．

【例 9.3.4】 计算积分 $S=\oint_C \dfrac{z}{z^4-1}dz$ ，其中 C 为正向圆周$|z|=2$.

解 先求被积函数的留数

```
[r,p]=residue([1,0],[1,0,0,0,-1])
r=
    0.2500
    0.2500
  -0.2500-0.0000i
  -0.2500+0.0000i
p=
  -1.0000
   1.0000
  -0.0000+1.0000i
  -0.0000-1.0000i
```

由此可见，在圆周 $|z|=2$ 内有 4 个极点，由留数定理得积分值为

$$S=\oint_C \frac{z}{z^4-1}dz=2\pi i(0.25+0.25-0.25-0.25)=0$$

*9.4 数学实验 4

9.4.1 实验的目的和内容

1. 实验目的

通过 MATLAB 软件基本命令学习，会利用 MATLAB 软件计算函数的傅里叶变换及其逆变换、拉普拉斯变换及其逆变换和 Z 变换及其逆变换.

2. 实验内容

(1) 傅里叶变换及其逆变换

在 MATLAB 语言中使用 fourier 函数来实现傅里叶变换. 首先定义符号变量 t，描述时域表达式 f，直接调用 fourier 函数就可求出所需的时域函数的傅里叶变换变换式. 该函数的调用格式为

F=fourier(f)　　采用默认的 t 为时域变量;

F=fourier(f,u,v)　　用户指定时域变量 u 和频域变量 v.

使用 ifourier 函数来实现傅里叶逆变换。它的使用格式如下:

f=ifourier(F)　　按默认变量进行 Fourier 逆变换;

f=ifourier(F,u,v)　　将 u 的函数变换成 v 的函数.

(2) 拉普拉斯变换及其逆变换

在 MATLAB 语言中使用 laplace 函数来实现拉普拉斯变换. 首先定义符号变量 t，描述时域表达式 f，直接调用 laplace 函数就可求出所需的时域函数的拉普拉斯变换式. 该函数的调用格式为:

F=laplace(f)　　采用默认的 t 为时域变量;

F=laplace(f,u,v)　　用户指定时域变量 u 和频域变量 v.

使用 ilaplace 函数来实现拉普拉斯逆变换. 它的调用格式如下:

f=ilaplace(F)　　按默认变量进行 Laplace 逆变换;

f=ilaplace(F,u,v)　　将 u 的函数变换成 v 的函数.

(3) Z 变换及其逆变换

在 MATLAB 语言中使用 ztrans( ) 函数来实现 Z 变换．首先定义符号变量 z，n，描述函数序列表达式 f(n)，直接调用 ztrans( ) 函数就可求出 f(n) 的 Z 变换式．该函数的调用格式为：

F=ztrans(f)　　　　　　　　按默认变量进行 Z 变换；

使用 iztrans( ) 函数来实现 Z 逆变换．它的调用格式如下：

f=iztrans(F)　　　　　　　　按默认变量进行 Z 逆变换．

9.4.2 实验案例

【例 9.4.1】 求高斯分布函数 $f(t)=\frac{1}{\sqrt{2\pi}}e^{-x^2}$ 的傅里叶变换，并对结果进行傅里叶逆变换．

解　输入 MATLAB 语句如下：

```
syms f x F
f=1/sqrt(2*pi)*exp(-x^2);
F=fourier(f)
```

输出傅里叶变换

```
F=
(7186705221432913*pi^(1/2))/(18014398509481984*exp(w^2/4))
f=ifourier(F)
```

输出傅里叶逆变换

```
f=
7186705221432913/(18014398509481984*exp(x^2)).
```

【例 9.4.2】 求函数 $F=\frac{u}{w^2+u^2}$ 对 u 的傅里叶逆变换，并返回变量为 v 的函数．

解　输入 MATLAB 语句如下：

```
syms w u v f F
F=u/(w^2+u^2);
f=ifourier(F,u,v)
```

输出结果

```
f=
 ((pi*i*heaviside(v))/exp(v*(w^2)^(1/2))
        -pi*i*heaviside(-v)*exp(v*(w^2)^(1/2))
              +(pi*i*exp(v*(w^2)^(1/2))*dirac(v))/(w^2)^(1/2)
                  -(pi*i*dirac(v))/(exp(v*(w^2)^(1/2))*(w^2)^(1/2)))/(2*pi).
```

【例 9.4.3】 求函数 $f(t)=\sin(kt)+t^3$ 的拉普拉斯变换．

解　输入 MATLAB 语句如下：

```
syms t s f k
f=sin(k*t)+t^3;
L=laplace(f,s)
```

输出结果

```
L=
k/(k^2+s^2)+6/s^4.
```

【例 9.4.4】 求函数 $F(u)=\frac{u}{u^2+a^2}$的拉普拉斯逆变换．

解 输入 MATLAB 语句如下：

```
syms u a f
F=u/(u^2+a^2);
f=ilaplace(F)
```

输出结果

```
f=
cos(t*(a^2)^(1/2)).
```

【例 9.4.5】 求正弦序列 $f_1(n)=\sin(w_0 n)$ 和余弦序列 $f_2(n)=\cos(w_0 n)$ 的 Z 变换．

解 输入 MATLAB 语句如下：

```
syms n z w0
f1=sin(w0*n);f2=cos(w0*n);
Z1=ztrans(f1)
Z2=ztrans(f2)
```

输出结果

```
Z1=
(z*sin(w0))/(z^2-2*cos(w0)*z+1)
Z2=
(z*(z-cos(w0)))/(z^2-2*cos(w0)*z+1).
```

【例 9.4.6】 求 $F(z)=\frac{5z}{7z-3z^2-2}$的 Z 逆变换．

解 输入 MATLAB 语句如下：

```
clear
syms n z
F=5*z/(7*z-3*z^2-2);
f=iztrans(F)
```

输出结果

```
f=
(1/3)^n-2^n.
```

9.4.3 积分变换仿真在电路动态分析中的应用

电路的工作状态有稳态和动态之分，如果在某一时刻，电路的激励发生变化，或者电路拓扑发生变化，或者电路的参数发生突变，则电路将从一个稳态过渡到另一个稳态，其中经过一个过渡过程称为动态过程．动态电路发生的过渡过程时间短暂，但在工程技术中意义重大，过渡过程有可能产生过电压和过电流现象，其数值要比正常的额定值大得多，可导致元件击穿、绝缘老化、机械损坏，必须采取措施加以防范．因此，在研究动态电路时，能获得变化电压或电流的猝变曲线，对于防范可能产生过电压和过电流非常重要．

分析动态过程的方法有时域分析的经典法和复频域分析的积分变换法，前者要处理微分方程，在处理积分常数时很烦琐，而积分变换正是使线性微分方程的求解转化为代数方程求解的有力工具．由于拉普拉斯变换能把初始条件自动包含在变换式中，并可同时给出方程的齐次解和特解，而且电路分析的激励函数大多满足拉普拉斯变换的条件，所以拉氏变换是分析动态电路的有效方法．其基本过程是把电路中的每个元件用它的复频域模型代替，电压和电流用拉氏变换像函数表示，就能得到电路的复频域模型，又称 S 域模型；由此模型可方便地建立 S 域的电路代数方程，并解出 S 域的响应量结果；最后经拉氏逆变换可得出响应量的时域函数．这里拉氏逆变换的处理工作量较大，而用 MATLAB 中的仿真和可视化功能，不仅能得出时域函数，还能得到响应量的波形图．

本目提供了相关例子．对于涉及猝变的其他物理现象，也有一定参考作用．

1. 直流激励电路的动态分析

如图 9.4.1 所示直流激励电路，开关闭合前电路处于稳态，在 $t=0$ 时开关闭合，现欲求 $t\geqslant 0$ 时，电感中的电流．

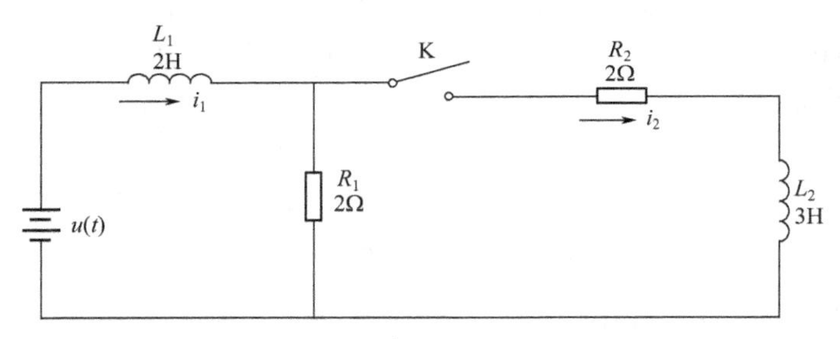

图 9.4.1

根据 KVL 可列出 S 域的网孔方程

$$(2s+2)I_1(s)-2I_2(s)=\frac{1}{s}+1,-2I_1(s)+(3s+4)I_2(s)=0,$$

解得

$$I_2(s)=\frac{s+1}{3s\left(s+\frac{1}{3}\right)(s+2)}.$$

在 MATLAB 中编入如下程序：

```
syms I2 i2 t s
I2=(s+1)/(3*s*(s+1/3)*(s+2));
t=linspace(0,5*pi);
ilaplace(I2)
i2=0.5-0.4*exp(-t/3)-0.1*exp(-2*t);
```

```
plot(t,i2)
```

可得电感中电流的表达式为：

i2＝0.5－0.4 * exp(－t/3)－0.1 * exp(－2 * t)，曲线如图 9.4.2 所示．

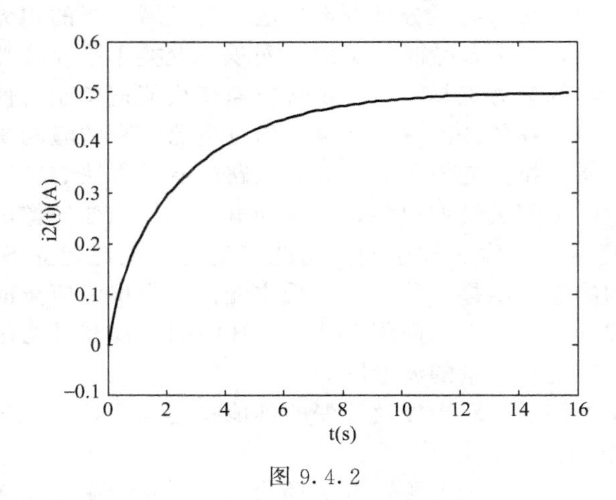

图 9.4.2

2. 交流激励的动态电路分析

如图 9.4.3 所示交流激励电路，$R=6\Omega$，$L=1\text{H}$，$C=0.04\text{F}$，$u_{\text{s}}(t)=12\sin 5t\,\text{V}$，$i(0_{-})=5\text{A}$，$u_{\text{c}}(0_{-})=1\text{V}$，求电流的零输入响应．

由 S 域模型可得：

$$I(s)=\frac{Li(0_{-})-\frac{1}{s}u_{\text{c}}(0_{-})}{R+sL+\frac{1}{sC}}=\frac{5-\frac{1}{s}}{6+s+\frac{25}{s}}=\frac{5s-1}{(s+3)^{2}+16}$$

在 MATLAB 中编入如下程序：

```
syms I i t s
I=(5 * s-1)/((s+3)^2+16);
ilaplace(I)
i=5. * exp(-3 * t)-4. * exp(-3 * t) * sin(4 * t);
fplot('5 * exp(-3 * t) * cos(4 * t)-4 * exp(-3 * t) * sin(4 * t)',[0, 0.5 * pi])
xlabel('t(s)')
ylabel('i(t)(A)')
```

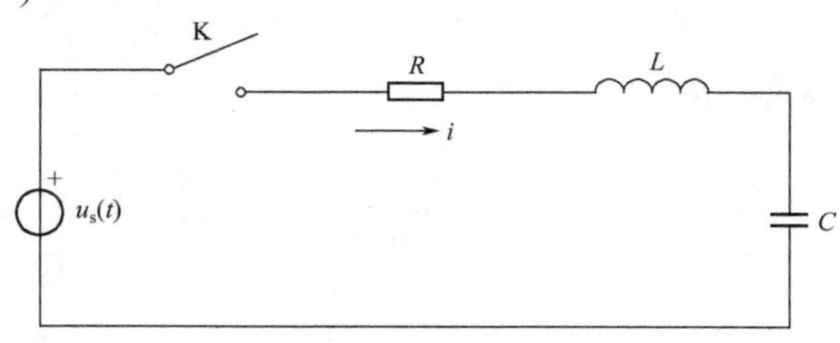

图 9.4.3

可方便得到电流零输入响应的表达式为

i=5 * exp(-3 * t) * cos(4 * t)-4 * exp(-3 * t) * sin(4 * t).

变化曲线如图 9.4.4 所示.

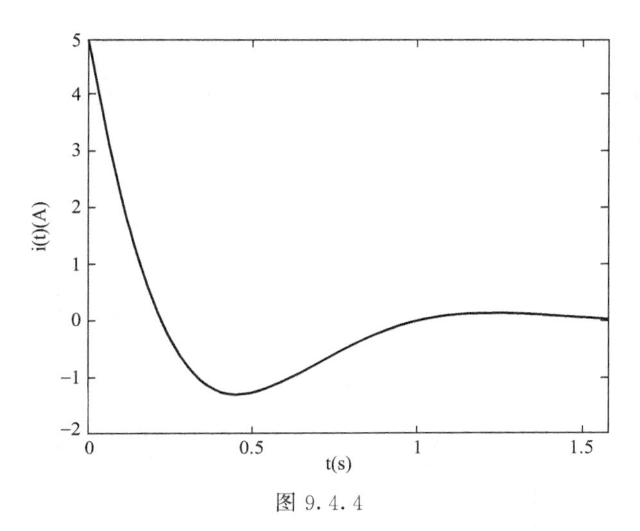

图 9.4.4

又如图 9.4.5 所示交流激励电路，已知 $u_1(0_-)=10\text{V}$，$u_2(0_-)=25\text{V}$，电源电压 $u_s(t)=50\cos 2t\,\text{V}$，$t=0$ 时开关闭合，求电压 $u_2(t)$.

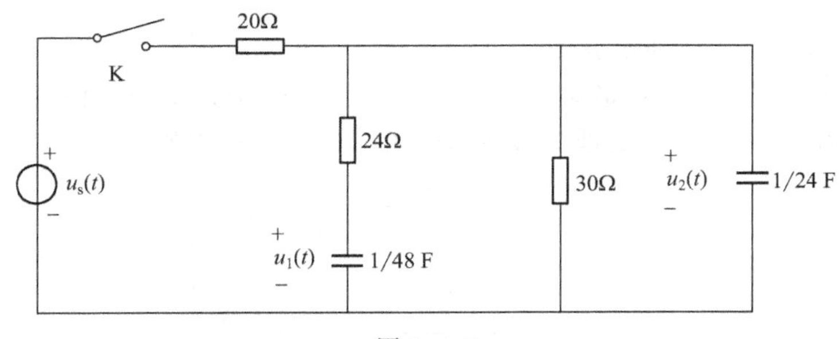

图 9.4.5

根据 KCL 可列出 S 域的节点方程：

$$(s+2)U_1(s)-2U_2(s)=10,-U_1(s)+(s+3)U_2(s)=\frac{60s}{s^2+4}+25,$$

解得

$$U_2(s)=\frac{23/3}{s+1}+\frac{16/3}{s+4}+\frac{12s+24}{s^2+4}.$$

在 MATLAB 中编入如下程序：

```
syms U2 u2 t s
U2=23/(3*(s+1))+16/(3*(s+4))+(12*s+24)/(s^2+4);
t=linspace(0,2*pi);
ilaplace(U2)
```

```
u2=12. * cos(2 * t)+23./3 * exp(-t)+16./3 * exp(-4 * t)+12. * sin(2 * t);
plot(t,u2);
xlabel('t(s)');
ylabel('u2(t)(V)');
```

可得电压

u2(t)=12 * cos(2 * t)+23/3 * exp(-t)+16/3 * exp(-4 * t)+12 * sin(2 * t);

电压的变化曲线如图 9.4.6 所示.

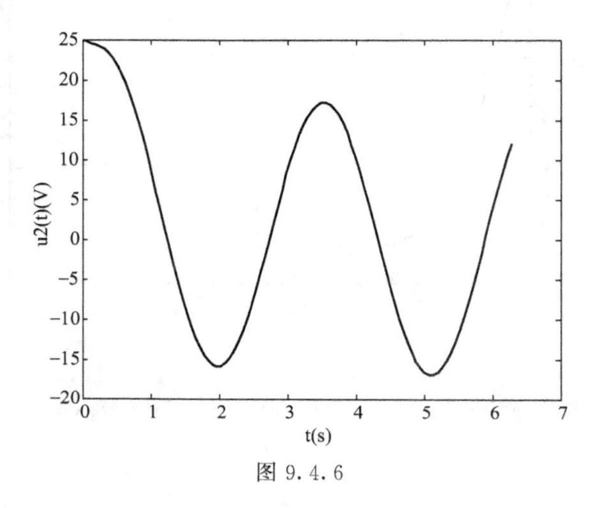

图 9.4.6

3. 含受控源电路的动态分析

如图 9.4.7 所示含受控源电路，电容的初始电压为 0，$t=0$ 时开关闭合，求流过负载的电流 i. 由戴维南定理可得 S 域的负载电流表达式为：

$$I(s)=\frac{125(0.8+s)}{s(s^2+6s+7)}.$$

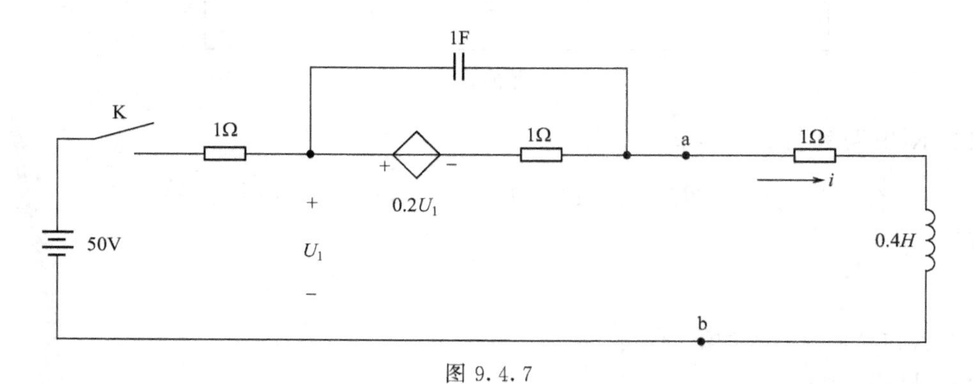

图 9.4.7

在 MATLAB 中编入如下程序：

```
syms I i t s;I=((125 * (0.8+s))/(s * (s^2+6 * s+7)));
t=linspace(0,pi);
```

```
i=ilaplace(I)
i=100/7-100/7 * exp(-3 * t). * cosh(2^(1/2) * t)+575/14 * exp
(-3 * t). * 2^(1/2). * sinh(2^(1/2) * t)
plot(t,i)
xlabel('t(s)');
ylabel('i(t)(A)');
```

电流的变化曲线如图 9.4.8 所示.

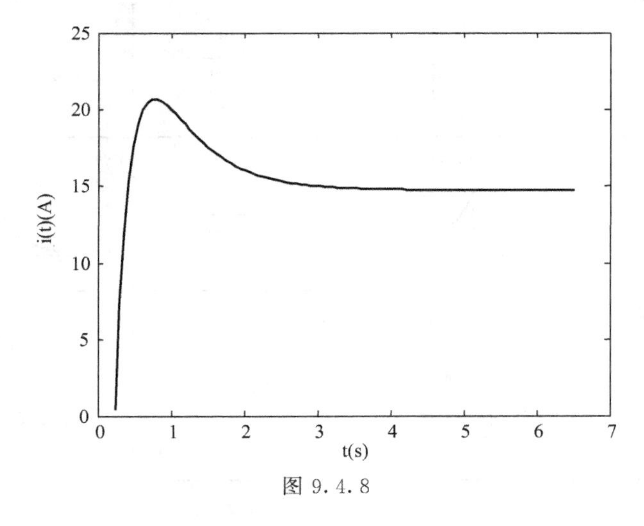

图 9.4.8

附录Ⅰ　傅里叶变换简表

序号	$f(t)$		$F(\omega)$	
	函数	图像	函数	图像
1	矩形单脉冲 $f(t)=\begin{cases}E, \|t\|\leqslant\dfrac{\tau}{2},\\ 0, 其他\end{cases}$	$f(t)$, E, $-\frac{\tau}{2}$, O, $\frac{\tau}{2}$, t	$2E\dfrac{\sin\frac{\omega\tau}{2}}{\omega}$	$\|F(\omega)\|$, $E\tau$, O, $\frac{2\pi}{\tau}$, ω
2	指数衰减函数 $f(t)=\begin{cases}0, t<0,\\ e^{-\beta t}, t\geqslant 0\end{cases}$ $(\beta>0)$	$f(t)$, 1, O, t	$\dfrac{1}{\beta+j\omega}$	$\|F(\omega)\|$, $\frac{1}{\beta}$, O, ω
3	三角形脉冲 $f(t)=$ $\begin{cases}\dfrac{2A}{\tau}\left(\dfrac{\tau}{2}+t\right), -\dfrac{\tau}{2}\leqslant t<0,\\ \dfrac{2A}{\tau}\left(\dfrac{\tau}{2}-t\right), 0\leqslant t<\dfrac{\tau}{2}\end{cases}$	$f(t)$, A, $-\frac{\tau}{2}$, O, $\frac{\tau}{2}$, t	$\dfrac{2A}{\tau\omega^2}\left(1-\cos\dfrac{\omega\tau}{2}\right)$	$\|F(\omega)\|$, $\frac{\tau A}{2}$, O, $\frac{4\pi}{\tau}$, ω
4	钟形脉冲 $f(t)=Ae^{-\beta t^2}\ (\beta>0)$	$f(t)$, A, O, t	$\sqrt{\dfrac{\pi}{\beta}}Ae^{-\frac{\omega^2}{4\beta}}$	$F(\omega)$, $A\sqrt{\frac{\pi}{B}}$, O, ω
5	傅里叶函数 $f(t)=\dfrac{\sin\omega_0 t}{\pi t}$	$f(t)$, $\frac{\omega_0}{\pi}$, O, $\frac{\pi}{\omega_0}$, t	$F(\omega)=$ $\begin{cases}1, \|\omega\leqslant\omega_0\|,\\ 0, 其他\end{cases}$	$F(\omega)$, 1, $-\omega_0$, O, ω_0, ω
6	高斯分布函数 $f(t)=\dfrac{2}{\sqrt{2\pi}\sigma}e^{-\frac{t^2}{2\sigma^2}}$	$f(t)$, A, $\frac{1}{\sqrt{2\pi}\sigma}$, O, t	$e^{-\frac{\sigma^2\omega^2}{2}}$	$\|F(\omega)\|$, 1, O, ω
7	矩形射频脉冲 $f(t)=$ $\begin{cases}E\cos\omega_0 t, \|t\|\leqslant\dfrac{\tau}{2},\\ 0, 其他\end{cases}$	$f(t)$, E, $-\frac{\tau}{2}$, O, $\frac{\tau}{2}$, t	$\dfrac{E\tau}{2}\left[\dfrac{\sin(\omega-\omega_0)\frac{\tau}{2}}{(\omega-\omega_0)\frac{\tau}{2}}+\dfrac{\sin(\omega+\omega_0)\frac{\tau}{2}}{(\omega+\omega_0)\frac{\tau}{2}}\right]$	$\|F(\omega)\|$, $\frac{E\tau}{2}$, $-\omega_0$, O, ω_0, ω, $-\omega_0-\frac{\omega_0}{n}$, $-\omega_0+\frac{\omega_0}{n}$, $\omega_0-\frac{\omega_0}{n}$, $\omega_0+\frac{\omega_0}{n}$

续表

序号	$f(t)$ 函数	$f(t)$ 图像	$F(\omega)$ 函数	$F(\omega)$ 图像
8	单位脉冲函数 $f(t)=\delta(t)$	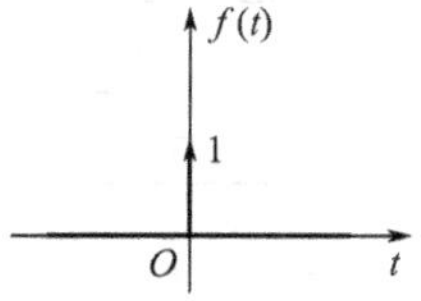	1	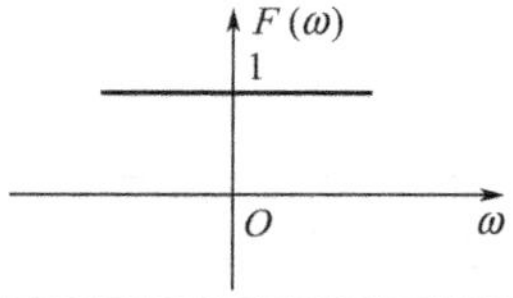
9	周期性脉冲函数 $f(t)=\sum\limits_{n=-\infty}^{+\infty}\delta(t-nT)$	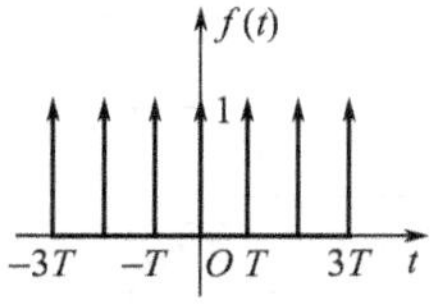	$\frac{2\pi}{T}\sum\limits_{n=-\infty}^{+\infty}\delta\left(\omega-\frac{2n\pi}{T}\right)$	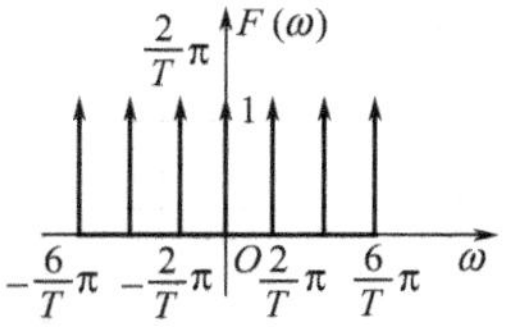
10	$f(t)=\cos\omega_0 t$	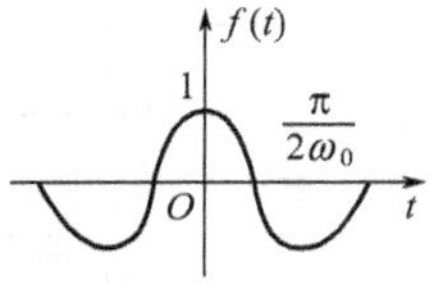	$\pi[\delta(\omega+\omega_0)+\delta(\omega-\omega_0)]$	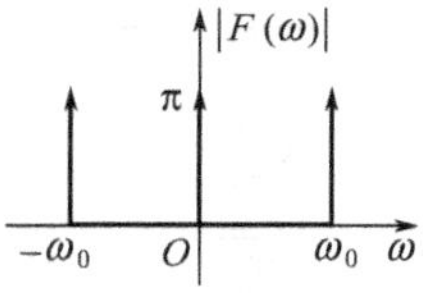
11	$f(t)=\sin\omega_0 t$	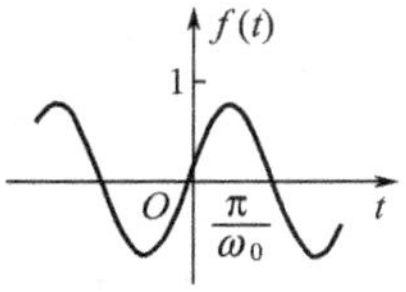	$j\pi[\delta(\omega+\omega_0)-\delta(\omega-\omega_0)]$	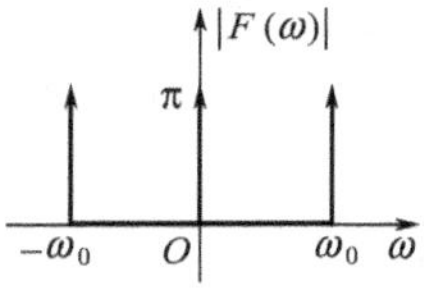
12	单位函数 $f(t)=u(t)$	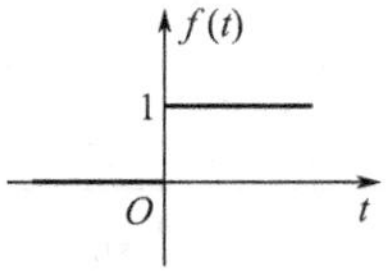	$\frac{1}{j\omega}+\pi\delta(\omega)$	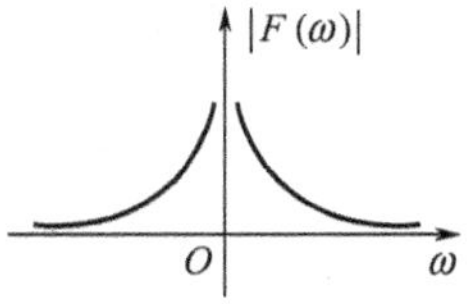
13	$u(t-c)$		$\frac{1}{j\omega}e^{-j\omega c}+\pi\delta(\omega)$	
14	$u(t)\cdot\sin\alpha t$		$\frac{\alpha}{\alpha^2-\omega^2}+\frac{\pi}{2j}[\delta(\omega-\alpha)-\delta(\omega+\alpha)]$	
15	$u(t)\cdot\cos\alpha t$		$\frac{j\omega}{\alpha^2-\omega^2}+\frac{\pi}{2}[\delta(\omega-\alpha)+\delta(\omega+\alpha)]$	
16	$u(t)e^{j\alpha t}\cos\alpha t$		$\frac{1}{j(\omega-\alpha)}+\pi\delta(\omega-\alpha)$	
17	$u(t)\cdot t$		$-\frac{1}{\omega^2}+\pi j\delta'(\omega)$	
18	$u(t)\cdot t^n$		$\frac{n!}{(j\omega)^{n+1}}+\pi j^n\delta^{(n)}(\omega)$	
19	$u(t-c)e^{j\alpha t}$		$\frac{1}{j(\omega-\alpha)}e^{-j(\omega-\alpha)c}+\pi\delta(\omega-\alpha)$	
20	$u(t)e^{j\alpha t}t^n$		$\frac{n!}{[j(\omega-\alpha)]^{n+1}}+\pi j^n\delta^{(n)}(\omega-\alpha)$	
21	$e^{\alpha\|t\|}$, $\mathrm{Re}(\alpha)<0$		$\frac{-2\alpha}{\omega^2+\alpha^2}$	

续表

序号	$f(t)$	$F(\omega)$
22	$\delta(t-c)$	$e^{-j\omega c}$
23	$\delta'(t)$	$j\omega$
24	$\delta^{(n)}(t)$	$(j\omega)^n$
25	$\delta^{(n)}(t-c)$	$(j\omega)^n e^{-j\omega c}$
26	1	$2\pi\delta(\omega)$
27	t	$2\pi j\delta'(\omega)$
28	t^n	$2\pi(j)^n\delta^{(n)}(\omega)$
29	$e^{j\alpha t}$	$2\pi\delta(\omega-\alpha)$
30	$t^n e^{j\alpha t}$	$2\pi(j)^n\delta^{(n)}(\omega-\alpha)$
31	$\dfrac{1}{\alpha^2+t^2}$,$\mathrm{Re}(\alpha)<0$	$-\dfrac{\pi}{\alpha}e^{\alpha\|\omega\|}$
32	$\dfrac{t}{(\alpha^2+t^2)^2}$	$\dfrac{j\omega\pi}{2\alpha}e^{\alpha\|\omega\|}$
33	$\dfrac{e^{jbt}}{\alpha^2+t^2}$,$\mathrm{Re}(\alpha)<0$,$b$ 为实数	$-\dfrac{\pi}{\alpha}e^{\alpha\|\omega-b\|}$
34	$\dfrac{\cos bt}{\alpha^2+t^2}$,$\mathrm{Re}(\alpha)<0$,$b$ 为实数	$-\dfrac{\pi}{2\alpha}[e^{\alpha\|\omega-b\|}+e^{\alpha\|\omega+b\|}]$
35	$\dfrac{\sin bt}{\alpha^2+t^2}$,$\mathrm{Re}(\alpha)<0$,$b$ 为实数	$-\dfrac{\pi}{2\alpha j}[e^{\alpha\|\omega-b\|}-e^{\alpha\|\omega+b\|}]$
36	$\dfrac{\sin\alpha t}{\mathrm{sh}\pi t}$,$-\pi<\alpha<\pi$	$\dfrac{\sin\alpha}{\cosh\omega+\cos\alpha}$
37	$\dfrac{\sin\alpha t}{\mathrm{ch}\pi t}$,$-\pi<\alpha<\pi$	$-2j\cdot\dfrac{\sin\dfrac{\alpha}{2}\mathrm{sh}\dfrac{\omega}{2}}{\mathrm{ch}\omega+\cos\alpha}$
38	$\dfrac{\mathrm{ch}\alpha t}{\mathrm{ch}\pi t}$,$-\pi<\alpha<\pi$	$2\cdot\dfrac{\cos\dfrac{\alpha}{2}\mathrm{ch}\dfrac{\omega}{2}}{\mathrm{ch}\omega+\cos\alpha}$
39	$\dfrac{1}{\mathrm{ch}\alpha t}$	$\dfrac{\pi}{\alpha}\dfrac{1}{\mathrm{ch}\dfrac{\pi\omega}{2\alpha}}$
40	$\sin\alpha t^2$	$\sqrt{\dfrac{\pi}{\alpha}}\cos\left(\dfrac{\omega^2}{4\alpha}+\dfrac{\pi}{4}\right)$
41	$\cos\alpha t^2$	$\sqrt{\dfrac{\pi}{\alpha}}\cos\left(\dfrac{\omega^2}{4\alpha}-\dfrac{\pi}{4}\right)$
42	$\dfrac{\sin\alpha t}{t}$	$\begin{cases}\pi, & \|\omega\|\leqslant\alpha,\\ 0, & \|\omega\|>\alpha\end{cases}$
43	$\dfrac{\sin^2\alpha t}{t^2}$	$\begin{cases}\pi\left(\alpha-\dfrac{\|\omega\|}{2}\right), & \|\omega\|\leqslant 2\alpha,\\ 0, & \|\omega\|>2\alpha\end{cases}$
44	$\dfrac{\sin\alpha t}{\sqrt{\|t\|}}$	$j\sqrt{\dfrac{\pi}{2}}\left(\dfrac{1}{\sqrt{\|\omega+\alpha\|}}-\dfrac{1}{\sqrt{\|\omega-\alpha\|}}\right)$

续表

序号	$f(t)$	$F(\omega)$
45	$\dfrac{\cos\alpha t}{\sqrt{\lvert t\rvert}}$	$\sqrt{\dfrac{\pi}{2}}\left(\dfrac{1}{\sqrt{\lvert\omega+\alpha\rvert}}+\dfrac{1}{\sqrt{\lvert\omega-\alpha\rvert}}\right)$
46	$\dfrac{1}{\sqrt{\lvert t\rvert}}$	$\sqrt{\dfrac{2\pi}{\lvert\omega\rvert}}$
47	$\mathrm{sgn}t$	$\dfrac{2}{\mathrm{j}\omega}$
48	$\mathrm{e}^{-\alpha t^2},\mathrm{Re}(\alpha)>0$	$\sqrt{\dfrac{\pi}{\alpha}}\mathrm{e}^{-\frac{\omega^2}{4\alpha}}$
49	$\lvert t\rvert$	$-\dfrac{2}{\omega^2}$
50	$\dfrac{1}{\lvert t\rvert}$	$\dfrac{\sqrt{2\pi}}{\lvert\omega\rvert}$

附录Ⅱ　拉普拉斯变换简表

序号	$f(t)$	$F(s)$
1	1	$\frac{1}{s}$
2	e^{at}	$\frac{1}{s-a}$
3	$t^m(m>-1)$	$\frac{\Gamma(m+1)}{s^{m+1}}$
4	$t^m e^{at}(m>-1)$	$\frac{\Gamma(m+1)}{(s-a)^{m+1}}$
5	$\sin at$	$\frac{a}{s^2+a^2}$
6	$\cos at$	$\frac{s}{s^2+a^2}$
7	$\mathrm{sh}at$	$\frac{a}{s^2-a^2}$
8	$\mathrm{ch}at$	$\frac{s}{s^2-a^2}$
9	$t\sin at$	$\frac{2as}{(s^2+a^2)^2}$
10	$t\cos at$	$\frac{s^2-a^2}{(s^2+a^2)^2}$
11	$t\,\mathrm{sh}at$	$\frac{2as}{(s^2-a^2)^2}$
12	$t\,\mathrm{ch}at$	$\frac{s^2+a^2}{(s^2-a^2)^2}$
13	$t^m\sin at(m>-1)$	$\frac{\Gamma(m+1)}{2\mathrm{j}(s^2+a^2)^{m+1}}\cdot[(s+\mathrm{j}a)^{m+1}-(s-\mathrm{j}a)^{m+1}]$
14	$t^m\cos at(m>-1)$	$\frac{\Gamma(m+1)}{2(s^2+a^2)^{m+1}}\cdot[(s+\mathrm{j}a)^{m+1}+(s-\mathrm{j}a)^{m+1}]$
15	$e^{-bt}\sin at$	$\frac{a}{(s+b)^2+a^2}$
16	$e^{-bt}\cos at$	$\frac{s+b}{(s+b)^2+a^2}$
17	$e^{-bt}\cos(at+c)$	$\frac{(s+b)\sin c+a\cos c}{(s+b)^2+a^2}$
18	$\sin^2 t$	$\frac{1}{2}\left(\frac{1}{s}-\frac{s}{s^2+4}\right)$
19	$\cos^2 t$	$\frac{1}{2}\left(\frac{1}{s}+\frac{s}{s^2+4}\right)$
20	$\sin at\sin bt$	$\frac{2abs}{[s^2+(a+b)^2][s^2+(a-b)^2]}$
21	$e^{at}-e^{bt}$	$\frac{a-b}{(s-a)(s-b)}$

续表

序号	$f(t)$	$F(s)$
22	$a\mathrm{e}^{at}-b\mathrm{e}^{bt}$	$\dfrac{(a-b)s}{(s-a)(s-b)}$
23	$\dfrac{1}{a}\sin at-\dfrac{1}{b}\sin bt$	$\dfrac{b^2-a^2}{(s^2+a^2)(s^2+b^2)}$
24	$\cos at-\cos bt$	$\dfrac{(b^2-a^2)s}{(s^2+a^2)(s^2+b^2)}$
25	$\dfrac{1}{a^2}(1-\cos at)$	$\dfrac{1}{s(s^2+a^2)}$
26	$\dfrac{1}{a^3}(at-\sin at)$	$\dfrac{1}{s^2(s^2+a^2)}$
27	$\dfrac{1}{a^4}(\cos at-1)+\dfrac{1}{2a^2}t^2$	$\dfrac{1}{s^3(s^2+a^2)}$
28	$\dfrac{1}{a^4}(\mathrm{ch}at-1)-\dfrac{1}{2a^2}t^2$	$\dfrac{1}{s^3(s^2-a^2)}$
29	$\dfrac{1}{2a^3}(\sin at-at\cos at)$	$\dfrac{1}{(s^2+a^2)^2}$
30	$\dfrac{1}{2a}(\sin at+at\cos at)$	$\dfrac{s^2}{(s^2+a^2)^2}$
31	$\dfrac{1}{a^4}(1-\cos at)-\dfrac{1}{2a^3}t\sin at$	$\dfrac{1}{s(s^2+a^2)^2}$
32	$(1-at)\mathrm{e}^{-at}$	$\dfrac{s}{(s+a)^2}$
33	$t(1-\dfrac{a}{2}t)\mathrm{e}^{-at}$	$\dfrac{s}{(s+a)^3}$
34	$\dfrac{1}{a}(1-\mathrm{e}^{-at})$	$\dfrac{1}{s(s+a)}$
35(1)	$\dfrac{1}{ab}+\dfrac{1}{b-a}\left(\dfrac{\mathrm{e}^{-bt}}{b}-\dfrac{\mathrm{e}^{-at}}{a}\right)$	$\dfrac{1}{s(s+a)(s+b)}$
36(1)	$\dfrac{\mathrm{e}^{-at}}{(b-a)(c-a)}+\dfrac{\mathrm{e}^{-bt}}{(a-b)(c-b)}+\dfrac{\mathrm{e}^{-ct}}{(a-c)(b-c)}$	$\dfrac{1}{(s+a)(s+b)(s+c)}$
37(1)	$\dfrac{a\mathrm{e}^{-at}}{(c-a)(a-b)}+b\dfrac{\mathrm{e}^{-bt}}{(a-b)(b-c)}+\dfrac{c\mathrm{e}^{-ct}}{(b-c)(c-a)}$	$\dfrac{s}{(s+a)(s+b)(s+c)}$
38(1)	$\dfrac{a^2\mathrm{e}^{-at}}{(b-a)(c-a)}+\dfrac{b^2\mathrm{e}^{-bt}}{(a-b)(c-b)}+\dfrac{c^2\mathrm{e}^{-ct}}{(a-c)(b-c)}$	$\dfrac{s^2}{(s+a)(s+b)(s+c)}$
39(1)	$\dfrac{\mathrm{e}^{-at}-\mathrm{e}^{-bt}[1-(a-b)t]}{(a-b)^2}$	$\dfrac{1}{(s+a)(s+b)^2}$
40(1)	$\dfrac{[a-b(a-b)t]\mathrm{e}^{-bt}-a\mathrm{e}^{-at}}{(a-b)^2}$	$\dfrac{s}{(s+a)(s+b)^2}$
41	$\mathrm{e}^{-at}-\mathrm{e}^{\frac{at}{2}}\left(\cos\dfrac{\sqrt{3}at}{2}-\sqrt{3}\sin\dfrac{\sqrt{3}at}{2}\right)$	$\dfrac{3a^2}{s^3+a^3}$
42	$\sin at\,\mathrm{ch}at-\cos at\,\mathrm{sh}at$	$\dfrac{4a^3}{s^4+4a^4}$
43	$\dfrac{1}{2a^2}\sin at\,\mathrm{sh}at$	$\dfrac{s}{s^4+4a^4}$
44	$\dfrac{1}{2a^3}(\mathrm{sh}at-\sin at)$	$\dfrac{1}{s^4-a^4}$

续表

序号	$f(t)$	$F(s)$
45	$\frac{1}{2a^2}(\operatorname{ch}at-\cos at)$	$\frac{s}{s^4-a^4}$
46	$\frac{1}{\sqrt{\pi t}}$	$\frac{1}{\sqrt{s}}$
47	$2\sqrt{\frac{t}{\pi}}$	$\frac{1}{s\sqrt{s}}$
48	$\frac{1}{\sqrt{\pi t}}e^{at}(1+2at)$	$\frac{s}{(s-a)\sqrt{s-a}}$
49	$\frac{1}{2\sqrt{\pi t^3}}(e^{bt}-e^{at})$	$\sqrt{s-a}-\sqrt{s-b}$
50	$\frac{1}{\sqrt{\pi t}}\cos 2\sqrt{at}$	$\frac{1}{\sqrt{s}}e^{-\frac{a}{s}}$
51	$\frac{1}{\sqrt{\pi t}}\operatorname{ch}2\sqrt{at}$	$\frac{1}{\sqrt{s}}e^{\frac{a}{s}}$
52	$\frac{1}{\sqrt{\pi t}}\sin 2\sqrt{at}$	$\frac{1}{s\sqrt{s}}e^{-\frac{a}{s}}$
53	$\frac{1}{\sqrt{\pi t}}\operatorname{sh}2\sqrt{at}$	$\frac{1}{s\sqrt{s}}e^{\frac{a}{s}}$
54	$\frac{1}{t}(e^{bt}-e^{at})$	$\ln\frac{s-a}{s-b}$
55	$\frac{2}{t}\operatorname{sh}at$	$\ln\frac{s+a}{s-a}=2\operatorname{arth}\frac{a}{s}$
56	$\frac{2}{t}(1-\cos at)$	$\ln\frac{s^2+a^2}{s^2}$
57	$\frac{2}{t}(1-\operatorname{ch}at)$	$\ln\frac{s^2-a^2}{s^2}$
58	$\frac{1}{t}\sin at$	$\arctan\frac{a}{s}$
59	$\frac{1}{t}(\operatorname{ch}at-\cos bt)$	$\ln\sqrt{\frac{s^2+b^2}{s^2-a^2}}$
60(2)	$\frac{1}{\pi t}\sin 2a\sqrt{t}$	$\operatorname{erf}\left(\frac{a}{\sqrt{s}}\right)$
61(2)	$\frac{1}{\sqrt{\pi t}}e^{-2a\sqrt{t}}$	$\frac{1}{\sqrt{s}}e^{\frac{a^2}{s}}\operatorname{erfc}\left(\frac{a}{\sqrt{s}}\right)$
62	$\operatorname{erfc}\left(\frac{a}{2\sqrt{t}}\right)$	$\frac{1}{s}e^{-a\sqrt{s}}$
63	$\operatorname{erf}\left(\frac{t}{2a}\right)$	$\frac{1}{s}e^{a^2s^2}\operatorname{erfc}(as)$
64	$\frac{1}{\sqrt{\pi t}}e^{-2\sqrt{at}}$	$\frac{1}{\sqrt{s}}e^{\frac{a}{s}}\operatorname{erfc}\left(\sqrt{\frac{a}{s}}\right)$
65	$\frac{1}{\sqrt{\pi(t+a)}}$	$\frac{1}{\sqrt{s}}e^{as}\operatorname{erfc}(\sqrt{as})$
66	$\frac{1}{\sqrt{a}}\operatorname{erf}(\sqrt{at})$	$\frac{1}{s\sqrt{s+a}}$
67	$\frac{1}{\sqrt{a}}e^{at}\operatorname{erf}(\sqrt{at})$	$\frac{1}{\sqrt{s}(s-a)}$

续表

序号	$f(t)$	$F(s)$
68	$u(t)$	$\frac{1}{s}$
69	$tu(t)$	$\frac{1}{s^2}$
70	$t^m u(t)$ $(m>-1)$	$\frac{\Gamma(m+1)}{s^{m+1}}$
71	$\delta(t)$	1
72	$\delta^{(n)}(t)$	s^n
73	$\mathrm{sgn}t$	$\frac{1}{s}$
74[3]	$J_0(at)$	$\frac{1}{\sqrt{s^2+a^2}}$
75[3]	$I_0(at)$	$\frac{1}{\sqrt{s^2-a^2}}$
76	$J_0(2\sqrt{at})$	$\frac{1}{s}e^{-\frac{a}{s}}$
77	$e^{-bt}I_0(at)$	$\frac{1}{\sqrt{(s+b)^2-a^2}}$
78	$tJ_0(at)$	$\frac{s}{(s^2+a^2)^{\frac{3}{2}}}$
79	$tI_0(at)$	$\frac{s}{(s^2-a^2)^{\frac{3}{2}}}$
80	$J_0[a\sqrt{t(t+2b)}]$	$\frac{1}{\sqrt{s^2+a^2}}e^{b(s-\sqrt{s^2+a^2})}$

注：1. 式中 a，b，c 为不相等的常数．

2. $\mathrm{erf}(x)=\frac{2}{\sqrt{\pi}}\int_0^x e^{-t^2}\mathrm{d}t$，称为误差函数，$\mathrm{erfc}(x)=1-\mathrm{erf}(x)=\frac{2}{\sqrt{\pi}}\int_x^{+\infty}e^{-t^2}\mathrm{d}t$，称为余误差函数．

3. $I_n(x)=\mathrm{j}^{-n}J_n(\mathrm{j}x)$，$J_n$ 称为第一类 n 阶贝塞尔函数，I_n 称为第一类 n 阶变形的贝塞尔函数，或称为虚宗量的贝塞尔函数.

部分习题参考答案

习题 1

1. 17i.

2. $\text{Re}(w)=\dfrac{x^2+y^2-1}{(x+1)^2+y^2}$，$\text{Im}(w)=\dfrac{2y}{(x+1)^2+y^2}$.

3. （1）$5\left(\cos\dfrac{\pi}{2}+\text{i}\sin\dfrac{\pi}{2}\right)$，$5e^{\frac{\pi}{2}\text{i}}$；

（2）$2\left(\cos\dfrac{\pi}{3}+\text{i}\sin\dfrac{\pi}{3}\right)$，$2e^{\frac{\pi}{3}\text{i}}$；

（3）$2（\cos\pi+\text{i}\sin\pi）2e^{\pi\text{i}}$；

（4）$2\left[\cos\left(-\dfrac{\pi}{6}\right)+\text{i}\sin\left(-\dfrac{\pi}{6}\right)\right]$，$2e^{-\frac{\pi}{6}\text{i}}$；

（5）$\sqrt{29}\left[\cos\left(\pi+\arctan\dfrac{-5}{2}\right)+\text{i}\sin\left(\pi+\arctan\dfrac{-5}{2}\right)\right]$，$\sqrt{29}\,e^{\text{i}\left(\pi+\arctan\frac{-5}{2}\right)}$；

（6）$\sqrt{5}\left[\cos\left(\arctan\dfrac{1}{2}-\pi\right)+\text{i}\sin\left(\arctan\dfrac{1}{2}-\pi\right)\right]$，$\sqrt{5}\,e^{\text{i}\left(\arctan\frac{1}{2}-\pi\right)}$.

4. （1）$-6+6\sqrt{3}\text{i}$；　（2）$1-\text{i}$；　（3）$\dfrac{3}{8}+\dfrac{3\sqrt{3}}{8}\text{i}$；

（4）$\sqrt{2}\left(\cos\dfrac{\pi}{12}-\text{i}\sin\dfrac{\pi}{12}\right)$，$\sqrt{2}\left(\cos\dfrac{7\pi}{12}+\text{i}\sin\dfrac{7\pi}{12}\right)$，$\sqrt{2}\left(\cos\dfrac{5\pi}{4}+\text{i}\sin\dfrac{5\pi}{4}\right)$；

（5）$z^2=-\dfrac{1}{2}+\dfrac{\sqrt{3}}{2}\text{i}$，$z^3=1, z^4=-\dfrac{1}{2}-\dfrac{\sqrt{3}}{2}\text{i}$；

（6）$\cos 19\varphi+\text{i}\sin 19\varphi=e^{\text{i}19\varphi}$；

（7）$\dfrac{\sqrt{3}}{2}+\dfrac{1}{2}\text{i}$，i，$-\dfrac{\sqrt{3}}{2}+\dfrac{1}{2}\text{i}$，$-\dfrac{\sqrt{3}}{2}-\dfrac{1}{2}\text{i}$，$-\text{i}$，$\dfrac{\sqrt{3}}{2}-\dfrac{1}{2}\text{i}$；

（8）$\sqrt[5]{2}\,e^{\text{i}\left(2k\pi+\frac{5\pi}{6}\right)/5}$（$k=0$，1，2，3，4）.

5. 提示：利用棣莫弗公式易证出.

6. 提示：利用倍角公式 $\cos 2x=2\cos^2\dfrac{x}{2}-1$，$\sin 2x=2\sin x\cos x$.

7. 提示：证三角形三边相等，即 $|z_1-z_2|=|z_2-z_3|=|z_3-z_1|$.

8. $1+\sqrt{3}\text{i}$，-2，$1-\sqrt{3}\text{i}$；$C_1e^{-2x}+（C_2\cos\sqrt{3}x+C_3\sin\sqrt{3}x）e^x$.

9. （1）椭圆 $\dfrac{x^2}{9}+\dfrac{y^2}{5}=1$；　（2）双曲线 $\dfrac{x^2}{9/4}-\dfrac{y^2}{7/4}=1$ 的右半支；

（3）直线 $y=1$；　（4）射线 $y=x+1$（$x>0$）.

10. （1）以 -3 为中心，4 为半径的圆周：$(x+3)^2+y^2=16$；

(2) 以 $2+\mathrm{i}$ 为中心，3 为半径的圆周：$(x-2)^2+(y-1)^2=9$；

(3) 直线 $y=x$；

(4) 椭圆$\frac{x^2}{a^2}+\frac{y^2}{b^2}=1$；

(5) 双曲线 $xy=1$；

(6) 双曲线 $xy=1$ 在第一象限内的一支．

11. (1) 无界区域 $x\leqslant 2$，不是区域；

(2) 顶点为 $z_1=1$，$z_2=3$ 和 $z_3=3+2\mathrm{i}$ 的三角形内部，是有界区域；

(3) 以 5 为中心，以 6 为半径的圆周，既不是闭区域，又不是区域，是有界的平面点集；

(4) 以 1 为顶点，x 轴与直线 $y=x-1$ $(y>0)$ 所夹的角形域（包括两条边界直线在内），是无界的闭区域，而不是区域；

(5) 由圆周 $x^2+y^2=4$ 与 $x^2+y^2=9$ 所围成的环域（包括两圆周在内），是有界的闭区域，不是区域；

(6) 椭圆$\frac{x^2}{9}+\frac{y^2}{5}=1$ 的内部及其边界，是有界的闭区域，不是区域；

(7) 直线 $x=1/2$ 右边的平面区域（不包括直线 $x=1/2$ 在内），是无界区域；

(8) 以原点为中心，半径为 2 的圆外，且在第四象限的部分，是无界区域．

12. (1) 多连通域且为无界域； (2) 单连通域且为无界域；

(3) 多连通域且为有界域； (4) 单连通域且为有界域；

(5) 多连通域且为无界域.

14. (1) $17\mathrm{i}$；

(2) $\mathrm{Re}(w)=\frac{x^2+y^2-1}{(x+1)^2+y^2}$，$\mathrm{Im}(w)=\frac{2y}{(x+1)^2+y^2}$；

(3) 中心在点 $z=-\mathrm{i}$，半径为 2 的圆周；

(4) $y=-3$ 的直线； (5) $2\left(\cos\frac{\pi}{3}+\mathrm{i}\sin\frac{\pi}{3}\right)$；

(6) $\sqrt[8]{2}\,\mathrm{e}^{\mathrm{i}\frac{\pi}{16}}$，$\sqrt[8]{2}\,\mathrm{e}^{\mathrm{i}\frac{9\pi}{16}}$，$\sqrt[8]{2}\,\mathrm{e}^{\mathrm{i}\frac{17\pi}{16}}$，$\sqrt[8]{2}\,\mathrm{e}^{\mathrm{i}\frac{25\pi}{16}}$； (7) 最大模和最小模；

(8) 多值； (9) 连续函数；

(10) $f(z_0)$.

15. (1) A；(2) C；(3) B；(4) C.

习题 2

1. $z=0$ 处可导．

2. (1) $2z$； (2) $-\frac{1}{z^2}$.

3. (1) 在直线 $x=-\frac{1}{2}$上可导，但在复平面上处处不解析．

(2) 在 $z=0$ 处可导，但在复平面上处处不解析．

(3) 在复平面上处处可导、处处解析．

(4) 在$\sqrt{2}x\pm\sqrt{3}y=0$ 上可导，但在复平面上处处不解析．

(5) 在复平面上处处可导、处处解析．

(6) 除 $z=\pm1$ 外处处可导、处处解析．

4. (1) 0，$\pm i$；(2) -2，±1.

5. (1) $f'(z)=6(z+3)^5$；　　(2) $f'(z)=\cos z+3i$；

(3) $f'(z)=\dfrac{-2z}{(z^2+1)^2}$　$(z\neq\pm i)$；　　(4) $f'(z)=\dfrac{-11}{(2z-3)^2}$　$\left(z\neq\dfrac{3}{2}\right)$.

6. (1) 错；(2) 错；(3) 错；(4) 错；(5) 错；(6) 错；

(7) 对，利用 C-R 条件，不妨以 $e^{\bar z}$ 为例，

$$f(z)=e^{\bar z}=e^{x-iy}=e^x\cos y-ie^x\sin y,$$
$$u(x,y)=e^x\cos y, v(x,y)=-e^x\sin y,$$
$$\frac{\partial u}{\partial x}=e^x\cos y,\quad \frac{\partial v}{\partial y}=-e^x\cos y,$$

故不满足 C-R 条件，所以 $e^{\bar z}$ 不解析；

(8) 错．

7. $u(x,y)=3x^2y-y^3+C, v(x,y)=3xy^2-x^3+C$.

8. (1) 由 C-R 条件，当 $u=C_1$ 常数，推得 $v=C_2$ 常数．故 $f(z)=C_1+iC_2$ 为复常数．

(2) 由 $u^2+v^2=C$（常数），两边求导再利用 C-R 条件，可证

$$u=C_1,\quad v=C_2,\qquad f(z)=C_1+iC_2.$$

(3) $f(z)=u(x,y)$ 为实数，$v(x,y)=0$. 由 C-R 条件知 $\dfrac{\partial u}{\partial x}=\dfrac{\partial u}{\partial y}=0$. 所以 $u(x,y)$ 与 x,y 无关，$u=C=f(z)$.

(4) 由 $f(z)$ 与 $\overline{f(z)}$ 都解析，由 C-R 条件推出

$\dfrac{\partial u}{\partial x}=\dfrac{\partial u}{\partial y}=\dfrac{\partial v}{\partial x}=\dfrac{\partial v}{\partial y}=0$，故 $f(z)=C_1+iC_2$.

(5) 由 $\arctan\dfrac{v}{u}=C$，即 $\dfrac{v}{u}=\tan C=k$，$v=ku$，利用 C-R 条件推出

$$\frac{\partial u}{\partial x}=\frac{\partial u}{\partial y}=\frac{\partial v}{\partial x}=\frac{\partial v}{\partial y}=0,\text{ 故 } f(z)=C_1+iC_2.$$

(6) $au+bv=c$，由 a，b，c 不全为零，说明 u，v 在 w 平面上是直线．即 $w=f(z)$，有 $\arg f(z)=$常数，转化为 (5).

9. $m=1$，$n=l=-3$.

12. (1) $z=k\pi+\dfrac{\pi}{2}$；(2) $(2k+1)\pi i$；(3) $k\pi-\dfrac{\pi}{4}$；(4) $\dfrac{2k\pi+\frac{\pi}{2}}{i+1}$ 或 $\dfrac{2k\pi+\frac{\pi}{2}}{i-1}$.

14. (1) $\left(2k-\dfrac{1}{2}\right)\pi i$，主值为 $-\dfrac{\pi}{2}i$；

（2）$\ln5-\mathrm{i}\arctan\dfrac{4}{3}+(2k+1)\pi\mathrm{i}$，主值为 $\ln5-\mathrm{i}\arctan\dfrac{4}{3}+\pi\mathrm{i}$.

15. $-\mathrm{ie}$；$\dfrac{\sqrt{2}}{2}\sqrt[4]{\mathrm{e}}(1+\mathrm{i})$；$\mathrm{e}^{-2k\pi}(\cos\ln3+\mathrm{i}\sin\ln3)$；

$\mathrm{e}^{-(2k+1/4)\pi}\left[\cos\left(\dfrac{\ln2}{2}\right)+\mathrm{i}\sin\left(\dfrac{\ln2}{2}\right)\right]$.

16. （1）$\cos(2\sqrt{2}k\pi)+\mathrm{i}\sin(2\sqrt{2}k\pi)$；

（2）$2^{\sqrt{2}}\{\cos[(2k+1)\sqrt{2}\pi]+\mathrm{i}\sin[(2k+1)\sqrt{2}\pi]\}$；

（3）$\mathrm{e}^{2k\pi}$；

（4）$\mathrm{e}^{-(2k+1/2)\pi}$；

（5）$5\mathrm{e}^{\theta-2k\pi}[\cos(\ln5-\theta)+\mathrm{i}\sin(\ln5-\theta)]$（$\theta=\arctan\dfrac{4}{3}$）（$k=0,\ \pm1,\ \pm2,\ \cdots$）.

20. （1）$f'(z_0)$；（2）0；（3）0；（4）解析，$2\pi\mathrm{i}$；

（5）除去原点及负实轴，解析；（6）解析，2π；

（7）错误的；（8）在 D 内，u，v 可微且满足柯西黎曼方程；

（9）在 z_0 点，u，v 可微且满足柯西黎曼方程；（10）解析.

21. （1）C；（2）A；（3）B；（4）C；（5）C；（6）C；（7）A；（8）C；（9）C；（10）C.

习题 3

1. （1）$\dfrac{1}{3}(2+\mathrm{i})^3$；（2）$\dfrac{1}{3}(2+\mathrm{i})^3$；（3）$\dfrac{1}{3}(2+\mathrm{i})^3$.

2. $\dfrac{5}{6}-\dfrac{1}{6}\mathrm{i}$；$\dfrac{5}{6}+\dfrac{1}{6}\mathrm{i}$.

3. 不一定成立. 例如 $f(z)=z$，C：$|z|=1$ 时两者均不为零.

5. （1）$6\pi\mathrm{i}$；（2）$8\pi\mathrm{i}$.

6. （1）0；（2）0；（3）0；（4）$2\pi\mathrm{i}$；（5）0；

（6）$\pi\mathrm{i}$（根据柯西积分定理或柯西积分公式）.

7. （1）$2\pi\mathrm{e}^3\mathrm{i}$；（2）$-\dfrac{\pi\mathrm{i}}{a}$；（3）$\dfrac{\pi}{\mathrm{e}}$；（4）0；（5）0；（6）0；（7）0；（8）0；（9）$-2\pi\mathrm{i}$；（10）$\dfrac{\pi}{12}\mathrm{i}$.

8. （1）$4\pi\mathrm{i}$；（2）0；（3）0；（4）$2\pi\mathrm{i}$；（5）当 $|a|>1$ 时，0；当 $|a|<1$ 时，$\pi\mathrm{e}^a\mathrm{i}$.

12. （1）$(1-\mathrm{i})z^3+C\mathrm{i}$；（2）$\dfrac{1}{2}-\dfrac{1}{z}$；（3）$-\mathrm{i}(z-1)^2$；

（4）$\ln z+C$；（5）$\mathrm{i}(z^3+C)$；（6）$z\mathrm{e}^z+(1+\mathrm{i})z+C$.

13. （1） 0；（2） $2\pi i f(z_0)$；（3） $2\pi i$；（4） $2\pi i$.
14. （1） A；（2） B；（3） B；（4） B；（5） A；（6） A.

习题 4

1. （1） 发散；（2） 收敛 .
2. （1） 发散；（2） 发散 .
3. （1） 收敛；（2） 收敛 .
4. （1） 收敛，极限为 -1；（2） 收敛，极限为 0；（3） 发散；（4） 发散 .
5. （1） 发散；（2） 收敛，但非绝对收敛；（3） 绝对收敛 .
6. （1） 错；（2） 错；（3） 错；（4） 错；（5） 错；

（6） 错，因为级数在 $z=0$ 收敛，意味着 $R\geqslant 2$；而在 $z=-3$ 发散，意味着 $R\leqslant 1$，二者不能同时成立 .

（7） 错；（8） 错；（9） 错，幂级数不一定收敛于解析函数，因为幂级数可能发散 .

（10） 错；（11） 错，其错误的原因在于前式当 $|z|<1$ 时成立，而后式当 $|z|>1$ 时成立，二者没有公共的收敛域；

（12） 错；（13） 错；（14） 对 .

7. （1） $1-z^3+z^6-\cdots$，　$R=1$；

（2） $1-2z+3z^2-4z^3+\cdots$，$R=1$；

（3） $1-\dfrac{2z^2}{2!}+\dfrac{2^3z^4}{4!}-\dfrac{2^5z^6}{6!}+\cdots$，$R=+\infty$；

（4） $z+\dfrac{z^3}{3!}+\dfrac{z^5}{5!}+\cdots$，$R=+\infty$；

（5） $-\dfrac{1}{2}+\dfrac{1}{4}z-\dfrac{3}{8}z^2+\cdots$，$R=1$.

8. （1） $\sum\limits_{n=1}^{+\infty}(-1)^{n+1}\dfrac{(z-1)^n}{2^n}$，$R=2$；

（2） $\ln 3+\sum\limits_{n=1}^{+\infty}(-1)^{n+1}\dfrac{z^n}{n\cdot 3^n}$，$R=3$；

（3） $\sum\limits_{n=0}^{+\infty}(n+1)(z+1)^n$，$R=1$；

（4） $\sum\limits_{n=1}^{+\infty}\dfrac{3^n}{(1-3i)^{n+1}}[z-(1+i)]^n$，$R=\dfrac{\sqrt{10}}{3}$；

（5） $e\cdot\sum\limits_{n=0}^{+\infty}\dfrac{(z-1)^n}{n!}$，$R=+\infty$；

（6） $\sum\limits_{n=0}^{+\infty}(-1)^n\dfrac{z^{2n+1}}{2n+1}$，$R=1$；

（7） $\sum\limits_{n=0}^{+\infty}(-1)^n\dfrac{\cos 1}{(2n)!}z^{2n}-\sum\limits_{n=0}^{+\infty}(-1)^n\dfrac{\sin 1}{(2n+1)!}z^{2n+1}$，$R=+\infty$；

(8) $1+2\left(z-\frac{\pi}{4}\right)+2\left(z-\frac{\pi}{4}\right)^2+\frac{8}{3}\left(z-\frac{\pi}{4}\right)^3+\cdots$，$R=\frac{\pi}{4}$.

9. (1) $\frac{1}{5}\left(\cdots+\frac{2}{z^4}+\frac{1}{z^3}-\frac{2}{z^2}-\frac{1}{z}-\frac{1}{2}-\frac{z}{4}-\frac{z^2}{8}-\frac{z^3}{16}-\cdots\right)$；

(2) $\sum_{n=-1}^{+\infty}(n+2)z^n$，$\sum_{n=0}^{+\infty}\frac{(-1)^n}{(z-1)^{n+3}}$；

(3) $\sum_{n=0}^{+\infty}\frac{1}{n!}\cdot\frac{1}{z^{n-3}}$；

(4) $e\cdot\sum_{n=0}^{+\infty}\frac{1}{n!}\frac{1}{(z-1)^n}+e\cdot\sum_{n=0}^{+\infty}\frac{1}{n!}\frac{1}{(z-1)^{n-1}}$；

(5) $\sum_{n=1}^{+\infty}(-1)^{n-1}\frac{n(z-i)^{n-2}}{i^{n+1}}$，$\sum_{n=0}^{+\infty}(-1)^{n-1}\frac{(n+1)i^n}{(z-i)^{n+3}}$；

(6) $\sum_{n=0}^{+\infty}(-1)^n\frac{\cos 1}{(2n+1)!}(1-z)^{-(2n+1)}-\sum_{n=0}^{+\infty}(-1)^n\frac{\sin 1}{(2n)!}(1-z)^{-2n}$；

(7) $\sum_{n=0}^{+\infty}\frac{3^n-2^n}{z^{n+1}}$；

(8) $\sum_{n=0}^{+\infty}\frac{a^n}{a-b}z^{-(n+1)}+\sum_{n=0}^{+\infty}\frac{a^n}{(a-b)b^{n+1}}z^n$.

10. $1<|z|<2$，$\frac{z^2-2z+5}{(z^2+1)(z-2)}$.

11. (1) 0；(2) $2\pi i$；(3) $-\frac{\pi i}{6}$；(4) $-2\pi i$.

12. (1) A；(2) A；(3) A；(4) A；(5) C；(6) A；(7) D；(8) A；(9) B；(10) D.

习题 5

1. (1) 反例 $f(z)=\frac{1}{\sin\frac{1}{z}}$；

(2) 反例 $f(z)=e^{\frac{1}{z}}$. $f(z)$ 无零点，但 $z=0$ 为 $\frac{1}{f(z)}=\frac{1}{e^{\frac{1}{z}}}$ 的奇点.

(3) $\frac{\ln(1+z)}{z^2}=\frac{1}{z^2}\left(z-\frac{z^2}{2!}+\frac{z^3}{3!}-\cdots\right)=\frac{1}{z}-\frac{1}{2!}+\frac{z}{3!}-\cdots$，故 $z=0$ 为一级极点.

(4) $$(z-a)^5\sin\frac{1}{(z-a)^2}=(z-a)^5\left(\frac{1}{(z-a)^2}-\frac{1}{3!}\frac{1}{(z-a)^6}+\frac{1}{5!}\frac{1}{(z-a)^{10}}-\cdots\right)$$
$$=(z-a)^3-\frac{1}{3!}\frac{1}{z-a}+\frac{1}{5!}\frac{1}{(z-a)^5}-\cdots,$$

故 $z=a$ 是本性极点．

2．（1）$\frac{3}{2}$；（2）0；（3）-1；（4）$\frac{1}{2}$；（5）$\frac{1}{6}$；（6）10 级；（7）0；

（8）3 级；（9）1；（10）0.

3．（1）$z=0$，一级极点；$z=\pm i$，二级极点；

（2）$z=1$，二级极点；$z=-1$，一级极点；

（3）$z=0$，二级极点；

（4）$z=0$，可去奇点；

（5）$z=0$，$\pm i$，一级极点；

（6）$z=1$，本性奇点；

（7）$z=0$，三级极点；$z=2k\pi i$（$k=0$，±1，±2，…），一级极点；

（8）$z=-i$，本性奇点；

（9）$z=0$，二级极点；

（10）$z=0$，本性奇点

（11）$z=1$，本性奇点；

（12）$z=0$，二级极点；$z_k=\pm\sqrt{k\pi}$ 和 $\pm i\sqrt{k\pi}(k=0,1,2,\cdots)$ 都是一级极点．

5．（1）当 $m\neq n$ 时，z_0 为极点，其级数为 $\max\{m, n\}$，当 $m=n$ 时，z_0 为极点或可去奇点，为极点时它的级数$\leqslant m$；

（2）z_0 为 $m+n$ 级极点；

（3）当 $m\neq n$ 时，若 $m>n$，z_0 为 $m-n$ 级极点；若 $m<n$，则 z_0 为可去奇点，且可定义 $f(z_0)/g(z_0)=0$ 使 z_0 为它的 $n-m$ 级零点；当 $m=n$ 时，z_0 为可去奇点.

6．（1）$\mathrm{Res}[f(z), \pm1]=-\frac{1}{2}$，$\mathrm{Res}[f(z), 0]=1$；

（2）$\mathrm{Res}[f(z), 0]=1$，$\mathrm{Res}[f(z), \pm1]=-\frac{1}{2}$；

（3）$\mathrm{Res}[f(z), i]=-\frac{i}{4}$，$\mathrm{Res}[f(z), -i]=\frac{i}{4}$；

（4）$\mathrm{Res}[f(z), i]=-\frac{3i}{16}$，$\mathrm{Res}[f(z), -i]=\frac{3i}{16}$；

（5）$\mathrm{Res}\left[f(z), k\pi+\frac{\pi}{2}\right]=(-1)^{k+1}\left(k\pi+\frac{\pi}{2}\right)$（$k=0$，$\pm1$，$\pm2$，…）；

（6）$\mathrm{Res}[f(z), 0]=-\frac{1}{6}$.

7．（1）$-\frac{\pi i}{2}$；（2）$4\pi e^2 i$；（3）$-2\pi i$；（4）0；（5）$\frac{\pi i}{3}$；（6）$2\pi i$.

8．（1）$\frac{2\sqrt{3}}{3}\pi$；（2）$\frac{8}{3}\pi$；（3）$\frac{3}{8}\pi$；（4）$\frac{\pi}{2}e^{-1}$；（5）$\frac{\pi}{2\sqrt{5}}$；（6）$\frac{\pi}{6}$；

（7）$\frac{2\pi}{1-\rho^2}$；（8）$\frac{\pi}{2}(1-e^{-1})$.

9. (1) C; (2) A; (3) C; (4) C; (5) C; (6) C; (7) C; (8) A; (9) A; (10) A; (11) C; (12) C; (13) C; (14) D.

习题 6

1. (1) $\frac{1}{j\omega}+\pi\delta(\omega)$; (2) 1; (3) $2\pi C\delta(\omega)$; (4) $j\pi[\delta(\omega+a)-\delta(\omega-a)]$;

   (5) $\pi[\delta(\omega+a)+\delta(\omega-a)]$; (6) $2\pi\delta(\omega-a)$.

2. (1) B; (2) A; (3) C; (4) D; (5) C; (6) C.

3. $\frac{1}{2\pi}\int \frac{2\sin\omega\pi}{j(1-\omega^2)}e^{j\omega t}d\omega$.

4. $\frac{4}{\omega}\left(\frac{\sin\omega}{\omega^2}-\frac{\cos\omega}{\omega}\right)$; $-\frac{3\pi}{16}$.

5. $\cos\omega_0 t$.

6. $\frac{\omega_0}{\omega_0{}^2+(\beta+j\omega)^2}$.

10. $\frac{2}{j\omega}$.

11. $\frac{j\pi}{2}[\delta(\omega+3)-\delta(\omega-3)+\delta(\omega+1)-\delta(\omega-1)]$.

12. (1) $\frac{1}{j\omega}e^{-j\omega C}+\pi\delta(\omega)$; (2) $\cos\omega a$;

    (3) $e^{-j\omega\frac{\pi}{6}}\pi[\delta(\omega+2)+\delta(\omega-2)]$.

18. $$f_1(t)*f_2(t)=\begin{cases}0, & t\leqslant 0,\\ \frac{1}{2}(\sin t-\cos t+e^{-t}), & 0<t\leqslant\frac{\pi}{2},\\ \frac{1}{2}e^{-t}(1+e^{\frac{\pi}{2}}), & t>\frac{\pi}{2}.\end{cases}$$

20. (1) $\frac{j\omega}{\omega_0{}^2-\omega^2}+\frac{\pi}{2}[\delta(\omega-\omega_0)+\delta(\omega+\omega_0)]$;

    (2) $\frac{1}{j(\omega-\omega_0)}+\pi\delta(\omega-\omega_0)$;

    (3) $\frac{1}{j(\omega-\omega_0)}e^{-j(\omega-\omega_0)t_0}+\pi\delta(\omega-\omega_0)$;

    (4) $\frac{1}{(\omega-\omega_0)^2}+\pi j\delta'(\omega-\omega_0)$.

21. $f(t)=\frac{1}{2\pi}\int \frac{G(\omega)}{1-K(\omega)}e^{j\omega t}d\omega$, $G(\omega)=\mathscr{F}[g(t)]$, $K(\omega)=\mathscr{F}[k(t)]$.

22. $f(t)=\frac{\sin\pi t}{1-t^2}(t>0)$.

23. 略.

习题 7

1. (1) $\frac{1}{s}$；(2) 1；(3) $\frac{C}{s}$；(4) $\frac{a}{s^2+a^2}$；(5) $\frac{s}{s^2+a^2}$；(6) $\frac{1}{s-a}$；(7) $\frac{n!}{s^{n+1}}$；

   (8) $\frac{a}{s^2-a^2}$；(9) $\frac{s}{s^2-a^2}$；(10) $\frac{1}{1-e^{-sT}}\int_0^T f(t)e^{-st}dt$.

2. (1) C；(2) C；(3) D；(4) B；(5) D；(6) D；(7) C.

3. (1) $\frac{2}{4s^2+1}$；　(2) $\frac{1}{s+2}$；　(3) $\frac{2}{s^3}$；　(4) $\frac{1}{s^2+4}$；

   (5) $\frac{k}{s^2-k^2}$ $(s>k)$；　(6) $\frac{s}{s^2-k^2}$ $(s>k)$；

   (7) $\frac{s^2+2}{s(s^2+4)}$；　(8) $\frac{2}{s(s^2+4)}$.

4. (1) $\frac{1}{s}(1-2e^{s}+e^{-5s})$；　(2) $\frac{1}{s+1}-\frac{1}{s^2+1}=\frac{s^2-s}{(s+1)(s^2+1)}$；

   (3) $\frac{s}{s^2+1}$.

5. (1) $\frac{1}{(1-e^{-\pi s})(s^2+1)}$；　(2) $\frac{1}{s(1+e^{Ts})}\tanh Ts$.

6. (1) $\frac{s^2-4s+5}{(s-1)^3}$；　(2) $\frac{10}{s^2+4}-\frac{3s}{s^2-1}$；

   (3) $\frac{1}{s}-\frac{1}{(s-)^2}$；　(4) $\frac{n!}{(s-k)^{n+1}}$ (n 为正整数)；

   (5) $\frac{3}{(s+2)^2+9}$　(6) $\frac{s}{(s-1)^2+k^2}$；

   (7) $\frac{1}{s}$；　(8) $\frac{1}{s}e^{-\frac{5}{3}s}$；(9) $\frac{4(s+3)}{[(s+3)^2+4]^2}$；

   (10) $\frac{2(3s^2+12s+13)}{s^2[(s+3)^2+4]^2}$；　(11) $\operatorname{arccot}\frac{s+3}{2}$；

   (12) $\frac{1}{s}\cdot\operatorname{arccot}\frac{s+3}{2}$；　(13) $\frac{1}{s}\cdot\frac{4(s+3)}{[(s+3)^2+4]^2}$.

7. (1) $\frac{1}{6}t^3$；　(2) e^t-t-1；　(3) $\frac{1}{2}(\sin t+t\cos t)$

   (4) $\frac{1}{2}t\sin t$；　(5) $\frac{1}{2}e^{kt}t\sin t$；　(6) $t-\sin t$.

9. (1) $\frac{1}{3}\sin 3t$；　(2) $\frac{1}{3}t^3$；　(3) e^{-5t}；

   (4) $\frac{1}{4}(e^{3t}-3e^{-t})$；　(5) $2\cos 2t+\frac{3}{2}\sin 2t$；　(6) $\frac{1}{5}(3e^{2t}+2e^{-3t})$；

(7) $\frac{1}{2}t\sinh t$；　(8) $\frac{2}{t}\sinh t$；　(9) $\frac{1}{16}(\cos 2t-1)+\frac{1}{8}t^2$；

(10) $\frac{1}{16}(\sinh 2t-\sin 2t)$；(11) $2te^t+2e^t-1$；　(12) $\frac{1}{3}\cos t-\frac{1}{3}\cos 2t$；

(13) $\frac{1}{2}te^{-2t}\sin t$；　(14) $\frac{1}{2}e^{-2t}\left(t\cos 3t+\frac{1}{3}\sin 3t\right)$；

(15) $\frac{1}{4}(e^{-t}-e^{-3t}+6te^{-3t})-3t^2e^{-3t}$；

(16) $t+(t-3)u(t-3)$；(17) $\frac{1}{2}(\sin t-t\cos t)$；

(18) $-\frac{1}{4}e^t+\frac{1}{5}e^{2t}+\frac{1}{20}e^{-3t}$.

10. (1) $\frac{2}{5}$；　(2) $\frac{5}{169}$；　(3) 0；　(4) $\frac{\pi}{2}$.

11. (1) $\frac{t^2}{2}e^{3t}$；(2) $te^t\sin t$；(3) t^3e^{-t}；(4) $\frac{5}{2}-5e^t+\frac{7}{2}e^{2t}$；

(5) $e^t\sin 2t-\frac{t}{4}e^t\cos 2t$；　(6) $1+e^{-2t}+2te^{-t}$；

(7) $x(t)=e^t, y(t)=e^t$；　(8) $x(t)=e^{2t}, y(t)=3e^{2t}$；

(9) $f(t)=2\left(t+\frac{t^3}{6}\right)$；　(10) $f(t)=te^t$.

12. $i(t)=\frac{E}{R}[1-e^{-\frac{R}{L}(t-t_0)}]$. 具体解法如下：先就 $t_0=0$ 的情况解本题．结果需解微分方程

$$\begin{cases}Ri(t)+L\dfrac{di}{dt}=E,\\ i(0)=0.\end{cases}$$

两边施行拉氏变换，并设 $\mathscr{L}[i(t)]=I(s)$，则有

$$RI(s)+LsI(s)=\frac{E}{s}.$$

于是，

$$I(s)=\frac{E}{s(R+Ls)}=\frac{E}{R}\left(\frac{1}{s}-\frac{1}{s+\frac{R}{L}}\right).$$

两边取拉氏逆变换得

$$i(t)=\frac{E}{R}(1-e^{-\frac{R}{L}t}).$$

对于 $t_0>0$ 的情况，由图 7.2.1 知，此时的解只需将上面得到的解沿 t 轴向右移 t_0，于是有

$$i(t)=\frac{E}{R}[1-e^{-\frac{R}{L}(t-t_0)}].$$

习题 8

1. (1) $\dfrac{z}{z-1}$；(2) 1；(3) $\dfrac{Cz}{z-1}$；(4) $\dfrac{z\sin a}{z^2-2z\cos a+1}$；(5) $\dfrac{z(z-\cos a)}{z^2-2z\cos a+1}$；

(6) $\dfrac{z}{z-e^a}$；(7) $\dfrac{z(z+1)}{(z-1)^3}$；(8) $\dfrac{z}{z-a}$；(9) $\dfrac{1}{2}\left(\dfrac{z}{z-e^a}+\dfrac{z}{z-e^{-a}}\right)$；

(10) $\dfrac{1}{2}\left(\dfrac{z}{z-e^a}-\dfrac{z}{z-e^{-a}}\right)$.

2. (1) C；(2) A；(3) B；(4) A；(5) C；(6) C；(7) C； (8) D； (9) D；(10) C.

3. (1) $\dfrac{z\sin\dfrac{1}{2}}{z^2-2z\cos\dfrac{1}{2}+1}$；(2) $\dfrac{z}{z-e^{-2}}$；(3) $\dfrac{z(z+1)}{(z-1)^3}$；(4) $\dfrac{1}{2}\cdot\dfrac{z\sin 2}{z^2-2z\cos 2+1}$；

(5) $\dfrac{1}{2}\left(\dfrac{z}{z-e^k}-\dfrac{z}{z-e^{-k}}\right)$；(6) $\dfrac{1}{2}\left(\dfrac{z}{z-e^k}+\dfrac{z}{z-e^{-k}}\right)$；

(7) $\dfrac{1}{2}\left(\dfrac{z}{z-1}+\dfrac{z(z-\cos 2)}{z^2-2z\cos 2+1}\right)$；(8) $\dfrac{1}{2}\left(\dfrac{z}{z-1}-\dfrac{z(z-\cos 2)}{z^2-2z\cos 2+1}\right)$.

4. 解：方程 (1) 两边取 Z 变换，并设 $\mathscr{Z}[x(t)]=X(z)$，$\mathscr{Z}[u(t)]=U(z)$，得到

$$z\cdot X(z)-z\cdot x(0)=(1-\delta)X(z)+\rho[zU(z)-zu(0)]+(1-\rho)U(z)$$

由此解出

$$X(z)=\frac{\rho z+(1-\rho)}{z-(1-\delta)}\cdot U(z)+\frac{z}{z-(1-\delta)}\cdot x(0)-\frac{\rho z}{z-(1-\delta)}\cdot u(0) \qquad (3)$$

方程 (2) 两边取 Z 变换得

$$U(z)=\frac{z}{z-(1+\alpha)}\cdot u(0) \qquad (4)$$

将式(4) 代入式(3)，得

$$\begin{aligned}X(z)&=\left[\frac{\rho z+(1-\rho)}{z-(1-\delta)}\cdot\frac{z}{z-(1+\alpha)}-\frac{\rho z}{z-(1-\delta)}\right]\cdot u(0)+\frac{z}{z-(1-\delta)}\cdot x(0)\\&=\frac{1+\alpha\rho}{\delta+\alpha}\left[\frac{z}{z-(1+\alpha)}-\frac{z}{z-(1-\delta)}\right]\cdot u(0)+\frac{z}{z-(1-\delta)}\cdot x(0),\end{aligned}$$

求 Z 逆变换得

$$\begin{aligned}x(t)&=\frac{1+\alpha\rho}{\delta+\alpha}\left[(1+\alpha)^t-(1-\delta)^t\right]u(0)+(1-\delta)^t x(0)\\&=\frac{1+\alpha\rho}{\delta+\alpha}\left\{(1+\alpha)^t u(0)+(1-\delta)^t\left[\frac{\delta+\alpha}{1+\alpha\rho}x(0)-u(0)\right]\right\}\end{aligned} \qquad (5)$$

据实际情况，显然有

$$\frac{1+\alpha\rho}{\delta+\alpha}>1,\ \frac{\delta+\alpha}{1+\alpha\rho}x(0)-u(0)>0,$$

因此，由式(5) 不难看出，固定资产存量的增长率将大于投资增长率.